国家出版基金资助项目
现代数学中的著名定理纵横谈丛书
丛书主编　王梓坤

LEIBNIZ THEOREM

Leibniz 定理

刘培杰数学工作室 编

哈尔滨工业大学出版社
HARBIN INSTITUTE OF TECHNOLOGY PRESS

内容简介

本书叙述了研究包络问题的初等方法和微分几何方法,共分为两编.

第一编介绍直线族、圆族、圆锥曲线族和高次曲线族的包络以及这些包络在很多方面的应用;第二编深入探讨了包络面、可展曲面、直接和间接展成法,并利用包络解决方程问题.书中补充若干附录,使内容更加丰富.

本书适合理工科师生及数学爱好者阅读和收藏.

图书在版编目(CIP)数据

Leibniz 定理/刘培杰数学工作室编. —哈尔滨:哈尔滨工业大学出版社,2018.1
(现代数学中的著名定理纵横谈丛书)
ISBN 978 - 7 - 5603 - 6529 - 9

Ⅰ.①L… Ⅱ.①刘… Ⅲ.①微积分 - 定理(数学)
Ⅳ.①O172

中国版本图书馆 CIP 数据核字(2017)第 058591 号

策划编辑　刘培杰　张永芹
责任编辑　张永芹　陈雅君
封面设计　孙茵艾
出版发行　哈尔滨工业大学出版社
社　　址　哈尔滨市南岗区复华四道街 10 号　邮编 150006
传　　真　0451 - 86414749
网　　址　http://hitpress.hit.edu.cn
印　　刷　哈尔滨市石桥印务有限公司
开　　本　787mm×960mm　1/16　印张 42.25　字数 434 千字
版　　次　2018 年 1 月第 1 版　2018 年 1 月第 1 次印刷
书　　号　ISBN 978 - 7 - 5603 - 6529 - 9
定　　价　168.00 元

读书的乐趣

你最喜爱什么——书籍.

你经常去哪里——书店.

你最大的乐趣是什么——读书.

这是友人提出的问题和我的回答. 真的,我这一辈子算是和书籍,特别是好书结下了不解之缘. 有人说,读书要费那么大的劲,又发不了财,读它做什么? 我却至今不悔,不仅不悔,反而情趣越来越浓. 想当年,我也曾爱打球,也曾爱下棋,对操琴也有兴趣,还登台伴奏过. 但后来却都一一断交,"终身不复鼓琴". 那原因便是怕花费时间,玩物丧志,误了我的大事——求学. 这当然过激了一些. 剩下来唯有读书一事,自幼至今,无日少废,谓之书痴也可,谓之书橱也可,管它呢,人各有志,不可相强. 我的一生大志,便是教书,而当教师,不多读书是不行的.

读好书是一种乐趣,一种情操;一种向全世界古往今来的伟人和名人求

1

教的方法,一种和他们展开讨论的方式;一封出席各种活动、体验各种生活、结识各种人物的邀请信;一张迈进科学宫殿和未知世界的入场券;一股改造自己、丰富自己的强大力量.书籍是全人类有史以来共同创造的财富,是永不枯竭的智慧的源泉.失意时读书,可以使人重整旗鼓;得意时读书,可以使人头脑清醒;疑难时读书,可以得到解答或启示;年轻人读书,可明奋进之道;年老人读书,能知健神之理.浩浩乎! 洋洋乎! 如临大海,或波涛汹涌,或清风微拂,取之不尽,用之不竭.吾于读书,无疑义矣,三日不读,则头脑麻木,心摇摇无主.

潜能需要激发

我和书籍结缘,开始于一次非常偶然的机会.大概是八九岁吧,家里穷得揭不开锅,我每天从早到晚都要去田园里帮工.一天,偶然从旧木柜阴湿的角落里,找到一本蜡光纸的小书,自然很破了.屋内光线暗淡,又是黄昏时分,只好拿到大门外去看.封面已经脱落,扉页上写的是《薛仁贵征东》.管它呢,且往下看.第一回的标题已忘记,只是那首开卷诗不知为什么至今仍记忆犹新:

日出遥遥一点红,飘飘四海影无踪.

三岁孩童千两价,保主跨海去征东.

第一句指山东,二、三两句分别点出薛仁贵(雪、人贵).那时识字很少,半看半猜,居然引起了我极大的兴趣,同时也教我认识了许多生字.这是我有生以来独立看的第一本书.尝到甜头以后,我便千方百计去找书,向小朋友借,到亲友家找,居然断断续续看了《薛丁山征西》《彭公案》《二度梅》等,樊梨花便成了我心中的女英雄.我真入迷了.从此,放牛也罢,车水也罢,我总要带一本书,还练出了边走田间小路边读书的本领,读得津津有味,不知人间别有他事.

当我们安静下来回想往事时,往往会发现一些偶然的小事却影响了自己的一生.如果不是找到那本《薛仁贵征东》,我的好学心也许激发不起来.我这一生,也许会走另一条路.人的潜能,好比一座汽油库,星星之火,可以使它雷声隆隆、光照天地;但若少了这粒火星,它便会成为一潭死水,永归沉寂.

抄,总抄得起

好不容易上了中学,做完功课还有点时间,便常光顾图书馆.好书借了实在舍不得还,但买不到也买不起,便下决心动手抄书.抄,总抄得起.我抄过林语堂写的《高级英文法》,抄过英文的《英文典大全》,还抄过《孙子兵法》,这本书实在爱得狠了,竟一口气抄了两份.人们虽知抄书之苦,未知抄书之益,抄完毫末俱见,一览无余,胜读十遍.

始于精于一,返于精于博

关于康有为的教学法,他的弟子梁启超说:"康先生之教,专标专精、涉猎二条,无专精则不能成,无涉猎则不能通也."可见康有为强烈要求学生把专精和广博(即"涉猎")相结合.

在先后次序上,我认为要从精于一开始.首先应集中精力学好专业,并在专业的科研中做出成绩,然后逐步扩大领域,力求多方面的精.年轻时,我曾精读杜布(J. L. Doob)的《随机过程论》,哈尔莫斯(P. R. Halmos)的《测度论》等世界数学名著,使我终身受益.简言之,即"始于精于一,返于精于博".正如中国革命一

3

样,必须先有一块根据地,站稳后再开创几块,最后连成一片.

丰富我文采,澡雪我精神

辛苦了一周,人相当疲劳了,每到星期六,我便到旧书店走走,这已成为生活中的一部分,多年如此.一次,偶然看到一套《纲鉴易知录》,编者之一便是选编《古文观止》的吴楚材.这部书提纲挈领地讲中国历史,上自盘古氏,直到明末,记事简明,文字古雅,又富于故事性,便把这部书从头到尾读了一遍.从此启发了我读史书的兴趣.

我爱读中国的古典小说,例如《三国演义》和《东周列国志》.我常对人说,这两部书简直是世界上政治阴谋诡计大全.即以近年来极时髦的人质问题(伊朗人质、劫机人质等),这些书中早就有了,秦始皇的父亲便是受害者,堪称"人质之父".

《庄子》超尘绝俗,不屑于名利.其中"秋水""解牛"诸篇,诚绝唱也.《论语》束身严谨,勇于面世,"己所不欲,勿施于人",有长者之风.司马迁的《报任少卿书》,读之我心两伤,既伤少卿,又伤司马;我不知道少卿是否收到这封信,希望有人做点研究.我也爱读鲁迅的杂文,果戈理、梅里美的小说.我非常敬重文天祥、秋瑾的人品,常记他们的诗句:"人生自古谁无死,留取丹心照汗青""休言女子非英物,夜夜龙泉壁上鸣".唐诗、宋词、《西厢记》《牡丹亭》,丰富我文采,澡雪我精神,其中精粹,实是人间神品.

读了邓拓的《燕山夜话》,既叹服其广博,也使我动了写《科学发现纵横谈》的心.不料这本小册子竟给我招来了上千封鼓励信.以后人们便写出了许许多多的"纵横谈".

从学生时代起,我就喜读方法论方面的论著.我想,做什么事情都要讲究方法,追求效率、效果和效益,方法好能事半而功倍.我很留心一些著名科学家、文学家写的心得体会和经验.我曾惊讶为什么巴尔扎克在51年短短的一生中能写出上百本书,并从他的传记中去寻找答案.文史哲和科学的海洋无边无际,先哲们的明智之光沐浴着人们的心灵,我衷心感谢他们的恩惠.

读书的另一面

以上我谈了读书的好处,现在要回过头来说说事情的另一面.

读书要选择.世上有各种各样的书:有的不值一看,有的只值看20分钟,有的可看5年,有的可保存一辈子,有的将永远不朽.即使是不朽的超级名著,由于我们的精力与时间有限,也必须加以选择.决不要看坏书,对一般书,要学会速读.

读书要多思考.应该想想,作者说得对吗? 完全吗? 适合今天的情况吗? 从书本中迅速获得效果的好办法是有的放矢地读书,带着问题去读,或偏重某一方面去读.这时我们的思维处于主动寻找的地位,就像猎人追找猎物一样主动,很快就能找到答案,或者发现书中的问题.

有的书浏览即止,有的要读出声来,有的要心头记住,有的要笔头记录.对重要的专业书或名著,要勤做笔记,"不动笔墨不读书".动脑加动手,手脑并用,既可加深理解,又可避忘备查,特别是自己的灵感,更要及时抓住.清代章学诚在《文史通义》中说:"札记之功必不可少,如不札记,则无穷妙绪如雨珠落大海矣."

许多大事业、大作品,都是长期积累和短期突击相结合的产物.涓涓不息,将成江河;无此涓涓,何来江河?

　　爱好读书是许多伟人的共同特性,不仅学者专家如此,一些大政治家、大军事家也如此.曹操、康熙、拿破仑、毛泽东都是手不释卷,嗜书如命的人.他们的巨大成就与毕生刻苦自学密切相关.

王梓坤

1

5

第一编

初 等 方 法

绪论

§0　从两道美国大学生数学竞赛试题谈起

先看两道试题.

试题 1　对于给定抛物线族

$$y = \frac{a^3 x^2}{3} + \frac{a^2 x}{2} - 2a$$

（1）求顶点的轨迹；

（2）求包络；

（3）画出包络和该族两个典型曲线的略图.

此题为第 5 届美国大学生数学竞赛试题.

解　（1）把给定方程化为标准形式

$$y + \frac{35}{16}a = \frac{a^3}{3}\left(x + \frac{3}{4a}\right)^2$$

由此得出具有代表性的顶点是

$$\left(-\frac{3}{4a}, -\frac{35}{16}a\right)$$

如果 $a = 0$，则给定曲线为一直线，不是抛物线,所以它无顶点. 显然,给定族中所有抛物线的顶点都在双曲线 $xy = \dfrac{105}{64}$ 上. 反之,双曲线上的每一个点都是给定族中一条唯一的抛物线的顶点,因为若 (x_0, y_0) 在双曲线上,则从 $x_0 = -\dfrac{3}{4a}, y_0 = -\dfrac{35}{16}a$ 可以唯一地解出 a 的值.

(2)令

$$f(x,y,a) = \frac{a^3 x^2}{3} + \frac{a^2 x}{2} - 2a - y$$

则

$$\frac{\partial f}{\partial a}(x,y,a) = (ax+2)(ax-1)$$

为了找出曲线族的包络,我们应由 $\dfrac{\partial f}{\partial a} = 0$ 和 $f = 0$ 中消去 a. 由于 $\dfrac{\partial f}{\partial a}$ 的两个因子等于零时将有 $ax = 1$ 或 $ax = -2$,故得

$$xy = \frac{(ax)^3}{3} + \frac{(ax)^2}{2} - 2ax = \frac{1}{3} + \frac{1}{2} - 2 = -\frac{7}{6}$$

或

$$xy = \frac{(ax)^3}{3} + \frac{(ax)^2}{2} - 2ax = -\frac{8}{3} + \frac{4}{2} + 4 = \frac{10}{3}$$

容易证明,对应于参数 a 的抛物线与双曲线 $xy = -\dfrac{7}{6}$ 相切于点 $\left(\dfrac{1}{a}, -\dfrac{7}{6}a\right)$,又与双曲线 $xy = \dfrac{10}{3}$ 相切于点 $\left(-\dfrac{2}{a}, -\dfrac{5}{3}a\right)$.

因此,所求的包络是两双曲线的并.

（3）作图,如图1所示.

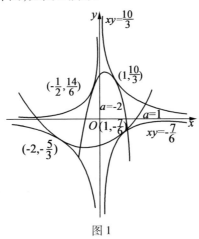

图1

试题2 （1）已知第 n 项是 $s_n + 2s_{n-1}$ 的序列收敛,证明:序列 $\{s_n\}$ 也收敛;

（2）变动一个平面的位置,使之包含一个锥,锥的体积为 $\frac{1}{3}\pi a^3$,它的曲面的直角坐标方程为 $2xy = z^2$. 求这个变动平面的包络方程,并将结果应用于一般的二阶锥(即锥面).

此题为第10届美国大学生数学竞赛试题.

解 （1）假设 $\lim(s_n + 2s_{n+1}) = 3L$,则

$$\lim((s_n - L) + (s_{n+1} - L)) = 0$$

设 $t_n = s_n - L$,则 $\lim(t_n + 2t_{n+1}) = 0$. 要证明 $\lim t_n = 0$,也就证得 $\lim s_n = L$,从而得知序列 $\{s_n\}$ 收敛.

给定 $\varepsilon > 0$,选择 k 使得 $|t_n + 2t_{n+1}| < \varepsilon$ 对所有的 $n \geqslant k$ 成立. 对 p 用归纳法得

Leibniz 定理

$$t_k - (-2)^p t_{k+p} = \sum_{i=0}^{p-1} (-1)^i (t_{k+i} + 2t_{k+i+1})$$

因此

$$|t_k - (-2)^p t_{k+p}| \leqslant \sum_{i=0}^{p-1} 2^i |t_{k+i} + 2t_{k+i+1}| < 2^p \varepsilon$$

对 $p \geqslant 1$ 成立. 用 2^p 除得

$$\left| t_{k+p} - \left(-\frac{1}{2}\right)^p t_k \right| < \varepsilon$$

于是 $|t_{k+p}| < \varepsilon + \dfrac{|t_k|}{2p}$, 因此 $\lim\limits_{p \to \infty} \sup |t_{k+p}| \leqslant \varepsilon$, 所以

$$\lim_{n \to \infty} \sup |t_n| < \varepsilon$$

由于 q 是任意的, 因此 $\lim t_n = 0$. 由前述知这就证明了序列 $\{s_n\}$ 收敛于 L.

(2) 作坐标变换 $x = \dfrac{1}{2}\sqrt{2}(u+v), y = \dfrac{1}{2}\sqrt{2}(u-v)$, 则 uv 轴是正交的并且是 xy 轴旋转 $\dfrac{\pi}{4}$ 所得. 对于新坐标, 已知曲面的方程为 $z^2 + v^2 = u^2$, 是以 u 轴为轴的正圆锥.

其次, 求由平面从实心锥上割下锥形区域的体积. 由旋转的对称性, 仅需考虑形为 $u = mv + b$ 的平面. 为了平面将割下一个有界的区域, 必须有 $|m| < 1$, 则割下的区域是具有椭圆为底的锥. 求锥的高与底面积.

高是从原点到平面的距离, 即 $\dfrac{|b|}{\sqrt{1+m^2}}$. 底的面积是它在 vz 平面上正投影所得面积的 $\sqrt{1+m^2}$ 倍. 在锥与平面方程之间消去 u, 得投影的椭圆方程 $z^2 + m^2 = (mv+b)^2$. 合并 v 的项并构成完全平方, 得

$$z^2 + (1 - m^2)\left(v - \frac{mb}{1 - m^2}\right) = b^2\left(\frac{1}{1 - m^2}\right)$$

(注意,因 $|m| < 1$,故确为椭圆)这个椭圆的面积为

$$A = \frac{\pi b^2}{(1 - m^2)^{\frac{3}{2}}}$$

锥的区域的体积是

$$\frac{1}{3} \times 底 \times 高$$

$$= \frac{1}{3}\left(\sqrt{1 + m^2}\,\pi b^2\,\frac{1}{(1 - m^2)^{\frac{3}{2}}}\right)\left(\frac{|b|}{\sqrt{1 + m^2}}\right)$$

$$= \frac{1}{3}\pi |b|^3\,\frac{1}{(1 - m^2)^{\frac{3}{2}}}$$

问题是考虑割出体积为 $\frac{1}{3}\pi a^3$ 的这些平面,即 $|b| = a\sqrt{1 - m^2}$ 的平面. 这里 m 是平面与 zv 平面之间的角的正切.

现在求所有这些平面的包络 E,显然构成 E 的平面的分布一定是呈旋转对称的,所以求 E 的 uv 平面的交 I 即可.

考虑平面 P 在 I 的一点与 E 相切. 因为它保存 E 并在 I 的每一个点都不变,故反射在 uv 平面内保存 P,所以 P 是垂直 uv 平面的. 这样它有一个形为 $u = mv + b$ 的方程,这里 $|b| = a\sqrt{1 - m^2}$. P 与 uv 平面的交线 l 显然切于 I. 因此 I 是所有线 l 的包络,有方程为

$$u = mv \pm a\sqrt{1 - m^2} \tag{1}$$

于是包络问题成为 2 维的.

为了求包络,首先在(1)内取正号,将

$$u = mv + a\sqrt{1 - m^2} \qquad (2)$$

对于 m 微分所得的方程与(2)一起消去 m,有

$$0 = v - \frac{am}{\sqrt{1 - m^2}} \qquad (3)$$

由(3)得

$$m^2 = \frac{v^2}{v^2 + a^2}$$

即

$$1 - m^2 = \frac{a^2}{v^2 + a^2}$$

方程(2)成为

$$u = \sqrt{1 - m^2}\left(\frac{m}{\sqrt{1 - m^2}}v + a\right) = \sqrt{1 - m^2}\left(\frac{v^2 + a^2}{a}\right)$$

最后得 $u^2 = v^2 + a^2$ 为包络 I 的方程. 如果开始取负号也得相同的方程.

3 维的包络 E,由绕着 u 轴旋转 I 得到,因此它的方程为 $u^2 = v^2 + z^2 + a^2$. 变回到原坐标轴的方程为 $2xy = z^2 + a^2$.

一般的情形,任何一个非退化的二次锥仿射等价于正圆锥. 又因为体积的比在仿射变换下不变. 用前面的计算导出:如果一族平面,从一个实心的二次锥割去相同的定体积,那么这些平面一定切于一双曲面,它渐近于锥.

此解答用到了多元分析的知识,适合大学生参考. 为了让广大中学师生也能接受,下面我们从中学层次讲起.

§1　一位中学教师的探索

怎样做一名优秀的数学教师？

R. H. Bing 指出：最有效率的数学教师是这种人，他们订阅数学杂志，参加数学活动，读书，考虑，深思，计划，又突然加速前进，能够设计并讲授一门他们从未教过的，更好的课程.

中国的中学数学教师是一个优秀的群体. 且不说老一辈数学家中许多人都曾经从事过中学数学教学工作，就以我国"文革"后首批获理学博士的几位数学家来说，其中就有单墫、李尚志、苏淳等曾当过中学数学教师. 现在仍在岗的中学数学教师中更是人才辈出. 看一个中学教师是否优秀有两个指标是要具备的：一是对课外内容的涉猎是否广泛；二是研究初等数学的深度.

在《中学数学参考》2016 年第 3 期上罗新兵老师发表了一篇"试谈数学教师的专业阅读"，他提出了 5 个优先原则：

（1）学术优先. 因为学术性论文非常注重研究规范，其成果也有很高的可信度；

（2）权威优先. 数学教育界有一些公认的好期刊，如下面要引用的《数学通报》；

（3）名家优先；

（4）经典优先；

（5）新颖优先.

按此 5 个原则我们选择了一篇发表在我国初等数学领域最负盛名的《数学通报》上的一篇文章作为引子.

上海市黄浦区教育学院的李恒老师研究了一个所谓"用铅笔玩出来的轨迹问题". 文章发表在《数学通报》2015 年第 54 卷第 11 期上.

问题 1 如图 1 有一支铅笔,其上某处有一个商标. 若让铅笔的两端分别在两条互相垂直的直线上滑动,则该商标所形成的轨迹是什么图形？铅笔所形成的包络是什么图形？

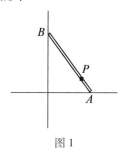

图 1

如图 2,以两条互相垂直的直线为坐标轴,建立平面直角坐标系. 设铅笔长为 l,商标所对应的点为 $P(x,y)$,且 $\overrightarrow{AP} = \lambda \overrightarrow{PB}$（$\lambda > 0$）,则点 A,B 的坐标分别为

$$\left((1+\lambda)x,0\right),\left(0,\frac{1+\lambda}{\lambda}y\right)$$

故有

$$(1+\lambda)^2 x^2 + \frac{(1+\lambda)^2}{\lambda^2}y^2 = l^2$$

这就是点 P 的轨迹方程. 所以当 $\lambda = 1$ 时,商标所形成的轨迹是圆；当 $\lambda > 0$ 且 $\lambda \neq 1$ 时,点 P 的轨迹是椭圆.

例如当 $\lambda = \dfrac{1}{3}$ 时，点 P 的轨迹是图 2 中的椭圆.

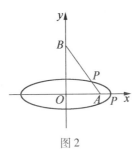

图 2

下面讨论铅笔移动所形成的包络. 这里的包络是指和铅笔（线段 AB）总是相切的一条曲线. 为简化操作过程，我们利用 GeoGebra 软件来进行模拟，设置参数 θ（用滑杆），作 $A(l\cos\theta,0)$，$B(0,l\sin\theta)$，联结线段 AB，并将 AB 的属性设为开启追踪. 启动动画，就可得出动线段 AB 所形成的包络（图 3）. 那么这一包络的方程是什么呢？

先考虑第一象限的情形. 设 $Q(x,y)$ 是包络上任意一点，$R(x,y_1)$ 在线段 AB 上，对于确定的 x，随着线段 AB 位置的改变，y_1 的值（如果存在的话）也随着改变. 则由图形可知，所有 y_1 的极大值即为 y. 可设 $\theta\in\left(0,\dfrac{\pi}{2}\right)$，易知 AB 的方程为 $\dfrac{x}{l\cos\theta}+\dfrac{y}{l\sin\theta}=1$，由

$$
\begin{aligned}
l^2 &= \left(\frac{x}{\cos\theta}+\frac{y}{\sin\theta}\right)^2(\sin^2\theta+\cos^2\theta)\\
&= \left[x^2+y^2+(x^2\tan^2\theta+xy\cot\theta+xy\cot\theta)+\right.\\
&\quad \left.(y^2\cot^2\theta+xy\tan\theta+xy\tan\theta)\right]\\
&\geqslant (x^2+y^2+3\sqrt[3]{x^4y^2}+3\sqrt[3]{x^2y^4})
\end{aligned}
$$

$$= (x^{\frac{2}{3}} + y^{\frac{2}{3}})^3$$

可得 $x^{\frac{2}{3}} + y^{\frac{2}{3}} \leqslant l^{\frac{2}{3}}$（当且仅当 $\tan^3 \theta = \dfrac{y}{x}$ 时取等号），故包络在第一象限部分的方程为 $x^{\frac{2}{3}} + y^{\frac{2}{3}} = l^{\frac{2}{3}}$（$x > 0$，$y > 0$）. 根据对称性并考虑在对称轴上的情形，易知整个包络的方程为 $x^{\frac{2}{3}} + y^{\frac{2}{3}} = l^{\frac{2}{3}}$，其表示的曲线就是著名的星形线.

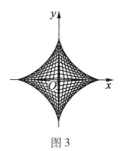

图3

以上采用的是初等方法. 除此之外，还可以用导数的方法来进行研究. 为此，我们把 $\dfrac{x}{l\cos \theta} + \dfrac{y}{l\sin \theta} = 1$ 中的 x 看作常数，θ 看成变数来讨论 y 的最值. 由 $y = l\sin \theta - x\tan \theta$ 可知 $y' = l\cos \theta - x\sec^2 \theta$，令 $y' = 0$，可得 $\cos^3 \theta = \dfrac{x}{l}$. 易知当 $\cos^3 \theta = \dfrac{x}{l}$ 时，y 取最大或最小值，此时 $x = l\cos^3 \theta$，$y = l\sin^3 \theta$，消去 θ 可得 $x^{\frac{2}{3}} + y^{\frac{2}{3}} = l^{\frac{2}{3}}$，这就是所求包络的方程.

另外，本题还可以采用偏微分的方法来进行讨论，这里从略.

以上三种方法中，偏微分方法是人们研究包络问

题的最常用方法,但这一方法涉及偏微分知识要求较高;而初等方法与导数方法更符合高中数学教学实际,并且更容易被师生所理解.

若将问题 1 中的两条垂直直线改为两条相交直线,则可得如下问题:

问题 2　有一支铅笔,其上某处有一个商标. 若让铅笔的两端分别在两条相交直线上滑动,则该商标所形成的轨迹是什么图形? 铅笔所形成的包络是什么图形?

以两条相交直线所形成角的平分线为坐标轴,建立平面直角坐标系. 设铅笔长为 l,OA,OB 的斜率分别为 k 与 $-k$,A,B 的坐标分别为 (m,km),$(n,-kn)$,商标对应的点为 $P(x,y)$,且 $\overrightarrow{AP} = \lambda \overrightarrow{PB}(\lambda > 0)$,则有

$$(m-n)^2 + k^2(m+n)^2 = l^2$$

$$x = \frac{m+\lambda n}{1+\lambda}, y = \frac{km - \lambda kn}{1+\lambda}$$

消去 m,n 可得

$$\left[(\lambda -1)x + \frac{\lambda + 1}{k}y\right]^2 + k^2\left[(\lambda + 1)x + \frac{\lambda - 1}{k}y\right]^2 = \frac{4l^2\lambda^2}{(1+\lambda)^2}$$

这就是点 P 的轨迹方程. 若进一步地讨论,可知此方程表示圆或椭圆. 当 $l = 4$,$k = 2$,$\lambda = 2$ 时的点 P 轨迹如图 4 所示.

接下来讨论铅笔所形成的包络问题. 先考虑在直线 OA,OB 上方的情形. 易知 AB 的方程为

$$k(m+n)x - (m-n)y - 2kmn = 0$$

令

$$m - n = l\cos\theta, k(m+n) = l\sin\theta$$

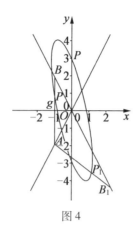

图 4

则 AB 的方程可化为

$$y = x\tan\theta - \frac{2l\sin^2\theta}{k\cos\theta} + 2kl\cos\theta$$

采用导数的方法,并仿照问题 1 中的讨论可得包络在直线 OA, OB 上方的部分位于曲线 C

$$\begin{cases} x = \dfrac{l}{2}\left[\left(k + \dfrac{2}{k}\right)\sin\theta - \left(k + \dfrac{1}{k}\right)\sin^3\theta\right] \\ y = \dfrac{l}{2}\left[\left(2k + \dfrac{1}{k}\right)\cos\theta - \left(k + \dfrac{1}{k}\right)\cos^3\theta\right] \end{cases} \quad (\theta \text{ 为参数})$$

上. 由对称性并考虑在直线 OA, OB 上的情形,可知所求包络为曲线 C 上的四段弧. 当 $l = 4$, $k = 2$ 时的包络如图 5 所示,这时的曲线 C 如图 6 所示(图 6 中曲线 C 上的弧 $M_1 M_2$, $M_3 M_4$, $N_1 N_4$, $N_2 N_3$ 构成铅笔的包络).

若将问题 2 中的两条相交直线改成一个圆与一条直线,或者改成两个圆,我们可将上述探究继续下去. 例如,在图 7 中,定圆 O 的半径为 1, O 到定直线 m 的距离为 3,当 AB 长为 4,且 A, B 分别在直线 m 与圆 O

上运动时,AB 中点的轨迹如图 7 所示.

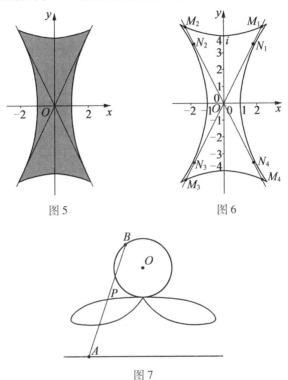

图 5   图 6

图 7

由于两条相交直线是退化圆锥曲线,由此可联想到圆锥曲线. 若将问题 2 中的两条直线换成某种圆锥曲线,并且假设商标在铅笔的正中间,则可得如下的问题:

问题 3   铅笔(长为 l)的正中位置有一商标,若让铅笔的两端 A,B 在某圆锥曲线 M 上运动,则该商标的轨迹是什么图形?铅笔所形成的包络是什么图形?

若曲线 M 是半径为 r 的圆 O,则当 $l < 2r$ 时,商标

(AB 中点)的轨迹为以 O 为圆心、半径为 $\dfrac{1}{2}\sqrt{4r^2-l^2}$

的圆,这个圆也就是铅笔所形成的包络. 如图 8 所示 (坐标系已隐藏,下同).

　　若曲线 M 是长轴长为 $2a$ 的椭圆,则当 $l<2a$ 时, 我们可以猜想轨迹是一个椭圆,并且这个椭圆同时也 是铅笔所形成的包络. 为简单起见,我们取一个特例来 进行研究.

图 8

设椭圆方程为 $\dfrac{x^2}{2}+y^2=1$,当弦 AB 的长 $l=1$ 时,

利用 GeoGebra 软件作出图形(图 9). 图形 9 可以使我 们于猜想正确性的信心有所加强,但我们还无法确信 猜想是正确的. 下面我们借助于代数工具来试一试. 为 此,先设法求出 AB 中点 P 的轨迹方程,然后根据方程 进行判断.

图 9

设 $P(x,y)$,AB 的倾斜角为 α,$A(x+0.5\cos\alpha,y+0.5\sin\alpha)$,$B(x-0.5\cos\alpha,y-0.5\sin\alpha)$,则有

$$\begin{cases} (x+0.5\cos\alpha)^2 + 2(y+0.5\sin\alpha)^2 = 2 \\ (x-0.5\cos\alpha)^2 + 2(y-0.5\sin\alpha)^2 = 2 \end{cases}$$

可得

$$\begin{cases} x^2 - 0.25\cos^2\alpha + 2y^2 + 0.5\sin^2\alpha = 2 \\ x\cos\alpha + 2y\sin\alpha = 0 \end{cases}$$

消去 α 可得

$$2(x^2+2y^2-2)(4y^2+x^2) + x^2 + 2y^2 = 0$$

即

$$2x^4 + (12y^2-3)x^2 + 16y^4 - 14y^2 = 0$$

$$\Delta_1 = (12y^2-3)^2 - 8(16y^4 - 14y^2)$$

$$= 16y^4 + 40y^2 + 9$$

$$\Delta_2 = 1\ 024 > 0$$

故方程

$$2x^4 + (12y^2-3)x^2 + 16y^4 - 14y^2 = 0$$

在实数范围内不能分解成两个二次方程,因此这一四次方程表示的曲线必定不是椭圆. 利用导数的方法我们还可以求出动弦的包络所在曲线的方程(方程较复杂,这里略去),进而发现这一方程与点 P 的轨迹方程并不一致. 若将图 9 充分地放大,我们也可以从图 9 中发现这两种曲线之间的不同,至此我们就可以完全否定上面的猜想了. 若利用 GeoGebra 软件作出动画图形,可以发现随着 l 的增大,P 的轨迹与包络所在曲线差异越来越大. 图 10 与图 11 分别是 $l=2$ 与 2.4 时的图形;图 12 是当 l 在区间 $(0,2\sqrt{2})$ 变化时点 P 的轨迹也相应变化的图形;图 13 是当 l 在区间 $(0,2)$ 变化时弦 AB 的包络也相应变化的图形. 这些图形可以使我们进一步体会到数学的魅力.

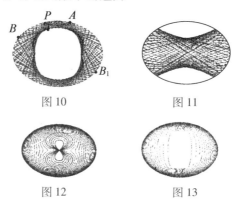

图 10　　　　　图 11

图 12　　　　　图 13

同上可得,对于椭圆$\dfrac{x^2}{a^2}+\dfrac{y^2}{b^2}=1\,(a>b>0)$,长为

$l\,(l<2a)$的弦的中点轨迹方程为

$$\left(\dfrac{x^2}{a^2}+\dfrac{y^2}{b^2}-1\right)(b^2x^2+a^2y^2)+\dfrac{l^2}{4}(b^4x^2+a^4y^2)=0$$

对于双曲线$\dfrac{x^2}{a^2}-\dfrac{y^2}{b^2}=1\,(a>0,b>0)$,长为$l$的弦的中

点轨迹方程为

$$\left(\dfrac{x^2}{a^2}-\dfrac{y^2}{b^2}-1\right)(b^2x^2+a^2y^2)-\dfrac{l^2}{4}(b^4x^2-a^4y^2)=0$$

用 GeoGebra 作出这一轨迹并让 l 在某范围内变化,可得形状像热带鱼与贝壳一样的漂亮图形,如图 14 所示. 对于抛物线 $x^2=2py$,长为 l 的弦的中点轨迹方程为

$$(x^2-2py)(x^2+p^2)+\dfrac{l^2}{4}p^2=0$$

长为 l 的动弦 AB 的包络的方程为 C

$$\begin{cases} x = pk + \dfrac{kl^2}{4p(1+k)^2} \\ y = \dfrac{p}{2}k^2 + \dfrac{l(3k^2+1)}{8p(1+k^2)^2} \end{cases} \quad (k\ 为参数)$$

它们的图形如图 15,16 所示.

图 14　　　　　图 15　　　　　图 16

对于抛物线的情形,我们利用 GeoGebra 软件作出动画图形,并观察中点轨迹随 l 的变化情况. 可以发现如下结论:当 $l \leqslant 2p$ 时. 中点轨迹有一个最低点(如图 15),且最低点在 y 轴上;当 $l > 2p$ 时,中点轨迹有两个最低点,且最低点相应的弦 AB 过抛物线的焦点(如图 16). 对这一结论的证明并不困难. 事实上,由

$$y = \frac{1}{2p} \cdot \left[x^2 + \frac{l^2 p^2}{4(x^2+p^2)} \right] \frac{1}{2p}\left(t + \frac{l^2 p^2}{4t} \right) - \frac{p}{2}$$
$$(t = x^2 + p^2 \geqslant p^2)$$

当 $l \leqslant 2p$ 时,$\dfrac{lp}{2} \leqslant p^2$,故当 $t = p^2$,即 $x = 0$ 时取最小值,这时最低点在 y 轴上(此时弦 AB 垂直于对称轴);当 $l > 2p$ 时,这时 $y_{\min} = \dfrac{l}{2} - \dfrac{p}{2}$ 相应的中点 P 到抛物线准线的距离为 $\dfrac{l}{2}$(图 17),故 A,B 两点到准线的距离之和为 l,从而 A,B 两点到焦点的距离之和为 l,又因为 $AB = l$,所以此时弦 AB 过焦点.

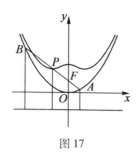

图 17

这里我们看一下上述结论的一个应用. 设想有一个(足够高的)玻璃杯,它是由抛物线 $x^2 = 2py$ 的一段绕 y 轴旋转所得到的. 将一支粗细均匀的新铅笔放入此杯中,若没有摩擦,则当铅笔静止时,铅笔应位于什么位置? 易知铅笔静止时重心应该最低. 因此,若铅笔长不超过 $2p$(抛物线的通径长),静止时铅笔应呈水平状态;若铅笔长超过 $2p$,静止时铅笔应呈倾斜状态,且铅笔应通过抛物线的焦点.

下面我们改变一下规则. 让铅笔绕着某定点旋转,并且它的一个端点在直线上滑动,讨论另一端点的轨迹问题. 可得如下的问题:

问题 4 若让铅笔的一端在某定直线上运动,且铅笔总经过定点(定点在定直线外),则铅笔另一端的轨迹是什么图形?

建立如图 18 的平面直角坐标系,设 $|AB| = l$,$OC = h > 0, B(x, y)$,以 Ax 为始边、AB 为终边的角为 θ,作 $BE \perp x$ 轴于 E,作 $CD \perp BE$ 于 D,则 $AC = \dfrac{h}{\sin \theta}$,$BC = l - \dfrac{h}{\sin \theta}$,可得

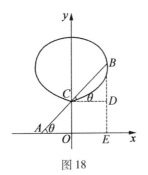

图 18

$$\begin{cases} x = \left(l - \dfrac{h}{\sin\theta}\right)\cos\theta \\ y = l\sin\theta \end{cases}$$

（θ 为参数,且 $\arcsin\dfrac{h}{l} \leqslant \theta \leqslant \pi - \arcsin\dfrac{h}{l}$）,这是点 B 轨迹的参数方程. 消去 θ 可得端点 B 的轨迹的普通方程为

$$x^2 y^2 - (l^2 - y^2)(y - h)^2 = 0 \quad (y \geqslant h)$$

其图形如图 19 所示. 若将铅笔过定点 C 改为铅笔所在的直线过定点 C,则端点 B 的轨迹的参数方程为

$$\begin{cases} x = \left(l - \dfrac{h}{\sin\theta}\right)\cos\theta \\ y = l\sin\theta \end{cases} \quad （\theta \text{ 为参数}）$$

点 B 的轨迹的普通方程为

$$x^2 y^2 - (l^2 - y^2)(y - h)^2 = 0$$

其图形如图 20 所示,它就是著名的尼科梅德斯蚌线.

若将 C 作为极点、与定直线平行的射线 Cx 为极轴,建立极坐标系,则曲线的极坐标方程为

$$\rho = l - h\csc\theta$$

21

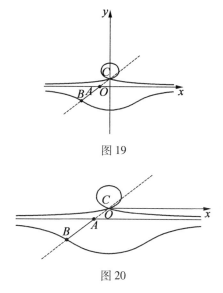

图 19

图 20

若问题 4 中的直线改成圆,则可得如下的问题 5:

问题 5 若让铅笔的一端在某定圆上运动,且铅笔总经过定点(定点在定圆外),则另一端的轨迹是什么图形?

建立如图 21 所示的平面直角坐标系,设圆 O 的半径为 r,$|AB| = l$,$\angle COA = \theta$,$B(x, y)$,$C(a, 0)$($a > r$),AB 的倾斜角为 α,则有

$$\begin{cases} x = r\cos\theta + l\cos\alpha \\ y = r\sin\theta + l\sin\alpha \end{cases}$$

又

$$\tan\alpha = \frac{-r\sin\theta}{a - r\cos\theta}$$

故

$$\cos \alpha = \frac{a - r\cos \theta}{\sqrt{(a - r\cos \theta)^2 + (r\sin \theta)^2}}$$

$$\sin \alpha = \frac{-r\sin \theta}{\sqrt{(a - r\cos \theta)^2 + (r\sin \theta)^2}}$$

所以端点 B 的轨迹的参数方程为

$$\begin{cases} x = r\cos \theta + \dfrac{l(a - r\cos \theta)}{\sqrt{(a - r\cos \theta)^2 + (r\sin \theta)^2}} \\ y = r\sin \theta + \dfrac{-lr\sin \theta}{\sqrt{(a - r\cos \theta)^2 + (r\sin \theta)^2}} \end{cases}$$

(θ 为参数,且 $x \geqslant a$). 当 $l > a + r$ 时,其图形如图 21 所示. 若将铅笔过定点改为铅笔所在直线过定点,则端点 B 的轨迹的参数方程为

$$\begin{cases} x = r\cos \theta \pm \dfrac{l(a - r\cos \theta)}{\sqrt{(a - r\cos \theta)^2 + (r\sin \theta)^2}} \\ y = r\sin \theta \pm \dfrac{-lr\sin \theta}{\sqrt{(a - r\cos \theta)^2 + (r\sin \theta)^2}} \end{cases}$$

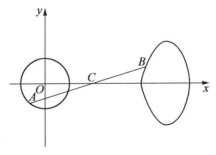

图 21

(θ 为参数,两式中的" $\pm$ "的取法为:同时取" $+$ "或同时取" $-$ "),并且这一结论对于定点 C 在圆 O 内与圆

23

O 上也是成立的. 当 $r < a$ 且 $l < a + r$ 时, 端点 B 的轨迹
如图 22 所示, 其中曲线上的定点 C 及其右侧部分就
是铅笔过定点 C 时的端点 B 的轨迹.

若将问题 5 中的圆推广到曲线 $C:\begin{cases} x = f(t) \\ y = g(t) \end{cases}$, 同时
去掉定点在圆外这一条件, 其他条件不变, 则同理可得
端点 B 的轨迹是曲线 E

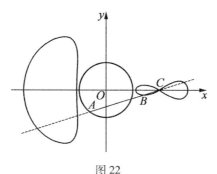

图 22

$$\begin{cases} x = f(t) \pm \dfrac{l(a - f(t))}{\sqrt{(a - f(t))^2 + (g(t))^2}} \\[4mm] y = g(t) \pm \dfrac{-l \cdot g(t)}{\sqrt{(a - f(t))^2 + (g(t))^2}} \end{cases}$$

(t 为参数, 两式中的 " $\pm$ " 的取法为: 同时取 " $+$ " 或同
时取 " $-$ ") 的一部分; 若以定点 C 为极点建立极坐标
系, 并设曲线 C 的极坐标方程为 $F(\rho, \theta) = 0$, 则曲线 E
的极坐标方程为 $F(\rho \pm l, \theta) = 0$. 若再将铅笔过定点改
为铅笔所在直线过定点, 则端点 B 的轨迹即为曲线 E.

如果改变曲线 C 以及 l, a 的取值, 将可以得到许多形态各异的曲线. 从这里我们还可以体会到: 用参数方程、极坐标方程表示某些曲线具有一些独特的优势.

小小的一支铅笔, 就可以玩出这么多有探究价值的数学问题, 并且这样的探究还可以继续进行下去 (例如从平面拓展到空间). 在这一探究过程中, 不仅锻炼了能力、生成了智慧, 而且还感受到了数学与现实生活之间的密切联系, 领悟到了数学的独特魅力. 因此这样的探究非常有意义.

参考文献

[1]　[日]笹部贞市郎. 微积分学辞典(问题解决) [M]. 蒋声, 庄亚栋, 译. 上海:上海教育出版社, 1989.

[2]　苟玉德, 王晓华. 梯子"滑"出的轨迹问题探究 [J]. 数学教学, 2006(6):15-18.

[3]　MUHARREM AKTÜMEN, TUGBA HORZUM, TUBA CEYLAN. Modeling and Visualization Process of the Curve of Pen Point by Geogebra [J]. European Journal of Contemporary Education, 2013, 4(2): 88-99.

§2 什么是包络

假设有一族平面曲线,我们把它叫作 $C(t)$,这一族曲线中的每一条曲线都和不在这族曲线中的另一条曲线 E 相切,并且曲线 E 上的任何一点必定是它和曲线族 $C(t)$ 中某一条曲线相切的切点,则曲线 E 就叫作曲线族 $C(t)$ 的包络.

这里有两个术语需加以说明如下:

首先,本书中所说的曲线,如无特别声明,都包含直线在内. 也就是把直线看作曲线的一种特殊情况.

其次,所谓曲线族 $C(t)$,是指以 t 为参数的一系列的曲线. 参数是什么呢? 参数就是曲线的表达式中可以任意指定其数值的一个常数. 例如

$$y = \frac{1}{2}x + t \qquad (1)$$

当 t 的值从 $-\infty$ 变到 $+\infty$ 的时候,式(1)就表示一切斜率为 $\frac{1}{2}$ 的直线. 图 23 中画出了曲线族(1)的一部分曲线,它对应于 $t = 0, \pm 1, \pm 2, \pm 3$. 如果全部画出来的话,那么它将黑压压的盖满整个平面.

又如

$$x^2 + y^2 = t^2 \qquad (2)$$

当 t 的值变动时. 式(2)就表示一切圆心在原点的圆. 图 24 中画出了 $t = 0, 1, 2, \cdots, 6$ 的情况. 这个曲线族如要全部画出来,也要覆盖满整个平面.

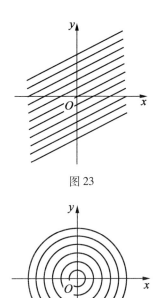

图23

图24

再如

$$y = tx \tag{3}$$

当 t 取一切实数值时,式(3)就表示一切通过原点的直线(但 y 轴除外),图25 画出了它的一部分图像. 这个曲线族也差不多要盖满整个平面,除了 y 轴以外. 在 y 轴上,只有原点是被这个曲线族中每一条线所覆盖的. 因此,原点被这个曲线族中的线覆盖了无穷多次.

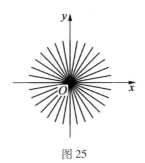

图 25

最后,我们来看下面的例子

$$(x-t)^2 + y^2 = 1 \qquad\qquad (4)$$

当 t 的值变动时,这个曲线族就是一切圆心在 x 轴上、半径等于 1 的圆. 这个曲线族不能盖满整个平面,但能覆盖满直线 $y = 1$(图 26 中的 EC)和直线 $y = -1$(图 26 中的 FD)之间的平面,而且每一点被覆盖两次. 图 26 画出了这个曲线族中部分曲线的图像.

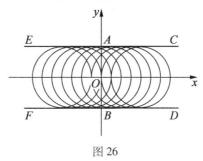

图 26

根据上列图像和我们前面讲的包络定义,很容易看出:曲线族(1)和曲线族(2)没有包络,因为从图 23 和图 24 可见,没有这样的一条曲线能和族中的每条曲线相切. 而曲线族(4)的包络是两条直线 $y = \pm 1$,因为曲线族(4)中的每个圆都和这两条直线相切,而且,这

两条直线上的任何一点必定是曲线族(4)中的某一个圆和这两条直线中的一条的切点. 至于曲线族(3)呢, 我们说这是一个特殊情况. 这时, 曲线族中每一条线都经过一个定点, 我们把这个定点也认为是包络, 并且把它叫作包络的退化情形.

很明显, 如果参数 t 所取的值有限制, 那么, 包络的范围也要受到限制. 例如, 曲线族(4)中的参数 t 如果只限于正实数, 那么它的包络就只有 y 轴右面的一部分, 即两条射线 AC 和 BD. 习惯上, 我们总是尽量让参数取一切可能取的实数值.

§3　怎样求包络

从包络的定义可知, 包络 E 上的每一点都是它和曲线族 $C(t)$ 中的一条曲线相切的切点, 包络 E 就是曲线族 $C(t)$ 中各曲线和 E 相切的切点的轨迹. 要想求包络 E, 只要设法求出上述那些切点的轨迹就行了. 因此我们有下列三种方法:

方法一　以第一节中讲过的曲线族(4), 即
$$(x-t)^2 + y^2 = 1$$
为例, 如果取 $t=0$, 就得到以原点 O 为圆心、半径等于 1 的圆. 在图 27 中, 它和直线 EC 相切于点 A. 如果取 $t=0.1$, 那么, 所得的圆与以 O 为圆心的圆相交于 G. 由图 27 可以看出, 点 G 和点 A 距离很近. 如果读者高兴,

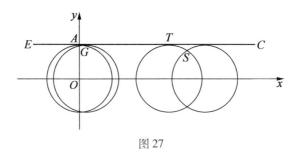

图 27

取 $t = 0.01, t = 0.001, \cdots$，画圆，就可以看出，这些圆和圆 O 的交点愈来愈接近于点 A. 当 t 趋于 0 时，点 G 就趋于点 A 且以点 A 为极限. 这就说明了这里的切点 A 不是别的，正是相邻两圆的交点 G 的极限. 在一般的情况下，设两圆相邻，第一个圆的方程为 $(x-t)^2 + y^2 = 1$，第二个圆的方程为 $(x-t')^2 + y^2 = 1$，如果 t' 和 t 相差很小，那么这两个圆就靠得很近. 而它们的交点 S 就和第一个圆与直线 EC 相切的切点 T 靠得很近. 当 t' 趋于 t 时，第二个圆就趋于第一个圆，它们的交点 S 就要趋于第一个圆与直线 EC 相切的切点 T 且以点 T 为极限. 包络 EC 就是这样的切点 T 的轨迹. 因此，要想求这些圆的包络，只要求族中相邻两圆的交点的极限，就是族中某一圆与包络的切点，然后再求出这个切点的轨迹就行了. 这样，我们得到普遍的方法如下：

设曲线族中相邻两曲线的方程为

$$
\begin{cases}
f(x, y, t) = 0 & (5) \\
f(x, y, t') = 0 & (6)
\end{cases}
$$

将 (5) 和 (6) 两式联立，得到一个方程组. 解这个方程组，设答案为

30

$$x = \xi(t,t'), y = \eta(t,t') \qquad (7)$$

式(7)就是相邻两曲线(5)和(6)的交点坐标. 因为曲线(6)要逐渐趋近于曲线(5),最后重合于曲线(5),在这个过程中,曲线(6)的方程必然连续地改变,最后与曲线(5)的方程完全相同. 因此必须而且只需

$$|t - t'\varphi| < \varepsilon$$

这里,ε 是预先指定的很小的一个正数. 为了行文简便,我们把这个过程说成当曲线(6)趋于曲线(5)时,t'就趋于t,并以t为极限. 设此时式(7)变成

$$x = \varphi(t), y = \psi(t) \qquad (8)$$

式(8)就是曲线(5)和包络的切点的坐标. 从式(8)中消去t,设结果为

$$F(x,y) = 0 \qquad (9)$$

式(9)就是包络的方程了. 实际运算时,往往不必将式(7)全部求出,只要先求出其中的一个,例如 $x = \xi(t,t')$,马上就可以求它的极限而得 $x = \varphi(t)$. 再将 $x = \varphi(t)$ 代回式(5),就可以求出 $y = \psi(t)$ 了.

其实,式(8)就是包络的参数方程. 有时参数t不容易消去,在这种情况下,可以将式(8)作为所求的答案.

方法二　有时(5)和(6)两式联立所得的方程组比较麻烦,不容易解,我们也可以将它们相减,得

$$f(x,y,t) - f(x,y,t') = 0 \qquad (10)$$

容易看出,凡是适合于式(5)和式(6)的 x, y 的值,一定适合于式(10). 所以曲线(10)必然通过曲线(5)和曲线(6)的交点. 当t'趋于t时,设式(10)变为

$$f'(x,y,t) = 0 \qquad (11)$$

曲线(11)必然通过曲线(5)与包络相切的切点. 因此, 将式(5)和式(11)联立, 得方程组

$$\begin{cases} f(x,y,t) = 0 & (12) \\ f'(x,y,t) = 0 & (13) \end{cases}$$

解这个方程组, 设所得答案为

$$x = \varphi(t), y = \psi(t) \qquad (14)$$

式(14)也就是曲线(5)与包络相切的切点的坐标了. 以后消去 t 或不消去 t 都可以, 道理与方法一相同.

方法三 再仔细想一想, 就会发现方法二还可以化简. 因为式(14)无非是由参数 t 的变化定出 x, y 的轨迹, 而(12)及(13)两式中的参数 t 变化时, 照样也能定出 x, y 的轨迹. 既然这样, 又何必先从(12)及(13)两式求出式(14), 多费一番手脚呢? 干脆从(12)及(13)两式中消去参数 t 不也是一样吗? 所以, 只要运算时方便的话, 就可以直接从(12)及(13)两式中消去参数 t, 所得结果就是所求包络的方程.

§4   一个常用的极限

在以后各章里, 经常遇到求极限的问题. 其中大多数的极限, 都可以用代入法求得. 只有一个极限, 即

$$\lim_{\alpha \to 0} \frac{\alpha}{\sin \alpha} = 1$$

需要预先证明一下, 以便后面应用.

证明 作一条半径为 1 的 $\overset{\frown}{AB}$ (图28), 设 $\angle AOB = \alpha$

（以弧度计算），则 $\overset{\frown}{AB}$ 的长也等于 α. 作 $BM \perp OA$，又过 A 作 $\overset{\frown}{AB}$ 的切线，交 OB 的延长线于 T，则

$$\sin \alpha = \frac{BM}{OB} = BM$$

$$\tan \alpha = \frac{AT}{OA} = AT$$

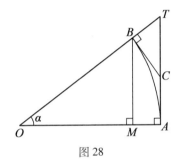

图 28

再作 BC 切 $\overset{\frown}{AB}$ 于 B，交 AT 于 C. 容易看出

$$BM < \overset{\frown}{AB}$$

$$\overset{\frown}{AB} < AC + BC，而 BC > CT$$

所以

$$\overset{\frown}{AB} < AC + CT$$

故

$$\overset{\frown}{AB} < AT$$

即

$$BM < \overset{\frown}{AB} < AT$$

也就是

$$\sin \alpha < \alpha < \tan \alpha$$

33

Leibniz 定理

除以 $\sin \alpha$,得

$$1 < \frac{\alpha}{\sin \alpha} < \frac{1}{\cos \alpha}$$

就是说,$\dfrac{\alpha}{\sin \alpha}$ 的值恒在 1 和 $\dfrac{1}{\cos \alpha}$ 之间. 但当 α 趋于 0 时,$\cos \alpha$ 的值趋于 1,所以,当 α 趋于零时,$\dfrac{\alpha}{\sin \alpha}$ 的值只能趋于 1.

由此可知,$\dfrac{\theta - \theta'}{\sin(\theta - \theta')}$ 和 $\dfrac{\dfrac{\theta - \theta'}{2}}{\sin \dfrac{\theta - \theta'}{2}}$ 两式以及它们的倒数,当 θ' 趋于 θ 时,它们的极限都是 1. 这个结果是以后常常要用的.

直线族的包络

§1 已知方程的直线族的包络

如果已经知道直线族的方程,并且这个方程中只含有一个参数,那么,我们立刻就可以用绪论中所说的方法求它的包络,而不必先作解析几何方面的其他计算. 因为这种情形是最简单的,所以我们就从这种情况开始.

例 1 求直线族

$$y = 3t^2 x - 2t^3 \qquad (1)$$

的包络,t 是参数(图 1).

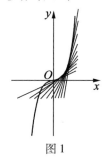

图 1

35

解 设和直线(1)相邻的另一条直线的方程是

$$y = 3t'^2 x - 2t'^3 \qquad (2)$$

将式(1)和式(2)联立起来,就得到一个方程组,解这个方程,得

$$\begin{cases} x = \dfrac{2(t^2 + tt' + t'^2)}{3(t + t')} & (3) \\[3mm] y = \dfrac{2t^2 t'^2}{t + t'} & (4) \end{cases}$$

当直线(2)趋近于直线(1)时,t'趋于t,并以t为极限. 用t代替(3)和(4)两式中的t',得

$$\begin{cases} x = t \\ y = t^3 \end{cases}$$

消去t,得

$$y = x^3$$

这就是所求的包络. 它是一条立方抛物线.

例2 求直线族

$$y = x\cos\theta + \sin\theta - \theta\cos\theta \qquad (5)$$

的包络,θ 为参数(图2).

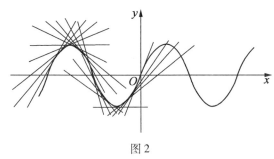

图2

解 设和直线(5)相邻的另一条直线的方程为

36

$$y = x\cos\theta' + \sin\theta' - \theta'\cos\theta' \tag{6}$$

将式(5)和式(6)联立,得一方程组. 解这个方程组时,如果直接从式(5)减去式(6),先消去 y,虽可求出 x,但当 θ' 趋于 θ 时,求

$$\lim_{\theta'\to\theta}(\theta\cos\theta - \theta'\cos\theta')$$

比较麻烦(这种方法在例3中再讲),所以我们现在要先消去 x. 为此,将式(5)乘以 $\cos\theta'$,将式(6)乘以 $\cos\theta$,得

$$y\cos\theta' = x\cos\theta\cos\theta' + \sin\theta\cos\theta' - \theta\cos\theta\cos\theta'$$

$$y\cos\theta = x\cos\theta\cos\theta' + \cos\theta\sin\theta' - \theta'\cos\theta\cos\theta'$$

相减,得

$$y(\cos\theta' - \cos\theta)$$

$$= \sin\theta\cos\theta' - \cos\theta\sin\theta' - (\theta - \theta')\cos\theta\cos\theta' \tag{7}$$

这时,如果就令 θ' 趋于 θ,用 θ 代替上式中的 θ',那么就要得到 $y\cdot 0 = 0$ 的恒等式. 所以,必须先作下列恒等变形:

从三角学中的和差化积公式得知

$$\cos\theta' - \cos\theta = 2\sin\frac{\theta+\theta'}{2}\sin\frac{\theta-\theta'}{2} \tag{8}$$

又从三角学中的两角和差公式得知

$$\sin\theta\cos\theta' - \cos\theta\sin\theta' = \sin(\theta - \theta') \tag{9}$$

将式(8)和式(9)代入式(7),得

$$2y\sin\frac{\theta+\theta'}{2}\sin\frac{\theta-\theta'}{2}$$

$$= \sin(\theta - \theta') - (\theta - \theta')\cos\theta\cos\theta' \tag{10}$$

再从三角学中的半角公式得知

$$\sin(\theta - \theta') = 2\sin\frac{\theta - \theta'}{2}\cos\frac{\theta - \theta'}{2} \qquad (11)$$

将式(11)代入式(10)后,两边除以 $2\sin\dfrac{\theta - \theta'}{2}$,得

$$y \cdot \sin\frac{\theta + \theta'}{2} = \cos\frac{\theta - \theta'}{2} - \frac{\dfrac{\theta - \theta'}{2}}{\sin\dfrac{\theta - \theta'}{2}}\cos\theta\cos\theta'$$

这时 y 固然可以求出,但将 y 的值代入式(5)去求 x 时,仍旧很烦琐. 所以我们先求当 θ' 趋于 θ 时,y 的极限.

当直线(6)趋近于直线(5)时,θ' 趋于 θ,并以 θ 为极限. 由绪论 §4 可知,上式中 $\dfrac{\dfrac{\theta - \theta'}{2}}{\sin\dfrac{\theta - \theta'}{2}}$ 的极限为 1,故上式变为

$$y \cdot \sin\theta = 1 - \cos^2\theta$$
$$= \sin^2\theta$$

所以

$$y = \sin\theta \qquad (12)$$

将式(12)代入式(5),得

$$\sin\theta = x\cos\theta + \sin\theta - \theta\cos\theta$$

所以

$$x = \theta \qquad (13)$$

将式(13)代入式(12),得

$$y = \sin x$$

因此,所求的包络是大家熟知的正弦曲线.

例 3　求直线族

$$x(\theta\cos\theta+\sin\theta)+y(\theta\sin\theta-\cos\theta)=a\theta^2 \quad (14)$$

的包络，θ 为参数（图 3）.

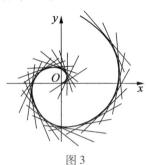

图 3

解　设和直线（14）相邻的另一条直线的方程为

$$x(\theta'\cos\theta'+\sin\theta')+y(\theta'\sin\theta'-\cos\theta')=a\theta'^2 \quad (15)$$

将式（14）和式（15）联立起来，就得到一个方程组. 如果用普通的加减或代入消元法解这个方程组，都比较麻烦，我们来用绪论中所说的方法二.

从式（14）减去式（15），得

$$(x\theta\cos\theta-\theta'\cos\theta'+\sin\theta-\sin\theta')+y[\theta\sin\theta-$$
$$\theta'\sin\theta'-(\cos\theta-\cos\theta')]=a(\theta^2-\theta'^2) \quad (16)$$

为了使 $\theta\cos\theta-\theta'\cos\theta'$ 和 $\theta\sin\theta-\theta'\sin\theta'$ 化成便于求极限的形式，必须用补项法

$$\theta\cos\theta-\theta'\cos\theta'=\theta\cos\theta-\theta\cos\theta'+\theta\cos\theta'-\theta'\cos\theta'$$
$$=\theta(\cos\theta-\cos\theta')+(\theta-\theta')\cos\theta'$$
$$\quad (17)$$

$$\theta\sin\theta-\theta'\sin\theta'=\theta\sin\theta-\theta\sin\theta'+\theta\sin\theta'-\theta'\sin\theta'$$
$$=\theta(\sin\theta-\sin\theta')+(\theta-\theta')\sin\theta'$$
$$\quad (18)$$

将(17)和(18)两式代入式(16),并和差化积,得

$$x\left(-2\theta\sin\frac{\theta+\theta'}{2}\sin\frac{\theta-\theta'}{2}+2\cdot\frac{\theta-\theta'}{2}\cos\theta'+\right.$$

$$\left.2\cos\frac{\theta+\theta'}{2}\sin\frac{\theta-\theta'}{2}\right)+$$

$$y\left(2\theta\cos\frac{\theta+\theta'}{2}\sin\frac{\theta-\theta'}{2}+2\cdot\frac{\theta-\theta'}{2}\sin\theta'+\right.$$

$$\left.2\sin\frac{\theta+\theta'}{2}\sin\frac{\theta-\theta'}{2}\right)$$

$$=a\cdot2\cdot\frac{\theta+\theta'}{2}\cdot2\cdot\frac{\theta-\theta'}{2}$$

左右两边都除以 $2\sin\dfrac{\theta-\theta'}{2}$,得

$$x\left(-\theta\sin\frac{\theta+\theta'}{2}+\frac{\dfrac{\theta-\theta'}{2}}{\sin\dfrac{\theta-\theta'}{2}}\cos\theta'+\cos\frac{\theta+\theta'}{2}\right)+$$

$$y\left(\theta\cos\frac{\theta+\theta'}{2}+\frac{\dfrac{\theta-\theta'}{2}}{\sin\dfrac{\theta-\theta'}{2}}\sin\theta'+\sin\frac{\theta+\theta'}{2}\right)$$

$$=a\cdot2\cdot\frac{\theta+\theta'}{2}\cdot\frac{\dfrac{\theta-\theta'}{2}}{\sin\dfrac{\theta-\theta'}{2}}$$

当直线(15)趋近于直线(14)时,θ'趋于 θ,并以 θ 为极限,而 $\dfrac{\dfrac{\theta-\theta'}{2}}{\sin\dfrac{\theta-\theta'}{2}}$ 当 θ' 趋近于 θ 时,趋于1,所以上式变为

$$x(-\theta\sin\theta + 2\cos\theta) + y(\theta\sin\theta + 2\cos\theta) = 2a\theta$$

所以

$$y = \frac{2a\theta}{\theta\cos\theta + 2\sin\theta} + x \cdot \frac{\theta\sin\theta - 2\cos\theta}{\theta\cos\theta + 2\sin\theta} \quad (19)$$

将式(19)代入式(14),得

$$x(\theta\cos\theta + \sin\theta) + \frac{2a\theta(\theta\sin\theta - \cos\theta)}{\theta\cos\theta + 2\sin\theta} +$$

$$x \cdot \frac{\theta\sin\theta - 2\cos\theta}{\theta\cos\theta + 2\sin\theta} \cdot (\theta\sin\theta - \cos\theta) = a\theta^2$$

$$x(\theta\cos\theta + \sin\theta) +$$

$$x \cdot \frac{\theta^2\sin^2\theta - 3\theta\sin^2\theta\cos\theta + 2\cos^2\theta}{\theta\cos\theta + 2\sin\theta}$$

$$= a\theta^2 - \frac{2a\theta^2\sin\theta - 2a\theta\cos\theta}{\theta\cos\theta + 2\sin\theta}$$

去分母,并注意 $\sin^2\theta + \cos^2\theta = 1$,上式可简化为

$$x(\theta^2 + 2) = a\theta\cos\theta(\theta^2 + 2)$$

所以

$$x = a\theta\cos\theta \quad (20)$$

将式(20)代入式(14),得

$$a\theta\cos\theta(\theta\cos\theta + \sin\theta) + y(\theta\sin\theta - \cos\theta) = a\theta^2$$

$$y(\theta\sin\theta - \cos\theta) = a\theta^2 - a\theta^2\cos^2\theta - a\theta\sin\theta\cos\theta$$

$$= a\theta\sin\theta(\theta\sin\theta - \cos\theta)$$

所以

$$y = a\theta\sin\theta \quad (21)$$

式(20)和式(21)就是著名的阿基米德螺线的参数方程.
如果要化成极坐标方程,只要将 $x = \rho\cos\theta$ 代入式(20),
或将 $y = \rho\sin\theta$ 代入式(21),约简后就得到同样的结果

$$\rho = a\theta$$

41

§2　斜截式直线族的包络

如果已知一条直线的斜率为 k 和它在 y 轴上的截距为 b,那么它的方程就是

$$y = kx + b$$

如果这个方程中含有一个参数,那么它的包络是比较容易求的.

例 4　一条直线在 y 轴上的截距和它的斜率的积等于常数 $p(p > 0)$,求这个直线族的包络(图 4).

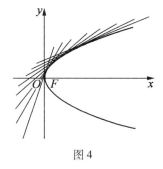

图 4

解　设这个直线族的斜率为 k,则它在 y 轴上的截距就是 $\dfrac{p}{k}$,所以它的方程是

$$y = kx + \frac{p}{k} \qquad (22)$$

这里 k 是参数.

设和直线(22)相邻的另一条直线的方程为

$$y = k'x + \frac{p}{k'} \qquad (23)$$

将式(22)和式(23)联立,并解得

$$\begin{cases} x = \dfrac{p}{kk'} & (24) \\[2mm] y = \dfrac{p}{k'} + \dfrac{p}{k} & (25) \end{cases}$$

当直线(23)趋近于直线(22)时,k'趋于k,并以k为极限. 用k代替式(24)和式(25)中的k',得

$$\begin{cases} x = \dfrac{p}{k^2} & (26) \\[2mm] y = \dfrac{2p}{k} & (27) \end{cases}$$

要消去k,从式(27)得

$$k = \frac{2p}{y}$$

代入式(26),并化简,得

$$y^2 = 4px$$

因此所求的包络是一条抛物线.

现在让我们再仔细观察一下图 5. 这里,AT 是抛物线 $y^2 = 4px$ 的一条切线,它交 x 轴于 A,交 y 轴于 B,切抛物线于 P. 如果过 P 作 $PC \perp Ox$,那么,因为 AT 的方程是 $y = kx + \dfrac{p}{k}$,所以 AT 的斜率是

$$\frac{CP}{AC} = k$$

并且 AT 的截距是

$$OB = \frac{p}{k}$$

Leibniz 定理

设 F 是这个抛物线的焦点,则 F 的坐标是 $(p,0)$,所以

$$\frac{OF}{OB} = \frac{p}{\dfrac{p}{k}} = k$$

也就是说

$$\frac{CP}{AC} = \frac{OF}{OB}$$

但

$$\angle ACP = 90°, \ \angle BOF = 90°$$

所以

$$\triangle ACP \backsim \triangle BOF$$

故

$$\angle PAC = \angle FBO$$

而

$$\angle PAC + \angle ABO = 90°$$

$$\angle FBO + \angle ABO = 90°$$

因此

$$FB \perp AT$$

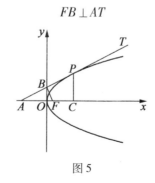

图 5

这就是说,我们证明了下面的定理:

定理 1　将抛物线的焦点和这个抛物线的任一条切线在 y 轴上的截距联结起来,所得的直线(图 5 中的 FB)必垂直于这条切线. 或者这样说:

定理 2　从抛物线的焦点向这抛物线的任一条切线作垂线,垂足必在过抛物线顶点的切线上.

例 5　一条直线的斜率等于它在 y 轴上截距的 $\dfrac{1}{2}$ 的平方,求这个直线族的包络(图 6).

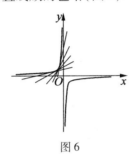

图 6

解　设这条直线在 y 轴上的截距为 $2t$,则它的斜率就是 t^2,所以它的方程是

$$y = t^2 x + 2t \tag{28}$$

这里,t 是参数.

设和它相邻的另一条直线的方程为

$$y = t'^2 x + 2t' \tag{29}$$

将式(28)和式(29)联立,并解得

$$\begin{cases} x = -\dfrac{2}{t+t'} \tag{30} \\[3mm] y = \dfrac{2tt'}{t+t'} \tag{31} \end{cases}$$

当直线(29)趋近于直线(28)时,t' 趋于 t,并以 t

为极限. 用 t 代替式(30)和式(31)中的 t',得

$$\begin{cases} x = -\dfrac{1}{t} \\ y = t \end{cases}$$

消去 t,得

$$xy = -1$$

这是一个等边双曲线(或称直角双曲线).

从这个例子我们也可以推得下面的定理:

定理 3 等边双曲线 $xy = -1$ 的切线的斜率,等于这条切线在 y 轴上截距的一半的平方.

§3 双截距式直线族的包络

如果已知一条直线在 x 轴上的截距 a 和在 y 轴上的截距 b,那么,它的方程就是

$$\frac{x}{a} + \frac{y}{b} = 1$$

如果这个方程中含有一个参数,就可以求出它的包络.

例6 一条直线在 x 轴上的截距与它在 y 轴上的截距的代数和为一正常数,求这直线族的包络(图7).

解 设题中所说的正常数是 $a(a > 0)$. 如果又设这条直线在 x 轴上的截距是 t,那么,这条直线在 y 轴上的截距就是 $a - t$,这条直线的方程就是

$$\frac{x}{t} + \frac{y}{a-t} = 1 \tag{32}$$

这里,t 是参数.

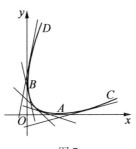

图 7

设和这条直线相邻的另一条直线在 x 轴上的截距是 t'，则它在 y 轴上的截距就是 $a-t'$，而它的方程就是

$$\frac{x}{t'}+\frac{y}{a-t'}=1 \tag{33}$$

将(32)和(33)两式联立，去分母，得

$$\begin{cases}(a-t)x+ty=t(a-t) & (34)\\(a-t')x+t'y=t'(a-t') & (35)\end{cases}$$

以 t' 乘式(34)，以 t 乘式(35)，得

$$\begin{cases}t'(a-t)x+tt'y=tt'(a-t)\\t(a-t')x+tt'y=tt'(a-t')\end{cases}$$

相减，约去公因式 $(t'-t)$，得

$$ax=tt'$$

所以

$$x=\frac{tt'}{a} \tag{36}$$

将这个结果代入式(32)，化简得

$$y=\frac{1}{a}(a-t)(a-t') \tag{37}$$

当直线(33)趋近于直线(32)时，t' 趋于 t，并以 t

47

为极限. 所以, 在 (36) 和 (37) 两式中用 t 代替 t', 得

$$\begin{cases} x = \dfrac{t^2}{a} \\ y = \dfrac{(a-t)^2}{a} \end{cases} \tag{38}$$

式 (38) 就是所求包络的参数方程.

若要消去 t, 将式 (38) 写成

$$\pm \sqrt{ax} = t$$

$$\pm \sqrt{ay} = a - t$$

相加, 就得

$$\pm \sqrt{ax} \pm \sqrt{ay} = a$$

或

$$\pm x^{\frac{1}{2}} \pm y^{\frac{1}{2}} = a^{\frac{1}{2}} \tag{39}$$

在式 (39) 中, 如果都取正号, 所得曲线就是图 7 中的 AB 一段; 如果 $x^{\frac{1}{2}}$ 取正号, $y^{\frac{1}{2}}$ 取负号, 那么所得曲线就是图 7 中的 AC 一段; 如果 $x^{\frac{1}{2}}$ 取负号, $y^{\frac{1}{2}}$ 取正号, 那么所得曲线就是图 7 中的 BD 一段; 但不能都取负号.

式 (39) 代表一条抛物线, 它的焦点坐标是 $\left(\dfrac{a}{2}, \dfrac{a}{2} \right)$, 它的准线是 $x + y = 0$.

从本例我们可以获得下列定理:

定理 4 如果一条动直线在两条互相垂直的坐标轴上所截得的两个截距的代数和是一个常数, 那么这条直线必定和一条抛物线相切.

根据定理 4 可得在车床上车制旋转抛物面的方法如下:

如图 8,设 AB 为车刀,$ACDB$ 为一条能弯曲而不能拉长的钢链,钢链的一端 A 固定在车刀上,另一端 B 附着于车刀上但可沿车刀滑动,钢链的中段 $\overparen{CD}$ 贴在定滑轮 M 上. 工作时使 AC 一段和 BD 一段分别在两条互相垂直的导轨上移动,并使钢链处于绷紧状态. 因 $\overparen{CD}$ 是定长,故 $AC + BD$ 也是定长,从而 $AO + OB$ 也是定长. 当车刀绷紧钢链而移动时,AB 的包络是抛物线的一段弧,所以就可车出旋转抛物面的一部分.

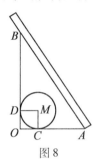

图 8

例 7　一条直线在 x 轴上的截距的平方等于它在 y 轴上的截距的立方,求这直线族的包络(图 9).

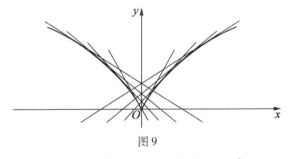

图 9

解　设这条直线在 x 轴上的截距为 t^3,则它在 y 轴上的截距就是 t^2,而它的方程就是

$$\frac{x}{t^3} + \frac{y}{t^2} = 1 \qquad (40)$$

这里, t 是参数.

设和直线(40)相邻的另一条直线的方程是

$$\frac{x}{t'^3} + \frac{y}{t'^2} = 1 \qquad (41)$$

将式(40)和式(41)联立,去分母,得

$$\begin{cases} x + ty = t^3 \\ x + t'y = t'^3 \end{cases}$$

相减,并约去公因式 $(t - t')$,得

$$y = t^2 + tt' + t'^2$$

为了使运算简化,我们不将上式代入式(40)或式(41),而是先求 y 当 t' 趋于 t 时的极限.

当直线(41)趋近于直线(40)时, t' 趋于 t ,并以 t 为极限. 用 t 代替上式中的 t' ,得

$$y = 3t^2 \qquad (42)$$

将式(42)代入式(40),得

$$\frac{x}{t^3} + 3 = 1$$

所以

$$x = -2t^3 \qquad (43)$$

式(42)和式(43)就是所求包络的参数方程. 为了消去 t ,将式(42)和式(43)变形为

$$\frac{y}{3} = t^2 \qquad (44)$$

$$-\frac{x}{2} = t^3 \qquad (45)$$

将式(44)两边立方,将式(45)两边平方,得

$$\frac{y^3}{27} = t^6$$

$$\frac{x^2}{4} = t^6$$

所以

$$\frac{y^3}{27} = \frac{x^2}{4}$$

这是一条半立方抛物线.

§4　点斜式直线族的包络

如果已知一条直线上的一点的坐标为(x_1, y_1),并且知道这条直线的斜率为k,那么,它的方程就是
$$y - y_1 = k(x - x_1)$$
如果这个方程中只含一个参数,那么就可以求出它的包络.

例8　如图10,在x轴上取$F_1(-c, 0)$及$F_2(c, 0)$两点,又以y轴上任一点$M(0, t)$为圆心,以MF_1的长为半径作圆M交定直线$x = a$于点P,求直线PM的包络(t为参数,a, c为正常数,且$a > c$).

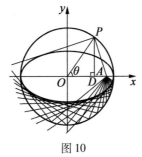

图 10

解 设定直线 $x=a$ 与圆 M 交于另一点 Q,PM 交圆 M 于另一点 R,联结 RQ. 在 $\mathrm{Rt}\triangle PQR$ 中,$|QR|=2a$,$|PR|=2|MF_1|=2\sqrt{c^2+t^2}$,所以

$$|PQ|=\sqrt{4(e^2+t^2)-4a^2}$$

因 $a>0$,故可设 $a^2-c^2=b^2$,则

$$|PQ|=\sqrt{4t^2-4(a^2-c^2)}$$
$$=2\sqrt{t^2-b^2}$$

所以

$$\tan\angle PRQ=\frac{|PQ|}{|RQ|}=\frac{\sqrt{t^2-b^2}}{a}$$

若点 P 取在图 10 中的点 Q 处,则 $\tan\angle PRQ$ 为负数,所以 PM 的斜率为 $\pm\dfrac{\sqrt{t^2-b^2}}{a}$. 又 PM 过点 $M(0,t)$,因而直线 PM 的方程为

$$y-t=\pm\frac{\sqrt{t^2-b^2}}{a}\cdot x$$

或

$$a(y-t)=\pm\sqrt{t^2-b^2}\cdot x \qquad (46)$$

式中,t 是参数,a 和 b 是正常数.

设和 PM 相邻的另一条直线方程是

$$a(y-t')=\pm\sqrt{t'^2-b^2}x \qquad (47)$$

式(46)和式(47)联立就得一个方程组.

我们采用绪论中所说的方法二. 由式(46)减去式(47),得

$$-a(t-t')=\pm(\sqrt{t^2-b^2}-\sqrt{t'^2-b^2})x$$

上式的右边不便于取极限,所以要将它变形. 这种变形

的方法有些像"有理化分母",但实际上是"有理化分子",于是有

$$\pm \left(\sqrt{t'^2 - b^2} - \sqrt{t^2 - b^2} \right) x$$

$$= \pm \frac{\left(\sqrt{t'^2 - b^2} - \sqrt{t'^2 - b^2} \right) \sqrt{t^2 - b^2} + \sqrt{t'^2 - b^2}}{\sqrt{t^2 - b^2} + \sqrt{t'^2 - b^2}} \cdot x$$

$$= \pm \frac{t^2 - b^2 - (t'^2 - b^2)}{\sqrt{t^2 - b^2} + \sqrt{t'^2 - b^2}} \cdot x$$

$$= \pm \frac{t^2 - t'^2}{\sqrt{t^2 - b^2} + \sqrt{t'^2 - b^2}} \cdot x$$

所以上式化为

$$-a(t - t') = \pm \frac{t^2 - t'^2}{\sqrt{t^2 - b^2} + \sqrt{t'^2 - b^2}} \cdot x$$

约去公因式 $(t - t')$,得

$$-a = \pm \frac{t + t'}{\sqrt{t^2 - b^2} + \sqrt{t'^2 - b^2}} \cdot x$$

当直线(47)趋近于直线(46)时,t' 趋于 t,并以 t 为极限. 将上式中的 t' 换成 t,得

$$-a = \pm \frac{t}{\sqrt{t^2 - b^2}} \cdot x$$

$$x = \mp \frac{a \sqrt{t^2 - b^2}}{t} \tag{48}$$

式(48)代入式(46),约简,得

$$y - t = -\frac{t^2 - b^2}{t} = -t + \frac{b^2}{t}$$

所以

$$y = \frac{b^2}{t} \tag{49}$$

式(48)和(49)就是所求包络的参数方程. 为了消去参数 t, 将式(49)变形为 $t=\dfrac{b^2}{y}$, 代入(48), 得

$$\frac{xb^2}{y} = \mp a\sqrt{\frac{b^4}{y^2} - b^2}$$

两边平方, 整理得

$$\frac{x^2}{y^2} = \frac{a^2(b^2 - y^2)}{b^2 y^2}$$

即

$$\frac{x^2}{a^2} + \frac{y^2}{b^2} = 1$$

这是大家熟知的椭圆.

例9 求双曲线的法线的包络(图11).

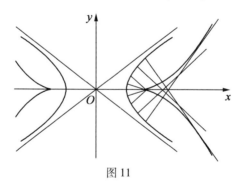

图 11

解 设双曲线的方程为

$$\frac{x^2}{a^2} - \frac{y^2}{b^2} = 1 \qquad (50)$$

即

$$b^2 x^2 - a^2 y^2 = a^2 b^2$$

由解析几何学可知, 过双曲线上任意一点

$P(x_1, y_1)$ 的切线的方程是

$$b^2 x_1 x - a^2 y_1 y = a^2 b^2$$

它的斜率是

$$k = \frac{b^2 x_1}{a^2 y_1}$$

所以过点 P 的法线的斜率是

$$-\frac{1}{k} = -\frac{a^2 y_1}{b^2 x_1}$$

因而过点 P 的法线的方程是

$$y - y_1 = -\frac{a^2 y_1}{b^2 x_1}(x - x_1)$$

整理后,得

$$a^2 y_1 x + b^2 x_1 y = (a^2 + b^2) x_1 y_1 \tag{51}$$

式(51)中,x_1 和 y_1 好像是两个参数,因此,我们要寻求用一个参数表示点 P 的坐标的方法. 我们来观察双曲线方程:从式(50)可见,如果 x 中含有 a 的因子,y 中含有 b 的因子,那么式(50)就可以大大化简. 因此,我们初步设想是令

$$x = au, y = bv$$

代入式(50),就得到

$$u^2 - v^2 = 1 \tag{52}$$

如果 u 和 v 是同一个参数 θ 的函数,比如说 $u = \varphi(\theta), v = \psi(\theta)$,那么式(52)就化为

$$[\varphi(\theta)]^2 - [\psi(\theta)]^2 = 1$$

有没有这样的函数 $u = \varphi(\theta), v = \psi(\theta)$ 满足上式呢?众所周知,三角函数中,恰有

$$\sec^2\theta - \tan^2\theta = 1$$

所以我们就令

$$x_1 = a\sec\theta, y_1 = b\tan\theta \tag{53}$$

实际上,式(53)就是双曲线的参数方程.

设点 P 的坐标为 $(a\sec\theta, b\tan\theta)$,代入法线方程(51)中,就得

$$a^2 b\tan\theta \cdot x + b^2 a\sec\theta \cdot y = (a^2 + b^2) ab\sec\theta\tan\theta$$

两边除以 $ab\sec\theta$,并注意 $\dfrac{\tan\theta}{\sec\theta} = \sin\theta$,得

$$ax\sin\theta + by = (a^2 + b^2)\tan\theta \tag{54}$$

这里,θ 是参数,a 和 b 是常数.

设和直线(54)相邻的另一条直线方程为

$$ax\sin\theta' + by = (a^2 + b^2)\tan\theta' \tag{55}$$

将(54)和(55)两式联立,得到一个方程组,为解这个方程组,用式(54)减去式(55),得

$$ax(\sin\theta - \sin\theta') = (a^2 + b^2)(\tan\theta - \tan\theta')$$

利用和差化积、两角和差及半角公式,上式可化为

$$ax \cdot 2\cos\frac{\theta+\theta'}{2}\sin\frac{\theta-\theta'}{2}$$

$$= (a^2 + b^2) \cdot \frac{2\sin\dfrac{\theta-\theta'}{2}\cos\dfrac{\theta-\theta'}{2}}{\cos\theta\cos\theta'}$$

约去公因式 $2\sin\dfrac{\theta-\theta'}{2}$,得

$$ax \cdot \cos\frac{\theta+\theta'}{2} = \frac{(a^2 + b^2)}{\cos\theta\cos\theta'}\cos\frac{\theta-\theta'}{2}$$

当直线(55)趋近于直线(54)时,θ' 趋于 θ,并以 θ 为极限.用 θ 代替上式中的 θ',得

$$ax\cos\theta = \frac{a^2 + b^2}{\cos^2\theta}$$

所以

$$x = \frac{a^2 + b^2}{a} \sec^3 \theta \qquad (56)$$

将式(56)代入式(54),得

$$a \sin \theta \cdot \frac{a^2 + b^2}{a} \sec^3 \theta + by = (a^2 + b^2) \tan \theta$$

即

$$\begin{aligned}
by &= (a^2 + b^2) \tan \theta - (a^2 + b^2) \sin \theta \sec^3 \theta \\
&= (a^2 + b^2) \tan \theta (1 - \sec^2 \theta) \\
&= -(a^2 + b^2) \tan^3 \theta
\end{aligned}$$

所以

$$y = -\frac{a^2 + b^2}{b} \tan^3 \theta \qquad (57)$$

(56)和(57)两式就是所求包络的参数方程. 为了消去参数 θ,将式(56)和式(57)写成

$$ax = (a^2 + b^2) \sec^3 \theta$$

$$by = -(a^2 + b^2) \tan^3 \theta$$

两边各自开三次方,然后再平方,得

$$(ax)^{\frac{2}{3}} = (a^2 + b^2)^{\frac{2}{3}} \sec^2 \theta$$

$$(by)^{\frac{2}{3}} = (a^2 + b^2)^{\frac{2}{3}} \tan^2 \theta$$

相减,得

$$(ax)^{\frac{2}{3}} - (by)^{\frac{2}{3}} = (a^2 + b^2)^{\frac{2}{3}}$$

这是双曲线 $\dfrac{x^2}{a^2} - \dfrac{y^2}{b^2} = 1$ 的渐屈线,而双曲线 $\dfrac{x^2}{a^2} - \dfrac{y^2}{b^2} = 1$

是曲线 $(ax)^{\frac{2}{3}} - (by)^{\frac{2}{3}} = (a^2 + b^2)^{\frac{2}{3}}$ 的渐开线.

　　一般地,如果曲线 C 的法线包络为 C'(如果有的话),那么称曲线 C' 是曲线 C 的渐屈线,称曲线 C 是曲线 C' 的渐开线.

§5 中垂线式直线族的包络

如果已知两点,那么联结它们所得线段的中垂线(即垂直平分线)可以用点斜式求得它的方程. 但在一般情况下,这样运算比较烦琐. 不如应用平面几何里中垂线的性质——中垂线上任意一点到线段的两端等距离——来求它的方程较为便利.

如果设已知的两点为 $A(x_1,y_1)$ 和 $B(x_2,y_2)$,中垂线上任意一点为 $P(x,y)$,那么,因 $|PA|=|PB|$,所以

$$\sqrt{(x-x_1)^2+(y-y_1)^2}=\sqrt{(x-x_2)^2+(y-y_2)^2}$$

两边平方,展开,并整理,得

$$2(x_1-x_2)x+2(y_1-y_2)y=x_1{}^2-x_2{}^2+y_1{}^2-y_2{}^2$$

上式就是线段 AB 的中垂线的方程了.

如果这个方程中含有一个参数,那么就可以求出它的包络.

例 10 将圆外一个定点和圆周上任意一点联结起来,得到一条线段,求这条线段的中垂线所成的包络(图 12).

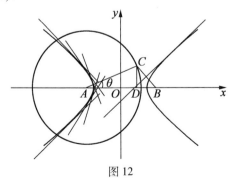

图 12

58

解　设圆心 A 的坐标为 $(-c, 0)$，圆外定点 B 的坐标为 $(c, 0)$，圆半径为 $2a$，圆周上任意一点为 C．联结 AC，如果设 AC 与 x 轴的夹角为 θ，那么，点 C 的坐标是 $(2a\cos\theta - c, 2a\sin\theta)$．

利用上面的中垂线公式，就得到线段 BC 的中垂线的方程为

$$2(2a\cos\theta - c - c)x + 2(2a\sin\theta)y$$
$$= (2a\cos\theta - c)^2 - c^2 + (2a\sin\theta)^2$$

整理，得

$$(x + c)\cos\theta + y\sin\theta = \frac{cx + a^2}{a} \qquad (58)$$

设和直线 (58) 相邻的另一条直线的方程为

$$(x + c)\cos\theta' + y\sin\theta' = -\frac{cx + a^2}{a} \qquad (59)$$

式 (58) 减去式 (59)，得

$$(x + c)(\cos\theta - \cos\theta') + y(\sin\theta - \sin\theta)' = 0$$

和差化积并约去 $-\sin\dfrac{\theta - \theta'}{2}$，得

$$(x + c)\sin\frac{\theta + \theta'}{2} - y\cos\frac{\theta + \theta'}{2} = 0$$

当直线 (59) 趋近于直线 (58) 时，θ' 趋于 θ，并以 θ 为极限．用 θ 代替上式中的 θ'，得

$$(x + c)\sin\theta - y\cos\theta = 0 \qquad (60)$$

为了用绪论中所说的方法三，从 (58) 和 (60) 两式消去 θ，将它们各自平方，相加，得

$$(x + c)^2 + y^2 = \frac{(cx + a^2)^2}{a^2}$$

去分母,展开,整理,得

$$\frac{x^2}{a^2} - \frac{y^2}{c^2 - a^2} = 1$$

因为点 B 在圆外,所以 AB 大于圆的半径,即 $2c >$ $2a$,因此 $c^2 > a^2$. 令 $c^2 - a^2 = b^2$,上式变为

$$\frac{x^2}{a^2} - \frac{y^2}{b^2} = 1$$

这是一个双曲线,它的焦点就是 A 和 B,它的实轴等于圆 A 的半径.

熟悉平面几何学中"位似变换"的读者可以看出:本例的结果是位似变换,并且位似比等于 1:2.

事实上,我们还可以获得"折纸几何学"中的三个定理:

定理 5　在一张纸上任意画一条直线 l,在直线 l 上取若干点 $P_1, P_2, P_3, P_4, \cdots, P_n$,再在直线 l 外取一点 F. 将这张纸折叠起来,使点 F 落在点 P_1 上,将纸摊开,纸上就有了一条折痕. 如此再反复多次,折叠时使点 F 顺次落在点 $P_2, P_3, P_4, \cdots, P_n$ 上,纸上就有了 n 条折痕. 当 n 不断增大时,这些折痕就包络一条抛物线. 这条抛物线以点 F 为焦点,以直线 l 为准线(请读者自己动手试试看,下同).

定理 6　在一张纸上任意画一个圆 O,在圆周上任取若干点 $P_1, P_2, P_3, P_4, \cdots, P_n$. 再在圆内任取一点 F(点 F 不能与圆心 O 重合). 将这张纸折叠起来,使点 F 落在点 P_1 上,将纸摊开,纸上就有了一条折痕. 如此反复多次,折叠时使点 F 顺次落在点 $P_2, P_3, \cdots,$ P_n 上,纸上就有了 n 条折痕. 当 n 不断增大时,这些折

痕就包络一个椭圆. 这个椭圆以点 O 及点 F 为焦点, 它的长轴等于圆 O 的半径.

定理 7 如果将定理 6 中的圆内一点 F 改为圆外一点 F, 那么所得的折痕就包络一个双曲线. 这个双曲线以点 O 及点 F 为焦点, 它的实轴等于圆 O 的半径.

请读者自己研究一下, 点 F 取在何处才能使所得双曲线为等边双曲线 (用折纸的方法)?

§6 两点式直线族的包络

如果已知两点 $P_1(x_1, y_1)$ 和 $P_2(x_2, y_2)$, 那么联结这两点的直线的方程就是

$$\frac{y - y_1}{y_1 - y_2} = \frac{x - x_1}{x_1 - x_2}$$

如果这个方程中含有一个参数, 就可以求出它的包络.

例 11 一条动直线和一个定角的两边 (或其反向延长线) 相交, 截得的三角形的面积是一个定值, 求这条动直线的包络 (图 13).

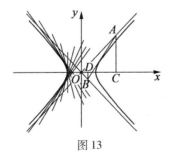

图 13

解 设这个定角为 $\angle AOB$, 取 O 为原点, 取这个角的平分线为 x 轴, 取这个角的邻补角的平分线为 y 轴. 设直线 AB 截这个角所得 $\triangle AOB$ 的面积为 S, 又设 $\angle AOB = 2\alpha$, 则

$$\frac{1}{2} OA \cdot OB \sin 2\alpha = S$$

所以

$$OA \cdot OB = \frac{2S}{\sin 2\alpha}$$

这里, S 和 α 都是定值, 从而 $\sin 2\alpha$ 和 $\dfrac{2S}{\sin 2\alpha}$ 也都是定值. 为了书写简便起见, 设

$$\frac{2S}{\sin 2\alpha} = k^2$$

则

$$OA \cdot OB = k^2$$

因此, 我们可以设 $OA = mk$, $OB = \dfrac{k}{m}$. 现在要求 A, B 两点坐标, 如果作 AC 和 BD 都垂直于 x 轴, 那么

$$OC = OA \cos \alpha = mk \cos \alpha$$

$$CA = OA \sin \alpha = mk \sin \alpha$$

$$OD = OB \cos(-\alpha) = OB \cos \alpha = \frac{k}{m} \cos \alpha$$

$$DB = OB \sin(-\alpha) = -OB \sin \alpha = -\frac{k}{m} \sin \alpha$$

所以 A, B 两点的坐标分别为

$$A : (mk \cos \alpha, mk \sin \alpha)$$

$$B : \left(\frac{k}{m} \cos \alpha, -\frac{k}{m} \sin \alpha \right)$$

而直线 AB 的方程就是

$$\frac{y - mk\sin\alpha}{mk\sin\alpha + \frac{k}{m}\sin\alpha} = \frac{x - mk\cos\alpha}{mk\cos\alpha - \frac{k}{m}\cos\alpha}$$

去分母,约去公因子 k,得

$$\left(m - \frac{1}{m}\right)\cos\alpha \cdot y - \left(m - \frac{1}{m}\right)\cos\alpha \cdot mk\sin\alpha$$

$$= \left(m + \frac{1}{m}\right)\sin\alpha \cdot x - \left(m + \frac{1}{m}\right)\sin\alpha \cdot mk\cos\alpha$$

即

$$m(x\sin\alpha - y\cos\alpha) + \frac{1}{m}(x\sin\alpha + y\cos\alpha)$$

$$= 2k\sin\alpha\cos\alpha \qquad (61)$$

这里,m 是参数,k 和 α 是常数.

设和直线(61)相邻的另一条直线的方程是

$$m'(x\sin\alpha - y\cos\alpha) + \frac{1}{m'}(x\sin\alpha + y\cos\alpha)$$

$$= 2k\sin\alpha\cos\alpha \qquad (62)$$

采用绪论中所说的方法三,由式(61)减去式(62),并约去公因式 $(m - m')$,得

$$x\sin\alpha - y\cos\alpha - \frac{1}{mm'}(x\sin\alpha + y\cos\alpha) = 0$$

当直线(62)趋近于直线(61)时,m' 趋于 m,并以 m 为极限.用 m 代替上式中的 m',得

$$x\sin\alpha - y\cos\alpha - \frac{1}{m^2}(x\sin\alpha + y\cos\alpha) = 0$$

所以

$$m^2 = \frac{x\sin\alpha + y\cos\alpha}{x\sin\alpha - y\cos\alpha} \qquad (63)$$

为了消去参数 m，将式(61)两边平方，得

$$m^2(x\sin\alpha - y\cos\alpha)^2 +$$
$$2(x\sin\alpha - y\cos\alpha)(x\sin\alpha + y\cos\alpha) +$$
$$\frac{1}{m^2}(x\sin\alpha + y\cos\alpha)^2$$
$$= 4k^2\sin^2\alpha\cos^2\alpha \qquad (64)$$

将式(63)代入式(64)，得

$$4(x\sin\alpha + y\cos\alpha)(x\sin\alpha - y\cos\alpha) = 4k^2\sin^2\alpha\cos^2\alpha$$

即

$$x^2\sin^2\alpha - y^2\cos^2\alpha = k^2\sin^2\alpha\cos^2\alpha$$

这就是

$$\frac{x^2}{k^2\cos^2\alpha} - \frac{y^2}{k^2\sin^2\alpha} = 1$$

这是一个双曲线，它以已知角的两边 OA 和 OB 为渐近线. 再将 $k^2 = \dfrac{2S}{\sin 2\alpha} = \dfrac{S}{\sin\alpha\cos\alpha}$ 代入上式，就得

$$\frac{x^2}{S\cot\alpha} - \frac{y^2}{S\tan\alpha} = 1$$

从本例我们可以获得下面的定理：

定理 8 双曲线的切线和它的渐近线相交，所得的三角形的面积是一个定值.

如果要问这个定值等于多少？将上式和双曲线的标准形式

$$\frac{x^2}{a^2} - \frac{y^2}{b^2} = 1$$

比较，得

$$S\cot\alpha = a^2, \quad S\tan\alpha = b^2$$

将这两式相乘,就得到

$$S^2 = a^2 b^2$$

所以

$$S = ab \quad (负值不取)$$

例12　一条动直线在 y 轴上的截距为 $-am^3$,而它和直线 $x = a$ 的交点的纵坐标是 $3am$,求这条动直线的包络. 这里, m 是参数, a 是正常数(图14).

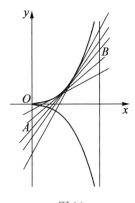

图 14

解　设这条动直线与轴的交点为 A,与直线 $x = a$ 的交点为点 B,则点 A 的坐标是 $(0,-am^3)$,点 B 的坐标是 $(a,3am)$,所以 AB 的方程就是

$$\frac{x-a}{a} = \frac{y-3am}{3am+am^3}$$

去分母,约去公因子 a,并整理,得

$$y = 3mx + m^3 x - am^3 \qquad (65)$$

设和直线(65)相邻的另一条直线的方程为

$$y = 3m'x + m'^3 - am'^3 \qquad (66)$$

将式(65)和式(66)联立,相减,并约去公因式 $(m-$

m'),得

$$3x + (m^2 + mm' + m'^2)x = a(m^2 + mm' + m'^2)$$

当直线(66)趋近于直线(65)时,m' 趋于 m,并以 m 为极限,用 m 代替上式中的 m',得

$$3x + 3m^2x = 3am^2$$

所以

$$x = \frac{am^2}{1 + m^2} \qquad (67)$$

将式(67)代入式(65),化简,得

$$y = \frac{2am^3}{1 + m^2} \qquad (68)$$

要消去参数 m,将式(68)除以式(67),可得

$$\frac{y}{x} = 2m$$

所以

$$m = \frac{y}{2x}$$

将上式代入式(67),化简得

$$4x^3 + xy^2 = ay^2$$

也就是

$$y^2 = \frac{4x^3}{a - x}$$

这个曲线叫作蔓叶线.

例13 试求正三角形的西姆森线的包络(若从三角形外接圆周上任意一点向三条边作垂线,则所得的三个垂足必在一条直线上. 这条直线叫作西姆森线,或称垂足线)(图15).

66

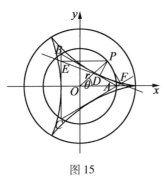

图 15

解　设这个正三角形的三个顶点的坐标分别为

$$A:(r,0)$$

$$B:\left(-\frac{r}{2},\frac{\sqrt{3}}{2}r\right)$$

$$C:\left(-\frac{r}{2},-\frac{\sqrt{3}}{2}r\right)$$

这里，r 是 $\triangle ABC$ 的外接圆的半径，是一个常数.

再设外接圆周上的任意一点为 P，联结 OP，设 $\angle POX=\theta$，则点 P 的坐标就是 $(r\cos\theta,r\sin\theta)$. 这里 θ 是参数.

若从点 P 作 $PD\perp AB$，$PE\perp BC$，$PF\perp AC$，则 $D,E,$ F 三点在一条直线上，这条直线就是西姆森线. 因为两点确定一条直线，所以，要求西姆森线的方程，只要把 D,E,F 三点中的两点（例如 D 和 F）求出来，再求直线 DF 的方程就行了. 为此，先求出 AB 和 AC 的斜率 k_{AB} 和 k_{AC}，有

$$k_{AB}=\tan 150°=-\frac{\sqrt{3}}{3}$$

67

$$k_{AC} = \tan 210° = \frac{\sqrt{3}}{3}$$

因为 $PD \perp AB$，$PF \perp AC$，所以它们的斜率分别等于 k_{AB} 和 k_{AC} 的负倒数，即

$$k_{PD} = \sqrt{3}，k_{PF} = -\sqrt{3}$$

因为点 D 是 AB 和 PD 的交点，点 F 是 AC 和 PF 的交点，所以要求 D 和 F 的坐标，当然可以将 AB 和 PD 的方程求出来，再解这两个方程所组成的方程组. 但也可以不解方程组，而采用求下述定比分点的方法，较为灵活.

设点 D 的坐标为 (x_1, y_1)，又设点 D 内分线段 AB 所得的比为 λ，即 $\dfrac{AD}{DB} = \lambda$，则点 D 的坐标为

$$x_1 = \frac{r + \lambda\left(-\dfrac{r}{2}\right)}{1 + \lambda} = \frac{r - \dfrac{\lambda r}{2}}{1 + \lambda} = \frac{(2 - \lambda) r}{2(1 + \lambda)} \quad (69)$$

$$y_1 = \frac{0 + \lambda \cdot \dfrac{\sqrt{3}\, r}{2}}{1 + \lambda} = \frac{\sqrt{3}\,\lambda r}{2(1 + \lambda)} \quad (70)$$

因为点 D 在 PD 上，而 PD 的斜率是 $k_{PD} = \sqrt{3}$，所以

$$k_{PD} = \frac{y_1 - r\sin\theta}{x_1 - r\cos\theta} = \sqrt{3} \quad (71)$$

这里的 $(r\cos\theta, r\sin\theta)$ 是点 P 的坐标. 将式 (69) 和式 (70) 代入式 (71)，得

$$\frac{\dfrac{\sqrt{3}\,\lambda r}{2(1 + \lambda)} - r\sin\theta}{\dfrac{(2 - \lambda) r}{2(1 + \lambda)} - r\cos\theta} = \sqrt{3}$$

分子分母同乘以 $2(1+\lambda)$,并约去 r ,得

$$\frac{\sqrt{3}\lambda - 2\sin\theta - 2\lambda\sin\theta}{2 - \lambda - 2\cos\theta - 2\lambda\cos\theta} = \sqrt{3}$$

去分母,得

$$\sqrt{3}\lambda - 2\sin\theta - 2\lambda\sin\theta$$

$$= 2\sqrt{3} - \sqrt{3}\lambda - 2\sqrt{3}\cos\theta - 2\sqrt{3}\lambda\cos\theta +$$

$$2\sqrt{3}\lambda + 2\sqrt{3}\lambda\cos\theta - 2\lambda\sin\theta$$

$$= 2\sqrt{3} - 2\sqrt{3}\cos\theta + 2\sin\theta$$

$$\lambda(\sqrt{3} + \sqrt{3}\cos\theta - \sin\theta) = \sqrt{3} - \sqrt{3}\cos\theta + \sin\theta$$

所以

$$\lambda = \frac{\sqrt{3} - \sqrt{3}\cos\theta + \sin\theta}{\sqrt{3} + \sqrt{3}\cos\theta - \sin\theta} \qquad (72)$$

于是

$$2(1+\lambda) = \frac{4\sqrt{3}}{\sqrt{3} + \sqrt{3}\cos\theta - \sin\theta} \qquad (73)$$

$$2 - \lambda = 2 - \frac{\sqrt{3} - \sqrt{3}\cos\theta + \sin\theta}{\sqrt{3} + \sqrt{3}\cos\theta - \sin\theta}$$

$$= \frac{\sqrt{3} + 3\sqrt{3}\cos\theta - 3\sin\theta}{\sqrt{3} + \sqrt{3}\cos\theta - \sin\theta} \qquad (74)$$

将式(73)和式(74)代入式(69),得

$$x_1 = \frac{\sqrt{3} + 3\sqrt{3}\cos\theta - 3\sin\theta}{\sqrt{3} + \sqrt{3}\cos\theta - \sin\theta} \cdot r \cdot \frac{\sqrt{3} + \sqrt{3}\cos\theta - \sin\theta}{4\sqrt{3}}$$

$$= \frac{1 + 3\cos\theta - \sqrt{3}\sin\theta}{4} \cdot r$$

再将式(72)和式(73)代入式(70),得

$$y_1 = \sqrt{3}\,r \cdot \frac{\sqrt{3} - \sqrt{3}\cos\theta + \sin\theta}{\sqrt{3} + \sqrt{3}\cos\theta - \sin\theta} \cdot \frac{\sqrt{3} + \sqrt{3}\cos\theta - \sin\theta}{4\sqrt{3}}$$

$$= \frac{\sqrt{3} - \sqrt{3}\cos\theta + \sin\theta}{4} \cdot r$$

所以点 D 的坐标是

$$D: \left(\frac{r}{4} + \frac{3r}{4}\cos\theta - \frac{\sqrt{3}\,r}{4}\sin\theta, \frac{\sqrt{3}\,r}{4} - \frac{\sqrt{3}\,r}{4}\cos\theta + \frac{r}{4}\sin\theta \right).$$

要求点 F 的坐标,只要注意点 D 是 AB 的内分点,而点 F 是 AC 的外分点,所以运算过程是完全一样的.所不同的仅仅是点 C 的纵坐标 $-\frac{\sqrt{3}}{2}r$,正好是点 B 纵坐标 $\frac{\sqrt{3}}{2}r$ 的相反数.因此,我们只要将点 D 坐标中所含的 $\frac{\sqrt{3}}{2}r$ 因子换成 $-\frac{\sqrt{3}}{2}r$,就可立刻写出点 F 的坐标,不必再逐步计算了.这样,我们就得到点 F 的坐标如下

$$F: \left(\frac{r}{4} + \frac{3r}{4}\cos\theta + \frac{\sqrt{3}}{4}r\sin\theta, -\frac{\sqrt{3}}{4}r + \frac{\sqrt{3}}{4}r\cos\theta + \frac{r}{4}\sin\theta \right)$$

现在,西姆森线 DF 的方程可以用两点式求得如下

$$\frac{x - \frac{r}{4} - \frac{3r}{4}\cos\theta + \frac{\sqrt{3}\,r}{4}\sin\theta}{-\frac{2\sqrt{3}\,r}{4}\sin\theta}$$

$$= \frac{y - \frac{\sqrt{3}\,r}{4} + \frac{\sqrt{3}\,r}{4}\cos\theta - \frac{r}{4}\sin\theta}{\frac{2\sqrt{3}\,r}{4} - \frac{2\sqrt{3}\,r}{4}\cos\theta}$$

分子、分母都乘以 4,并将两边都乘以 $2\sqrt{3}\,r$,得

$$\frac{4x - r - 3r\cos\,\theta + \sqrt{3}\,r\sin\,\theta}{-\sin\,\theta}$$

$$= \frac{4y - \sqrt{3}\,r + \sqrt{3}\,r\cos\,\theta - r\sin\,\theta}{1 - \cos\,\theta}$$

去分母,得

$$4x(1 - \cos\,\theta) - r + r\cos\,\theta - 3r\cos\,\theta + 3r\cos^2\theta +$$

$$\sqrt{3}\,r\sin\,\theta - \sqrt{3}\,r\sin\,\theta\cos\,\theta$$

$$= -4y\sin\,\theta + \sqrt{3}\,r\sin\,\theta - \sqrt{3}\,r\sin\,\theta\cos\,\theta + r\sin^2\theta$$

移项,并注意:$\sin^2\theta + \cos^2\theta = 1$,所以

$$-3r\cos^2\theta + r\sin^2\theta = -4r\cos^2\theta + r\cos^2\theta + r\sin^2\theta$$

$$= -4r\cos^2\theta + r$$

$$4x(1 - \cos\,\theta) + 4y\sin\,\theta = 2r + 2r\cos\,\theta - 4r\cos^2\theta$$

$$2x(1 - \cos\,\theta) + 2y\sin\,\theta = r + r\cos\,\theta - 2r\cos^2\theta$$

$$= r\cos\,\theta - r(2\cos^2\theta - 1) \quad (75)$$

所以

$$2x(1 - \cos\,\theta) + 2y\sin\,\theta = r\cos\,\theta - r\cos\,2\theta \quad (76)$$

式(76)就是西姆森线 DF 的方程,θ 是参数.

设另一条和它相邻的西姆森线的方程为

$$2x(1 - \cos\,\theta') + 2y\sin\,\theta' = r\cos\,\theta' - r\cos\,2\theta' \quad (77)$$

式(76)减去式(77),得

$$-2x(\cos\,\theta - \cos\,\theta') + 2y(\sin\,\theta - \sin\,\theta')$$

$$= r(\cos\,\theta - \cos\,\theta') - r(\cos\,2\theta - \cos\,2\theta')$$

应用和差化积及半角公式,两边约去公因式

$2\sin\dfrac{\theta - \theta'}{2}$,得

71

$$2x\sin\frac{\theta+\theta'}{2}+2y\cos\frac{\theta+\theta'}{2}$$

$$=-r\sin\frac{\theta+\theta'}{2}+4r\sin\frac{\theta+\theta'}{2}\cos\frac{\theta+\theta'}{2}\cos\frac{\theta-\theta'}{2}$$

当西姆森线(77)趋近于西姆森线(76)时,θ'趋于 θ,并以 θ 为极限. 用 θ 代替上式中的 θ',得

$$2x\sin\theta+2y\cos\theta=-r\sin\theta+4r\sin\theta\cos\theta$$

两边除以 $\sin\theta$ 得

$$2x+2y\cot\theta=-r+4r\cos\theta$$

所以

$$2x=-2y\cot\theta-r+4r\cos\theta \qquad (78)$$

将式(78)代入式(75),得

$$(-2y\cot\theta-r+4r\cos\theta)(1-\cos\theta)+2y\sin\theta$$
$$=r+r\cos\theta-2r\cos^2\theta$$

将左边展开,再合并同类项,得

$$-2y\cot\theta+2y\cot\theta\cos\theta-r+$$
$$r\cos\theta+4r\cos\theta-4r\cos^2\theta+2y\sin\theta$$
$$=r+r\cos\theta-2r\cos^2\theta$$
$$2y(\cot\theta\cos\theta+\sin\theta-\cot\theta)=2r-4r\cos\theta+2r\cos^2\theta$$
$$2y\left(\frac{\cos^2\theta}{\sin\theta}+\sin\theta-\frac{\cos\theta}{\sin\theta}\right)=2r(1-2\cos\theta+\cos^2\theta)$$
$$2y\cdot\frac{1-\cos\theta}{\sin\theta}=2r(1-\cos\theta)^2$$

即

$$2y=2r(1-\cos\theta)\sin\theta \qquad (79)$$

所以

$$y=\frac{r}{2}(2\sin\theta-\sin2\theta) \qquad (80)$$

72

将式(79)代入式(78),得

$$2x = -2r(1 - \cos \theta)\sin \theta \cdot \frac{\cos \theta}{\sin \theta} - r + 4r\cos \theta$$

$$= -2r(1 - \cos \theta)\cos \theta - r + 4r\cos \theta$$

$$= -2r\cos \theta + 2r\cos^2 \theta - r + 4r\cos \theta$$

$$= r(2\cos^2 \theta - 1) + 2r\cos \theta$$

所以

$$x = \frac{r}{2}(2\cos \theta + \cos 2\theta) \qquad (81)$$

式(80)和式(81)就是所求各包络的参数方程. 这是著名的三歧点圆内旋轮线(三尖内摆线).

由本例可得下列定理:

定理 9 正三角形的西姆森线必切于一个三歧点圆内旋轮线. 这个三歧点圆内旋轮线外切于这个正三角形,并且它的外接圆的半径等于这个正三角形外接圆半径的$\frac{3}{2}$.

三歧点圆内旋轮线还有一个重要性质:

定理 10 三歧点圆内旋轮线的切线夹在其内部的线段的长为定值.

证明较烦琐,这里从略.

§7 法线式直线族的包络

设在坐标平面内有一条直线,我们从原点向这条直线作一垂线,这条垂线就叫作这条直线的法线. 如果已知原点到一条直线的距离是 p,这条直线的法线与 x 轴的正方向所夹的角是 α,那么这条直线的方程就是

$$x\cos \alpha + y\sin \alpha = p$$

上式叫作直线的法线式方程. 如果这个方程中含有一个参数,那么就可以求它的包络.

例 14 从两个定点到一条动直线的距离的积为常数,求这条动直线的包络(图 16).

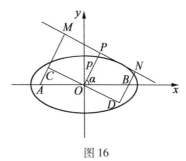

图 16

解 设两个定点为 A,B,以直线 AB 为 x 轴,以线段 AB 的中垂线为 y 轴. 设 A 和 B 的坐标分别为$(-c,0)$ 及 $(c,0)$,如果动直线 l 的方程采用法线式,设为

$$x\cos \alpha + y\sin \alpha = p \qquad (82)$$

那么,α 是法线 OP 与 x 轴的正方向的夹角,p 是原点到直线 l 的距离.

方程(82)中的 α 和 p 好像是两个参数,但可以利用已知条件消去一个. 作 AM 和 BN 都垂直于 l,过圆心 O 作 CD 垂直于 AM 和 BN. 容易看出

$$AM = CM + AC = p + c\cos \alpha$$
$$BN = DN - DB = p - c\cos \alpha$$

由题意知,$AM \cdot BN =$ 常数,设这个常数为 b^2,则

$$(p + c\cos \alpha)(p - c\cos \alpha) = b^2$$
$$p^2 - c^2\cos^2\alpha = b^2$$

所以

$$p = \sqrt{b^2 + c^2\cos^2\alpha} \quad (只取正值)$$

这样,方程(82)可以改写为

$$x\cos \alpha + y\sin \alpha = \sqrt{b^2 + c^2\cos^2\alpha} \qquad (83)$$

这里就只有一个参数 α 了.

设和直线(83)相邻的另一条直线的方程为

$$x\cos \alpha' + y\sin \alpha' = \sqrt{b^2 + c^2\cos^2\alpha'} \qquad (84)$$

式(83)和式(84)联立就得到一个方程组. 为了解这个方程组,由式(83)减去式(84),得

$$x(\cos \alpha - \cos \alpha') + y(\sin \alpha - \sin \alpha')$$
$$= \sqrt{b^2 + c^2\cos^2\alpha} - \sqrt{b^2 + c^2\cos^2\alpha'} \qquad (85)$$

式(85)的左边很容易利用和差化积公式化为

$$-2x\sin \frac{\alpha + \alpha'}{2}\sin \frac{\alpha - \alpha'}{2} + 2y\cos \frac{\alpha + \alpha'}{2}\sin \frac{\alpha - \alpha'}{2} \qquad (86)$$

因为式(85)的右边不便于取极限,所以需要仿照例8的方法予以变形. 将式(85)右边乘以它的有理补因式,再除以它的有理补因式,得

$$\sqrt{b^2 + c^2\cos^2\alpha} - \sqrt{b^2 + c^2\cos^2\alpha'}$$
$$= \frac{b^2 + c^2\cos^2\alpha - (b^2 + c^2\cos^2\alpha')}{\sqrt{b^2 + c^2\cos^2\alpha} + \sqrt{b^2 + c^2\cos^2\alpha'}}$$
$$= \frac{c^2(\cos^2\alpha - \cos^2\alpha')}{\sqrt{b^2 + c^2\cos^2\alpha} + \sqrt{b^2 + c^2\cos^2\alpha'}}$$
$$= \frac{c^2(\cos \alpha + \cos \alpha')(\cos \alpha - \cos \alpha')}{\sqrt{b^2 + c^2\cos^2\alpha} + \sqrt{b^2 + c^2\cos^2\alpha'}}$$

$$= \frac{c^2(\cos\alpha + \cos\alpha')\left(-2\sin\dfrac{\alpha+\alpha'}{2}\sin\dfrac{\alpha-\alpha'}{2}\right)}{\sqrt{b^2+c^2\cos^2\alpha} + \sqrt{b^2+c^2\cos^2\alpha'}} \quad (87)$$

将式(86)和式(87)分别代入式(85)的左边和右边,约去公因式 $2\sin\dfrac{\alpha-\alpha'}{2}$,得

$$-x\sin\frac{\alpha+\alpha'}{2} + y\cos\frac{\alpha+\alpha'}{2}$$

$$= -\frac{c^2\sin\dfrac{\alpha+\alpha'}{2}(\cos\alpha + \cos\alpha')}{\sqrt{b^2+c^2\cos^2\alpha} + \sqrt{b^2+c^2\cos^2\alpha'}}$$

当直线(84)趋近于直线(83)时,α' 趋于 α,并以 α 为极限. 用 α 代替上式中的 α',得

$$-x\sin\alpha + y\cos\alpha = -\frac{c^2\sin\alpha\cos\alpha}{\sqrt{b^2+c^2\cos^2\alpha}} \quad (88)$$

将式(83)两边乘以 $\sin\alpha$,将式(88)两边乘以 $\cos\alpha$,得

$$x\sin\alpha\cos\alpha + y\sin^2\alpha = \sin\alpha\sqrt{b^2+c^2\cos^2\alpha}$$

$$-x\sin\alpha\cos\alpha + y\cos^2\alpha = \frac{-c^2\sin\alpha\cos^2\alpha}{\sqrt{b^2+c^2\cos^2\alpha}}$$

两式相加,并注意 $\sin^2\alpha + \cos^2\alpha = 1$,得

$$y = \sin\alpha\sqrt{b^2+c^2\cos^2\alpha} - \frac{c^2\sin\alpha\cos^2\alpha}{\sqrt{b^2+c^2\cos^2\alpha}}$$

$$= \frac{\sin\alpha(b^2+c^2\cos^2\alpha) - c^2\sin\alpha\cos^2\alpha}{\sqrt{b^2+c^2\cos^2\alpha}}$$

$$= \frac{b^2\sin\alpha}{\sqrt{b^2+c^2\cos^2\alpha}} \quad (89)$$

将式(89)代入式(83),得

$$x\cos\alpha + \frac{b^2\sin^2\alpha}{\sqrt{b^2+c^2\cos^2\alpha}} = \sqrt{b^2+c^2\cos^2\alpha}$$

$$x\cos\alpha = \sqrt{b^2+c^2\cos^2\alpha} - \frac{b^2\sin^2\alpha}{\sqrt{b^2+c^2\cos^2\alpha}}$$

$$= \frac{b^2+c^2\cos^2\alpha - b^2\sin^2\alpha}{\sqrt{b^2+c^2\cos^2\alpha}}$$

$$= \frac{b^2\cos^2\alpha + c^2\cos^2\alpha}{\sqrt{b^2+c^2\cos^2\alpha}}$$

所以

$$x = \frac{(b^2+c^2)\cos\alpha}{\sqrt{b^2+c^2\cos^2\alpha}} \qquad (90)$$

式(90)和式(89)就是所求包络的参数方程.

要想消去参数 α,将式(90)两边平方,并改写为

$$\frac{x^2}{b^2+c^2} = \frac{b^2\cos^2\alpha + c^2\cos^2\alpha}{b^2+c^2\cos^2\alpha}$$

又将式(89)两边平方,并改写为

$$\frac{y^2}{b^2} = \frac{b^2\sin^2\alpha}{b^2+c^2\cos^2\alpha}$$

将这两式相加,即得

$$\frac{x^2}{b^2+c^2} + \frac{y^2}{b^2} = 1$$

若令 $a^2 = b^2 + c^2$,则上式可化为

$$\frac{x^2}{a^2} + \frac{y^2}{b^2} = 1$$

这是一个椭圆,它的焦点就是 A 和 $B.$

由本例可推得下列定理:

定理 11　若自椭圆的两个焦点向任意一条切线作两条垂线,则两条垂线长的乘积等于半短轴的平方.

用动直线的包络定义二次曲线

二次曲线一般都是以具有某种条件的动点的轨迹作为其定义的. 它是以动点来描述曲线的. 另一方面, 二次曲线又是它的切线族的包络, 因此我们也可以用动直线来描述二次曲线.

首先我们证明一个引理.

引理 直线

$$y = kx + m \qquad (1)$$

是二次曲线 $F(x,y) = 0$ 的切线的充要条件是

$$F(x, kx + m) = 0 \qquad (2)$$

有重根, 其重根就是切点的横坐标.

证明 假设直线 (1) 是二次曲线 $F(x,y) = 0$ 的切线, 切点是 $M_0(x_0, y_0)$, 则直线 (1) 是过二次曲线上的点 $M_0(x_0, y_0)$ 和 $M_1(x_1, y_1)$ 的二次曲线的动弦所在直线

$$y = k_1 x + m_1$$

当 $M_1(x_1,y_1)$ 沿着二次曲线趋于 $M_0(x_0,y_0)$ 时的极限. 由于

$$F(x_0,k_1x_0+m_1)=0$$

$$F(x_1,k_1x_1+m_1)=0$$

故在 x_0 与 x_1 之间存在点 x_2,使

$$F'_x(x_2,k_1x_2+m_1)+F'_y(x_2,k_1x_2+m_1)k_1=0$$

令 $x_1 \to x_0$,则 $x_2 \to x_0$,$k_1 \to k$,由于 $F(x,y)$ 的一阶偏导数连续,因此有

$$F'_x(x_0,kx_0+m_1)+F'_y(x_0,kx_0+m_1)k=0$$

这就是说 x_0 是(2)的重根.

反之,假设(2)有重根,设为 x_0,则此根必是

$$F'_x(x,kx+m)+F'_y(x,kx+m)k=0$$

的根,即

$$F'_x(x_0,kx_0+m)+F'_y(x_0,kx_0+m)k=0 \qquad (3)$$

由于二次曲线是连续光滑曲线,故 $F'_x(x_1,y_1)$ 与 $F'_x(x,y)$ 不同时为零,因此,由(3)可求出确定的 k,另一方面,以 x_0 与 $y_0=kx_0+m$ 为坐标的点 $M_0(x_0,y_0)$ 是直线(1)与二次曲线(2)的公共点,且在此点二次曲线切向量的斜率是由等式

$$F'_x(x_0,y_0)+F'_y(x_0,y_0)k'=0 \qquad (4)$$

来确定的. 比较式(3)与式(4)可得 $k=k'$. 这就是说直线(1)与二次曲线(2)以 $M_0(x_0,y_0)$ 为公共点,其斜率等于二次曲线在 $M_0(x_0,y_0)$ 的切向量的斜率,于是直线(1)是二次曲线(2)在点 $M_0(x_0,y_0)$ 的切线.

定理 1　直线

$$y=kx+m \qquad (5)$$

是圆

$$x^2 + y^2 = a^2 \quad (a > 0) \tag{6}$$

的切线的充要条件是圆心到直线的距离等于半径 a.

证明是显然的. 据此,我们对圆可作如下定义:

定义 1 到一定点的距离等于定长的动直线的包络叫圆.

现在根据定义,求出圆的方程.

选择坐标系如图 1 所示,设定点为 O,定长为 $a(a > 0)$. 动直线 l 为

$$y = kx + m$$

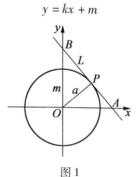

图 1

l 与 y 轴的交点是 $B(0, m)$. 过 O 作 l 的垂线,垂足应为 $P\left(-\dfrac{km}{1+k^2}, \dfrac{m}{1+k^2}\right)$,故

$$\overline{PB} = mk\sqrt{\dfrac{1}{1+k^2}}$$

由此可得

$$m^2 = a^2 + \overline{BP}^2 = a^2 + \dfrac{k^2 m^2}{1+k^2}$$

$$m = \pm a\sqrt{1+k^2} \tag{7}$$

故动直线是

$$y = kx \pm a \sqrt{1 + k^2} \qquad (8)$$

k 是参数. 把式 (7) 对 k 微分, 得

$$x \pm \frac{ak}{\sqrt{1 + k^2}} = 0 \qquad (9)$$

由式 (7) 与式 (8) 消去参数 k, 得

$$x^2 + y^2 = a^2$$

此即为所求的圆的方程.

定理 2 直线

$$y = kx + m \qquad (10)$$

是椭圆

$$\frac{x^2}{a^2} + \frac{y^2}{b^2} = 1 \qquad (11)$$

的切线的充要条件是椭圆两焦点到此直线的距离的乘积等于常数 b^2, 且两焦点在直线的同侧.

证明 若直线 (10) 是椭圆 (11) 的切线, 切点是 $P(x_0, y_0)(y_0 \neq 0)$, 则必有

$$y = -\frac{b^2 x_0}{a^2 y_0} + \frac{b^2}{y_0}$$

如图 2, 设两焦点 $F_1(-c, 0), F_2(c, 0)$ 到切线的距离是 d_1 与 d_2, 则有

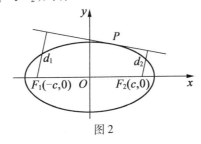

图 2

81

$$d_1 d_2 = \frac{\left| \dfrac{b^2 x_0}{a^2 y_0} c + \dfrac{b^2}{y_0} \right|}{\sqrt{1^2 + \left| \dfrac{b^2 x_0}{a^2 y_0} \right|^2}} \cdot \frac{\left| -\dfrac{b^2 x_0}{a^2 y_0} c + \dfrac{b^2}{y_0} \right|}{\sqrt{1^2 + \left| \dfrac{b^2 x_0}{a^2 y_0} \right|^2}}$$

$$= \frac{b^2 x_0 c + a^2 b^2}{\sqrt{b^4 x_0^2 + a^4 y_0^2}} \cdot \frac{a^2 b^2 - b^2 x_0 c}{\sqrt{b^4 x_0^2 + a^4 y_0^2}}$$

$$= \frac{a^4 b^4 - b^4 x_0^2 c^2}{b^4 x_0^2 + a^4 y_0^2} = \frac{b^2 (a^4 b^2 - b^2 x_0^2 c^2)}{a^4 b^2 - b^2 x_0^2 (a^2 - b^2)}$$

$$= \frac{b^2 (a^4 b^2 - b^2 x_0^2 c^2)}{a^4 b^2 - b^2 x_0^2 c^2} = b^2$$

若两焦点 $F_1(-c,0)$ 与 $F_2(c,0)$ 到直线(10)的距离的乘积为一常数 b^2,且两焦点在直线的同侧,则有

$$\frac{-kc + m}{\sqrt{1 + k^2}} \cdot \frac{kc + m}{\sqrt{1 + k^2}} = b^2$$

即

$$m^2 - k^2 c^2 = b^2 (k^2 + 1)$$

所以

$$m = \pm \sqrt{b^2 + a^2 k^2} \quad (a^2 = b^2 + c^2) \qquad (12)$$

由此得到直线(10)应是

$$y = kx \pm \sqrt{b^2 + a^2 k^2} \qquad (13)$$

把式(13)代入(11),得

$$(b^2 + a^2 k^2) x^2 \pm 2a^2 k \sqrt{b^2 + a^2 k^2}\, x + a^4 k^2 = 0$$

由于

$$\Delta = \left[\pm 2a^2 k \sqrt{b^2 + a^2 k^2} \right]^2 - 4(b^2 + a^2 k^2) \cdot a^4 k^2$$
$$= 0$$

故必有重根,即直线(10)是椭圆(11)的切线.

对顶点 $M(\pm a,0)$ 可看作 $y_0 \to 0, k \to \infty$ 时的极限情况.

定义 2　到两定点的距离的乘积等于常数,且永远使此两点在其同侧的动直线的包络叫椭圆.

可根据定义 2 导出椭圆方程(可参考下面双曲线方程的导出过程),有

$$\frac{x^2}{a^2} + \frac{y^2}{b^2} = 1 \quad (a^2 = c^2 + b^2)$$

定理 3　直线

$$y = kx + m \tag{14}$$

是双曲线

$$\frac{x^2}{a^2} - \frac{y^2}{b^2} = 1 \tag{15}$$

的切线的充要条件是此直线与双曲线两渐近线所围成的面积为一常数 ab.

(此定理的证明略,可参考定理 2 的证明.)

据此,我们对双曲线可作如下定义:

定义 3　与两条相交直线所围成的三角形的面积为一常数的动直线的包络称为双曲线.

现在我们根据定义导出双曲线的方程.

坐标系选择如图 3,原点为两定直线的交点, x 坐标轴为两直线夹角的平分线. 设动直线为 $y = kx + m$. 在定理充分性的证明中可知

$$m = \pm \sqrt{a^2 k^2 - b^2} \tag{16}$$

即动直线是

$$y = kx \pm \sqrt{a^2 k^2 - b^2} \tag{17}$$

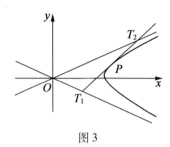

图 3

把式(17)对参数 k 微分,得

$$y = \mp \frac{a^2 k}{\sqrt{a^2 k^2 - b^2}} \qquad (18)$$

由式(17)与(18)消去参数 k,即得双曲线方程

$$\frac{x^2}{a^2} - \frac{y^2}{b^2} = 1$$

定理 4　直线

$$y = kx + m \quad (k \neq 0) \qquad (19)$$

是抛物线

$$y^2 = 2px \qquad (20)$$

的切线的充要条件是直线垂直于过它与 y 轴的交点及抛物线(20)焦点的直线.

证明是显然的. 据此,我们对抛物线可作如下定义:

定义 4　与一定直线相交并且垂直于过交点及另一定点的直线的动直线的包络称为抛物线.

可根据定义很容易导出抛物线的方程 $y^2 = 2px$.

最后,我们给出二次曲线的统一定义.

为了叙述方便,我们把两变量间的函数关系的图像是双曲线的称为双曲型函数,其标准形式有 3 种

84

$$\frac{m^2}{A^2} - \frac{k^2}{B^2} = 1 \qquad (\text{I})$$

$$-\frac{m^2}{A^2} + \frac{k^2}{B^2} = 1 \qquad (\text{II})$$

$$m \cdot k = C \qquad (\text{III})$$

此处 k, m 是变量, A, B, C 是正实数.

由对上述诸定理中二次曲线的切线的截距 m 和斜率 k 之间函数关系的分析,可知二次曲线的切线的截距 m 是斜率 k 的双曲型函数,例如,由式(7)和(12)得出,圆和椭圆的切线的截距 m 是斜率 k 的(Ⅰ)型函数;由式(16)得出,双曲线的是(Ⅱ)型函数;同样的方法可得出抛物线的是(Ⅲ)型函数. 反之,如果直线

$$y = kx + m \qquad (21)$$

的 m 是 k 的双曲型函数,那么动直线(21)的包络必是某个二次曲线,这是很容易验证的. 于是,对二次曲线可作统一的定义.

定义 5　若动直线 $y = kx + m$ 的截距 m 是斜率 k 的双曲型函数,则其包络称为二次曲线. 当 m 是 k 的(Ⅰ)型函数时,是椭圆(包括圆);当 m 是 k 的(Ⅱ)型函数时,是双曲线;当 m 是 k 的(Ⅲ)型函数时,是抛物线.

参考文献

[1]　张洪德. 从克莱罗(Clairaut)方程看二次曲线[J]. 数学通报,1984(1):24-27.

[2]　杨文金. 用直线的包络作二次曲线[J]. 黔东南民族师专学报,1995(6):17-18.

圆族的包络

§1 已知圆心及半径的圆族的包络

如果已知圆心的坐标为(x_1, y_1),它的半径为r,那么,这个圆的方程就是

$$(x - x_1)^2 + (y - y_1)^2 = r^2$$

这个方程中如果有一个参数,那么就可以求出它的包络.

例 1 动圆的圆心在x轴上,圆心和原点的距离为t,圆半径等于$2\sin\dfrac{t}{2}$,求它的包络(图 1).

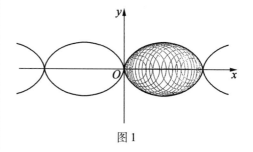

图 1

86

解　容易知道这个动圆的方程是

$$(x - t)^2 + y^2 = 4\sin^2 \frac{t}{2} \tag{1}$$

这里，t 是参数.

设和它相邻的另一个圆的方程是

$$(x - t')^2 + y^2 = 4\sin^2 \frac{t'}{2} \tag{2}$$

将式（1）和式（2）联立，就得到一个方程组. 为了

解这个方组，注意 $\sin \dfrac{\alpha}{2} = \pm \sqrt{\dfrac{1 - \cos \alpha}{2}}$，利用这个关

系，将式（1）和式（2）变形为

$$x^2 - 2tx + t^2 + y^2 = 2 - 2\cos t$$

$$x^2 - 2t'x + t'^2 + y^2 = 2 - 2\cos t'$$

相减，得

$$-2x(t - t') + t^2 - t'^2$$

$$= -2(\cos t - \cos t') - 4x \cdot \frac{t - t'}{2} + 4 \cdot \frac{t + t'}{2} \cdot \frac{t - t'}{2}$$

$$= 4\sin \frac{t + t'}{2} \sin \frac{t - t'}{2}$$

两边除以 $-4 \cdot \dfrac{t - t'}{2}$，得

$$x - \frac{t + t'}{2} = -\sin \frac{t + t'}{2} \cdot \frac{\sin \dfrac{t - t'}{2}}{\dfrac{t - t'}{2}}$$

当 t' 趋于 t' 时，由绪论的 §4 可知，$\dfrac{\sin \dfrac{t - t'}{2}}{\dfrac{t - t'}{2}}$ 的极限

87

是 1. 因此,当圆(2)趋近于圆(1)时,t' 趋于 t,并以 t 为极限时,上式变为

$$x - t = -\sin t$$

所以

$$x = t - \sin t \qquad (3)$$

将式(3)代入式(1),得

$$(-\sin t)^2 + y^2 = 4\sin^2 \frac{t}{2}$$

$$1 - \cos^2 t + y^2 = 2 - 2\cos t$$

即

$$y^2 = 1 - 2\cos t + \cos t^2$$

所以

$$y = \pm(1 - \cos t) \qquad (4)$$

式(3)和式(4)就是所求包络的参数方程,这是一正一倒的两个旋轮线(又名摆线).

例 2 求半径为 r,圆心在抛物线 $y^2 = 4px$ 上的圆的包络. 这里,r 和 p 都是常数(图 2).

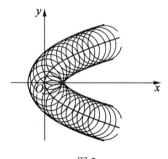

图 2

解 在抛物线 $y^2 = 4px$ 上任取一点 P,如果设点 P

的纵坐标为 t,那么它的横坐标就要等于 $\dfrac{t^2}{4p}$,运算稍有

不便. 为了避免分式运算,现在设点 P 的纵坐标为 $2pt$,

则它的横坐标就是 pt^2,而以点 P 为圆心,以 r 为半径

的圆的方程就是

$$(x - pt^2)^2 + (y - 2pt)^2 = r^2 \tag{5}$$

这里,t 是参数,p 和 r 是常数.

　　设圆族中和圆(5)相邻的另一个圆的方程是

$$(x - pt'^2)^2 + (y - 2pt')^2 = r^2 \tag{6}$$

　　将式(5)和式(6)联立起来,就得到一个方程组.

为了解这个方程组,将式(5)和式(6)展开,相减,约去

公因式 $-p(t - t')$,得

$$2(t + t')x - p(t + t')(t^2 + t'^2) + 4y - 4p(t + t') = 0$$

　　当圆(6)趋近于圆(5)时,t'趋于 t,并以 t 为极限.

用 t 代替上式中的 t',得

$$4tx - 4pt^3 + 4y - 8pt = 0$$

所以

$$y - 2pt = -t(x - pt^2) \tag{7}$$

将式(7)代入式(5),化简得

$$x = pt^2 \pm \frac{r}{\sqrt{t^2 + 1}} \tag{8}$$

将式(8)代入式(7),化简得

$$y = 2pt \mp \frac{tr}{\sqrt{t^2 + 1}} \tag{9}$$

式(8)和式(9)就是所求包络的参数方程.

　　因为从这两式中消去参数 t 比较费事,所以我们

就满足于上述的参数方程了.

例3 以立方抛物线 $y = x^3$ 上的任意一点 P 为圆心,以点 P 到 y 轴的距离为半径画圆,求这圆族的包络(图3).

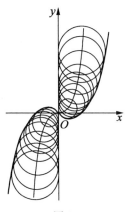

图3

解 设点 P 的横坐标为 t,则它的纵坐标为 t^3. 以点 P 为圆心、以横坐标 t 为半径的圆的方程就是

$$(x-t)^2 + (y-t^3)^2 = t^2 \qquad (10)$$

这里,t 是参数.

设圆族中和圆(10)相邻的另一个圆的方程为

$$(x-t')^2 + (y-t'^3)^2 = t'^2 \qquad (11)$$

将式(10)式(11)联立,相减,并约去公因式 $-(t - t')$,得

$$2x + 2y(t^2 + tt' + t'^2) - (t+t')(t^4 + t^2t'^2 + t'^4) = 0$$

当圆(11)趋近于圆(10)时,t' 趋于 t,并以 t 为极限. 用 t 代替上式中的 t',得

$$2x + 2y \cdot 3t^2 - 2t \cdot 3t^4 = 0$$

所以

$$y - t^3 = -\frac{x}{3t^2} \qquad (12)$$

将式(12)代入式(10),得

$$(x - t)^2 + \left(-\frac{x}{3t^2}\right)^2 = t^2$$

即

$$(9t^4 + 1)x^2 - 18t^5 x = 0$$

所以

$$x = 0 \qquad (13)$$

或

$$x = \frac{18t^5}{9t^4 + 1} \qquad (14)$$

将式(13)代入式(12),得

$$y = t^3 \qquad (15)$$

式(13)和式(15)就是 y 轴,很明显,这是一个包络.再
将式(14)代入式(12),得

$$y - t^3 = -\frac{6t^3}{9t^4 + 1}$$

所以

$$y = t^3 - \frac{6t^3}{9t^4 + 1}$$

$$= \frac{9t^7 - 5t^3}{9t^4 + 1} \qquad (16)$$

式(14)和式(16)就是所求的另一条包络的参数方程.

§2 已知直径的圆族的包络

如果已知两点 $P(x_1, y_1)$ 和 $Q(x_2, y_2)$，那么，以线段 PQ 为直径的圆的方程很容易求得.

首先，圆的方程不含 xy 项，所以，一定可以写成

$$x^2 + y^2 + Dx + Ey + F = 0 \qquad (17)$$

的形状. 或者写成

$$(x-a)(x-b) + (y-c)(y-d) = 0 \qquad (18)$$

的形状. 式(18)和式(17)实际上是一回事.

其次，从图 4 可以看出，当 $x = x_1$ 时，直线 PR(它的方程就是 $x = x_1$)和圆相交于 P 和 R 两点，而这两点的纵坐标必然是 y_1 和 y_2. 因此，当 $x = x_1$ 时，式(18)必定要成为

$$(y - y_1)(y - y_2) = 0$$

的形式.

当 $x = x_2$ 时，也是如此.

同样，当 $y = y_1$ 时，从图 4 可以看出，直线 PS(它的方程就是 $y = y_1$)和圆相交于 P 和 S 两点，而这两点的横坐标必然是 x_1 和 x_2. 因此，当 $y = y_1$ 时，式(18)必定要成为

$$(x - x_1)(x - x_2) = 0$$

的形式. 当 $y = y_2$ 时，也是如此.

综合以上两点，可知式(18)必然要成为

$$(x - x_1)(x - x_2) + (y - y_1)(y - y_2) = 0 \qquad (19)$$

的形式. 这就是以线段 PQ 为直径的圆的方程.

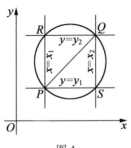

图 4

例 4　将圆外(或圆内或圆周上)一个定点和圆周上任意一点联结起来,得到一条线段. 以这条线段为直径作圆,求所得圆族的包络(图 5).

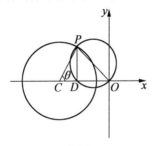

图 5

解　以定点为原点,设圆心 C 的坐标为 $(-b,0)$,圆半径为 a,圆周上任意一点为 P,$\angle PCO = \theta$,则有

$$OD = -DO = -(CO - CD) = -CO + CD$$

$$= -b + a\cos\theta = a\cos\theta - b$$

$$DP = a\sin\theta$$

所以点 P 的坐标是 $(a\cos\theta - b, a\sin\theta)$. 因此,以 PO 为直径的圆的方程就是

$$x(x - a\cos\theta + b) + y(y - a\sin\theta) = 0$$

即

$$x^2 + y^2 - ax\cos\theta + bx - ay\sin\theta = 0 \qquad (20)$$

这里,θ 是参数.

设圆族中和圆(20)相邻的另一个圆的方程是

$$x^2 + y^2 - ax\cos\theta' + bx - ay\sin\theta' = 0 \qquad (21)$$

将式(20)和式(21)联立,相减,得

$$-ax(\cos\theta - \cos\theta') - ay(\sin\theta - \sin\theta') = 0$$

两边除以 a,并利用和差化积公式,约简,得

$$x\sin\frac{\theta + \theta'}{2} - y\cos\frac{\theta + \theta'}{2} = 0$$

当圆(21)趋近于圆(20)时,θ' 趋于 θ,并以 θ 为极限.用 θ 代替上式中的 θ',得

$$x\sin\theta - y\cos\theta = 0$$

所以

$$y = x\tan\theta \qquad (22)$$

将式(22)代入式(20),得

$$x^2 + x^2\tan^2\theta - ax\cos\theta + bx - ax\tan\theta\sin\theta = 0$$

化简,得

$$x(x\sec^2\theta - a\sec\theta + b) = 0$$

所以

$$x = 0 \qquad (23)$$

或

$$x = \frac{a\sec\theta - b}{\sec^2\theta}$$

$$= (a - b\cos\theta)\cos\theta \qquad (24)$$

将式(23)代入式(22),得

$$y = 0 \qquad (25)$$

因为式(23)和式(25)表示原点,所以原点是所求包络之一. 这说明圆族中的圆都要通过原点.

将式(24)代入式(22),得

$$y = (a - b\cos\theta)\cos\theta\tan\theta = (a - b\cos\theta)\sin\theta$$

$$(26)$$

式(24)和式(26)表示的曲线是著名的巴斯卡蚶线,是我们所要求的包络.

若 $a < b$,则题中所说的定点在已知圆的外面,蚶线形状如图 6 所示.

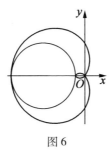

图 6

若 $a > b$,则题中所说的定点在已知圆的里面,蚶线形状如图 7 所示.

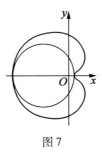

图 7

若 $a = b$,则题中所说的定点在已知圆的圆周上,蚶线形状如图 8 所示. 这时, 这个曲线也称为心脏形线.

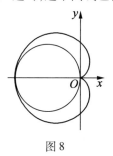

图 8

从本例可推得下列定理:

定理 1　将定圆外(或圆内或圆周上)一个定点和定圆的圆周上任意一点联结起来, 以所得线段为直径作一圆, 则所作的圆必与一巴斯卡蚶线相切, 这个蚶线外切于定圆, 并且两个切点(若定圆在圆周上, 则有一个切点化为蚶线的尖点, 这尖点就是定点)的连线是定圆的直径.

例 5　将等边双曲线的中心和双曲线上任意一点联结起来, 得到一条线段, 以这条线段为直径作圆, 求这圆族的包络(图 9).

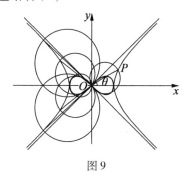

图 9

解 设等边双曲线的方程为

$$x^2 - y^2 = a^2$$

则其上任意一点 P 的坐标可以设为 $(a\sec\theta, a\tan\theta)$.
联结 OP,以 OP 为直径的圆的方程就是

$$x(x - a\sec\theta, a\tan\theta) + y(y - a\tan\theta) = 0$$

即

$$x^2 + y^2 - ax\sec\theta - ay\tan\theta = 0 \qquad (27)$$

这里,θ 是参数.

设圆族中和圆(27)相邻的另一个圆的方程是

$$x^2 + y^2 - ax\sec\theta' - ay\tan\theta' = 0 \qquad (28)$$

式(27)和式(28)联立就得到一个方程组. 为了解这个
方程组,从式(27)减去式(28),得

$$-ax(\sec\theta - \sec\theta') - ay(\tan\theta - \tan\theta') = 0$$

利用三角函数的关系,上式可化为

$$-ax \cdot \frac{\cos\theta' - \cos\theta}{\cos\theta\cos\theta'} - ay \cdot \frac{\sin\theta\cos\theta' - \cos\theta\sin\theta'}{\cos\theta\cos\theta'} = 0$$

去分母,利用和差化积,两角和差及倍角公式,并注意
$\sin\dfrac{\theta' - \theta}{2} = -\sin\dfrac{\theta - \theta'}{2}$,约简,得

$$x\sin\frac{\theta' + \theta}{2} + y\cos\frac{\theta - \theta'}{2} = 0$$

当圆(28)趋近于圆(27)时,θ' 趋于 θ,并以 θ 为极
限. 用 θ 代替上式中的 θ',得

$$x\sin\theta + y = 0$$

所以

$$y = -x\sin\theta \qquad (29)$$

将式(29)代入式(27),得

$$x^2 + x^2\sin^2\theta - ax\sec\theta + ax\sin\theta\tan\theta = 0$$

即

$$x^2(1 + \sin^2\theta) - ax\cos\theta = 0$$

所以

$$x = 0 \qquad\qquad (30)$$

或

$$x = \frac{a\cos\theta}{1 + \sin^2\theta} \qquad\qquad (31)$$

将式(30)代入式(29),得

$$y = 0 \qquad\qquad (32)$$

将式(31)代入式(29),得

$$y = -\frac{a\sin\theta\cos\theta}{1 + \sin^2\theta} \qquad\qquad (33)$$

要想消去参数 θ,将(31)和(33)两式各自平方后相加,即

$$\begin{aligned}
x^2 + y^2 &= \frac{a^2\cos^2\theta}{(1 + \sin^2\theta)^2} + \frac{a^2\sin^2\theta\cos^2\theta}{(1 + \sin^2\theta)^2} \\
&= \frac{a^2\cos^2\theta(1 + \sin^2\theta)}{(1 + \sin^2\theta)^2} \\
&= \frac{a^2\cos^2\theta}{1 + \sin^2\theta} \\
&= \frac{a^2(1 - \sin^2\theta)}{1 + \sin^2\theta} \qquad\qquad (34)
\end{aligned}$$

再从式(29),得

$$\sin\theta = -\frac{y}{x} \qquad\qquad (35)$$

将式(35)代入式(34),化简后即得

$$(x^2 + y^2)^2 = a^2(x^2 - y^2)$$

这是著名的双纽线.

另外,式(30)和式(32)代表原点,也是所求包络之一,但因双纽线通过原点,故原点已包含在双纽线中,不再另行计算.

由本例可推得下列定理:

定理2 将等边双曲线的中心和这个双曲线上的任意一点联结起来,以所得线段为直径作圆,必定和一个双纽线相切,这个双纽线的对称轴和这个等边双曲线的对称轴重合,并且这个双纽线和这个双曲线相切.切点就是双曲线的顶点.

例6 将抛物线的顶点和抛物线上任意一点联结起来,得到一条线段,以这条线段为直径作圆,求这族圆的包络(图10).

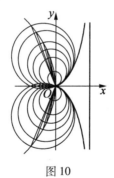

图10

解 设抛物线的方程为

$$y^2 = -4px \quad (p > 0)$$

则抛物线上任意一点 P 的坐标为 $(-pt^2, 2pt)$,t 是参数. 而以 OP 为直径的圆的方程就是

$$x(x + pt^2) + y(y - 2pt) = 0$$

99

即

$$x^2 + y^2 + pt^2 x - 2pty = 0 \qquad (36)$$

这里, t 是参数.

设圆族中和圆(36)相邻的另一个圆的方程是

$$x^2 + y^2 + pt'^2 x - 2pt'y = 0 \qquad (37)$$

式(36)和式(37)联立就得到一个方程组. 解这个方程组, 由式(36)减去式(37), 并约去公因式 $(t - t')$, 得

$$p(t + t')x - 2py = 0$$

当圆(37)趋近于圆(36)时, t' 趋于 t, 并以 t 为极限. 用 t 代替上式中的 t', 得

$$2ptx - 2py = 0$$

所以

$$y = tx \qquad (38)$$

将式(38)代入式(36), 得

$$x^2 + t^2 x^2 + pt^2 x - 2pt^2 x = 0$$

即

$$(1 + t^2)x^2 - pt^2 x = 0$$

所以

$$x = 0 \qquad (39)$$

或

$$x = \frac{pt^2}{1 + t^2} \qquad (40)$$

从式(38)可得

$$t = \frac{y}{x}$$

代入式(40), 得

$$x = \frac{p \cdot \dfrac{y^2}{x^2}}{1 + \dfrac{y^2}{x^2}} = \frac{py^2}{x^2 + y^2}$$

$$x^3 + xy^2 = py^2$$

即

$$x^3 = (p - x)y^2$$

所以

$$y^2 = \frac{x^3}{p - x} \qquad (41)$$

这是著名的蔓叶线.

另外,将式(39)代入式(38),得 $y = 0$,就是原点.但原点已包含在蔓叶线(41)中,所以不再计算.

从本例可得下列定理:

定理 3　将抛物线的顶点和抛物线上任意一点联结起来,以所得线段为直径画圆,必定和一个蔓叶线相切,这个蔓叶线和抛物线有相同的对称轴,它的尖点就是抛物线的顶点,它的渐近线就是抛物线的准线.

§3　过已知三点的圆族的包络

如果已知不在一直线上的三点,那么,过这三点的圆的方程不难求出. 因为圆的方程一定可以写成

$$x^2 + y^2 + Dx + Ey + F = 0 \qquad (\ast)$$

的形式,将已知三点的坐标 (x_1, y_1),(x_2, y_2),(x_3, y_3)代入上式,就得到一组以 D, E, F 为未知数的三元一次

方程组

$$\begin{cases} x_1{}^2 + y_1{}^2 + Dx_1 + Ey_1 + F = 0 \\ x_2{}^2 + y_2{}^2 + Dx_2 + Ey_2 + F = 0 \\ x_3{}^2 + y_3{}^2 + Dx_3 + Ey_3 + F = 0 \end{cases}$$

求出 D,E,F 后,将所得的值代入式($*$),就是过这三个已知点的圆的方程了. 如果所得方程中含有一个参数,那么就可以求出它的包络.

例7 三角形的两条边在两条定直线上,并且它的面积一定,求它的外接圆所成的包络(图11).

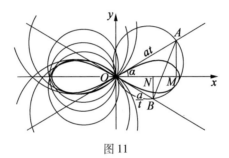

图 11

解 设这个三角形为 $\triangle AOB$,取 $\angle AOB$ 的平分线为 x 轴,取 $\angle AOB$ 的邻补角的平分线为 y 轴,并设 $OA = at, OB = \dfrac{a}{t}(t \neq 0)$,$\angle AOX = \angle BOX = \alpha$,则有

$$S_{\triangle AOB} = \frac{1}{2} OA \cdot OB \cdot \sin 2\alpha$$

$$= \frac{1}{2} \cdot at \cdot \frac{a}{t} \cdot \sin \alpha \cos \alpha$$

$$= a^2 \sin \alpha \cos \alpha$$

因为 α 是定角,所以 $\sin \alpha$ 和 $\cos \alpha$ 也都是定值,

因此 $a^2 \sin \alpha \cos \alpha$ 也是定值.

从图 11 容易看出,点 A 和点 B 的坐标分别是

$$A:(at\cos \alpha, at\sin \alpha)$$

$$B:\left(\frac{a\cos \alpha}{t}, -\frac{a\sin \alpha}{t}\right)$$

设 $\triangle AOB$ 的外接圆的方程为

$$x^2 + y^2 + Dx + Ey + F = 0$$

将原点 O 和点 A,点 B 的坐标分别代入上式,得

$$0^2 + 0^2 + D \cdot 0 + E \cdot 0 + F = 0$$

所以

$$F = 0$$

$$a^2 t^2 \cos^2 \alpha + a^2 t^2 \sin^2 \alpha + Dat\cos \alpha + Eat\sin \alpha + F = 0$$

即

$$a^2 t^2 + Dat\cos \alpha + Eat\sin \alpha = 0 \qquad (42)$$

又

$$\frac{a^2 \cos^2 \alpha}{t^2} + \frac{a^2 \sin^2 \alpha}{t^2} + \frac{Da\cos \alpha}{t} - \frac{Ea\sin \alpha}{t} + F = 0$$

即

$$\frac{a^2}{t^2} + \frac{Da\cos \alpha}{t} - \frac{Ea\sin \alpha}{t} = 0$$

所以

$$a^2 + Dat\cos \alpha - Eat\sin \alpha = 0 \qquad (43)$$

将式(42)加上式(43),得

$$a^2 t^2 + a^2 + 2Dat\cos \alpha = 0$$

所以

$$D = -\frac{at}{2\cos \alpha} - \frac{a}{2t\cos \alpha}$$

由式(42)减去式(43),得

$$a^2t^2 - a^2 + 2Eat\sin\alpha = 0$$

所以

$$E = -\frac{at}{2\sin\alpha} + \frac{a}{2t\sin\alpha}$$

所以 $\triangle AOB$ 的外接圆的方程为

$$x^2 + y^2 - \frac{atx}{2\cos\alpha} - \frac{ax}{2t\cos\alpha} - \frac{aty}{2\sin\alpha} + \frac{ay}{2t\sin\alpha} = 0$$

$$\tag{44}$$

这里,t 为参数,a 和 α 是常数.

设圆族中和圆(44)相邻的另一个圆的方程为

$$x^2 + y^2 - \frac{at'x}{2\cos\alpha} - \frac{ax}{2t'\cos\alpha} - \frac{at'y}{2\sin\alpha} + \frac{ay}{2t'\sin\alpha} = 0 \tag{45}$$

式(44)和式(45)联立就得到一个方程组. 这个方程组解起来比较麻烦. 因此,我们采用绪论 §3 中所说的方法三. 由式(44)减去式(45),得

$$-\frac{ax(t-t')}{2\cos\alpha} - \frac{ax}{2\cos\alpha}\left(\frac{1}{t} - \frac{1}{t'}\right) - \frac{ay(t-t')}{2\sin\alpha} +$$

$$\frac{ay}{2\sin\alpha}\left(\frac{1}{t} - \frac{1}{t'}\right) = 0$$

整理,约去公因式 $-\dfrac{a(t-t')}{2}$,得

$$\frac{x}{\cos\alpha} - \frac{x}{tt'\cos\alpha} + \frac{y}{\sin\alpha} + \frac{y}{tt'\sin\alpha} = 0$$

当圆(45)趋近于圆(44)时,t' 趋于 t,并以 t 为极限. 用 t 代替上式中的 t',得

$$\frac{x}{\cos\alpha} - \frac{x}{t^2\cos\alpha} + \frac{y}{\sin\alpha} + \frac{y}{t^2\sin\alpha} = 0$$

去分母,并整理,得

$$t^2 = \frac{x\sin \alpha - y\cos \alpha}{x\sin \alpha + y\cos \alpha} \qquad (46)$$

再将式(44)变形为

$$x^2 + y^2 = \frac{ax(x\sin \alpha + y\cos \alpha)}{2\sin \alpha\cos \alpha} + \frac{a(x\sin \alpha - y\cos \alpha)}{2t\sin \alpha\cos \alpha}$$

两边平方,得

$$(x^2 + y^2)^2 = \frac{a^2 t^2 (x\sin \alpha + y\cos \alpha)^2}{4\sin^2 \alpha\cos^2 \alpha} +$$

$$\frac{2a^2 (x^2\sin^2 \alpha - y^2\cos^2 \alpha)}{4\sin^2 \alpha\cos^2 \alpha} +$$

$$\frac{a^2 (x\sin \alpha - y\cos \alpha)^2}{4t^2\sin^2 \alpha\cos^2 \alpha}$$

将式(46)代入上式,得

$$(x^2 + y^2)^2 = \frac{a^2 (x^2\sin^2 \alpha - y\cos^2 \alpha)}{4\sin^2 \alpha\cos^2 \alpha} +$$

$$\frac{2a^2 (x^2\sin^2 \alpha - y^2\cos^2 \alpha)}{4\sin^2 \alpha\cos^2 \alpha} +$$

$$\frac{a^2 (x^2\sin^2 \alpha - y^2\cos^2 \alpha)}{4\sin^2 \alpha\cos^2 \alpha}$$

即

$$(x^2 + y^2)^2 = a^2 \left(\frac{x^2}{\cos^2 \alpha} - \frac{y^2}{\sin^2 \alpha} \right)$$

这是双纽线的比较一般的形式.若 $\alpha = 45°$,就和例 5 的双纽线的形式完全一样.

由此例得:

定理 4　两边在两条直线上,并且面积为定值的三角形,它的外接圆和一双纽线相切.

例8 △ABC中,顶点 A 是 y 轴上的定点,底边 BC 的长度一定并在 x 轴上移动,求它的九点圆的包络(图 12).

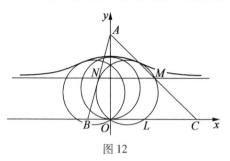

图 12

解 三角形中,三条边的中点,三条高的垂足,以及联结各顶点和垂心所得三条线段的三个中点,共九点在同一圆周上,这个圆叫作三角形的九点圆.但因三点确定一个圆,所以,要求九点圆的方程,只要求经过三边中点的圆的方程就行了.

设点 A 的坐标是 $(0,2a)$,点 B 的坐标是 $(2t-2b,0)$,点 C 的坐标是 $(2t+2b,0)$,这里,t 是参数,a 和 b 是常数.设三条边的中点分别为 L,M,N,则 L 的坐标是 $(2t,0)$,M 的坐标是 $(t+b,a)$,N 的坐标是 $(t-b,a)$.又设九点圆的方程为

$$x^2 + y^2 + Dx + Ey + F = 0$$

将 L,M,N 的坐标分别代入上式,得

$$\begin{cases} 4t^2 + 2tD + F = 0 \\ (t+b)^2 + a^2 + (t+b)D + aE + F = 0 \\ (t-b)^2 + a^2 + (t-b)D + aE + F = 0 \end{cases}$$

就得到一组关于 D,E,F 的方程组.

解这个方程组,得

$$\begin{cases} D = -2t \\ F = 0 \\ E = \dfrac{t^2 - a^2 - b^2}{a} \end{cases}$$

所以,九点圆的方程为

$$x^2 + y^2 - 2tx + \frac{t^2 - a^2 - b^2}{a}y = 0 \qquad (47)$$

这里,t 是参数,a,b 是常数.

设圆族中和圆(47)相邻的另一个圆的方程为

$$x^2 + y^2 - 2t'x + \frac{t'^2 - a^2 - b^2}{a}y = 0 \qquad (48)$$

从式(47)减去式(48),约去公因式 $-(t-t')$,得

$$2x - \frac{(t+t')}{a}y = 0$$

当圆(48)趋近于圆(47)时,t'趋于 t,并以 t 为极限. 用 t 代替上式中的 t',得

$$2x - \frac{2t}{a}y = 0$$

所以

$$t = \frac{ax}{y}$$

采用绪论 §3 中所说的方法三,将上式代入式(47),得

$$x^2 + y^2 - 2 \cdot \frac{ax}{y} \cdot x + \frac{\dfrac{a^2 x^2}{y^2} - a^2 - b^2}{a}y = 0$$

去分母,并整理,得

$$x^2 + y^2 = \frac{b^2 y^2}{a(y-a)}$$

这个曲线称为增点箕舌线，它包含一个孤立的点（在本例中为原点）和一支钟状曲线，并以 $y - a = 0$ 为渐近线.

在任意三角形中，只要指定一条边为底边，就可以得到一个增点箕舌线. 所以每一个三角形有三个增点箕舌线. 由此可得下列定理：

定理 5　每一个三角形的九点圆必切于这个三角形的三个增点箕舌线.

用 Clairaut 方程定义二次曲线

二次曲线是平面解析几何的一个重要课题,在中学数学课中有详细的讨论,兰州城市学院数学学院的詹紫浪,陈婷,李树海从另一个角度——用 Clairaut(克莱罗)方程定义二次曲线.

附录 2

§1 Clairaut 方程的理论

定义 1 (曲线族)给定方程

$$F(x,y,a) = 0 \qquad (1)$$

其左边为三个变量的连续可微函数,对于 a 的每一个固定的值,(1)表示一条平面曲线. 当 a 取不同的无限多值时,便得到无限多条同类型的不同曲线,其全体组成一曲线族.

定义 2 (曲线族的包络)若存在一条曲线它不属于(1),但在它的每一点处,存在曲线族(1)的一条曲线与它在该点相切,则这样的曲线称为(1)的包络.

定义 3 （微分方程的奇解）在有些微分方程中，存在一条特殊的积分曲线，它并不属于这个微分方程的积分曲线族，但在这条特殊的积分曲线上的每一点处，都有积分曲线中的一条曲线与它相切，这条特殊的积分曲线所对应的解称为方程的奇解.

定义 4 （Clairaut 方程）微分方程

$$y = xy' + f(y')$$

称为 Clairaut 方程.

为了求解 Clairaut 方程，令 $f' = p$，则方程成为

$$y = xp + f(p)$$

由此有

$$dy = (x + f'(p))dp + pdx$$

由于 $dy - pdx = 0$，得到

$$(x + f'(p))dp = 0$$

由 $dp = 0$ 积分，可得 $p = c$，代入原方程，得到通解

$$y = cx + f(x)$$

它表示一直线族.

由 $x + f'(p) = 0$ 得到 Clairaut 方程的一个奇解

$$\begin{cases} x = -f'(p) \\ y = f(p) - pf'(p) \end{cases}$$

显然特解是通解的包络，由此可知特解是 Clairaut 方程的奇解.

§2 利用 Clairaut 方程的奇解定义二次曲线

问题 1 求一曲线，使其上每点处的切线到原点的距离等于常数 $a(a > 0)$.

解　如图 1, 设所求曲线的方程为 $y = \varphi(x)$, 在其上任一点的切线方程为

$$y = xy' + m$$

因

$$m^2 = a^2 + a^2 y'^2$$

$$m = \pm a\sqrt{1 + y'^2}$$

故

$$y = xy' \pm a\sqrt{1 + y'^2}$$

此系 Clairaut 方程, 奇解为

$$\begin{cases} x = \mp \dfrac{ap}{\sqrt{1 + p^2}} \\ y = \pm \dfrac{a}{\sqrt{1 + p^2}} \end{cases}$$

图 1

消去参数 p, 得

$$x^2 + y^2 = a^2$$

此即为所求的曲线, 是一以原点为圆心, 半径等于 a 的圆.

定义 5　Clairaut 方程 $y = xy' \pm \sqrt{1 + y'^2}$ 的奇解曲线为圆.

问题 2　求一曲线, 使其上每点处的切线的斜率

与 y 轴上的截距的乘积是一常数 $\dfrac{p}{2}(p>0)$.

解　设所求曲线的方程为 $y=\varphi(x)$，在其上任意一点的切线方程为

$$y=xy'+m$$

依题意应有

$$y'\cdot m=\dfrac{p}{2}$$

所以

$$y=xy'+\dfrac{p}{2y'}$$

此系 Clairaut 方程，奇解为

$$\begin{cases} x=\dfrac{p}{2c^2} \\ y=\dfrac{p}{c} \end{cases}$$

消去参数 c，得

$$y^2=2px$$

此即为所求的曲线，是一以原点为顶心，$\left(0,\dfrac{p}{2}\right)$ 为焦点的抛物线.

定义 6　Clairaut 方程 $y=xy'+\dfrac{p}{2y'}$ 的奇解曲线叫抛物线.

问题 3　求一曲线，使其上一点处的切线与相交两直线所围成的三角形面积是一常数 ab.

解　如图 2 选择坐标轴为两相交直线的分角线，于是两相交直线不妨设为

$$y = \pm \frac{b}{a}x$$

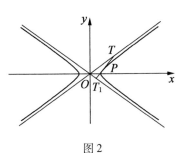

图 2

设所求曲线的方程为 $y = \varphi(x)$，则在其上任意一点的切线方程为

$$y = xy' + m$$

于是切线与相交两直线的交点是 $T\left(\dfrac{ma}{b-ak}, \dfrac{mb}{b-ak}\right)$ 与

$T_1\left(\dfrac{ma}{-b-ak}, \dfrac{mb}{b+ak}\right)$，故依题意有

$$S_{\triangle OT_1T_2} = \frac{1}{2}\begin{vmatrix} 0 & 0 & 1 \\ \dfrac{ma}{-b-ak} & \dfrac{mb}{b+ak} & 1 \\ \dfrac{ma}{b-ak} & \dfrac{mb}{b-ak} & 1 \end{vmatrix}$$

$$= -\frac{m^2 ab}{b^2 - a^2 k^2} = ab$$

由此即得

$$m = \pm\sqrt{a^2 k^2 - b^2}$$

所以方程为

$$y = xy' \pm \sqrt{a^2 y'^2 - b^2}$$

113

此系 Clairaut 方程,奇解为

$$\begin{cases} x = \mp \dfrac{a^2 k}{\sqrt{a^2 k^2 - b^2}} \\ y = \pm \dfrac{b^2}{\sqrt{a^2 k^2 - b^2}} \end{cases}$$

消去参数 k,得

$$\frac{x^2}{a^2} - \frac{y^2}{b^2} = 1$$

此即为所求的曲线,是一以 $y = \pm \dfrac{b}{a}$ 为渐近线的双曲线.

定义 7 Clairaut 方程 $y = xy' \pm \sqrt{a^2 y'^2 - b^2}$ 的奇解曲线叫双曲线.

问题 4 求一曲线,使从两定点到其切线的距离之积等于常数 b^2,且此两定点在切线的同侧.

解 如图 3,选择坐标系,使两定点分别是 $F_1(-c, 0)$,$F_2(c, 0)$. 设所求曲线的方程为 $y = f(x)$,在其上任意一点 P 的切线方程为

$$y = xy' + m$$

图 3

依题意,应有

114

$$d_1 \cdot d_2 = \frac{-y'c + m}{\sqrt{y'^2 + 1}} \cdot \frac{y'c + m}{\sqrt{y'^2 + 1}} = b^2$$

由此可知

$$m = \pm \sqrt{b^2 + y'^2 (c^2 + b^2)}$$

令 $c^2 + b^2 = a^2$，则方程是

$$y = xy \pm \sqrt{b^2 + a^2 y'^2}$$

此系 Clairaut 方程，奇解为

$$\begin{cases} x = \mp \dfrac{a^2 k}{\sqrt{a^2 k^2 + b^2}} \\[2ex] y = \pm \dfrac{b^2}{\sqrt{a^2 k^2 + b^2}} \end{cases}$$

消去参数 k，得

$$\frac{x^2}{a^2} + \frac{y^2}{b^2} = 1$$

此即为所求的曲线，是一中心在原点，焦点分别为 $F_1(-c, 0)$ 与 $F_2(c, 0)$ 的椭圆.

定义 8　Clairaut 方程 $y = xy' \pm \sqrt{a^2 y'^2 + b^2}$ 的奇解曲线叫椭圆.

可见，Clairaut 方程的奇解和特解，反映了曲线方程及曲线切线方程的关系. 我们用微分方程观来研究二次曲线方程，为曲线方程赋予了新的含义.

参考文献

［1］　张洪德. 从克莱罗方程看二次曲线［J］. 数学通报,1984(1):24-27.

［2］　赵临龙. Clairaut 微分方程与(曲线)切线方程的关系［J］. 安康师专学报,2004,16(4):51-54.

［3］　詹紫浪,陈婷,刘永莉. 用动直线的包络定义二次曲线［J］. 数学教学研究,2011,30(8):53-55.

圆锥曲线族的包络

第 3 章

§1 圆 锥 曲 线

在一般情况下,要有五个条件才能确定一个圆锥曲线. 所以,从理论上讲,如果已知四个条件,那么就可以求得这个圆锥曲线族的包络. 但一族圆锥曲线中,如果兼有椭圆、双曲线、抛物线三种或者三种中的两种,运算往往很烦琐,特别是当它们的对称轴不平行于坐标轴的时候. 因此,这里只讨论具有标准方程的各种圆锥曲线,即椭圆、双曲线、抛物线的包络. 至于圆,虽然也是圆锥曲线的一种,但因前面已详细讨论过,所以这里不再论及了.

§2 椭圆族的包络

椭圆的标准方程为

$$\frac{x^2}{a^2} + \frac{y^2}{b^2} = 1$$

或

$$b^2 x^2 + a^2 y^2 = a^2 b^2$$

在这个方程中,如果有一个参数,就可以求出它的包络.

例 1　椭圆的长轴和短轴都在坐标轴上,并且它们的和为定值,求这些椭圆的包络(图 1).

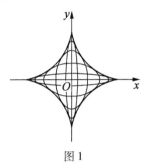

图 1

解　设椭圆的长轴为 $2a$,短轴为 $2b$,它们的和的为定值 $2m$,则 $a + b = m$,所以,$b = m - a$,于是椭圆的方程为

$$(m - a)^2 x^2 + a^2 y^2 = a^2 (m - a)^2 \qquad (1)$$

这里,a 是参数,m 是常数.

设椭圆族中和椭圆(1)相邻的另一个椭圆的方程为

$$(m - a')^2 x^2 + a'^2 y^2 = a'^2 (m - a')^2 \qquad (2)$$

式(1)和式(2)联立就得到一个方程组. 为了解这个方程,将式(1)乘以 a'^2,式(2)乘以 a^2,得

$$a'^2 (m - a)^2 x^2 + a^2 a'^2 y^2 = a^2 a'^2 (m - a)^2$$

$$a^2 (m - a')^2 x^2 + a^2 a'^2 y^2 = a^2 a'^2 (m - a')^2$$

相减,并整理,得

$$(a'm + am - 2aa') mx^2 = a^2 a'^2 (2m - a - a')$$

当椭圆(2)趋近于椭圆(1)时,a'趋于a,并以a为极限.用a代替上式中的a',得

$$(2am-2a^2)mx^2=a^4(2m-2a)$$

所以

$$x^2=\frac{a^3}{m} \qquad (3)$$

将式(3)代入式(1),化简,得

$$y^2=\frac{(m-a)^3}{m} \qquad (4)$$

式(3)和式(4)就是所求包络的参数方程.

如果要消去参数a,将式(3)和式(4)改写为

$$\sqrt[3]{mx^2}=a$$

$$\sqrt[3]{my^2}=m-a$$

相加,即得

$$\sqrt[3]{mx^2}+\sqrt[3]{my^2}=m$$

或

$$x^{\frac{2}{3}}+y^{\frac{2}{3}}=m^{\frac{2}{3}}$$

这就是著名的四歧点圆内旋轮线(四尖内摆线).又叫作星形线.

§3　双曲线族的包络

双曲线的标准方程为

$$\frac{x^2}{a^2}-\frac{y^2}{b^2}=1$$

或

$$b^2x^2 - a^2y^2 = a^2b^2$$

在这个方程中. 如果有一个参数, 就可以求它的包络.

例 2　双曲线的实轴和虚轴都在坐标轴上, 将它沿着直线 $y = x$ 作平行移动, 求这族双曲线的包络 (图 2).

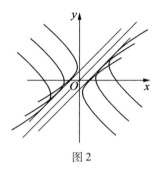

图 2

解　所谓曲线 F 沿着曲线 C 作平行移动, 就是说, 曲线 C 和它的坐标轴保持不动, 而将曲线 F 连同它的坐标轴一起移动, 移动时, 使曲线 F 的坐标原点永远落在曲线 C 上, 并且使曲线 F 的坐标轴永远平行于曲线 C 的对应坐标轴. 在本例中, 就是使双曲线的中心永远落在直线 $y = x$ 上, 并且使双曲线的实轴和虚轴永远平行于原来的 x 轴和 y 轴.

在一般情况下, 如果设曲线 F 的方程为 $F(x,y) = 0$, 曲线 C 上的任意一点的坐标为 (α,β), 那么, 因为运动是相对的, 将曲线 F 连同它的坐标轴平行移动, 使坐标原点移到点 (α,β) 上, 这时, 曲线 F 对于未移动前的原坐标轴来讲, 就等于曲线 F 不动, 单将它的坐标轴平行移动使坐标原点移到点 $(-\alpha, -\beta)$ 上. 由解析几何学中的坐标平移公式可知,这时,$x = x' - \alpha, y = y' - \beta$. 因此,平行移动后的曲线 F 对于未移动前的原坐标轴的方程就是 $F(x' - \alpha, y' - \beta) = 0$. 如果曲线 C 的参数方程是 $x = \varphi(t), y = \psi(t)$,那么,曲线 F 的方程就是 $F[x' - \varphi(t), y' - \psi(t)] = 0$. 为便利起见,撇号也可以省掉,直接写成 $F[x - \varphi(t), y - \psi(t)] = 0$.

现在,因双曲线的标准方程为

$$b^2 x^2 - a^2 y^2 = a^2 b^2$$

因直线 $y = x$ 上任意一点的坐标可以设为 (t, t),所以平行移动后的双曲线的方程为

$$b^2 (x - t)^2 - a^2 (y - t)^2 = a^2 b^2 \qquad (5)$$

这里,t 是参数,a 和 b 常数.

设双曲线族中和上述双曲线相邻的双曲线方程为

$$b^2 (x - t')^2 - a^2 (y - t')^2 = a^2 b^2 \qquad (6)$$

从式(5)减去式(6),约去公因式 $-(t - t')$,得

$$b^2 (2x - t - t') - a^2 (2y - t - t') = 0$$

当双曲线(6)趋近于双曲线(5)时,t' 趋于 t,并以 t 为极限. 用 t 代替上式中的 t',得

$$b^2 (2x - 2t) - a^2 (2y - 2t) = 0$$

所以

$$t = \frac{a^2 y - b^2 x}{a^2 - b^2} \qquad (7)$$

将式(7)代入式(5),得

$$b^2 \left(x - \frac{a^2 y - b^2 x}{a^2 - b^2} \right)^2 - a^2 \left(y - \frac{a^2 y - b^2 x}{a^2 - b^2} \right) = a^2 b^2$$

整理,得

$$(x - y)^2 = a^2 - b^2$$

所以

$$x - y = \pm \sqrt{a^2 - b^2}$$

当 $a > b$ 时,这包络是两条平行直线,它们都平行于已知直线 $y = x$;当 $a = b$ 时,这两条平行直线重合为一条,就是已知直线 $y = x$,这时,双曲线成为等边双曲线,而这就是通过第 I、第 II 两象限的渐近线,不是包络;当 $a < b$ 时,包络是两条虚线,或者说没有实的包络.

§4　抛物线族的包络

抛物线的标准方程为

$$y^2 = 4px$$

在这个方程中,如果有一个参数,就可以求它的包络.

例 3　抛物线的顶点在定圆 $x^2 + y^2 = r^2$ 的圆周上,并沿这个圆作平行移动,求这些抛物线的包络(图 3).

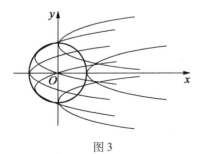

图 3

解　如果圆周上的任意一点可设为 $(r\cos\theta, r\sin\theta)$.

121

抛物线作平行移动时,顶点在圆周上,那么,仿照上例,抛物线的方程应当是

$$(y - r\sin\theta)^2 = 4p(x - r\cos\theta) \tag{8}$$

这里,r 和 p 是常数,θ 是参数.

设抛物线族中和抛物线(8)相邻的一个抛物线的方程为

$$(y - r\sin\theta'^2) = 4p(x - r\cos\theta') \tag{9}$$

从式(8)减去式(9),利用和差化积公式,并约去公因式 $-4r\sin\dfrac{\theta - \theta'}{2}$,得

$$y\cos\frac{\theta + \theta'}{2} - r\sin\frac{\theta + \theta'}{2}\cos\frac{\theta - \theta'}{2}\cos\frac{\theta + \theta'}{2}$$

$$= -2p\sin\frac{\theta + \theta'}{2}$$

当抛物线(9)趋近于抛物线(8)时,θ' 趋于 θ,并以 θ 为极限. 用 θ 代替上式中的 θ',得

$$y\cos\theta - r\sin\theta\cos\theta = -2p\sin\theta$$

两边除以 $\cos\theta$,得

$$y - r\sin\theta = -2p\tan\theta \tag{10}$$

所以

$$y = -2p\tan\theta + r\sin\theta \tag{11}$$

将式(10)代入式(8),得

$$4p^2\tan^2\theta = 4p(x - r\cos\theta)$$

所以

$$x = p\tan^2\theta + r\cos\theta \tag{12}$$

式(11)和式(12)就是所求包络的参数方程.

将这个结果和第 2 章例 2 中的结果比较一下,可

知如果令

$$\tan \theta = -m$$

$$\cos \theta = \pm \frac{1}{\sqrt{m^2+1}}$$

那么

$$\sin \theta = \pm \frac{m}{\sqrt{m^2+1}}$$

将以上三式代入式(12)和式(11),并适当地选择正负号,就得到和第 2 章中的例 2 完全相同的结果.

在第二章的例 2 中,虽然是圆心 O 在抛物线 $y^2 = 4px$ 上(图 4 中抛物线左边),并沿抛物线作平行移动,其实也就和圆周上的点 A 沿着抛物线 $y^2 = 4p(x-r)$ 平行移动一样(图 4 中右边的抛物线),或者和圆周上的点 B 沿着抛物线 $y^2 = 4p(x+r)$ 平行移动一样(图 4 中左边的抛物线).

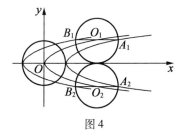

图 4

从本例的包络和第 2 章中的例 2 的包络全等这个事实来看,不难发现下列定理:

定理 1　第一个曲线沿着第二个曲线平行移动所得的包络,跟第二个曲线沿着第一个曲线平行移动所得的包络全等.

事实上,如果抛物线的顶点 A 沿着圆周运动时,这个抛物线上的任何一点也在同一时刻各个描出一个同样大小的圆周. 如果将这些圆周都画出来,那么所得图形就是这个圆以点 A 沿着抛物线作平行运动时所得的图形. 因此这两个图形作为点的集合来看的话,本质上是完全一样的,当然它们的包络也完全一样了.

上面这一段话,如果将抛物线和圆分别换成其他曲线,道理仍旧一样. 由此可知定理 1 是正确的.

从克莱罗(Clairaut)方程看二次曲线

克莱罗 [A. C. Clairaut (1713—1765) 法国数学家天文学家] 方程是一种虽然简单但却非常重要而又很有趣味的微分方程. 本文联系平面曲线的切线性质导出一类克莱罗方程. 这些克莱罗方程的奇解, 便是二次曲线.

克莱罗方程的一般形状是

$$y = xy' + f(y') \qquad (1)$$

其中 f 是已知的可微函数.

令 $y' = p$, 得

$$y = xp + f(p) \qquad (2)$$

将 (2) 的两端对 x 求导数, 得到

$$p = p + x \frac{\mathrm{d}p}{\mathrm{d}x} + f'(p) \frac{\mathrm{d}p}{\mathrm{d}x}$$

即

$$\left[x + f'(p) \right] \frac{\mathrm{d}p}{\mathrm{d}x} = 0$$

(i) 若 $\frac{\mathrm{d}p}{\mathrm{d}x} = 0$, 则 $p = c$, 代入式 (2) 消去参数 p 得方程 (1) 的通解

$$y = cx + f(c) \qquad (3)$$

125

（ii）若 $x + f'(p) = 0$，则将此式与（2）联立，得到参数方程

$$\begin{cases} x = -f'(p) \\ y = -pf'(p) + f(p) \end{cases} \tag{4}$$

容易检验，（4）是方程（1）的解，而且对于曲线（4）上的每一点，均有直线族（3）的一条直线与它相切，因而是包络线，在微分方程中称之为奇解.

凡遇克莱罗方程（1），可不用积分，而直接写出它的通解（3）与奇解（4）.

设 $y = \varphi(x)$ 是切线具有一定性质的曲线方程，如果它满足某一克莱罗方程（1），那么方程（1）具有明显的几何意义：（1）表示这曲线上任意一点的切线方程，其纵截距是 y' 的已知函数. 而方程（1）的通解（3）则表示一单参数直线族，当参数 C 取不同的值时，即得曲线的不同的切线；反之，过曲线上任意一点，均有直线族中的一直线与曲线在这点相切. 因而通解（3）是用动直线来表示这曲线的，方程（1）的奇解是其通解的包络，它是用动点来表示这曲线的. 研究克莱罗方程的通解与奇解，只不过是从动直线与动点两个方面来认识曲线的结构罢了.

在平面解析几何中，常常提出下面的问题：

1. 已知一圆 $x^2 + y^2 = a^2$，求它的切线方程.

众所周知，这是直线族

$$y = kx \pm a\sqrt{1 + k^2}$$

问题 1 的反面问题是：求一曲线，使其上每一点处的切线到原点的距离等于常数 a.

用初等方法,不难求出这曲线的方程是

$$x^2 + y^2 = a^2$$

现利用微分方程的方法求解.

设所求曲线方程为 $y = \varphi(x)$,在其上任意一点的切线方程为

$$y = xy' + b$$

但是(图1)

$$b^2 = a^2 + l^2 = a^2 + a^2 y'^2$$

$$b = \pm a\sqrt{1 + y'^2}$$

$$y = xy' \pm a\sqrt{1 + y'^2}$$

此系克莱罗方程,它的奇解的参数方程为

$$\begin{cases} y = xp \pm a\sqrt{1 + p^2} \\ x = \mp \dfrac{ap}{\sqrt{1 + p^2}} \end{cases}$$

消去参数 p 得

$$x^2 + y^2 = a^2$$

即为所求.

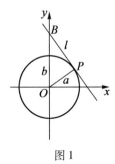

图1

2. 试求抛物线 $y^2 = 4x$ 的切线方程.

设所求的切线方程为

$$y = kx + b \qquad\qquad (5)$$

将式(5)与抛物线方程 $y^2 = 4x$ 联立,消去 x 得到关于 y 的二次方程

$$ky^2 - 4y + 4b = 0 \qquad\qquad (6)$$

由于曲线与它的切线仅有一个公共点,故二次方程(6)的判别式等于零. 即

$$\Delta = 16 - 16kb = 0$$

所以 $b = \dfrac{1}{k}$,代入(5)得到所求切线方程为

$$y = kx + \frac{1}{4}$$

问题 2 的反面问题是:求一曲线,使其上每一点处的切线的斜率与 y 轴上的截距成倒数.

设所求曲线方程为 $y = \varphi(x)$,则曲线上任意一点的切线方程可以写成

$$y = xy' + b \quad (b \text{ 为在 } y \text{ 轴上的截距})$$

依题意有

$$y'b = 1$$

所以

$$y = xy' + \frac{1}{y'}$$

此系克莱罗方程,奇解的参数方程为

$$\begin{cases} x = \dfrac{1}{p^2} \\ y = \dfrac{1}{p} \end{cases}$$

消去参数 p 得

$$y^2 = 4x \qquad\qquad (7)$$

故所求曲线为抛物线(7).

3. 双曲线的任何一条切线和它的渐近线所围成的三角形的面积是一个常数.

这是原高中课本《平面解析几何》(人民教育出版社 1963 年版)上的一道练习题. 它的反问题是:

求一曲线,使其上每一点处的切线与相交两直线所围成的三角形的面积是一常数.

解　选择两相交直线所成角的分角线为坐标轴,于是两已知直线的方程分别为(图 2)

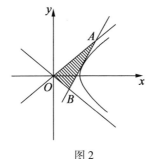

图 2

$$y = m^2 x, y = -m^2 x \quad (m^2 \text{ 为已知常数})$$

设所求曲线为 $y = \varphi(x)$,则其上任意一点的切线方程可写成

$$y = xy' + b$$

若切线与相交两直线的交点记为 A、B,则 A、B 的坐标可由下面的联立方程组

$$\begin{cases} y = xy' + b \\ y = m^2 x \end{cases}, \begin{cases} y = xy' + b \\ y = -m^2 x \end{cases}$$

解出得

$$A\left(\frac{-b}{y'-m^2}, \frac{-bm^2}{y'-m^2}\right), B\left(\frac{-b}{y'+m^2}, \frac{bm^2}{y'+m^2}\right)$$

于是曲线 $y = \varphi(x)$ 的切线与相交两直线所围成的三角形的面积 $S_{\triangle OBA}$ 可由三阶行列式表示,有

$$S_{\triangle OBA} = \frac{1}{2} \begin{vmatrix} 0 & 0 & 1 \\ \dfrac{-b}{y'+m^2} & \dfrac{bm^2}{y'+m^2} & 1 \\ \dfrac{-b}{y'-m^2} & \dfrac{-bm^2}{y'-m^2} & 1 \end{vmatrix}$$

$$= \frac{b^2}{2(y'^2-m^4)} \begin{vmatrix} 1 & -m^2 \\ 1 & m^2 \end{vmatrix}$$

$$= \frac{b^2 m^2}{y'^2 - m^4}$$

依题意

$$S_{\triangle OBA} = a^2 \quad (a^2 \text{ 为已知常数})$$

则

$$\frac{b^2 m^2}{y'^2 - m^4} = a^2, b = \pm\sqrt{\left(\frac{a}{m}y'\right)^2 - m^2 a^2}$$

所以

$$y = xy' \pm \sqrt{\left(\frac{a}{m}y'\right)^2 - (ma)^2} \qquad (8)$$

式(8)的奇解的参数方程为

$$\begin{cases} x = \mp \dfrac{a^2}{m^2} \dfrac{p}{\sqrt{\left(\dfrac{a}{m}p\right)^2 - (ma)^2}} & (9) \\[6mm] y = xp \pm \dfrac{p}{\sqrt{\left(\dfrac{a}{m}p\right)^2 - (ma)^2}} & (10) \end{cases}$$

为了消去参数 p ，将式(9)代入式(10)得

$$y = \mp \frac{\dfrac{a^2 p^2}{m^2}}{\sqrt{\left(\dfrac{a}{m}p\right)^2 - (ma)^2}} \pm \sqrt{\left(\dfrac{a}{m}p\right)^2 - (ma)^2}$$

$$= \frac{\mp m^2 a^2}{\sqrt{\left(\dfrac{a}{m}p\right)^2 - (ma)^2}}$$

即

$$\frac{x}{\dfrac{a}{m}} = \mp \frac{\dfrac{ap}{m}}{\sqrt{\left(\dfrac{a}{m}p\right)^2 - (ma)^2}} \tag{11}$$

$$\frac{y}{ma} = \frac{\mp ma}{\sqrt{\left(\dfrac{a}{m}p\right)^2 - (ma)^2}} \tag{12}$$

将(11)和(12)两式两端平方后再相减,得

$$\frac{x^2}{\left(\dfrac{a}{m}\right)^2} - \frac{y^2}{(ma)^2} = 1 \tag{13}$$

故所求曲线为双曲线(13).

4. 试证椭圆 $\dfrac{x^2}{a^2} + \dfrac{y^2}{b^2} = 1$ 的两焦点到其切线的距离之积为常数(双曲线也有类似性质).

证明 设 $P(x_1, y_1)$ 为椭圆上任意一点,则过 P 的切线方程为

$$\frac{x_1 x}{a^2} + \frac{y_1 y}{b^2} = 1$$

即

$$b^2 x_1 x + a^2 y_1 y - a^2 b^2 = 0$$

记焦点 $F_1(-c,0)$，$F_2(c,0)$ 到切线的距离为 d_1，d_2. 则

$$d_1 = \frac{|-b^2 x_1 c - a^2 b^2|}{\sqrt{b^4 x_1^2 + a^4 y_1^2}} = \frac{b^2 x_1 c + a^2 b^2}{\sqrt{b^4 x_1^2 + a^4 y_1^2}}$$

（因椭圆的焦点与原点在切线的同侧）

$$d_2 = \frac{|b^2 x_1 c - a^2 b^2|}{\sqrt{b^4 x_1^2 + a^4 y_1^2}} = \frac{a^2 b^2 - b^2 x_1 c}{\sqrt{b^4 x_1^2 + a^4 y_1^2}}$$

注意到 $c^2 = a^2 - b^2$，有

$$\begin{aligned}
d_1 \cdot d_2 &= \frac{a^2 b^2 + b^2 x_1 c}{\sqrt{b^4 x_1^2 + a^4 y_1^2}} \cdot \frac{a^2 b^2 - b^2 x_1 c}{\sqrt{b^4 x_1^2 + a^4 y_1^2}} \\
&= \frac{a^4 b^4 - b^4 x_1^2 c^2}{b^4 x_1^2 + a^4 y_1^2} \\
&= \frac{b^2(a^4 b^2 - b^2 x_1^2 c^2)}{b^2 x_1^2 + a^2(a^2 b^2 - b^2 x_1^2)} \\
&= \frac{b^2(a^4 b^2 - b^2 x_1^2 c^2)}{a^4 b^2 - b^2 x_1^2(a^2 - b^2)} \\
&= \frac{b^2(a^4 b^2 - b^2 x_1^2 c^2)}{a^4 b^2 - b^2 x_1^2 c^2} \\
&= b^2
\end{aligned}$$

得证.

问题 4 的反问题是：求一曲线，使从两定点到其切线的距离之积为常数（记为 b^2）.

解 适当选择坐标系，使两定点的坐标分别为 $F_1(-c,0)$，$F_2(c,0)$. 若曲线方程为 $y = \varphi(x)$，(x, y) 为曲线上任意一点，(X, Y) 为切线上的流动坐标，则过

点(x,y)的切线方程为

$$Y - y = y'(X - x)$$

即

$$y'X - Y + (y - xy') = 0$$

若$F_1(-c,0)$，$F_2(c,0)$到切线的距离记为d_1，d_2，则依题意

$$d_1 = \frac{|-cy' + y - xy'|}{\sqrt{y'^2 + 1}} = \pm \frac{(-cy' + y - xy')}{\sqrt{y'^2 + 1}} \quad (14)$$

$$d_2 = \frac{|cy' + y - xy'|}{\sqrt{y'^2 + 1}} = \pm \frac{(-cy' + y - xy')}{\sqrt{y'^2 + 1}} \quad (15)$$

依题意

$$d_1 \cdot d_2 = b^2$$

（i）若两定点在切线的同侧，则式(14)与式(15)取相同的符号. 故有

$$\frac{-cy' + y - xy'}{\sqrt{y'^2 + 1}} \cdot \frac{cy' + y - xy'}{\sqrt{y'^2 + 1}} = b^2$$

$$(y - xy')^2 - c^2 y'^2 = b^2(y'^2 + 1)$$

所以

$$y = xy' \pm \sqrt{c^2 y'^2 + b^2(y'^2 + 1)}$$

$$= xy' \pm \sqrt{b^2 + y'^2(c^2 + b^2)}$$

令$c^2 + b^2 = a^2$，则方程为

$$y = xy' \pm \sqrt{b^2 + a^2 y'^2}$$

此系克莱罗方程，它的奇解的参数方程为

$$\begin{cases} x = \mp \dfrac{pa^2}{\sqrt{b^2 + a^2 p^2}} \\ y = \pm \dfrac{b^2}{\sqrt{b^2 + a^2 p^2}} \end{cases}$$

消去参数 p 得

$$\frac{x^2}{a^2} + \frac{y^2}{b^2} = 1$$

故所求的曲线为椭圆.

（ii）若两定点在切线的异侧,则等式（14）与式（15）取相反的符号,于是有

$$-\frac{-cy' + y - xy'}{\sqrt{y'^2 + 1}} \cdot \frac{cy' + y - xy'}{\sqrt{y'^2 + 1}} = b^2$$

$$(y - xy')^2 = c^2 y'^2 - b^2 (y'^2 + 1)$$

$$y = xy' \pm \sqrt{c^2 y'^2 - b^2 (y'^2 + 1)}$$

令 $c^2 - b^2 = a^2$,则方程为

$$y = xy' \pm \sqrt{a y'^2 - b^2}$$

它的奇解的参数方程为

$$\begin{cases} x = \mp \dfrac{pa^2}{\sqrt{a^2 p^2 - b^2}} \\ y = \mp \dfrac{b^2}{\sqrt{a^2 p^2 - b^2}} \end{cases}$$

消去参数 p 得

$$\frac{x^2}{a^2} - \frac{y^2}{b^2} = 1$$

在这种情形下,所求曲线为双曲线.

高次曲线族的包络

第 4 章

§1　高　次　曲　线

这里所谓高次曲线,是指对三次和三次以上的代数曲线而言.高次曲线和直线、圆锥曲线比较起来,有下列几个比较明显的特点:

第一,有些高次曲线具有尖点,例如半立方抛物线 $y^2 = x^3$ 在原点处有一个尖点(图1).

第二,有些高次曲线具有结点,例如笛卡儿叶形线 $x^3 + y^3 = 3axy$ 在原点处有一个结点(图5),好像绳子上打的结一样.

第三,有些高次曲线具有孤立点,例如增点箕舌线

$$x^2 = \frac{(y+a)^2(a-y)}{y}$$

在 $(0, -a)$ 处有一个孤立点(图7).

第四,有些高次曲线具有自交点,例

Leibniz 定理

如曲线

$$y^2 = \frac{(x+a)^2(x-a)}{x}$$

在$(-a,0)$处有一个自交点(图9).

以上这些点,称为曲线的奇点.

第五,有些高次曲线具有拐点,所谓拐点,就是说,在这个点左侧的曲线向上弯曲,而在这个点右侧的曲线向下弯曲;或者在这个点左侧的曲线向下弯曲,而在这个点右侧的曲线向上弯曲. 例如箕舌线 $x^2 = \frac{a^2(a-y)}{y}$(图10)在点$P\left(-\frac{a}{\sqrt{3}}, \frac{3}{4}a\right)$和点$Q\left(\frac{a}{\sqrt{3}}, \frac{3}{4}a\right)$处各有一个拐点. 在点$P$左侧,曲线向上弯曲,在点$P$右侧(但在$y$轴的左侧),曲线向下弯曲. 而在点$Q$的左侧(但在$y$轴的右侧)和点$Q$的右侧则恰好相反.

由于高次曲线可能有奇点,因此求它们的包络的时候必须加以注意. 拿最简单的情况来说,例如一个高次曲线沿另一曲线作平行移动,就得到一个高次曲线族. 如果这个高次曲线有奇点,那么这个奇点在平行移动时也描出一条曲线. 这种曲线通常不认为是包络,只能算是尖点、结点、孤立点或自交点的轨迹. 这些轨迹很容易从图形上看出而将它们剔除. 有时这类奇点的轨迹也会和曲线族的包络重合,这也可以从图形上看出.

由于高次曲线可能有拐点,拐点的轨迹的方程虽然通常不会在求包络时出现,但有时拐点轨迹和包络重合,可能会误认为不是包络. 因为一条曲线在拐点处的切线必然穿过这条曲线,所以看上去和一般二次曲

线与直线相切的形式有所不同,可能会误认为是相交而不知仍是相切. 事实上,将所求得的包络的方程和原曲线族的方程联立,所得方程组必有 n 重根(n 是大于 1 的奇数),这就证明了所求得的包络确是与原曲线族相切的,并且切点是 n 重点.

此外,求高次曲线的包络时,经常需要解高次方程或高次方程组,而这些方程或方程组解起来往往很费事,甚至无法解出,因此,这里所介绍的高次曲线的包络,只限于最简单的几种.

§2　有尖点的高次曲线族的包络

如果已知一个有尖点的高次曲线族的方程,并且这个方程中只含有一个参数,那么,就可以求出它的包络. 尖点轨迹有时兼为包络,有时不是包络,这很容易从图形中看出.

例 1　半立方抛物线 $y^2 = x^3$ 沿直线 $y = x$ 作平行移动,求其包络(图 1).

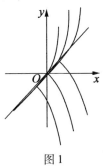

图 1

解 因为直线 $y=x$ 上的任意一点的坐标可设为 (t,t)，所以半立方抛物线 $y^2=x^3$ 沿直线 $y=x$ 平移所得曲线族的方程就是

$$(y-t)^2=(x-t)^3 \tag{1}$$

式中，t 是参数.

设半立方抛物线族中和曲线(1)相邻的另一条曲线的方程为

$$(y-t')^2=(x-t')^3 \tag{2}$$

将式(1)和式(2)联立，相减，得

$$(y-t)^2-(y-t')^2=(x-t)^3-(x-t')^3$$

分解因式，并约去公因式 $(-t+t)$，得

$$2y-t-t'=(x-t)^2+(x-t)(x-t')+(x-t')^2$$

当半立方抛物线族中曲线(2)趋近于曲线(1)时，t' 趋于 t，并以 t 为极限. 用 t 代替上式中的 t'，得

$$2(y-t)=3(x-t)^2$$

所以

$$y-t=\frac{3}{2}(x-t)^2 \tag{3}$$

将式(3)代入式(1)，化简，得

$$(x-t)^3\left[\frac{9}{4}(x-t)-1\right]=0$$

即

$$(x-t)^3=0$$

所以

$$t=x \quad (\text{三重根}) \tag{4}$$

或

$$\frac{9}{4}(x-t)-1=0$$

所以

$$t = x - \frac{9}{4} \qquad\qquad (5)$$

将式(4)代入式(3),得

$$y = x \qquad\qquad (6)$$

从图中可以看出,它不是求的包络,而是半立方抛物线 $y^2 = x^3$ 尖点的轨迹.

将式(5)代入式(3),得

$$y = x - \frac{4}{27} \qquad\qquad (7)$$

式(7)是平行于直线 $y = x$ 且在 y 轴上的截距为 $-\frac{4}{27}$ 的一条直线,因为它切于半立方抛物线族中的每一条曲线,所以是所求的包络.

例2 蔓叶线 $y^2 = \dfrac{x^3}{a-x}$ 沿 x 轴作平行移动,求其包络 $(a > 0)$(图2).

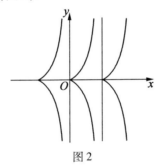

图2

解 由于曲线沿 x 轴作平行移动时,纵坐标永远保持不变,因此,x 轴上任意一点的坐标可设为 $(t,0)$,所以蔓叶线 $y^2 = \dfrac{x^3}{a-x}$ 沿 x 轴平移所得曲线族的方程就是

$$y^2 = \frac{(x-t)^3}{a-(x-t)} \qquad\qquad (8)$$

式中, t 是参数, a 是常数.

设蔓叶线族中和曲线(8)相邻的另一条曲线的方程为

$$y^2 = \frac{(x-t')^3}{a-(x-t')} \qquad (9)$$

将式(8)和式(9)联立,相减,得

$$\frac{(x-t)^3}{a-(x-t)} - \frac{(x-t')^3}{a-(x-t')} = 0$$

去分母,分解因式,并约去公因式 $(-t+t')$,得

$$a\left[(x-t)^2 + (x-t)(x-t') + (x-t')^2\right] -$$
$$(x-t)(x-t')(2x-t-t') = 0$$

当蔓叶线族中曲线(9)趋近于曲线(8)时, t' 趋于 t ,并以 t 为极限.用 t 代替上式中的 t' ,得

$$3a(x-t)^2 - 2(x-t)^3 = 0$$

即

$$(x-t)^2\left[3a - 2(x-t)\right] = 0$$

所以

$$(x-t)^2 = 0$$
$$x - t = 0 \quad （二重根） \qquad (10)$$

或

$$3a - 2(x-t) = 0$$
$$x - t = \frac{3}{2}a \qquad (11)$$

将式(10)代入式(8),得

$$y^2 = 0$$

所以

$$y = 0 \quad （二重根） \qquad (12)$$

将式(10)和式(12)联立,可见不论 x 等于何数,y 总等于 0,因此,(10)和(12)两式就表示 x 轴. 从图形可知,它是包络,同时又是尖点的轨迹.

将式(11)代入式(8),得

$$y^2 = -\frac{27}{4}a^2$$

这时,y 为虚数,这一部分没有实的包络.

例3 (1)求与曲线族

$$(y - k^2)^2 = x^2(k^2 - x^2)$$

的所有曲线切触的曲线. 作这条曲线及族中两条曲线的草图.

(2)如图函数 $\dfrac{1}{(1-ax)(1-bx)}$ 展开为 x 的幂级数

$c_0 + c_1 x + c_2 x^2 + c_3 x^3 + \cdots$.

证明:函数

$$\frac{1+abx}{(1-abx)(1-a^2x)(1-b^2x)}$$

可展开为 x 的幂级数 $c_0^2 + c_1^2 x + c_2^2 x^2 + c_3^2 x^3 + \cdots$.

(第 2 届美国大学生数学竞赛.)

解 (1)利用 $y = x^2(k^2 - x^2)$ 与 $y^2 = x^2(k^2 - x^2)$ 的图形的辅助,作出曲线族的草图(图3).

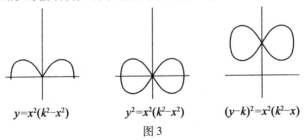

图 3

当 $x^2 = k^2 - x^2$,即当 $x = \pm\sqrt{2}k$ 时

141

$$f(x,y,k) = (y - k^2)^2 - x^2(k^2 - x^2) = 0$$

函数有极大值,因此曲线的图在点 $(\pm\dfrac{k}{\sqrt{2}}, \dfrac{k^2}{2})$ 有下水

平切线. 在点 $(\pm\sqrt{2}k, \dfrac{3}{2}k^2)$ 有上水平切线. 因为 f 依赖

于 k^2,仅需考虑 $k \geq 0$. 当 $k = 0$ 时,曲线退化到一点,所

以假定 k 是正的. 显然曲线包含在带形区域 $-k \leq x \leq k$

内. 在点 $(\pm k, k^2)$ 有垂直的切线,这是因为这里的 $\dfrac{\partial f}{\partial y}$ 为

零而 $\dfrac{\partial f}{\partial x}$ 不为零. 在点 $(0, k^2)$,$\dfrac{\partial f}{\partial x}$ 与 $\dfrac{\partial f}{\partial y}$ 都为零. 故曲线在

此有重点,并且在这个点的曲线类似一对直线,因为略

去高次项后得

$$(y - k^2)^2 - k^2 x^2 = 0$$

所以它的图形是由两条直线 $y - k^2 = \pm kx$ 合成的.

为了求包络方程,从两个方程

$$f = (y - k^2)^2 - x^2(k^2 - x^2) = 0$$

与

$$\dfrac{\partial f}{\partial k} = -4k(y - k^2) - 2kx^2 = 0$$

消去 k. 由第二个方程解出 k,得 $k = 0$ 或 $k^2 = y + \dfrac{1}{2}x^2$.

用前者代入原方程有 $y^2 = -x^4$,即原点. 用后者代入原

方程有 $x^2(3x^2 - 4y) = 0$,它是直线 $x = 0$ 与抛物线 $4y = 3x^2$ 的合成.

虽然 y 轴与每条曲线交于一个二重点,但不与任

何曲线相切,所以它不是包络的一部分. 如图 4 所示,

抛物线 $4y = 3x^2$ 与曲线 $f(x, y, k) = 0$ 在点 $(\pm\dfrac{2}{\sqrt{5}}k,$

$\dfrac{3}{5}k^2$）处相切. 设将对应于 $k=0$ 的一点"曲线"作为相切看待,则此抛物线即为包络,或者说除去原点的抛物线是包络.

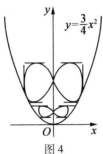

图 4

（2）首先求系数 $\{c_i\}$ 的显式. 利用部分分式,并假设 $a \neq b$,有

$$\dfrac{1}{(1-ax)(1-bx)}$$

$$= \dfrac{1}{b-a}\left(\dfrac{-a}{1-ax} + \dfrac{b}{1-bx}\right)$$

$$= \dfrac{1}{b-a}\left(-a\sum_{n=0}^{\infty} a^n x^n + b\sum_{n=0}^{\infty} b^n x^n\right)$$

因此

$$c_n = \dfrac{b^{n+1} - a^{n+1}}{b-a}$$

则有

$$\sum_{n=0}^{\infty} c_n^2 x^n = \dfrac{1}{(b-a)^2}\left(a^2\sum_{n=0}^{\infty} a^{2n} x^n - 2ab\sum_{n=0}^{\infty} a^n b^n x^n + b^2\sum_{n=0}^{\infty} b^{2n} x^n\right)$$

$$= \dfrac{1}{(a-b)^2}\left(\dfrac{a^2}{1-a^2 x} - \dfrac{2ab}{1-abx} + \dfrac{b^2}{1-b^2 x}\right)$$

$$= \dfrac{1+abx}{(1-a^2 x)(1-abx)(1-b^2 x)}$$

143

特别地,当 $a = b$,则

$$\frac{1}{(1-ax)(1-bx)} = \frac{1}{(1-ax)^2}$$

$$= \sum_{n=0}^{\infty} (n+1) a^n x^n$$

这时 $c_n = (n+1)a^n$,对此有

$$\sum_{n=0}^{\infty} c_n^2 x^n = \sum_{n=0}^{\infty} (n^2 + 2n + 1) a^{2n} x^n$$

$$= \sum_{n=0}^{\infty} (n+1)(n+2) a^{2n} x^n -$$

$$\sum_{n=0}^{\infty} (n+1) a^{2n} x^n$$

$$= \frac{2}{(1-a^2 x)^3} - \frac{1}{(1-a^2 x)^2}$$

$$= \frac{1 + a^2 x}{(1-a^2 x)^3}$$

这是当 $a = b$ 时所求的结果.

§3 有结点的高次曲线族的包络

如果已知一个有结点的高次曲线族的方程,并且这个方程中只含有一个参数,那么,就可以求出它的包络.结点轨迹有时兼为包络,有时不是包络,这也很容易从图形中看出.

例4 笛卡儿叶形线 $x^3 + y^3 - 3axy = 0$ 沿直线 $x + y = 0$ 作平行移动,求其包络$(a > 0)$(图5).

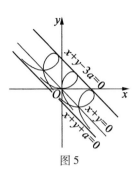

图5

解　在方程 $x+y=0$ 中,设 $x=-t$,则得 $y=t$,所以直线 $x+y=0$ 上的任意一点的坐标可设为 $(-t,t)$,因此,笛卡儿叶形线 $x^3+y^3-3axy=0$ 沿直线 $x+y=0$ 平移所得曲线族的方程就是

$$(x+t)^3+(y-t)^3-3a(x+t)(y-t)=0 \quad (13)$$

式中,t 是参数,a 是常数.

设笛卡儿叶形线族中和曲线(13)相邻的另一曲线的方程为

$$(x+t')^3+(y-t')^3-3a(x+t')(y-t')=0 \ (14)$$

将式(13)和式(14)联立,各自展开并化简,得

$$x^3+3x^2t+3xt^2+y^3-3y^2t+3yt^2-$$
$$3a(xy-tx+ty-t^2)=0$$
$$x^3+3x^2t'+3xt'^2+y^3-3y^2t'+3yt'^2-$$
$$3a(xy-t'x+t'y-t'^2)=0$$

相减,约去公因式 $(t-t')$,得

$$3x^2+3x(t+t')-3y^2+3y(t+t')+$$
$$3ax-3ay+3a(t+t')=0$$

当笛卡儿叶形线族中曲线(14)趋近于曲线(13)时,t' 趋于 t,并以 t 为极限.用 t 代替上式中的 t',得

$$3x^2+6xt-3y^2+6yt+3ax-3ay+6at=0$$

化简,整理,得
$$(x+y+a)(x-y+2t)=0$$
所以
$$x+y+a=0 \qquad (15)$$
或
$$x-y+2t=0$$
即
$$x+t=y-t \qquad (16)$$
将式(16)代入式(13),得
$$(y-t)^3+(y-t)^3-3a(y-t)(y-t)=0$$
即
$$(y-t)^2[2(y-t)-3a]=0$$
所以
$$(y-t)^2=0$$
$$t=y \quad （二重根） \qquad (17)$$
或
$$2(y-t)-3a=0$$
$$2t=2y-3 \qquad (18)$$
将式(17)代入式(16),得
$$x+y=0 \qquad (19)$$
将式(18)代入式(16),得
$$x+y-3a=0 \qquad (20)$$

从图中可以看出,式(15)是笛卡儿叶形线的渐近线;式(19)是笛卡儿叶形线结点的轨迹,都不是包络;式(20)是所求的包络,它是平行于直线 $x+y=0$,截距为 $3a$ 的一条直线.

例5 环索线 $y^2=x(x-a)^2$ 沿直线 $y=\sqrt{a}x$ 作平

行移动 $(a>0)$，求其包络（图 6）.

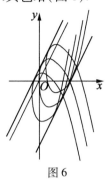

图 6

解　设 直 线 $y=\sqrt{a}\,x$ 上 任 意 一 点 的 坐 标 为 $(t,\sqrt{a}\,t)$，则 环 索 线 $y^2=x(x-a)^2$ 沿 直 线 $y=\sqrt{a}\,x$ 平 移 所得曲线族的方程是

$$(y-\sqrt{a}\,t)^2=(x-t)(x-t-a)^2 \qquad(21)$$

式中，t 是参数，a 是常数.

设环索线族中和曲线（21）相邻的另一曲线的方程为

$$(y-\sqrt{a}\,t')^2=(x-t')(x-t'-a)^2 \qquad(22)$$

将式（21）和式（22）联立，相减，得

$$(y-\sqrt{a}\,t)^2-(y-\sqrt{a}\,t')^2$$
$$=(x-t)(x-t-a)^2-(x-t')(x-t'-a)^2$$
$$=(x-t)\big[(x-t)^2-2a(x-t)+a^2\big]-$$
$$(x-t')\big[(x-t')^2-2a(x-t')+a^2\big]$$
$$=\big[(x-t)^3-(x-t')^3\big]-2a\big[(x-t)^2-(x-$$
$$t'^2)\big]+a^2\big[(x-t)-(x-t')\big]$$

即

$$\sqrt{a}\,(-t+t')(2y-\sqrt{a}\,t-\sqrt{a}\,t')$$
$$=(-t+t')\big[(x-t)^2+(x-t)(x-t')+$$
$$(x-t')^2\big]-2a\big[(-t+t')(2x-t-t')\big]+$$
$$a^2(-t+t')$$

约去公因式$(-t+t)$,得

$$\sqrt{a}\,(2y-\sqrt{a}\,t-\sqrt{a}\,t')$$
$$=(x-t)^2+(x-t)(x-t')+(x-t')^2-$$
$$2a(2x-t-t')+a^2$$

当环索线族中曲线(22)趋近于曲线(21)时,t'趋于t,并以t为极限. 用t代替上式中的t',得

$$2\sqrt{a}\,(y-\sqrt{a}\,t)=3(x-t)^2-4a(x-t)+a^2$$
$$=\big[(x-t)-a\big]\big[3(x-t)-a\big]$$

所以

$$y-\sqrt{a}\,t=\frac{(x-t-a)\big[3(x-t)-a\big]}{2\sqrt{a}} \qquad (23)$$

将式(23)代入式(21),得

$$\frac{(x-t-a)^2\big[3(x-t)-a\big]^2}{4a}=(x-t)(x-t-a)^2$$

整理,得

$$(x-t-a)^3\big[9(x-t)-a\big]=0$$
$$(x-t-a)^3=0$$
$$t=x-a \quad （三重根） \qquad (24)$$

或

$$9(x-t)-a=0$$
$$t=x-\frac{a}{9} \qquad (25)$$

将式(24)代入式(23),得

148

$$y - \sqrt{a}(x - a) = 0$$

所以

$$y = \sqrt{a}(x - a) \tag{26}$$

将式(25)代入式(23),得

$$y - \sqrt{a}\left(x - \frac{a}{9}\right) = \frac{\left(\dfrac{a}{9} - a\right)\left[3\left(\dfrac{a}{9}\right) - a\right]}{2\sqrt{a}}$$

所以

$$y = \sqrt{a}\left(x + \frac{5a}{27}\right) \tag{27}$$

式(26)和式(27)就是所求的两个包络. 因为环索线 $y^2 = x(x - a)^2$ 的结点的坐标为 $(a, 0)$,它沿直线 $y = \sqrt{a}x$ 平移,这个结点的轨迹用直线的点斜式方程很容易求得,就是方程 $y = \sqrt{a}(x - a)$,即式(26),这个结果也很容易从图形中看出,所以包络(26)同时兼为结点的轨迹.

§4　有孤立点的高次曲线族的包络

如果已知一个有孤立点的高次曲线族的方程,并且这个方程中只含有一个参数,那么,就可以求出它的包络. 但孤立点的轨迹不算包络.

例 6　增点箕舌线 $x^2 = \dfrac{(a + y)^2 (a - y)}{y}$ 沿 x 轴作平行移动,求其包络 $(a > 0)$(图 7).

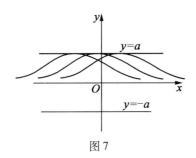

图 7

解 设 x 轴上任意一点的坐标为 $(t,0)$，则增点箕舌线 $x^2 = \dfrac{(a+y)^2(a-y)}{y}$ 沿 x 轴平移所得曲线族的方程就是

$$(x-t)^2 = \frac{(a+y)^2(a-y)}{y} \qquad (28)$$

式中，t 是参数，a 是常数.

设增点箕舌线族中和曲线（28）相邻的另一条曲线的方程为

$$(x-t')^2 = \frac{(a+y)^2(a-y)}{y} \qquad (29)$$

将式（28）和式（29）联立，相减，约去 $(-t+t')$，得

$$2x - t - t' = 0$$

当增点箕舌线族中曲线（29）趋近于曲线（28）时，t' 趋于 t，并以 t 为极限. 用 t 代替上式中的 t'，得

$$2(x-t) = 0$$

所以

$$x = t \qquad (29)$$

将式（29）代入式（27），得

$$y = a \qquad (30)$$

及

$$y = -a \quad (\text{二重根}) \tag{31}$$

由图形可知,式(30)就是所求的包络,而式(31)是增点箕舌线孤立点的轨迹,它不是所求的包络.

例7 求曲线$(x^2+y^2)^2-(2ax+a^2)^2=0$沿$x+y=0$的方向作平行移动时所成的包络(图8).

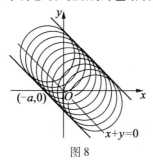

图8

解 设直线$x+y=0$上任意一点的坐标为$(t,-t)$,则曲线$(x^2+y^2)^2-(2ax+a^2)^2=0$沿着直线$x+y=0$作平行移动时所得到的曲线族的方程就是

$$[(x-t)^2+(y+t)^2]^2-[2a(x-t)+a^2]^2=0 \tag{32}$$

式中,t是参数,a是常数.

设和曲线族(32)相邻的另一曲线的方程为

$$[(x-t')^2+(y+t')^2]^2-[2a(x-t')+a^2]^2=0 \tag{33}$$

将式(32)和式(33)联立,并分解因式,得

$$\begin{cases} [(x-t+a)^2+(y+t)^2][(x-t-a)^2+(y+t)^2-2a^2]=0 \\ [(x-t'+a)^2+(y+t')^2][(x-t'-a)^2+(y+t')^2-2a^2]=0 \end{cases} \tag{34}$$

在实数范围内,要使$(x-t+a)^2+(y+t)^2=0$成立,必须有

$$\begin{cases} x=t-a \\ y=-t \end{cases}$$

消去 t,得

$$x + y + a = 0$$

它是曲线 $(x^2 + y^2)^2 - (2ax + a^2)^2 = 0$ 中的孤立点 $(-a, 0)$ 沿 $x + y = 0$ 的方向平行移动所得的轨迹. 因此,式(34)可化为

$$\begin{cases} (x - t - a)^2 + (y + t)^2 = 2a^2 & (35) \\ (x - t' - a)^2 + (y + t')^2 = 2a^2 & (36) \end{cases}$$

相减,分解因式,并约去公因式 $(t - t')$,得

$$-(2x - 2a - t - t') + (2y + t + t') = 0$$

当曲线(33)趋近于曲线(32)时,t' 趋于 t,并以 t 为极限. 在上式中,用 t 代替 t',得

$$-2(x - a - t) + 2(y + t) = 0$$

即

$$x - t - a = y + t \qquad (37)$$

将式(37)代入式(35),得

$$y + t = \pm a \qquad (38)$$

将式(38)代入式(37),得

$$x - t - a = \pm a \qquad (39)$$

从(38)和(39)两式中消去 t,得

$$x + y - 3a = 0 \qquad (40)$$

或

$$x + y + a = 0 \qquad (41)$$

从图中可以看出,式(40)是所求的包络,而式(41)是孤立点 $(-a, 0)$ 的轨迹兼为包络.

事实上,这个曲线 $(x^2 + y^2)^2 - (2ax + a^2)^2 = 0$ 可以写成

$$\left[(x + a)^2 + y^2\right]\left[(x - a)^2 + y^2 - 2a^2\right] = 0$$

由解析几何学可以知道,如果 $F_1(x,y)=0$ 的图像为曲线 C_1,$F_2(x,y)=0$ 的图像为曲线 C_2,那么 $F_1(x,y)\cdot F_2(x,y)=0$ 的图像就是曲线 C_1 和 C_2 的集合. 上式中,令第一个因式为0,则它的图像是孤立点 $(-a,0)$;令第二个因式为0,则它的图像是以 $(a,0)$ 为圆心,以 $\sqrt{2}a$ 为半径的圆,所得的包络是这个圆的两条切线,而其中的一条恰巧通过孤立点.

§5　有自交点的高次曲线族的包络

如果已知一个有自交点的高次曲线族的方程,并且这个方程中只含有一个参数,那么就可以求出它的包络. 自交点的轨迹有时兼为包络,有时不是包络,这也很容易从图形中看出.

例8　曲线 $y^2=\dfrac{(x-a)^2(x-a)}{x}$ 沿 y 轴作平行移动,求其包络($a>0$)(图9).

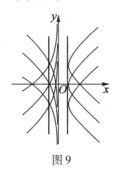

图9

解　设 y 轴上任意一点的坐标为 $(0,t)$,则曲线

153

$y^2 = \dfrac{(x+a)^2(x-a)}{x}$ 沿 y 轴平行移动所得曲线族的方程就是

$$(y-t)^2 = \frac{(x+a)^2(x-a)}{x} \qquad (42)$$

式中,t 是参数,a 是常数.

设和曲线(42)相邻的另一曲线的方程为

$$(y-t')^2 = \frac{(x+a)^2(x-a)}{x} \qquad (43)$$

将式(42)和式(43)联立,相减,约去$(-t+t')$,得

$$2y - t - t' = 0$$

当曲线(43)趋近于曲线(42)时,t' 趋于 t,并以 t 为极限.用 t 代替上式中的 t',得

$$2(y-t) = 0$$

所以

$$y = t \qquad (44)$$

将式(44)代入式(42),得

$$x = -a \quad (二重根) \qquad (45)$$

及

$$x = a \qquad (46)$$

从图中可以看出,式(45)是自交点的轨迹,而式(46)就是所求的包络.

§6 有拐点的高次曲线族的包络

如果已知一个有拐点的高次曲线的方程,并且这个方程中只含有一个参数,那么,就可以求出它的包

络. 拐点轨迹通常不在所求的结果中出现,如果出现的话,有时兼为包络,有时兼为结点轨迹或尖点轨迹,这可以从图形中看出.

例 9 箕舌线 $x^2 = \dfrac{a^2(a-y)}{y}$ 沿直线 $y = \dfrac{3\sqrt{3}}{8}x$ 作平行移动,求其包络$(a>0)$(图 10).

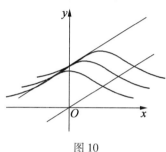

图 10

解 为了书写方便,令 $m = \dfrac{3\sqrt{3}}{8}$,则直线方程可改写成 $y = mx$. 设直线上任意一点的坐标为(t, mt),则箕舌线 $x^2 = \dfrac{a^2(a-y)}{y}$ 沿直线 $y = mx$ 平移所得曲线族的方程就是

$$(x-t)^2 = \frac{a^2(a-y+mt)}{y-mt} \tag{47}$$

式中,t 是参数,a 是常数.

设箕舌线族中和曲线(47)相邻的另一曲线的方程为

$$(x-t')^2 = \frac{a^2(a-y+mt')}{y-mt'} \tag{48}$$

式(47)和式(48)联立,去分母,展开,得

$$x^2y - x^2mt - 2xyt + 2xmt^2 + yt^2 - mt^3$$
$$= a^3 - a^2y + a^2mt$$
$$x^2y - x^2mt' - 2xyt' + 2xmt'^2 + yt'^2 - mt'^3$$
$$= a^3 - a^2y + a^2mt'$$

相减，约去公因式 $-(t - t')$ ，得

$$x^2m + 2xy - 2xm(t + t') - y(t + t') +$$
$$m(t^2 + tt' + t'^2) + a^2m = 0$$

当箕舌线族中曲线（48）趋近于曲线（47）时，t' 趋于 t ，并以 t 为极限. 用 t 代替上式中的 t' ，得

$$x^2m + 2xy - 4xmt - 2yt + 3mt^2 + a^2m = 0$$

即

$$2y(x - t) = 4xmt - x^2m - 3mt^2 - a^2m$$

$$y = \frac{m(4xt - x^2 - 3t^2 - a^2)}{2(x - t)}$$

$$y - mt = \frac{m(4xt - x^2 - 3t^2 - a^2)}{2(x - t)} - mt$$

$$= \frac{m(2xt - x^2 - t^2 - a^2)}{2(x - t)}$$

所以

$$y - mt = -\frac{m\left[(x - t)^2 + a^2\right]}{2(x - t)} \qquad (49)$$

将式（49）代入式（47），得

$$(x - t)^2 = \frac{a^2\left\{a + \dfrac{m\left[(x - t)^2 + a^2\right]}{2(x - t)}\right\}}{\dfrac{-m\left[(x - t)^2 + a^2\right]}{2(x - t)}}$$

整理，得

$$m(x - t)^4 + 2a^2m(x - t)^2 + 2a^3(x - t) + a^4m = 0$$

将上式中的 m 换回为 $\dfrac{3\sqrt{8}}{3}$，并用 $\dfrac{3\sqrt{8}}{3}$ 除全式，得

$$(x-t)^4 + 2a^2(x-t)^2 + \frac{16a^3}{3\sqrt{3}}(x-t) + a^4 = 0$$

因只有含 $(x-t)$ 奇次方的项有根号，所以可令 $\dfrac{x-t}{3\sqrt{3}} =$

X，则 $x-t = 3\sqrt{3}X$，代入上式，得

$$(3\sqrt{3}X)^4 + 2a^2(3\sqrt{3}X)^2 + \frac{16a^3}{3\sqrt{3}} \cdot 3\sqrt{3}X + a^4 = 0$$

$$729X^4 + 54a^2X^2 + 16a^3X + a^4 = 0$$

用综合除法求有理根

$$
\begin{array}{r}
729 + \ 0 + 54 + 16 + 1 \ \Big|\ -\dfrac{1}{9} \\
-81 + 9 - 7 - 1 \\
\hline
9\ \big|729 - 81 + 63 + \ 9 \\
\hline
81 - \ 9 + \ 7 + 1 \ \Big|\ -\dfrac{1}{9} \\
-\ 9 + \ 2 - 1 \\
\hline
9\ \big|81 + 18 + \ 9 \\
\hline
9 - \ 2 + \ 1
\end{array}
$$

所以

$$\left(X + \frac{a}{6}\right)^2 (9X^2 - 2aX + a^2) = 0$$

因此

$$X = -\frac{a}{9} \quad （二重根） \tag{50}$$

或

$$9X^2 - 2aX + a^2 = 0 \quad （无实根）$$

将式（50）中的 X 换回为 $\dfrac{x-t}{3\sqrt{3}}$，得

$$\frac{x-t}{3\sqrt{3}} = -\frac{a}{9}$$

157

Leibniz 定理

即

$$x - t = -\frac{\sqrt{3}}{3}a \qquad (51)$$

所以

$$t = x + \frac{\sqrt{3}}{3}a \qquad (52)$$

将(51)和(52)两式代入式(49),得

$$y - m\left(x + \frac{\sqrt{3}}{3}a\right) = \frac{-m\left[\frac{3}{9}a^2 + a^2\right]}{-\frac{2\sqrt{3}}{3}a}$$

即

$$y - mx - \frac{\sqrt{3}}{3}am = \frac{m \cdot 2a}{\sqrt{3}}$$

再将 $m = \frac{3\sqrt{3}}{8}$ 代入上式,得

$$y - \frac{3\sqrt{3}}{8}x - \frac{\sqrt{3}}{3} \cdot \frac{3\sqrt{3}}{8}a = \frac{3\sqrt{3}}{8} \cdot \frac{2a}{\sqrt{3}}$$

所以

$$y - \frac{3\sqrt{3}}{8}x - \frac{9}{8}a = 0 \qquad (53)$$

这就是所求的包络,它是一条直线.从图中可知,它兼为拐点轨迹.

将式(53)移项代入式(47),并将式(47)中的 m 换为 $\frac{3\sqrt{3}}{8}$,得

$$(x-t)^2 = a^2 \frac{\left(a - \dfrac{3\sqrt{3}}{8}x - \dfrac{9}{8}a + \dfrac{3\sqrt{3}}{8}t\right)}{\dfrac{3\sqrt{3}}{8}x + \dfrac{9}{8}a - \dfrac{3\sqrt{3}}{8}t}$$

$$= a^2 \frac{\left[-\dfrac{1}{8}a - \dfrac{3\sqrt{3}}{8}(x-t)\right]}{\dfrac{3\sqrt{3}}{8}(x-t) + \dfrac{9}{8}a}$$

整理,得

$$(x-t)^3 + \sqrt{3}a(x-t)^2 + a^2(x-t) + \frac{a^3}{3\sqrt{3}} = 0$$

因为只有含偶次方的项有根号,所以可令

$$\frac{a}{\sqrt{3}} = k$$

即

$$a = \sqrt{3}\,k$$

代入上式,得

$$(x-t)^3 + 3k(x-t)^2 + 3k^2(x-t) + k^3 = 0$$

很明显,上式就是

$$\left[(x-t) + k\right]^3 = 0$$

将 $k = \dfrac{a}{\sqrt{3}}$ 换回,得

$$\left[(x-t) + \frac{a}{\sqrt{3}}\right] = 0$$

这说明直线(53)确实是与曲线族(47)中的每一条曲线相切,并且切点是三重点.

§7 高次曲线沿本身平行移动的包络

从前几节我们可以看出,高次曲线沿直线作平行移动时,如果直线方程稍烦琐,那么,这个高次曲线方程沿直线平移所形成的包络就比较难求.可想而知,高次曲线沿本身作平行移动的包络,如果还限于用初等数学方法的话,那么就更难求了,有时甚至无法求出.因此,在这里只能介绍几个最简单的例子.

例 10 环索线 $y^2 = x(x-a)^2$ 沿本身作平行移动,求其包络($a > 0$)(图 11).

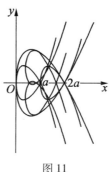

图 11

解 在环索线的方程中,设 $x = t^2$,则 $y = \pm t(t^2 - a)$.但因 t 本身可以是正数,也可以是负数,所以"$\pm$"号可省去.这样,环索线族的参数方程可写成

$$\begin{cases} x = t^2 \\ y = t(t^2 - a) \end{cases}$$

如果环索线 $y^2 = x(x-a)^2$ 上的任意一点的坐标可以设为 $[t^2, t(t^2 - a)]$,那么,环索线 $y^2 = x(x-a)^2$ 沿本

160

身平移所得的曲线族的方程就是

$$(y - t^3 + at)^2 = (x - t^2)(x - t^2 - a)^2 \qquad (54)$$

式中,t 是参数,a 是常数.

设环索线族中和曲线(54)相邻的另一曲线的方程为

$$(y - t'^3 + at')^2 = (x - t')(x - t'^2 - a)^2 \qquad (55)$$

式(54)和式(55)联立,并展开,相减,约去公因式 $-(t - t')$,得

$$2y(t^2 + tt' + t'^2) - 2ay - a^2(t + t') + 2a(t + t') \cdot$$
$$(t^2 + t'^2) - (t^2 + tt' + t'^2)(t^3 + t'^3)$$
$$= 3x^2(t + t') - 4ax(t + t') - 3x(t + t')(t^2 + t'^2) +$$
$$a^2(t + t') + 2a(t + t')(t^2 + t'^2) + (t^2 + tt' + t'^2) \cdot$$
$$(t^3 + t'^3)$$

当环索线族中曲线(55)趋近于曲线(54)时,t' 趋于 t,并以 t 为极限.用 t 代替上式中的 t',得

$$6yt^2 - 2ay - 2a^2t + 8at^3 - 6t^5$$
$$= 6x^2t - 8axt - 12xt^3 + 2a^2t + 8at^3 + 6t^5$$

约去因子 2,分解因式,得

$$(y - t^3 + at)(3t^2 - a) = t(x - t^2 - a)\left[3(x - t^2) - a\right]$$

所以

$$y - t^3 + at = \frac{t(x - t^2 - a)\left[3(x - t^2) - a\right]}{3t^2 - a} \qquad (56)$$

将式(56)代入式(54),得

$$\frac{t^2(x - t^2 - a)^2\left[3(x - t^2) - a\right]^2}{(3t^2 - a)^2} = (x - t^2)(x - t^2 - a)^2$$

即

$$(x - t^2 - a)^2\{t^2\left[3(x - t^2) - a\right]^2 -$$
$$(x - t^2)(3t^2 - a)^2\} = 0$$

所以
$$(x - t^2 - a)^2 = 0$$
$$x = t^2 + a \quad (二重根) \qquad (57)$$

将式(57)代入式(56),得
$$y - t(t^2 - a) = 0$$

所以
$$y = t(t^2 - a) \qquad (58)$$

将式(57)和式(58)同环索线的参数方程比较一下,可见纵坐标完全相同,仅横坐标多了一个 a,这说明还是题中的环索线,只不过是它的顶点不在原点,而移到了点 $(a, 0)$,结点不在点 $(a, 0)$,而移到了点 $(2a, 0)$ 罢了. 从图中可以看出,它是结点轨迹,不是所求的包络.

又
$$t^2[3(x - t^2) - a]^2 - (x - t^2)(3t^2 - a)^2 = 0$$

整理,分解因式,得
$$(x - 2t^2)[9t^2(x - t^2) - a^2] = 0$$

所以
$$x = 2t^2 \qquad (59)$$

或
$$9t^2(x - t^2) - a^2 = 0$$

所以
$$x = t^2 + \frac{a^2}{9t^2} \qquad (60)$$

将式(59)代入式(56),得
$$(y - t^3 + at) = t(t^2 - a)$$

所以
$$y = 2t(t^2 - a) \qquad (61)$$

式(59)和式(61)就是所求的一个包络.

再将式（60）代入式（56），得

$$y - t^3 + at = \dfrac{t\left(\dfrac{a^2}{9t^2} - a\right)\left(\dfrac{a^2}{3t^2} - a\right)}{3t^2 - a}$$

所以

$$y = t^3 - at + \dfrac{a^2(9t^2 - a)}{27t^3} \tag{62}$$

式（60）和式（62）也是所求的包络，它是参数方程的形式。式（59）和式（61）是和题中环索线位似的另一环索线的方程，且位似比为 2:1。

由此例可以得出下列定理：

定理 1　若一个曲线沿它本身作平行移动，则所得包络中必有一个曲线与它本身位似，并且位似比为 2:1。

从图 12 可见，当曲线 C 沿本身平行移动到曲线 C' 的位置时，点 O 移到点 P 的位置，点 P 移到点 P' 的位置。如果点 P 的坐标为 $(\xi(t), \eta(t))$，那么，点 P' 的坐标为 $(2\xi(t), 2\eta(t))$，并且 O, P, P' 三点成一条直线，$OP':OP = 2:1$。曲线 C 上的每一点都遵守这个规律，故定理 1 得以成立。

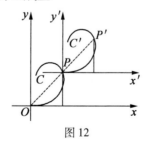

图 12

§8 高次曲线沿其他高次曲线平行移动的包络

和上一节一样,这里只能介绍几个最简单的例子.

例 11 半立方抛物线 $y^2 = x^3$ 沿蔓叶线 $y^2 = \dfrac{x^3}{a-x}$ 作平行移动,求其包络$(a>0)$(图 13).

解 如果还采用像前面那种从普通方程求参数方程的方法,设 $x = t$,则 y 很烦琐. 常用的方法是设 $y = tx$,代入曲线方程,求出 x 后,再求 y.

令 $y = tx$,代入蔓叶线方程,得

$$t^2 x^2 = \frac{x^3}{a-x}$$

$$t^2(a-x) = x$$

$$at^2 - t^2 x - x = 0$$

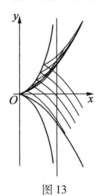

图 13

所以

$$x = \frac{at^2}{1+t^2} \tag{63}$$

将式(63)代入 $y = tx$，则得

$$y = \frac{at^3}{1+t^2} \qquad (64)$$

因为式(63)和式(64)是蔓叶线的参数方程，所以蔓叶线 $y^2 = \dfrac{x^3}{a-x}$ 上任意一点的坐标可以写成 $\left(\dfrac{at^2}{1+t^2}, \dfrac{at^3}{1+t^2} \right)$，半立方抛物线 $y^2 = x^3$ 沿蔓叶线 $y^2 = \dfrac{x^3}{a-x}$ 平移所得曲线族的方程就是

$$\left(y - \frac{at^3}{1+t^2} \right)^2 = \left(x - \frac{at^2}{1+t^2} \right)^3 \qquad (65)$$

设半立方抛物线族中和曲线(63)相邻的另一曲线的方程为

$$\left(y - \frac{at'^3}{1+t'^2} \right)^2 = \left(x - \frac{at'^2}{1+t'^2} \right)^3 \qquad (66)$$

将式(65)和式(66)联立，相减，得

$$\left(y - \frac{at^3}{1+t^2} \right)^2 - \left(y - \frac{at'^3}{1+t'^2} \right)^2$$

$$= \left(x - \frac{at^2}{1+t^2} \right)^3 - \left(x - \frac{at'^2}{1+t'^2} \right)^3$$

分解因式，约去公因式 $-\dfrac{a(t-t')}{(1+t^2)(1+t'^2)}$，得

$$\left[2y - \frac{at^3}{1+t^2} - \frac{at'^3}{1+t'^2} \right] \left[(t^2 + tt' + t'^2) + t^2 t'^2 \right]$$

$$= (t+t') \left[\left(x - \frac{at^2}{1+t^2} \right)^2 + \left(x - \frac{at^2}{1+t^2} \right) \left(x - \frac{at'^2}{1+t'^2} \right) + \left(x - \frac{at'^2}{1+t'^2} \right)^2 \right]$$

当半立方抛物线族中曲线(66)趋近于曲线(65)

时，t' 趋于 t，并以 t 为极限. 用 t 代替上式中的 t'，得

$$2\left(y - \frac{at^3}{1+t^2}\right)\left[t^2(3+t^2)\right] = 2t\left[3\left(x - \frac{at^2}{1+t^2}\right)^2\right]$$

所以

$$y - \frac{at^3}{1+t^2} = \frac{3\left(x - \frac{at^2}{1+t^2}\right)^2}{(3+t^2)t} \tag{67}$$

将式(67)代入式(65)，得

$$\frac{9\left(x - \frac{at^2}{1+t^2}\right)^4}{(3+t^2)^2 t^2} = \left(x - \frac{at^2}{1+t^2}\right)^3$$

即

$$\left(x - \frac{at^2}{1+t^2}\right)^3\left[9\left(x - \frac{at^2}{1+t^2}\right) - (3+t^2)^2 t^2\right] = 0$$

所以

$$\left(x - \frac{at^2}{1+t^2}\right)^3 = 0$$

$$x = \frac{at^2}{1+t^2} \quad （三重根） \tag{68}$$

将式(68)代入式(65)，得

$$y = \frac{at^3}{1+t^2} \quad （二重根） \tag{69}$$

式(68)和式(69)就是蔓叶线的参数方程，从图中可以看出，它不是所求的包络，而是半立方抛物线尖点的轨迹. 又因为

$$9\left(x - \frac{at^2}{1+t^2}\right) - (3+t^2)^2 t^2 = 0$$

$$x - \frac{at^2}{1+t^2} = \frac{(3+t^2)^2 t^2}{9} \tag{70}$$

166

所以

$$x = \frac{at^2}{1+t^2} + \frac{(3+t^2)^2 t^2}{9} \qquad (71)$$

将式(70)代入式(67),得

$$y - \frac{at^2}{1+t^2} = \frac{3 \frac{(3+t^2)^4 t^2}{9^2}}{(3+t^2)t^2} = \frac{(3+t^3)^3 t^3}{27}$$

所以

$$y = \frac{at^3}{1+t^2} + \frac{(3+t^2)^3 t}{27} \qquad (72)$$

式(71)和式(72)就是所求的包络的参数方程. 注意观察,这个参数方程与蔓叶线的参数方程比较,立即就可以发现,式(71)和式(72)是在蔓叶线的参数方程的右端各增加了一个 t 的函数,而且所增加的函数恰好能适合半立方抛物线的方程. 就是说将 $\dfrac{(3+t^2)^2 t^2}{9}$ 和 $\dfrac{(3+t^2)^3 t^3}{27}$ 分别代替半立方抛物线方程中的 x 和 y,恰好适合.

再看例 10 中所得的包络

$$x = t^2 + \frac{a^2}{9t^2}, y = t^3 - at + \frac{a^2}{27t^3}(9t^2 - a)$$

与同一例中环索线的参数方程

$$x = t^2, y = t^3 - at$$

比较,也是在环索线的参数方程右端各增加了一个 t 的函数,并且所增加的函数也恰好能适合环索线的方程,就是说,将 $\dfrac{9t}{a^2}$ 和 $\dfrac{a^2}{27t^3}(9t^2 - a)$ 分别代替环索线方程中的 x 和 y,也恰好能够适合. 从这两个例子可以推得

下列定理:

定理 2 设曲线 C_1 的方程为 $F(x,y)=0$，曲线 C_2 的参数方程为 $x=\phi(t)$，$y=\psi(t)$. 若曲线 C_1 沿曲线 C_2 作平行移动，而所得包络的参数方程为 $x=\phi(t)+\xi(t)$，$y=\psi(t)+\eta(t)$，那么，$\xi(t)$ 和 $\eta(t)$ 必然能够适合曲线 C_1 的方程，即等式 $F[\xi(t),\eta(t)]=0$ 必然是恒等式.

因为我们求包络时，是在 C_1 的方程中，将 x 换成 $x-\phi(t)$，将 y 换成 $y-\psi(t)$，即从

$$F[x-\phi(t),y-\psi(t)]=0 \qquad (73)$$

开始的，既然求得的结果是

$$x=\phi(t)+\xi(t),\quad y=\psi(t)+\eta(t)$$

也就是

$$x-\phi(t)=\xi(t),\quad y-\psi(t)=\eta(t)$$

那么，将 $\xi(t)$ 和 $\eta(t)$ 代入式（A）中，当然适合了.

定理 1 和定理 2，可以说明化学中分子聚合的形式和生物学中细胞增殖的形式为什么类似于母体. 因为分子和细胞的结构形状，从数学的观点来看，无非是某种曲线. 所以当它们聚合或增殖时，在它们的结构形态方面，当然要服从定理 1 和定理 2 的原理了.

事实上在"纯的"与"应用的"数学之前找不到严格的分界线. 不应该有一些人充当具有十足的数学美而又仅仅是对其爱好负责的神父，另外又有一些人充当服务于其他主人的工人，对人的这种分类最褒义地讲也是人类局限性的一个症候. 这些局限性使大多数人不能按其意志在广泛的兴趣领域内漫游.

——R. Courant

应用问题

包络在工农业及军事方面的应用，是很广泛的，特别是机械工业方面. 在这里我们只介绍一些非常简单的实际应用的例子，以供参考.

§1 机械方面的应用

例1 高精度的坐标镗床上有一根传动杆，它的两端分别在两条互相垂直的槽中滑动，求这根传动杆运动时所形成的包络(图1).

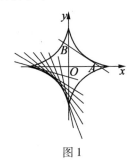

图1

第 5 章

169

解 取这两条互相垂直的槽为两条坐标轴,设这根传动杆的两端为 A 和 B,点 A 在 x 轴上,点 B 在 y 轴上. 传动杆滑动时,它的长度不变,设为 a,再设这根传动杆与 x 轴的交角为 θ,传动杆运动时,θ 是要变动的,取 θ 为参数,由此得点 A 的坐标为 $(a\cos\theta, 0)$,点 B 的坐标为 $(0, a\sin\theta)$,这就是说,直线 AB 在 x 轴上的截距为 $a\cos\theta$,在 y 轴上的截距为 $a\sin\theta$,所以 AB 的方程就是

$$\frac{x}{a\cos\theta} + \frac{y}{a\sin\theta} = 1$$

即

$$x\sin\theta + y\cos\theta = a\sin\theta\cos\theta \qquad (1)$$

式中,θ 是参数,a 为常数.

设传动杆在滑动到和式(1)相邻的另一位置的方程为

$$x\sin\theta' + y\cos\theta' = a\sin\theta'\cos\theta' \qquad (2)$$

式(1)和式(2)联立,得一方程组. 为了解这个方程组,将式(1)乘以 $\cos\theta'$,式(2)乘以 $\cos\theta$,得

$$x\sin\theta\cos\theta' + y\cos\theta\cos\theta' = a\sin\theta\cos\theta\cos\theta'$$

$$x\cos\theta\sin\theta' + y\cos\theta\cos\theta' = a\sin\theta'\cos\theta'\cos\theta$$

相减,得

$$x(\sin\theta\cos\theta' - \cos\theta\sin\theta') = a\cos\theta\cos\theta'(\sin\theta - \sin\theta')$$

左边用两角差公式,右边用和差化积公式,上式可化为

$$x\sin(\theta - \theta') = a\cos\theta\cos\theta' \cdot 2\cos\frac{\theta+\theta'}{2}\sin\frac{\theta-\theta'}{2}$$

再利用倍角公式,并约去公因式 $2\sin\dfrac{\theta-\theta'}{2}$,得

$$x\cos\frac{\theta-\theta'}{2} = a\cos\theta\cos\theta'\cos\frac{\theta+\theta'}{2}$$

当传动杆由式（2）的位置趋近于式（1）的位置时，θ' 趋于 θ，并以 θ 为极限. 用 θ 代替上式中的 θ'，得

$$x = a\cos^3\theta \qquad\qquad (3)$$

将式（3）代入式（1），得

$$a\cos^3\theta\sin\theta + y\cos\theta = a\sin\theta\cos\theta$$

所以

$$y = a\sin^3\theta \qquad\qquad (4)$$

式（3）和式（4）就是所求的包络的参数方程. 消去参数 θ，得

$$x^{\frac{2}{3}} + y^{\frac{2}{3}} = a^{\frac{2}{3}}$$

这是著名的四歧点圆内旋轮线，也叫星形线.

这个问题在设计机件时有一定的意义. 因为现代机件在所占空间的设计极为紧凑. 知道了传动杆运动时所成的包络，就可以知道包络附近的空间能不能安装其他机件了.

从此例又可以推得下列定理：

定理1　四歧点圆内旋轮线的切线夹在两坐标轴之间的部分为定长（等于四歧点圆内旋轮线的外接圆的半径）.

§2　军事及农业方面的应用

例2　高射炮弹的初速为 v，发射角（即炮筒与水平线所成的角）为 θ，则弹道是一个抛物线（空气阻力等不计），如果初速不变，而发射角随时变化，求这些弹道的包络(图2).

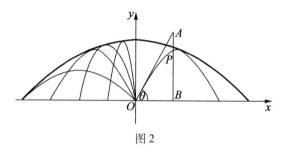

图 2

解 取发射点为原点,水平线为 x 轴.子弹射出经过时间 t 之后,若没有地心吸引力则应达到点 A,$OA = vt$.但实际上子弹时时刻刻受地心吸引力的影响向下落,经过时间 t 之后落下一段距离为 AP,则 $AP = \dfrac{1}{2}gt^2$,g 为重力加速度常数.所以经过时间 t 之后,子弹的实际位置在点 P,其坐标为

$$\begin{cases} x = OB = OA\cos\theta = vt\cos\theta & (5) \\ y = BP = BA - PA = OA\sin\theta - PA = vt\sin\theta - \dfrac{1}{2}gt^2 & (6) \end{cases}$$

式(5)和式(6)就是弹道曲线的参数方程,时间 t 是参数.要想消去 t,将式(5)变形,得

$$t = \frac{x}{v\cos\theta}$$

代入式(6),得

$$y = v \cdot \frac{x}{v\cos\theta} \cdot \sin\theta - \frac{1}{2}g\left(\frac{x}{v\cos\theta}\right)^2$$

即

$$y = x\tan\theta - \frac{gx^2}{2v^2\cos^2\theta} \tag{7}$$

172

这就是弹道抛物线的方程,其中,θ 为参数,v 为常数.

设和弹道抛物线(7)相邻的另一弹道抛物线的方程为

$$y = x\tan\theta' - \frac{gx^2}{2v^2\cos^2\theta'} \qquad (8)$$

将式(7)和式(8)联立,相减,得

$$x(\tan\theta - \tan\theta') - \frac{gx^2}{2v^2}\left(\frac{1}{\cos^2\theta} - \frac{1}{\cos^2\theta'}\right) = 0 \qquad (9)$$

因为

$$
\begin{aligned}
\tan\theta - \tan\theta' &= \frac{\sin\theta}{\cos\theta} - \frac{\sin\theta'}{\cos\theta'} \\
&= \frac{\sin\theta\cos\theta' - \cos\theta\sin\theta'}{\cos\theta\cos\theta'} \\
&= \frac{2\cdot\sin\dfrac{\theta-\theta'}{2}\cos\dfrac{\theta-\theta'}{2}}{\cos\theta\cos\theta'}
\end{aligned}
\qquad (10)
$$

$$
\begin{aligned}
\frac{1}{\cos^2\theta} - \frac{1}{\cos^2\theta'} &= \frac{\cos^2\theta' - \cos^2\theta}{\cos^2\theta\cos^2\theta'} \\
&= \frac{(\cos\theta' - \cos\theta)(\cos\theta' + \cos\theta)}{\cos^2\theta\cos^2\theta'} \\
&= \frac{2\cdot\sin\dfrac{\theta-\theta'}{2}\sin\dfrac{\theta+\theta'}{2}(\cos\theta' + \cos\theta)}{\cos^2\theta\cos^2\theta'}
\end{aligned}
\qquad (11)
$$

将(10)和(11)两式分别代入(9),并约去公因式 $\dfrac{2\sin\dfrac{\theta-\theta'}{2}}{\cos\theta\cos\theta'}$,得

$$x\cos\frac{\theta-\theta'}{2} - \frac{gx^2}{2v^2}\cdot\frac{\sin\dfrac{\theta+\theta'}{2}(\cos\theta' + \cos\theta)}{\cos\theta\cos\theta'} = 0$$

当弹道抛物线(8)趋近于弹道抛物线(7)时,θ'趋于θ,并以θ为极限. 用θ代替上式中的θ',得

$$x - \frac{gx^2}{2v^2} \cdot \frac{2\sin\theta\cos\theta}{\cos\theta} = 0$$

即

$$x(v^2 - gx\tan\theta) = 0$$

所以

$$x = 0 \qquad\qquad (12)$$

或

$$x = \frac{v^2}{g\tan\theta} = \frac{v^2}{g}\cot\theta \qquad\qquad (13)$$

将式(10)代入式(7),得

$$y = 0 \qquad\qquad (14)$$

式(10)和式(12)代表原点是包络的退化情形,这说明所有的抛物线都通过原点.

将式(11)代入式(7),得

$$
\begin{aligned}
y &= \frac{v^2}{g}\cot\theta\tan\theta - \frac{g\dfrac{v^4}{g^2}\cot^2\theta}{2v^2\cos^2\theta} \\
&= \frac{v^2}{g}\left(1 - \frac{1}{2\sin^2\theta}\right) \qquad\qquad (15)
\end{aligned}
$$

式(13)和式(15)是所求的另一个包络的参数方程. 要消去参数θ,将式(11)变形,得

$$\frac{gx}{v^2} = \cot\theta$$

两边平方,有

$$\frac{g^2x^2}{v^4} = \cot^2\theta \qquad\qquad (16)$$

再将式(15)化为

$$\frac{gy}{v^2} = 1 - \frac{1}{2\sin^2\theta}$$

$$1 - \frac{gy}{v^2} = \frac{1}{2\sin^2\theta}$$

所以

$$\frac{2v^2 - 2gy}{v^2} = \csc^2\theta \qquad (17)$$

从式(17)减去式(16),得

$$\frac{2v^2 - 2gy}{v^2} - \frac{g^2x^2}{v^4} = 1$$

整理后,得

$$x^2 = -\frac{2v^2}{g}\left(y - \frac{v^2}{2g}\right)$$

这是开口向下,对称轴为 y 轴,焦点在原点,顶点在 $\frac{v^2}{2g}$ 的一个抛物线.

这个问题是高射炮部队防御敌机时计算射程的主要依据,当然在实际作战时还要考虑空气阻力、风向、风速、气温、药温等因素,这里就不讲了.

§3 几何光学方面的应用

例 3 一束平行光线射到圆形器皿的内壁上,求反射光线的包络(图3).

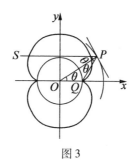

图 3

解 设圆形器皿截面的方程为 $x^2 + y^2 = r^2$,平行光线中的任意一条为 SP,SP 射到圆形器皿的内壁上的点 P,且 $SP /\!/ x$ 轴. 设 $\angle POX = \theta$,则点 P 的坐标为 $(r\cos\theta, r\sin\theta)$,过点 P 的法线为 OP,反射光线为 PQ,交 x 轴于点 Q. 因为 $SP /\!/ x$ 轴,所以,$\angle SPO = \angle POX$,又根据物理学中的入射角等于反射角的原理可知,$\angle SPO = \angle OPQ$,所以

$$\angle PQX = \angle POX + \angle OPQ = 2\theta$$

因此,反射光线 PQ 的方程可用点斜式表示,就是

$$y - r\sin\theta = \tan 2\theta(x - r\cos\theta) \qquad (18)$$

式中,θ 是参数,r 是常数.

设和反射光线族中(18)相邻的另一反射光线的方程为

$$y - r\sin\theta' = \tan 2\theta'(x - r\cos\theta') \qquad (19)$$

将式(18)和式(19)联立,相减,得

$$-r(\sin\theta - \sin\theta')$$
$$= x(\tan 2\theta - \tan 2\theta') -$$
$$r(\tan 2\theta\cos\theta - \tan 2\theta'\cos\theta') \qquad (20)$$

因为

176

$$\sin\theta - \sin\theta' = 2\sin\frac{\theta-\theta'}{2}\cos\frac{\theta+\theta'}{2} \qquad (21)$$

$$\tan 2\theta - \tan 2\theta' = \frac{\sin 2\theta}{\cos 2\theta} - \frac{\sin 2\theta'}{\cos 2\theta'}$$

$$= \frac{\sin 2(\theta-\theta')}{\cos 2\theta\cos 2\theta'} = \frac{2\sin(\theta-\theta')\cos(\theta-\theta')}{\cos 2\theta\cos 2\theta'}$$

$$= \frac{2\cdot 2\cdot\sin\dfrac{\theta-\theta'}{2}\cos\dfrac{\theta-\theta'}{2}\cos(\theta-\theta')}{\cos 2\theta\cos 2\theta'} \qquad (22)$$

$$\tan 2\theta\cos\theta - \tan 2\theta'\cos\theta'$$

$$= \tan 2\theta\cos\theta - \tan 2\theta'\cos\theta + \tan 2\theta'\cos\theta - \tan 2\theta'\cos\theta'$$

$$= \cos\theta(\tan 2\theta - \tan 2\theta') + \tan 2\theta'(\cos\theta - \cos\theta')$$

$$= \frac{2\cdot 2\cdot\sin\dfrac{\theta-\theta'}{2}\cos\dfrac{\theta-\theta'}{2}\cos(\theta-\theta')\cos\theta}{\cos 2\theta\cos 2\theta'} +$$

$$\tan 2\theta'\cdot(-2)\sin\frac{\theta-\theta'}{2}\sin\frac{\theta+\theta'}{2} \qquad (23)$$

将(21)(22)(23)三式分别代入式(20),并约去公因
式 $2\sin\dfrac{\theta-\theta'}{2}$,得

$$-r\cos\frac{\theta+\theta'}{2} = \frac{2x\cos\dfrac{\theta-\theta'}{2}\cos(\theta-\theta')}{\cos 2\theta\cos 2\theta'} -$$

$$\frac{2r\cos\dfrac{\theta-\theta'}{2}\cos(\theta-\theta')\cos\theta}{\cos 2\theta\cos 2\theta'} +$$

$$r\tan 2\theta'\sin\frac{\theta+\theta'}{2}$$

　　当反射光线(19)趋近于反射光线(18)时,θ'趋于
θ,并以 θ 为极限.用 θ 代替上式中的 θ',得

$$-r\cos\theta = \frac{2x}{\cos^2 2\theta} - \frac{2r\cos\theta}{\cos^2 2\theta} + r\tan 2\theta\sin\theta$$

$$= \frac{2(x - r\cos\theta)}{\cos^2 2\theta} + r\tan 2\theta\sin\theta$$

移项,去分母,得

$$x - r\cos\theta = -\frac{r}{2}(\tan 2\theta\sin\theta - \cos\theta)\cdot\cos^2 2\theta$$

$$= -\frac{r}{2}\left(\frac{\sin 2\theta}{\cos 2\theta}\sin\theta + \cos\theta\right)\cdot\cos^2 2\theta$$

$$= -\frac{r}{2}(\sin 2\theta\sin\theta + \cos 2\theta\cos\theta)\cos 2\theta$$

$$= -\frac{r}{2}\cos\theta\cos 2\theta \qquad (24)$$

所以

$$x = -\frac{r}{2}\cos\theta\cos 2\theta + r\cos\theta$$

$$= -\frac{r}{2}(2\cos^3\theta - \cos\theta - 2\cos\theta)$$

$$= -\frac{r}{2}(2\cos^3\theta - 3\cos\theta)$$

即

$$x = \frac{r}{2}(3\cos\theta - 2\cos^3\theta) \qquad (25)$$

将式(24)代入式(18),得

$$y - r\sin\theta = -\frac{r}{2}\tan 2\theta\cos\theta\cos 2\theta$$

所以

$$y = -\frac{r}{2}\sin 2\theta\cos\theta + r\sin\theta$$

$$= -\frac{r}{2}(\sin 2\theta\cos\theta - 2\sin\theta)$$

$$= -\frac{r}{2}(2\sin\theta\cos^2\theta - 2\sin\theta)$$

$$= r\sin^3\theta \tag{26}$$

式(25)和式(26)习惯上将它们化成较整齐的形式如下

$$x = \frac{r}{4}(3\cos\theta - \cos 3\theta)$$

$$y = \frac{r}{4}(3\sin\theta - \sin 3\theta)$$

这就是所求包络的参数方程. 它是著名的两歧点圆外旋轮线.

上物理课时, 课本上说: 平行光线照射在球面镜上, 反光焦点在球半径的 $\frac{1}{2}$ 处. 而上数学课时, 课本上又说: 平行光线只有照射在抛物面镜上才能聚焦. 物理学与数学的这一矛盾, 在课本里始终得不到一个合理的、科学的解释. 通过本例, 这个物理学与数学的矛盾就可以完美地解决了. 原来所谓球面镜的反光焦点, 实际上是反射光线的包络(即两歧点圆外旋轮线)的尖点, 它的确是最亮点.

§4　绘图方面的应用

初学解析几何时, 要绘制曲线图形. 总是采用描点的方法. 这种方法的计算过程非常烦琐. 事实上, 有些

曲线的图形,如用包络来绘制,其为简便. 举例如下:

例 4　已知抛物线的焦点至准线的距离为 p,画出这个抛物线.

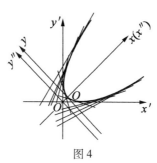

图 4

解　建立坐标系 $x'O'y'$,在 x' 轴和 y' 轴上分别取 A、B 两点,使 $O'A$ 与 $O'B$ 的代数和等于 $\sqrt{2}p(p>0)$,作直线 AB. 当点 A 在 x' 轴上移动,点 B 在 y' 轴上移动时,就得到抛物线的切线的集合 $\{AB\}$. 再作一条平滑的曲线与集合 $\{AB\}$ 中各直线相切,就得到所求的抛物线.

证　由第一章 §3 例 6 可知,在 $x'O'y'$ 坐标系中,AB 的方程为

$$\frac{x'}{t}+\frac{y'}{\sqrt{2}p-t}=1$$

式中,p 为正常数,t 为参数;它的包络为抛物线

$$\pm x'^{\frac{1}{2}}\pm y'^{\frac{1}{2}}=(\sqrt{3}p)^{\frac{1}{2}}$$

两边平方,得

$$x'+y'\pm 2\sqrt{x'y'}=\sqrt{2}p$$

由旋转公式

$$\begin{cases} x' = x''\cos\dfrac{\pi}{2} - y''\sin\dfrac{\pi}{4} = \dfrac{\sqrt{2}}{2}(x'' - y'') \\[3mm] y' = x''\sin\dfrac{\pi}{2} + y''\cos\dfrac{\pi}{4} = \dfrac{\sqrt{2}}{2}(x'' + y'') \end{cases}$$

代入上式,得

$$\sqrt{2}x'' \pm \sqrt{2} \cdot \sqrt{x''^2 - y''^2} = \sqrt{2}p$$

即

$$\pm \sqrt{x''^2 - y''^2} = p - x''$$

再两边平方,整理,得

$$y''^2 = 2px'' - p^2$$

由平移公式

$$\begin{cases} x = x'' - \dfrac{p}{2} \\[3mm] y = y'' \end{cases}$$

代入,得

$$y^2 = 2px$$

证毕.

§5　解综合题方面的应用

有一些综合性的数学问题,利用包络求解较为简便,举例如下:

例 5 曲线的参数方程为

$$\begin{cases} x = 6\cos^2\theta - m + 1 & (27) \\[3mm] y = 4\cos^2\left(\theta + \dfrac{\pi}{4}\right) + m - 2 & (28) \end{cases}$$

θ 为参数.求证:不论 m 为何值,这条曲线必与两条定直线相切,并求出这两条直线的方程.

解 先消去参数方程的参数 θ:

式(1)可化为

$$x = 6\cos^2\theta - 3 - m + 4$$
$$= 3\cos 2\theta - m + 4$$

即

$$\frac{x + m - 4}{3} = \cos 2\theta \qquad (29)$$

式(28)可化为

$$y = 4\left(\cos\theta \cdot \frac{\sqrt{2}}{2} - \sin\theta \cdot \frac{\sqrt{2}}{2}\right)^2 + m - 2$$
$$= 2(\cos\theta - \sin\theta)^2 + m - 2$$
$$= 2(1 - 2\sin 2\theta) + m - 2$$

即

$$\frac{y - m}{2} = -\sin 2\theta \qquad (30)$$

将(29)和(30)两式平方后相加,得

$$\frac{(x + m - 4)^2}{9} + \frac{(y - m)^2}{4} = 1$$

即

$$4(x + m - 4)^2 + 9(y - m)^2 = 36 \qquad (31)$$

设和曲线(31)相交的另一曲线的方程为

$$4(x + m' - 4)^2 + 9(y - m')^2 = 36 \qquad (32)$$

从式(31)减去式(32),约去公因式 $(m - m')$,得

$$4(2x + m + m' - 8) - 9(2y' - m - m') = 0$$

当曲线(32)趋近于曲线(31)时,m' 趋于 m,并以 m 为

极限, 用 m 代替上式中的 m', 约简, 得

$$4(x+m-4)-9(y-m)=0$$

即

$$x+m-4=(y-m) \qquad (33)$$

代入式 (31), 得

$$(x+m-4)^2=\frac{81}{13}$$

所以

$$x+m-4=\pm\frac{9}{\sqrt{13}} \qquad (34)$$

将式 (34) 代入式 (31), 得

$$y-m=\pm\frac{4}{\sqrt{13}} \qquad (35)$$

从式 (34) 和式 (35) 消去 m, 得

$$x+y=4\pm\sqrt{13}$$

这就证明了曲线 (31) 和这两条平行直线相切.

　　前面所讲的曲线族的包络, 以及包络的求法, 都是假设曲线族中相邻两曲线有交点, 取这交点的极限, 再求这极限点的轨迹, 这样来获得曲线族的包络的. 这当中有两件事必须特别说明:

　　第一, 并不是任何曲线族中相邻两曲线都是相交的, 也就是说, 曲线族中相邻两曲线不一定有交点, 而是一个套一个的. 但即使在这样的情况下, 这个曲线族照样可以有包络. 其所以有这样的可能性, 是因为这个包络与曲线族中某个曲线相切之后, 可以穿过这个曲线与第二个曲线相切, 然后又穿过第二个曲线再与第三个曲线相切,而并不一定要这个包络在切点附近完全处于曲线的一侧.

第二,即使在上述情况下,只要这个曲线族有包络,我们仍旧可以用前面所讲的方法求得它的包络. 为什么呢? 因为相邻两曲线不相交的情况还可以分为两种:一种是相邻两曲线的交点是虚的;另一种是相邻两曲线连虚交点都没有. 后者的例子最简单的是平行直线族和同心圆族,这时当然没有包络. 前者的例子在下列两节中以实例来说明.

§6　曲线族中相邻两曲线相交于虚点时所形成的虚包络

例6　动圆的圆心在 x 轴上原点右方,半径等于圆心横坐标的 2 倍,求这族动圆的包络(图5).

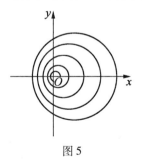

图5

解　设动圆的圆心为 $(t,0)$,则得动圆的方程为
$$(x-t)^2 + y^2 = (2t)^2 \tag{36}$$

184

式中, t 是参数($t>0$).

当动圆圆心移到 $(t',0)$ 时 $(t'>0)$,方程变为

$$(x-t')^2 + y^2 = (2t')^2 \qquad (37)$$

首先,这两个圆如果不相交,那么,这两个圆应当一个套一个,就是说,它们应当内离. 因为,如果不是内离而是外离的话,那么和它们相邻的第三个圆就没处摆了. 要证明圆(36)和圆(37)内离,只要证明两圆半径之差大于它们的圆心距就行了. 圆(36)的半径是 $2t$,圆心坐标是 $(t,0)$,圆(37)的半径是 $2t'$,圆心坐标是 $(t',0)$. 所以它们的半径之差是 $|2(t-t')|$,它们的圆心距是 $|t-t'|$,显然 $|2(t-t')|>|t-t'|$,因此,这两个圆是内离的.

其次,要求这动圆族的包络,将式(36)和式(37)联立就得到一个方程组. 为了解这个方程组,从式(36)减去式(37),得

$$(x-t)^2 - (x-t')^2 = (2t)^2 - (2t')^2$$

即

$$(-t+t')(2x-t-t') = 4(t^2 - t'^2)$$

约去公因式 $(-t+t')$,得

$$2x - t - t' = -4(t+t')$$

当动圆(37)趋近于动圆(36)时, t' 趋于',并以 t 为极限. 将上式中的 t' 换成 t ,得

$$2(x-t) = -8t$$

所以

$$t = -\frac{x}{3} \qquad (38)$$

将式(38)代入式(36),得

$$\left(x + \frac{x}{3} \right)^2 + y^2 = \left(-\frac{2}{3}x \right)^2$$

即

$$4x^2 + 3y^2 = 0 \qquad\qquad (39)$$

式(39)在复数范围内可以分解因式

$$(2x + \sqrt{3}\,y\mathrm{i})(2x - \sqrt{3}\,y\mathrm{i}) = 0$$

这是两条共轭的虚直线

$$2x + \sqrt{3}\,y\mathrm{i} = 0 \qquad\qquad (40)$$

$$2x - \sqrt{3}\,y\mathrm{i} = 0 \qquad\qquad (41)$$

它们相交于原点.

要证明(40)和(41)两式确实是包络,只要证明它们都和动圆(36)相切就行了. 因为直线与圆如果相交的话,必须有两个不同的交点,若这两个交点重合而为一点,则直线就必然与圆相切. 所以,只要证明将式(40)或式(41)和式(36)联立所得的根是二重根就行了. 为此,将式(40)或式(41)移项平方后,与式(36)联立,得

$$\begin{cases} (x - t)^2 + y^2 = 4t^2 & (42) \\ 4x^2 = -3y^2 & (43) \end{cases}$$

解这个方程组,将式(43)变形为

$$y^2 = -\frac{4}{3}x^2$$

代入式(42),得

$$(x - t)^2 - \frac{4}{3}x^2 = 4t^2$$

即

$$(x + 3t)^2 = 0$$

所以

$$x = -3t \quad （二重根）$$

这就证明了直线(40)和(41)确实和圆(36)相切，它们确实是所求的包络.

本例说明了曲线族中相邻两曲线相交于虚点时有虚包络，并且这个虚包络可用前面所讲的方法求得.

§7　曲线族中相邻两曲线相交于
虚点时所形成的实包络

曲线族中相邻两曲线相交于虚点时，有时也能形成实包络，举例如下：

例 7　$(x - 2m^3)^2 + (y - 3m^2)^2 = 4(1 + m^2)^3$，为动圆方程求它的包络. 这里，$m$ 是参数（图 6）.

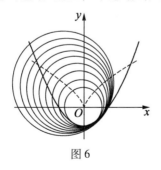

图 6

解　此圆的圆心在 $(2m^3, 3m^2)$，半径为 $2(1 + m^2)^{\frac{3}{2}}$.

当圆心移到 $(2n^3, 3n^2)$ 时,其动圆方程为

$$(x - 2n^3)^2 + (y - 3n^2)^2 = 4(1 + n^2)^3$$

这时,圆的半径为 $2(1 + n^2)^{\frac{3}{2}}$.

从 $x = 2m^3, y = 3m^2$ 这两式中消去 m 后,可得 $y^3 = \frac{27}{8}x^2$,所以动圆圆心在半立方抛物线 $y^3 = \frac{27}{8}x^2$ 上.

因为两圆相邻,所以圆心必然都在半立方抛物线的左半支上或者都在右半支上. 因此,m 和 n 必然同号,而且 $m \neq n$.

两圆半径之差是

$$|2\sqrt{(1 + m^2)^3} - 2\sqrt{(1 + n^2)^3}| \qquad (\text{A})$$

圆心距是

$$\sqrt{(2m^3 - 2n^3)^2 + (3m^2 - 3n^2)^2} \qquad (\text{B})$$

现在,要证明两圆内离,只要证明 $A > B$ 即可. 因为 m 和 n 同号,并且 $m \neq n$,我们有

$$(m - n)^4 > 0 \qquad (44)$$
$$8(m^2 + 4mn + n^2) > 0 \qquad (45)$$
$$3(3m^4 + 12m^3n + 2m^2n^2 + 12mn^3 + 3n^4) > 0 \quad (46)$$
$$48m^3n^3 > 0 \qquad (47)$$

用式(44)遍乘(45)(46)(47)三式,再相加,得

$$[8(m - n)^4(m^2 + 4mn + n^2)] + [3(m - n)^4 \cdot$$
$$(3m^4 + 12m^3n + 2m^2n^2 + 12mn^3 + 3n^4)] +$$
$$[48(m - n)^4 m^3 n^3] > 0$$

展开,得

$$[8m^6 - 72m^4n^2 - 72m^2n^4 + 8n^6 + 128m^3n^3] +$$
$$[9m^8 - 84m^6n^2 - 234m^4n^4 - 84m^2n^6 + 9n^8 +$$

$$192(m^5n^3 + m^3n^5)] + [48m^3n^3(m^4 + 6m^2n^2 + n^4) - 192(m^6n^4 + m^4n^6)] > 0$$

也就是

$$[72m^6 + 504m^4n^2 + 504m^2n^4 + 72n^6 + 128m^3n^3] - [64m^6 + 576m^4n^2 + 576m^2n^4 + 64n^6] + [9m^8 + 108m^6n^2 + 342m^4n^4 + 108m^2n^6 + 9n^8 + 192(m^5n^3 + m^3n^5)] - [192m^6n^2 + 576m^4n^4 + 192m^2n^6] + [48m^3n^3(m^4 + 6m^2n^2 + n^4)] - [192(m^6n^4 + m^4n^6)] > 0$$

将带负号的方括号中各项移到不等号的右边, 即

$$[72(m^6 + 7m^4n^2 + 7m^2n^4 + n^6) + 128m^3n^3] + [9(m^8 + 12m^6n^2 + 38m^4n^4 + 12m^2n^6 + n^8) + 192(m^5n^3 + m^3n^5)] + [48m^3n^3(m^4 + 6m^2n^2 + n^4)] > [64(m^6 + 9m^4n^2 + 9m^2n^4 + n^6)] + [192(m^6n^2 + 3m^4n^4 + m^2n^6)] + [192(m^6n^4 + m^4n^6)]$$

两边同加 $64 + 192(m^2 + n^3) + 192(m^4 + 3m^2n^2 + n^4) + 64m^6n^6$, 得

$$64 + 192(m^2 + n^2) + 192(m^4 + 3m^2n^2 + n^4) + 128m^3n^3 + 72(m^6 + 7m^4n^2 + 7m^2n^4 + n^6) + 192(m^5n^3 + m^3n^5) + 9(m^8 + 12m^6n^2 + 38m^4n^4 + 12m^2n^6 + n^8) + 48m^3n^3(m^4 + 6m^2n^2 + n^4) + 64m^6n^6 > 64 + 192(m^2 + n^2) + 192(m^4 + 3m^2n^2 + n^4) + 64(m^6 + 9m^4n^2 + 9m^2n^4 + n^6) + 192(m^4n^2 + 3m^4n^4 + m^2n^6) + 192(m^6n^4 + m^4n^6) + 64m^6n^6$$

也就是

$$64 + 192(m^2 + n^2) + 48(m^4 + 6m^2n^2 + n^4) +$$
$$144(m^4 + 2m^2n^2 + n^4) + 128m^3n^3 +$$
$$72(m^2 + n^2)(m^4 + 6m^2n^2 + n^4) + 192(m^5n^3 +$$
$$m^3n^5) + 9(m^4 + 6m^2n^2 + n^4)^2 +$$
$$48m^3n^3 \cdot (m^4 + 6m^2n^2 + n^4) + 64m^6n^6 >$$
$$64[1 + 3m^2 + 3n^2 + 3m^4 + 9m^2n^2 + 3n^4 + m^6 +$$
$$9m^4n^2 + 9m^2n^4 + n^6 + 3m^6n^2 + 9m^4n^4 +$$
$$3m^2n^6 + 3m^6n^4 + 3m^4n^6 + m^6n^6]$$

即

$$8^2 + 2 \cdot 8 \cdot 12(m^2 + n^2) + 2 \cdot 8 \cdot 3(m^4 + 6m^2n^2 + n^4) +$$
$$[12(m^2 + n^2)]^2 + 2 \cdot 8 \cdot 8m^3n^3 + 2 \cdot 12(m^2 +$$
$$n^2) \cdot 3(m^4 + 6m^2n^2 + n^4) + 2 \cdot 12(m^2 +$$
$$n^2) \cdot 8m^3n^3 + [3(m^4 + 6m^2n^2 + n^4)]^2 +$$
$$2 \cdot 8m^3n^3 \cdot 3(m^4 + 6m^2n^2 + n^4) + (8m^3n^3)^2 >$$
$$64[(1 + 3m^2 + 3m^4 + m^6) + 3n^2(1 + 3m^2 +$$
$$3m^4 + m^6) + 3n^4(1 + 3m^2 + 3n^4 + m^6) +$$
$$n^6(1 + 3m^2 + 3m^4 + m^6)]$$

所以

$$[8 + 12(m^2 + n^2) + 3(m^4 + 6m^2n^2 + n^4) + 8m^3n^3]^2 >$$
$$64[(1 + m^2)^3(1 + n^2)^3]$$

两边各自开平方,取算术平方根,得

$$8 + 12(m^2 + n^2) + 3(m^4 + 6m^2n^2 + n^4) + 8m^3n^3 >$$
$$8\sqrt{(1 + m^2)^3(1 + n^2)^3}$$

将左边变形

$$4 + 12m^2 + 12m^4 - 9m^4 + 4m^6 - 4m^6 + 4 + 12n^2 +$$

$$12n^4 - 9n^4 + 4n^6 - 4n^6 + 18m^2n^2 + 8m^3n^3 >$$
$$8\sqrt{(1+m^2)^3(1+n^2)^3}$$

即

$$4(1+m^2)^3 + 4(1+n^2)^3 - 9(m^4 - 2m^2n^2 + n^4) -$$
$$4(m^6 - 2m^3n^3 + n^6) > 8\sqrt{(1+m^2)^3(1+n^2)^3}$$

所以

$$4(1+m^2)^3 + 4(1+n^2)^3 - 8\sqrt{(1+m^2)^3(1+n^2)^3} >$$
$$4(m^3 - n^3)^2 + 9(m^2 - n^2)$$

两边再开平方,取算术根,得

$$|2\sqrt{(1+m^2)^3} - 2\sqrt{(1+n^2)^3}| >$$
$$\sqrt{(2m^3 - 2n^3)^2 + (3m^2 - 3n^2)^2}$$

这就证明了两圆半径之差大于圆心距,即两圆内离.

要求这动圆的包络,将两式联立

$$\begin{cases} (x - 2m^3)^2 + (y - 3m^2)^2 = 4(1+m^2)^3 & (48) \\ (x - 2n^3)^2 + (y - 3n^2)^2 = 4(1+n^2)^3 & (49) \end{cases}$$

解这个方程组,相减,得

$$(x - 2m^3)^2 - (x - 2n^3)^2 + (y - 3m^2)^2 - (y - 3n^2)^2$$
$$= 4[(1+m^2)^3 - (1+n^2)^3]$$

即

$$-2(m^3 - n^3)(2x - 2m^3 - 2n^3) -$$
$$3(m^2 - n^2)(2y - 3m^2 - 3n^2)$$
$$= 4(m^2 - n^2)[(1+m^2)^2 + (1+m^2)(1+n^2) +$$
$$(1+n^2)^2]$$

约去公因式$(m - n)$,得

$$-2(m^2 + m + n^2)(2x - 2m^3 - 2n^3) -$$
$$3(m + n)(2y - 3m^2 - 3n^2)$$
$$= 4(m + n)[(1 + m^2)^2 + (1 + m^2)(1 + n^2) +$$
$$(1 + n^2)^2]$$

当动圆(49)趋近于动圆(48)时,n 趋于 m,并以 m 为极限. 用 m 代替上式中的 n,得

$$-12m^2(x - 2m^3) - 12m(y - 3m^2) = 24m(1 + m^2)^2$$

即

$$m(x - 2m^3) + (y - 3m^2) = -2(1 + m^2)^2$$

所以

$$y - 3m^2 = -[2(1 + m^2)^2 + m(x - 2m^3)] \quad (50)$$

将式(50)代入式(48),得

$$(x - 2m^3)^2 + [2(1 + m^2)^2 + m(x - 2m^3)]^2$$
$$= 4(1 + m^2)^3$$

即

$$(x - 2m^3)^2 + 4(1 + m^2)^4 + 4m(1 + m^2)^2 \cdot$$
$$(x - 2m^3) + m^2(x - 2m^3)^2$$
$$= 4(1 + m^2)^3$$

所以

$$(x - 2m^3)^2 + 4(1 + m^2)^4 + 4m(1 + m^2)^2 \cdot$$
$$(x - 2m^3) + 4(1 + m^2)^4 - 4(1 + m^2)^3 = 0$$

因 $1 + m^2 \neq 0$,故可约去,得

$$(x - 2m^3)^2 + 4m(1 + m^2)(x - 2m^3) + 4m^2(1 + m^2)^2 = 0$$

即

$$[(x - 2m^3) + 2m(1 + m^2)]^2 = 0$$
$$x - 2m^3 = -2m - 2m^3 \quad (二重根)$$

所以

$$x = -2m$$

$$m = -\frac{x}{2} \tag{51}$$

将式(51)代入式(50),得

$$y - 3 \cdot \frac{x^2}{4} = -\left[2\left(1 + \frac{x^2}{4}\right)^2 - \frac{x}{2}\left(x + \frac{x^2}{4}\right) \right]$$

即

$$y = \frac{x^2}{4} - 2 \tag{52}$$

这是一个抛物线,就是所求的包络.

要证明式(52)确是包络,只要证明将式(52)代入动圆方程后确有重根就行了.

$$(x - 2m^3)^2 + \left(\frac{x^2}{4} - 2 - 3m^2\right)^2 = 4(1 + m^2)^3$$

即

$$x^2 - 4xm^3 + 4m^6 + \frac{x^4}{16} - x^2 + 4 - \frac{3}{2}m^2x^2 + 12m^2 + 9m^4$$

$$= 4 + 12m^2 + 12m^4 + 4m^6$$

所以

$$\frac{x^4}{16} - \frac{3}{2}m^2x^2 - 4xm^3 + 3m^4 = 0$$

$$x^4 - 24m^2x^2 - 64m^3x - 48m^4 = 0$$

故

$$(x + 2m)^3(x - 6m) = 0$$

$$x = -2m \quad (三重根) \tag{53}$$

或

$$x = 6m \tag{54}$$

将式(53)代入式(52),得

$$y = m^2 - 2 \tag{55}$$

将式(54)代入式(52),得

$$y = 9m^2 - 2 \tag{56}$$

所以,动圆与抛物线 $y = \dfrac{x^2}{4} - 2$ 确实在 $(-2m,$ $m^2-2)$ 这一点相切. 这个切点是三重点,说明动圆与抛物线在这一点相切时互相穿过. 因此,$y = \dfrac{x^2}{4} - 2$ 确实是所求的包络. 而 $(6m, 9m^2 - 2)$ 是另一交点.

本例说明了曲线族中相邻两曲线相交于虚点时也可以有实包络,并且这个包络仍旧可用第 0 章所介绍的初等方法求得.

§8　包络的导数解法

本书的主要目的是用初等数学研究包络问题. 但是,现在中学课本里已经讲到了一些高等数学——一元函数的微积分. 在这个基础上,再学一点"偏导数"的知识,对研究包络问题是有好处的.

设有函数

$$f(x, y, t)$$

将 y 和 t 视为常数,并给 x 一个增量 Δx,则得

$$f(x + \Delta x, y, t)$$

这时

$$\lim_{\Delta x \to 0} \frac{f(x + \Delta x, y, t) - f(x, y, t)}{\Delta x}$$

就称为函数 $f(x, y, t)$ 对于 x 的偏导数,记为

$$f'_x(x,y,t)$$

实际计算时,只要将 $f(x,y,t)$ 中的 y 和 t 视为常数,用一元函数的求导公式求导就行了.同理,将 $f(x,y,t)$ 中的 x 和 t 视为常数,对 y 求偏导数就得

$$f'_y(x,y,t) = \lim_{\Delta y \to 0} \frac{f(x,y+\Delta y,t) - f(x,y,t)}{\Delta y}$$

若将 x 和 y 视为常数,对 t 求偏导数就得

$$f'_t(x,y,t) = \lim_{\Delta t \to 0} \frac{f(x,y,t+\Delta t) - f(x,y,t)}{\Delta t}$$

这里所获得的偏导数 $f'_t(x,y,t)$ 和绪论 §3 中式(13)里的 $f'(x,y,t)$ 是完全一致的.只要将绪论 §3 中方法二的 t' 换成 $t+\Delta t$,即可看出.

利用求偏导数的方法,容易看出,从绪论 §3 中的式(12)求得式(13)稍许省事一些,但在这以后,消去参数 t 的过程仍旧不能有所省略.不过,运用求导数和偏导数的方法,求曲线的切线的斜率,以及在求解曲线族的包络问题时,判别所得结果是否为奇点轨迹也较为方便,请看下面的例子:

例8　求圆族

$$\left(x - a\ln\cot\frac{t}{2}\right)^2 + (y - a\csc t)^2 = a^2\cot^2 t \quad (57)$$

的包络,式中,$t(0 < t < \pi)$ 是参数,a 是正常数(图7).

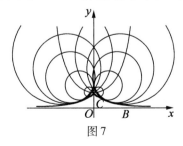

图7

195

解　将圆族方程(57)两边对 t 求偏导数,得

$$2\left(x - a\ln \cot \frac{t}{2}\right)\left[-a\tan \frac{t}{2}\left(-\csc^2 \frac{t}{2}\right) \cdot \frac{1}{2}\right] -$$

$$2(y - a\csc t)(-a\cot t\csc t)$$

$$= 2a^2\cot t(-\csc^2 t)$$

即

$$2a\left(x - a\ln \cot \frac{t}{2}\right)\csc t + 2a(y - a\csc t)\cot t\csc t$$

$$= -2a^2\cot t\csc^2 t$$

整理,得

$$\left(x - a\ln \cot \frac{t}{2}\right) = -y\cot t \tag{58}$$

将式(58)代入式(57),得

$$y^2\cot^2 t + y^2 - 2ay\csc t + a^2\csc^2 t = a^2\cot^2 t$$

即

$$(1 + \cot^2 t)y^2 - 2ay\csc t + a^2(\csc^2 t - \cot^2 t) = 0$$

$$\csc^2 t \cdot y^2 - 2ay\csc t + a^2 = 0$$

$$(y\csc t - a)^2 = 0$$

所以

$$y = a\sin t \tag{59}$$

将式(59)代入式(58),得

$$x = a\ln \cot \frac{t}{2} - a\cos t \tag{60}$$

(59)和(60)两式就是所求包络的参数方程.

为了消去参数 t,我们注意到 $\cot \dfrac{t}{2} = \dfrac{1 + \cos t}{\sin t}$,当

$\cos t = -\dfrac{1}{a}\sqrt{a^2 - y^2}$ 时,有

$$\cot \frac{t}{2} = \frac{a - \sqrt{a^2 - y^2}}{y} = \frac{y}{a + \sqrt{a^2 - y^2}}$$

此时,式(60)为

$$x = \left(a\ln \frac{a + \sqrt{a^2 - y^2}}{y} - \sqrt{a^2 - y^2} \right)$$

当 $\cos t = \frac{1}{a}\sqrt{a^2 - y^2}$ 时, $\cot \frac{t}{2} = \frac{a + \sqrt{a^2 - y^2}}{y}$,此时,

式(60)为

$$x = a\ln \frac{a + \sqrt{a^2 - y^2}}{y} - \sqrt{a^2 - y^2} \qquad (61)$$

合起来,得

$$|x| = a\ln \frac{a + \sqrt{a^2 - y^2}}{y} - \sqrt{a^2 - y^2}$$

故所求包络是一左一右两条惠更斯曳物线.

所谓曳物线,就是将一根绳索放在 y 轴上,一端在原点 O 上,另一端拴一重物 A. 当在原点的一端沿 x 轴前进时,重物 A 所经过的路线. 图 7 中画出了绳索的一端从原点 O 前进至点 B 处时,重物 A 前进至点 C 处的形状.

曳物线有一个有趣的性质:

定理 1 从 x 轴上任意一点向曳物线(61)所作切线的长度等于定长 a.

证 将式(61)写成

$$x = a\left[\ln(a + \sqrt{a^2 - y^2}) - \ln y \right] - \sqrt{a^2 - y^2}$$

对 y 求导数,得

$$\frac{\mathrm{d}x}{\mathrm{d}y} = a\left[\frac{1}{a + \sqrt{a^2 - y^2}} \cdot \frac{-y}{\sqrt{a^2 - y^2}} - \frac{1}{y}\right] + \frac{y}{\sqrt{a^2 - y^2}}$$

$$= -\frac{a(y^2 + a\sqrt{a^2 - y^2} + a^2 - y^2)}{y\sqrt{a^2 - y^2}(a + \sqrt{a^2 - y^2})} + \frac{y}{\sqrt{a^2 - y^2}}$$

$$= -\frac{\sqrt{a^2 - y^2}}{y}$$

所以

$$\frac{\mathrm{d}y}{\mathrm{d}x} = -\frac{y}{\sqrt{a^2 - y^2}}$$

设曳物线上任意一点为 $P\left(a\ln\cot\dfrac{t}{2} - a\cos t, a\sin t\right)$,

则 $\dfrac{\mathrm{d}y}{\mathrm{d}x} = -\tan t$,而过点 P 的切线方程为

$$y - a\sin t = -\tan t\left(x - a\ln\cot\frac{t}{2} + a\cos t\right)$$

令 $y = 0$,得

$$x = a\ln\cot\frac{t}{2}$$

所以,切线与 x 轴的交点 Q 的坐标为 $\left(a\ln\cot\dfrac{t}{2}, 0\right)$.

切线 PQ 的长度为

$$|PQ| = \sqrt{\left(a\ln\cot\frac{t}{2} - a\cos t - a\ln\cot\frac{t}{2}\right)^2 + (a\sin t)^2}$$

$$= \sqrt{a^2\cos^2 t + a^2\sin^2 t}$$

$$= a$$

所以曳物线又称为等切线.

由上面的讨论可以知道,曳物线既可以看作从 x

轴上任一点作等于定长的切线的包络,又可以看作是这些切线的端点(即切点)的轨迹.

例 9　求直线族

$$\frac{a^2 - t^2}{at}x - 2y + \frac{t^2}{2a} + a\ln\frac{t}{a} - \frac{a}{2} = 0 \qquad (62)$$

的包络,t 是参数,a 是常数,并且都是正数(图 8).

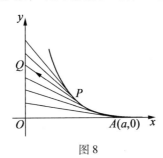

图 8

解　将式(62)两端对 t 求偏导数,得

$$\left[\frac{-2t^2 - (a^2 - t^2)}{at^2}\right]x + \frac{t}{a} + \frac{a}{t} = 0$$

化简,得

$$x = t \qquad (63)$$

代入式(62),得

$$\frac{a^2 - t^2}{a} - 2y + \frac{t^2}{2a} + a\ln\frac{t}{a} - \frac{a}{2} = 0$$

所以

$$y = -\frac{t^2}{4a} + \frac{1}{2}a\ln t + \frac{a}{4} - \frac{1}{2}a\ln a$$

消去 t,得直线族的包络

$$y = -\frac{x^2}{4a} + \frac{1}{2}a\ln x + \frac{a}{4} - \frac{1}{2}a\ln a \qquad (64)$$

这是追线的方程.

设动点 Q 从原点沿 y 轴的正方向前进,另一动点 P 从点 $A(a,0)$ 以和 Q 相同的线速度追赶 Q,则直线 PQ 互切于某一曲线,这个曲线称为追线,它的方程就是式(64).

设追线上任一点 P 的坐标为

$$\left(t,\ -\frac{t^2}{4a}+\frac{1}{2}a\ln\ \frac{t}{a}+\frac{a}{4}\right)$$

则直线 PQ 的方程为

$$\frac{a^2-t^2}{at}x-2y+\frac{t^2}{2a}+a\ln\ \frac{t}{a}-\frac{a}{2}=0$$

令 $x=0$,得点 Q 的坐标为 $\left(0,\frac{t^2}{4a}+\frac{1}{2}a\ln\ \frac{t}{a}-\frac{a}{4}\right)$,所以距离

$$|PQ|=\sqrt{t^2+\left(\frac{t^2}{2a}-\frac{a}{2}\right)^2}$$

$$=\frac{a^2+t^2}{2a}$$

这个结果是很有趣的,当 $t\to0$(即 $x\to0$)时,有

$$\lim_{t\to0}|PQ|=\lim_{t\to0}\frac{a^2+t^2}{2a}=\frac{1}{2}a$$

而此时 $y\to\infty$. 这说明 P 虽然以和 Q 同样的速度追赶 Q,但 P 和 Q 的距离不是不变的,而是逐渐缩小,趋于原始距离的一半.

例 10　求悬链线 $y=\cosh\ x=\dfrac{\mathrm{e}^x+\mathrm{e}^{-x}}{2}$ 的渐屈线方程(渐屈线就是这个曲线的法线的包络,见第 2 章 §4).

　　所谓悬链线,就是一个密度均匀的重链,当提着两端将它悬起的时候,链子在平衡位置的状态(图9).

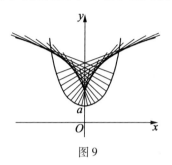

图9

　　解　设悬链线上任一点 P 的坐标为 $(t, \cosh t)$,t 为参数. 要求过点 P 的法线的斜率,只要先求过点 P 的切线的斜率,再取它的负倒数就行了. 将悬链线方程两端对 x 求导数,有

$$\frac{\mathrm{d}y}{\mathrm{d}x} = \frac{\mathrm{d}}{\mathrm{d}x}\cosh x = \sinh x = \frac{\mathrm{e}^x - \mathrm{e}^{-x}}{2}$$

当 $x = t$ 时,切线的斜率为 $\sinh t$,所以法线的斜率为 $-\dfrac{1}{\sinh t}$,因此,法线的方程是

$$y - \cosh t = \frac{1}{\sinh t}(x - t)$$

所以

$$y\sinh t - \frac{1}{2}\sinh 2t = -x + t \qquad (65)$$

将式(65)两端对 t 求偏导数,得

$$y\cosh t - \cosh 2t = 1$$

$$y\cosh t = \cosh 2t + 1 - 2\cosh^2 t$$

所以

$$y = 2\cosh t$$

代入式(65),得

$$2\cosh t\sinh t - \frac{1}{2}\sinh 2t = -x + t$$

所以

$$x = t - \frac{1}{2}\sinh 2t$$

所以悬链线的渐屈线的参数方程是

$$\begin{cases} x = t - \dfrac{1}{2}\sinh 2t \\ y = 2\cosh t \end{cases}$$

最后,用本书所介绍的方法求包络时,所得结果往往包含了奇点的轨迹. 如何区分所得结果是包络而不是奇点轨迹呢? 我们有下列的判别方法:

设曲线族的方程为

$$f(x,y,t) = 0 \qquad (66)$$

对 t 求偏导数,得

$$f_t{}'(x,y,t) = 0 \qquad (67)$$

解(66)和(67)两式联立所得的方程组,设解为

$$x = \Phi(t), y = \Psi(t) \qquad (68)$$

再将式(66)分别对 x 和 y 求偏导数,得方程组

$$\begin{cases} f_x{}'(x,y,t) = 0 \\ f_y{}'(x,y,t) = 0 \end{cases} \qquad (69)$$

若式(68)不满足方程组(69),则式(68)就是曲线族(66)的包络;若式(68)满足方程组(69),则式(68)就是曲线族(66)的奇点轨迹.

由于奇点轨迹有时兼为包络,有时不兼为包络,因

此,这个方法的条件是充分的,但不是必要的,即式(68)如果满足方程组(69),仍有可能是曲线族(66)的包络,这可以从图形中看出.

例 11　曲线 $y^2 = x^2(x+a)$ 沿 y 轴作平行移动,求其包络.

解　设 y 轴上任一点的坐标为 $(0,t)$,则曲线沿 y 轴平移所得曲线族的方程为

$$(y-t)^2 = x^2(x+a) \tag{70}$$

将式(70)两端对 t 求偏导数,得

$$-2(y-t) = 0$$

所以

$$y = t \tag{71}$$

代入式(70),得

$$x = 0 \quad （二重根） \tag{72}$$

或

$$x = -a \tag{73}$$

(71)和(72)两式联立,就是 y 轴,式(71)和(73)联立,就是直线(73).

只有当 $a \neq 0$ 时,$\begin{cases} x = -a \\ y = t \end{cases}$ 不满足方程组

$$\begin{cases} f_x{}'(x,y,t) = 2x(x+a) + x^2 = 0 \\ f_y{}'(x,y,t) = 2(y-t) = 0 \end{cases} \tag{74}$$

所以,$x = -a(a \neq 0)$ 是曲线族(70)的包络. 而 $\begin{cases} x = 0 \\ y = t \end{cases}$ 满足方程组(74),由图形可以看出:

当 $a > 0$ 时,$x = 0$ 是结点轨迹(图 10);

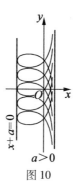

图 10

当 $a=0$ 时, $x=0$ 是尖点轨迹(图 11);

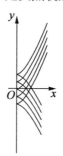

图 11

当 $a<0$ 时, $x=0$ 是孤立点轨迹(图 12).

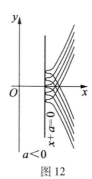

图 12

204

例 12　曲线族 $y^2(1+x) + ax^4 = 0$ 沿 x 轴作平行移动,求其包络.

解　设 x 轴上任一点的坐标为 $(t,0)$,曲线沿 x 轴平行移动所得曲线族方程为

$$y^2(x-t+1) + a(x-t)^4 = 0 \qquad (75)$$

将式(75)两端对 t 求偏导数,得

$$-y^2 - 4a(x-t)^3 = 0$$

所以

$$y^2 = -4a(x-t)^3 \qquad (76)$$

代入式(75),得

$$x = t \quad （三重根） \qquad (77)$$

或

$$x = t - \frac{4}{3} \qquad (78)$$

将(77)和(78)分别代入式(76),得

$$y = 0 \qquad (79)$$

或

$$y^2 = \frac{4^4}{3^3}a$$

所以

$$y = \pm \frac{16}{9}\sqrt{3a} \qquad (80)$$

将式(75)分别对 x 和 y 求偏导数,得

$$\begin{cases} f_x{}'(x,y,t) = y^2 + 4a(x-t)^3 = 0 \\ f_y{}'(x,y,t) = 2y(x-t+1) = 0 \end{cases} \qquad (81)$$

式(78)和式(80),当 $a > 0$ 时,不满足方程组(81),所

以, 当 $a > 0$ 时, 式(76)和式(78), 即 $y = \pm \dfrac{16\sqrt{3}\,a}{9}$ 是曲线族(75)的包络(图 15). 又式(77)和式(79)满足方程组(81), 所以式(77)和式(79), 即 $y = 0$ 是奇点的轨迹. 由图形可以看出

当 $a < 0$ 时, x 轴是自交点的轨迹(这里的自交点是曲线本身相切的点, 所以又称自切点), 兼为包络(图 13);

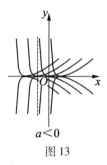

图 13

当 $a \geqslant 0$ 时, x 轴是孤立点的轨迹, 不是包络(图 14及图 15).

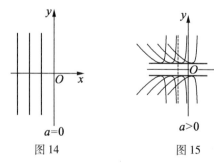

图 14   图 15

Clairaut 微分方程与(曲线)切线方程的关系

§1   Clairaut 方程的理论

定义 1   形如

$$y = xp + f(p), p = \frac{dy}{dx} \qquad (1)$$

的方程称为克莱罗(Clairaut)方程.

定义 2   设曲线族

$$\Phi(x, y, c) = 0 \quad (c 为参数) \qquad (2)$$

若存在一条曲线它不属于曲线族(2),但在它的每一点处,存在曲线族(2)的一条曲线与它在该点相切,这样的曲线称为曲线族(2)的包络.

引理 1   方程(1)的通解是在原方程中以任意常数 c 取代参数 p 而得的直线族,即有

$$y = cx + f(c) \quad (c 为参数) \qquad (3)$$

且方程(1)的奇解是它的包络

$$\Phi(x, y) = 0 \qquad (4)$$

其中 x, y 满足

$$x = -f_c{}'(c)$$

$$y = -cf_c{}'(c) + f(c) \quad (c 为参数)$$

Leibniz 定理

定理 1　对于方程(1),若以曲线方程(4)为奇解(包络),则方程(1)的通解(3)是方程(4)的切线.

证明　对于方程(1),它的奇解(包络)(4)在其上每一点处都与方程(1)相切,则过切点的直线(方程(1)的通解(3))必为包络(4)的切线.

§2　应　　用

1. 利用 Cliraut 方程的通解求二次曲线的切线

引理 2　对于二次曲线方程

$$ax^2 + 2bxy + cy^2 + 2dx + 2ey + f = 0 \qquad (5)$$

上一点 $P(x_0, y_0)$,过点 P 的方程(5)切线方程为

$$ax_0 x + b(x_0 y + y_0 x) + cy_0 y + d(x_0 + x) + e(y_0 + y) + f = 0 \qquad (6)$$

问题 1　对于抛物线 $\Gamma: y^2 = 2px$,求其斜率为 $K(\neq 0)$ 的切线方程.

解　设 $P(x_0, y_0)$ 为 Γ 上一点,则其切线方程为

$$y_0 y = p(x_0 + x) \qquad (7)$$

对于 $y_0 \neq 0$(当 $y_0 = 0$,则过原点的切线方程为 $x = 0$),有

$$y = \frac{p}{y_0} x + \frac{px_0}{y_0} \qquad (8)$$

对 Γ 方程求导,得

$$2y_0 \frac{\mathrm{d}y}{\mathrm{d}x} = 2p \Rightarrow \frac{\mathrm{d}y}{\mathrm{d}x} = \frac{p}{y_0} \qquad (9)$$

则方程(8)为

$$y = \frac{dy}{dx}x + \frac{px_0}{y_0} \qquad (10)$$

又由 $P(x_0, y_0)$ 在 Γ 上,得(结合式(9))

$$y_0{}^2 = 2px_0 \Rightarrow \frac{px_0}{y_0}x = \frac{y_0}{2} = \frac{p}{2\dfrac{dy}{dx}} \qquad (11)$$

于是,方程(10)为克莱罗方程

$$y = \frac{dy}{dx}x + \frac{p}{2\dfrac{dy}{dx}} \qquad (12)$$

即抛物线的切线方程是

$$y = kx + \frac{p}{2k} \quad (k\ 为切线的斜率,且\ k \neq 0) \qquad (13)$$

问题 2　对于椭圆曲线 $\Gamma: \dfrac{x^2}{a^2} + \dfrac{y^2}{b^2} = 1$,求其斜率

为 k 的切线方程.

解　设 $P(x_0, y_0)$ 为 Γ 上一点,则其切线方程为

$$\frac{x_0 x}{a^2} + \frac{y_0 y}{b^2} = 1 \qquad (14)$$

对于 $y_0 \neq 0$(当 $y_0 = 0$,则过点 $(\pm a, 0)$ 的切线方程是

$x = \pm a$),有

$$y = \frac{b^2}{y_0} - \frac{b^2 x_0}{a^2 y_0}x \qquad (15)$$

对 Γ 方程求导,得

$$\frac{2x_0}{a^2} + \frac{2y_0 \dfrac{dy}{dx}}{b^2} = 0 \Rightarrow \frac{dy}{dx} = -\frac{b^2 x_0}{a^2 y_0} \qquad (16)$$

则方程(15)为

$$y = \frac{dy}{dx}x + \frac{b^2}{y_0} \qquad (17)$$

又由 $P(x_0, y_0)$ 在 Γ 上，得

$$\frac{x_0^2}{a^2} + \frac{y_0^2}{b^2} = 1 \Rightarrow y_0 = \pm \frac{b}{a}\sqrt{a^2 - x_0^2} \qquad (18)$$

于是，方程(17)为

$$y = \frac{dy}{dx}x \pm \frac{ab}{\sqrt{a^2 - x_0^2}} \qquad (19)$$

此时

$$\frac{ab}{\sqrt{a^2 - x_0^2}} = \left[\frac{a^2 b^2}{a^2 - x_0^2} - b^2 + b^2\right]^{\frac{1}{2}}$$

$$= \left[\frac{b^2 x_0^2}{a^2 - x_0^2} + b^2\right]^{\frac{1}{2}}$$

$$= \left[\frac{b^4 x_0^2}{a^2 - y_0^2} + b^2\right]^{\frac{1}{2}}$$

$$= \left[a^2\left(\frac{dy}{dx}\right)^2 + b^2\right]^{\frac{1}{2}} \qquad (20)$$

即，方程(19)为克莱罗方程

$$y = \frac{dy}{dx}x \pm \sqrt{a^2\left(\frac{dy}{dx}\right)^2 + b^2} \qquad (21)$$

于是，椭圆的切线方程是

$$y = kx \pm \sqrt{a^2 k^2 + b^2} \quad (k \text{ 为切线的斜率}) \qquad (22)$$

问题3 对于双曲线 $\Gamma: \frac{x^2}{a^2} - \frac{y^2}{b^2} = 1$，求其斜率为 k

的切线方程(解法同问题 2，切线方程为：$y = kx \pm$

$\sqrt{a^2 k^2 + b^2}$).

2. 利用 Clairaut 方程的奇解求曲线方程

问题 4 求非直线,使其上任意一点的切线截割坐标轴而成的直角三角形的面积等于 2.

解 设所求曲线为 $y = y(x)$,对其上一点 $P(x, y)$ 处的切线方程为

$$Y = \frac{dy}{dx} X - \frac{dy}{dx} x + y \qquad (23)$$

分别令 $X, Y = 0$,得到 Y, X 截距

$$Y_b = y - \frac{dy}{dx} x, X_a = x - \frac{y_0}{\frac{dy}{dx}} \qquad (24)$$

当 $Y_b X_a > 0$ 时,有

$$\left(y - \frac{dy}{dx} x \right) \left(x - \frac{y_0}{\frac{dy}{dx}} \right) = 4 \qquad (25)$$

即

$$y = x \frac{dy}{dx} \pm 2 \sqrt{-\frac{dy}{dx}} \qquad (26)$$

于是,式(26)为克莱罗方程,则其奇解为

$$x = \pm \frac{1}{\sqrt{-c}}, y = \pm \frac{c}{\sqrt{-c}} \pm \sqrt{-c} \quad (参数 c < 0)$$

$$(27)$$

从(27)中,消去 c,得曲线方程

$$xy = 1 \qquad (28)$$

当 $Y_b X_a < 0$ 时,同法可求得双曲线方程

$$xy = -1 \qquad (29)$$

问题 5 求一曲线,使它的任一切线在坐标轴之间的线段等于常数 a.

解 设 $P(x,y)$ 为所求曲线 $y = y(x)$ 上任意一点,则其切线方程为

$$Y = y'(X - x) + y \tag{30}$$

于是,得

$$\left(x - \frac{y}{y'}\right)^2 (y - xy')^2 = a^2 \tag{31}$$

即有克莱罗方程

$$y = xy' \pm \frac{ay'}{\sqrt{1 + y^2}} \tag{32}$$

于是,有奇解

$$x = \mp \frac{a}{\sqrt{(1 + c^2)^3}}, y = \pm \frac{ac^3}{\sqrt{(1 + c^2)^3}} \quad (c \text{ 为参数}) \tag{33}$$

消去 c,得曲线方程

$$x^{\frac{2}{3}} + y^{\frac{2}{3}} = a^{\frac{2}{3}} \tag{34}$$

此曲线为星形线.

可见,克莱罗方程的奇解和通解,反映了曲线方程及曲线切线方程的关系. 我们用微分方程观来研究曲线方程,为曲线方程赋予新的含义.

参考文献

[1] 王高雄等. 常微分方程(第 2 版)[M]. 北京:高等教育出版社,1983.

[2] 朱德祥. 高等几何[M]. 北京:高等教育出版社,1983.

[3] 赵临龙. 常微分方程研究新论[M]. 西安:西安地图出版社,2000.

第二编

用微分几何的
方法研究包络

世界知名的《美国数学月刊》每期发表高质量的征解问题受到全世界数学爱好者的瞩目.

在《美国数学月刊》第 36 卷 10 月号上有一征解题,编号为 3345. 它是一个力学题目,但其数学本质是包络.

题目 一个半径为 a 的水磨轮子在旋转,其边缘的速度是 v,水滴从其边缘摔出,试求水滴轨线的包络线.

解答 设原点在轮子的中心,按正向旋转,且轮上一点的角位移是 α,则我们得参数方程为

$$\begin{cases} x = a\cos\alpha - vt\sin\alpha \\ y = a\sin\alpha + vt\cos\alpha - \dfrac{1}{2}gt^2 \end{cases}$$

它在任何时刻 t 确定了从轮周上任何点 $(a\cos\alpha, a\sin\alpha)$ 出发的水滴的位置. 如果我们从这些方程中消去时间参数,那么得

$$y = a\csc\alpha - x\cot\alpha - \frac{1}{2}gv^{-2}\csc^2\alpha(a\cos\alpha - x)^2 \quad(1)$$

它是不同的水滴所划出的抛物线族.

对 α 微分,得

$$0 = v^{-2}\csc^2\alpha(a\cos\alpha - x)(v^2 - ga\csc\alpha + gx\cot\alpha)$$
$$(2)$$

（a）当 $a\cos\alpha - x = 0, y = a\sin\alpha$,求得轮周的方程 $x^2 + y^2 = a^2$;

（b）$v^{-2}\csc^2\alpha = 0$ 是不适用的;

（c）最后的因子给出了

$$x = a\sec\alpha - v^2 g^{-1}\tan\alpha \quad (3)$$

将式(3)代入式(1),且简化,得

$$y = \frac{1}{2}v^2 g^{-1} - \frac{1}{2}gv^{-2}\left[(v^4 g^{-2} + a^2)\tan^2\alpha - \right.$$
$$\left. 2av^2 g^{-1}\sec\alpha \cdot \tan\alpha \right] \qquad (4)$$

在式(3)中将 x 平方,得

$$x^2 - a^2 = (v^4 g^{-2} + a^2)\tan^2\alpha - 2av^2 g^{-1}\sec\alpha \cdot \tan\alpha$$
$$(5)$$

由式(4)及式(5)消去 α,求得包络的方程

$$x^2 = -2v^2 g^{-1}\left[y - \frac{1}{2}gv^{-2}(v^4 g^{-2} + a^2) \right]$$

这包络是一条抛物线,它的顶点在轮子中心上方相距 $\frac{1}{2}g(v^2 g^{-2} + a^2 v^{-2})$ 处.

从问题的解法中我们发现它使用了微分的方法,这就由解析几何进入到了微分几何领域.

本章是一个关于工科学生学习微分几何的一个提纲式的讲义,它是罗德教授当年(20 世纪 30 年代)在莱比锡时针对大学低年级学生的一个讲义,它的一大特点是对纯粹数学与应用的关系以及与实用数学方法的关系给予了很大的重视. 美中不足是文字过于简约,所以在阅读时会有些不方便. 由于罗德教授已于 20 世纪去世(1942 年),所以更详细的论述只能期待后面几章加以弥补.

平面曲线的微分几何

第 6 章

§1　切线,法线,弧长在技术上有重要应用的一些曲线

1. 平面曲线的解析表示　两单值函数

$$x = x(t), y = y(t) \qquad (1)$$

在解析上规定一条曲线,它的"流动"点具有直角笛卡儿坐标 x, y. 自变量 t 也叫"参量". 如把 t 的适当值加在曲线的相当点上,便在曲线上刻出 t 的一个标尺,由此得曲线的一个一定的动向,假使 t 可以消去,那么便得

$$y = f(x) \qquad (2)$$

或得未展开的形式

$$F(x, y) = 0 \qquad (3)$$

如果 $y = f(x)$ 是一个连续函数,那么曲线就也叫作连续的;如果它是可微分的,那么曲线就叫作光滑的. 一条连续曲

线没有缺口,也没有跳跃(裂缝),一条光滑曲线没有角点,也没有尖点.

以下要暂先默默假定:一切讲到的导数都存在. 对相应的一阶微分有下列相应公式

$$dx = x'(t)\,dt, dy = y'(t)\,dt$$

$$dy = f'(x)\,dx$$

$$\frac{\partial F}{\partial x}dx + \frac{\partial F}{\partial y}dy = 0$$

以后所讨论的点,只是曲线上的"平常"点,即使这样的点在该处 $x'(t)$ 与 $y'(t)$ 并不同时等于零,或 $\frac{\partial F}{\partial x}$ 与 $y'(t)$,或 $\frac{\partial F}{\partial x}$ 与 $\frac{\partial F}{\partial y}$ 并不同时等于零.

2. 切线,法线　如果 (x, y) 是切线的切点(接触点), $P(\xi, \eta)$ 是切线上任意一(流动的)点. 那么切线的方程就是

$$\frac{\eta - y}{\xi - x} = \frac{dx}{dy} \tag{3'}$$

此线与正 x 轴相交于角 $v = \arctan\left(\dfrac{dy}{dx}\right)$.

在点 P 处法线的方程是

$$\frac{\eta - y}{\xi - x} = -\frac{dx}{dy} \tag{4}$$

于是 (ξ, η) 是法线的流动点. 此线以角 $\arctan\left(-\dfrac{dx}{dy}\right)$ 与正 x 轴相交.

3. 举例　a)由抛物线的方程 $y^2 = 2px$,得 $ydy = pdx$. 因此在抛物线上点 (x, y) 处切线的方程是 $\eta y =$

$p(\xi + x)$；法线的方程是 $p\eta = y(p + x - \xi)$. 特别是, 对 $p = \dfrac{1}{2}$, 在点 $(1,1)$ 处, 切线的方程是 $\eta = \dfrac{1}{2}\xi + \dfrac{1}{2}$, 而法线的方程是 $\eta = -2\xi + 3$（图1）.

　　b）对等边双曲线 $xy = 1$, 有 $x\mathrm{d}y + y\mathrm{d}x = 0$. 因此, 切线方程是 $\eta x + \xi y = 2$. 在同一点处的法线方程是 $\xi x - \eta y = x^2 - y^2$. 在点 $(1,1)$ 处, 切线与法线的方程是 $\eta = -\xi + 2$ 与 $\eta = \xi$（图1）.

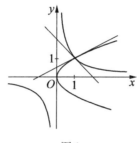

图 1

4. 对抛物线 $y = a + bx + cx^2$ 的切线作图法　这条抛物线, 它的主轴方向与 y 轴平行, 在技术应用上是常常遇到的, 例如拉紧的金属线的下垂抛物线就是. 由于 $\dfrac{\mathrm{d}y}{\mathrm{d}x} = b + 2cx$, 它在点 (x, y) 处的切线是 $\eta = a - cx^2 + (b + 2cx)\xi$, 因此在点 $(0, a)$ 处的切线是 $\eta = a + b\xi$. 两条切线的交点 H（图2）, 横坐标是 $\dfrac{x}{2}$, 纵坐标是 $a + b\dfrac{x}{2}$. 还有, $P_0 T_0 = OP_0 - OT_0 = a - (a - cx^2) = cx^2$, $PT = y - (a + bx) = cx^2$, 因此 $P_0 T_0 = PT$. 但 P_m 的纵坐标是 $a + \dfrac{1}{2}bx + \dfrac{1}{4}cx^2$, 因此 $HP_m = \dfrac{1}{4}cx^2 = \dfrac{1}{4}PT = \dfrac{1}{4}P_0 T_0$. P_m 处

切线的方程是 $\eta - \left(a + \dfrac{1}{2}bx + \dfrac{1}{4}cx^2\right) = (b + cx) \cdot$

$\left(\xi - \dfrac{x}{2}\right)$,并与 P 的纵线相交于纵坐标为 $a + bx + \dfrac{1}{4}cx^2$

(设 $\xi = x$) 的点 Q 处,与 P_0 的纵线相交于纵坐标为

$a - \dfrac{1}{4}cx^2$(设 $\xi = 0$) 的点 Q_0 处. 因此 $PQ = P_0Q_0 = \dfrac{1}{4}cx^2 =$

$\dfrac{1}{4}PT = \dfrac{1}{4}P_0T_0 = HP_m$. 据此点 P_m 与该处的切线都很容

易作出图来,这种作图法并可以继续进行下去,而求得

抛物线 $y = a + bx + cx^2$ 的随便怎样多的点与切线,如

果已知其中两个的话. 如果 R 与 R_0 是 P_0T_0 与 PT 的

中点,那么 RR_0 就通过 H. 直线 PR_0 与 P_0R(图中未画

出)也相交于 P_m. 若要在两个已知点 P_0, P 间作一条

抛物线的弧,使这弧在该两点处以两条已知直线作切

线,则可用上述这些命题.

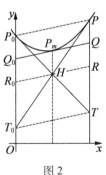

图 2

5. 弧长的确定(求长法)　在积分学里以后将要

说明:所谓一条圆弧的长度是什么意思,以及怎样来量

它. 从直观上讲也就明白:起点 A 有固定横坐标 a 的一

条弧 $\overset{\frown}{AP}$（图 3），其长度数是依赖于终点 P 的横坐标 x 的，用 $s(x)$ 来表示. 于是有 $s(a)=0$. 当 x 改变了 h 时，

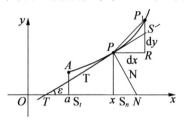

图 3

$\varepsilon(x)$ 就改变了 $\overset{\frown}{PP_1}$，其长度等于 $s(x+h)-s(x)$. 根据直观还可以知道：小的弧与对应弦有近似的相同长度.

对曲线上两个位置相近的点 P,P_1 因此就有 $\overset{\frown}{PP_1}\approx \overline{PP_1}$. 因而为建立一个计算弧长的公式，要更精密地假定

$$\lim_{P_1\to P}\frac{\overset{\frown}{PP_1}}{\overline{PP_1}}=1 \tag{5}$$

还要假定曲线 $y=f(x)$ 应为光滑的（即 $f'(x)$ 存在），现在有

$$\frac{\overset{\frown}{PP_1}}{h}=\frac{s(x+h)-s(x)}{h}=\frac{\overset{\frown}{PP_1}}{\overline{PP_1}}\frac{\overline{PP_1}}{h}=\frac{\overset{\frown}{PP_1}}{\overline{PP_1}}\cdot\frac{\sqrt{h^2+\Delta y^2}}{h}$$

可是根据分解公式，$\Delta y=f(x+h)-f(x)=hf'(x)+h\varphi$，其中 $\varphi\to 0$ 随着 $h\to 0$. 因而当 $h\to 0$ 时，便有

$$\frac{\sqrt{h^2+\Delta y^2}}{h}=\sqrt{1+f'(x)^2+2f'(x)\varphi+\varphi^2}\to\sqrt{1+f'(x)^2}$$

因此，根据式（5）便得

$$s'(x) = \lim_{h \to 0} \frac{s(x+h) - s(x)}{h} = \sqrt{1 + f'(x)^2}$$

又由于 $s(a) = 0$，因此只要 $f'(x)$ 是连续的，进而得 $\overset{\frown}{AP}$ 的长度为

$$s(x) = \int_a^x \sqrt{1 + f'(x)^2}\, \mathrm{d}x \qquad (6)$$

微分得

$$\mathrm{d}s = \sqrt{1 + f'(x)^2}\, \mathrm{d}x = \sqrt{\mathrm{d}x^2 + \mathrm{d}y^2} = \overline{PS} \qquad (7)$$

就叫曲线的弧素（线素）．它也可以写成这个形式

$$\mathrm{d}s = \sqrt{x'(t)^2 + y'(t)^2}\, \mathrm{d}t$$

因而

$$s = \int_{t_0}^t \sqrt{x'(t)^2 + y'(t)^2}\, \mathrm{d}t \qquad (8)$$

其中 $x(t_0) = a$．对 $\mathrm{d}x = 0$，有

$$\overset{\frown}{PP_1} \approx \overline{PP_1} \approx PS$$

在 $\mathrm{d}s$ 的平方根的正负号本身可以随便选取，它决定于弧的进向，这是由参量的标尺来确定的．如果平方根，即 $\dfrac{\mathrm{d}s}{\mathrm{d}t}$ 是正的，那么，弧的进向便与曲线的动向一致．

我们常常看到有人作图 4 这样的图，因根据毕达哥拉斯定理，如果这个直角三角形会有直线的边，而 $RP_1 = \mathrm{d}y, PP_1 = \mathrm{d}s$，就可以直接看出 $\mathrm{d}s^2 = \mathrm{d}x^2 + \mathrm{d}y^2$，可是情形完全不是这样．即使说所讲的只是"无穷小的"三角形，也是不行的，在事实上，图 4 这个图永远是错

的①,只是根据上述近似公式幸而当图画的越小时,由此造成的误差也就越小罢了. 所以,从错误的图上,也能得出正确的推断,莱布尼茨,伯努力兄弟,欧拉,也都曾这样做过,然而对这种的"无穷小图形",却要更加小心,如用正确图形,在这里就是图5,要可靠得多.

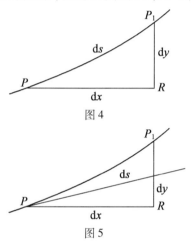

图 4

图 5

6. 切线、法线、次切距、次法距的长度　从 $\triangle PRS$ (图 3),显而可见

$$dx = ds\cos\vartheta, \quad dy = ds\sin\vartheta \tag{9}$$

此外,由于 $\angle PTQ = \angle NPQ = \vartheta$②,因此便有

$$\begin{cases} T = TP = \dfrac{y}{\sin\vartheta} = y\,\dfrac{ds}{dy}, \quad N = NP = \dfrac{y}{\cos\vartheta} = y\,\dfrac{ds}{dx} \\[2mm] S_t = TQ = y\cot\vartheta = y\,\dfrac{dx}{dy}, \quad S_n = QN = y \cdot \tan\vartheta = y\,\dfrac{dy}{dx} \end{cases} \tag{10}$$

---

①　除非那条曲线是条直线时.

②　Q 指 P 的足点;在图 3 里该处记的是横坐标 x.

正 x 轴与定向切线间的角 ϑ,由式(9)单值地规定.现在假使把法线这样地来定向,使切线与法线成 $+\dfrac{\pi}{2}$ 角,于是公式(10)便得正值,如果 TP,NP,TQ,QN 的方向与切线、法线、x 轴的方向是一致的.否则便得负值.

7. 抛物线 $y^2 = 2px$ 的例子　$y\,dy = p\,dx$,因而 $T = \dfrac{y}{p}\sqrt{p^2 + y^2}$,$N = \sqrt{p^2 + y^2}$,$S_t = \dfrac{y^2}{p} = 2x$,$S_n = p$.

由这个结果,对抛物线切线(图1),可以得一种简单作图法.

8. 摆线或旋轮线　一条摆线由一个点描成,这个点固定在一个圆上,同时这个圆在它的平面里沿一条直线滚动,而没有滑动(图6,齿轮与齿杆). $t = \angle AMB$ 叫作辗角.设圆的半径 $MA = a$,且设产生摆线的点 P 在 MA 上与 M 相距为 c.

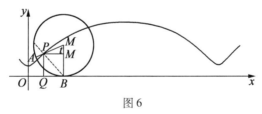

图 6

摆线可分为:

平常(有尖点的)摆线:$c = a$;P 在圆周上(图7(a));

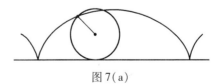

图 7(a)

缩短(拉开)摆线:$c < a$;P 在圆内(图 7(b));

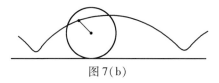

图 7(b)

延长(打结)摆线:$c > a$;P 在圆外(图 7(c)).

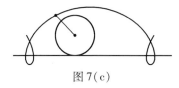

图 7(c)

我们有

$$OB = AB = at$$

$$OB = OQ + QB = OQ + PN = x + c\sin t$$

$$PQ = y = MB - MN = a - c\cos t$$

由此便得一般摆线的参量方程

$$x = at - c\sin t , y = a - c\cos t \qquad (11)$$

可是

$$dx = (a - c\cos t) dt = y dt , dy = c\sin t dt$$

因此对次法距,便得 $S_n = c\sin t$. 因 $BQ = c\sin t = S_n$,故
BP 就是在点 P 处的法线,即摆线上点 P 处的法线通
过动圆与固定直线的接触点. 据此,就容易作切线,如
果已知道动圆的地位. 对平常摆线($c = a$),有

$$x = c(t - \sin t) , y = a(1 - \cos t) \qquad (12)$$

而

$$\frac{dy}{dx} = \frac{\sin t}{1 - \cos t} = \frac{2\sin \frac{t}{2} \cos \frac{t}{2}}{2\sin^2 \frac{t}{2}} = \cot \frac{t}{2} = \tan \vartheta$$

因此切线角

$$\vartheta = \frac{\pi}{2} - \frac{t}{2} + k\pi \quad (k = 0, \pm 1, \pm 2 \cdots)$$

两个角 ϑ 与 $\frac{\pi}{2} - \frac{t}{2}$ 相差为 π 的倍数,是可以这样来说明的,即因 ϑ 在 0 与 π 之间,故辗角则可以取随便什么值.

平常摆线的弧素是:$\mathrm{d}s = 2a\sin\frac{1}{2}t\mathrm{d}t$,它在母圆每转一整圈后,变换一次正负号.

圆旋转一次,摆线整拱弧的长度是

$$s = \int_{t=0}^{2\pi} \mathrm{d}s = 8a$$

对一整拱弧下的面积(§13),得到

$$F = \int_{t=0}^{2\pi} y\mathrm{d}x = a^2 \int_0^{2\pi} (1 - 2\cos t + \cos^2 t) \mathrm{d}t$$

可是

$$\int_0^{2\pi} \cos^2 t\mathrm{d}t = \int_0^{2\pi} \frac{1}{2}(1 + \cos 2t) \mathrm{d}t = \pi$$

因此

$$F = 2\pi a^2 + 0 + \pi a^2 = 3\pi a^2$$

这个面积是动圆面积的三倍.

9. 外摆线 由一个点描成,这个点固定在一圆上,同时这个圆沿同一平面的另一固定圆外滚动(两个具有外齿的齿轮). 设固定圆的半径是 a,动圆的半径是 b,有关点与圆心的距离是 $MP = c$(图 8). 外摆线也可分三种:平常(有尖)的,其中 $c = b$;缩短(拉开)的,其中 $c < b$;延长(打结)的,其中 $c > b$. 一般外摆线的方程

都根据图 8 得出.

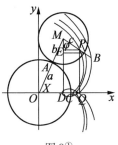

图 8①

如果设 $\angle AMB = t$ 是辗角, $\angle COA = \chi$ 是旋角, 还有 $\angle DMB = \varphi$, 则有

$$x = OQ = OD + DQ = (a+b)\cos\chi + c\sin\varphi$$

$$y = PQ = MD - ME = (a+b)\sin\chi - c\cos\varphi$$

可是 $\overset{\frown}{AC} = \overset{\frown}{AB}$ 或 $a\chi = bt$, 还有 $\varphi = t + \chi - \dfrac{1}{2}\pi$, 因而

$$\chi = \frac{b}{a}t, \varphi = \frac{a+b}{a}t - \frac{\pi}{2} = \frac{a+b}{b}\chi - \frac{\pi}{2}$$

由此, 一般外摆线的参量方程, 用辗角 t 作参量, 就是

$$\begin{cases} x = (a+b)\cos\dfrac{b}{a}t - c\cos\dfrac{a+b}{a}t \\ y = (a+b)\sin\dfrac{b}{a}t - c\sin\dfrac{a+b}{a}t \end{cases} \tag{13}$$

但若用旋角 χ 作参量, 则是

$$\begin{cases} x = (a+b)\cos\chi - c\cos\dfrac{a+b}{b}\chi \\ y = (a+b)\sin\chi - c\sin\dfrac{a+b}{b}\chi \end{cases} \tag{14}$$

———————

① 在图 8 上, B 应指从 A 出发的弧的终点.

很容易证明:AP 是曲线的法线. 因为 AP 的斜率,由于 A 的坐标是 $(a\cos\chi, a\sin\chi)$,等于

$$(y - a\sin\chi) : (x - a\cos\chi)$$

而这恰恰等于法线的斜率 $-\dfrac{\mathrm{d}x}{\mathrm{d}y}$,就像由(14)得出的一样.

10. 内摆线　与前面相应,是由一个圆的一点运动产生的,这个圆沿同一平面的另一定圆内滚动(两个齿轮,一个具有内齿,另一个具有外齿). 于此要设想动圆是绕切线向定圆内部不断拍打的. 因而,保持一向的记号,只需设 $b \parallel -b, c \parallel -c$ 以及,由于辗转方向相反的缘故,设 $t \parallel -t$,故得一般内摆线的参量式

$$\begin{cases} x = (a - b)\cos\dfrac{b}{a}t + c\cos\dfrac{a-b}{a}t \\[2mm] y = (a - b)\sin\dfrac{b}{a}t - c\sin\dfrac{a-b}{a}t \end{cases} \qquad (15)$$

或

$$\begin{cases} x = (a - b)\cos\chi + c\cos\dfrac{a-b}{b}\chi \\[2mm] y = (a - b)\sin\chi - c\sin\dfrac{a-b}{b}\chi \end{cases} \qquad (16)$$

11. 特种情形　a)对 $b = \dfrac{1}{2}a$,内摆线便变成

$$x = \left(\dfrac{1}{2}a + c\right)\cos\dfrac{1}{2}t, \; y = \left(\dfrac{1}{2}a - c\right)\sin\dfrac{1}{2}t$$

即点 P 在一个具有半轴 $\dfrac{1}{2}a + c$ 与 $\dfrac{1}{2}a - c$ 的椭圆上运动. 如果还有 $c = \dfrac{1}{2}a$,那么就有 $x = a\cos\dfrac{1}{2}t, y = 0$. 这

时点 P 在 x 轴上运动,因此动圆上在点 P 对面的点便在 y 轴上来回运动. 这种机构可用在行星运转模型(Planetengetriebe)上,把旋转运动变成椭圆运动或直线运动.

b)对 $b=a=c$,平常外摆线便采取心脏线形式(图9)

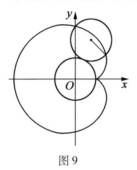

图9

$$x=a(2\cos t-\cos 2t)$$
$$y=a(2\sin t-\sin 2t)$$

消去 t,便得

$$(x^2+y^2-a^2)^2=4a^2((x-a)^2+y^2)$$

c)对 $b=c=\dfrac{1}{4}a$,平常内摆线便成星形线(图10)

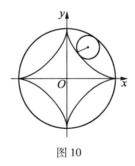

图10

229

$$x^{\frac{2}{3}} + y^{\frac{2}{3}} = a^{\frac{2}{3}}$$

12. 惠更斯[①]曳物线(等切曲线)   具有方程

$$x = a\ln \frac{a + \sqrt{a^2 - y^2}}{y} - \sqrt{a^2 - y^2}$$

$$= a\ \mathrm{arccosh}\ \frac{a}{y} - \sqrt{a^2 - y^2}$$

是由一架车子的两个后轮间的中点 P 产生的,当两个前轮间的中点 T 沿着一条直线运动时(图 11). 于是求得

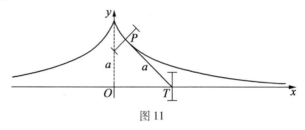

图 11

$\mathrm{d}x = -\sqrt{a^2 - y^2}\dfrac{\mathrm{d}y}{y}$,对 $y = a$,便得 $x = 0$;由图 11 可见, y 随着 x 的增大而增大或减小,要看 $x > 0$ 或 $x < 0$ 而定. 因而,必须使 $\sqrt{a^2 - y^2}$ 具有与 x 相同的正负号. 对弧素,便得出

$$\mathrm{d}s = \mp a\frac{\mathrm{d}y}{y}$$

而对弧线,得出

$$s = \mp a\ln\left(\frac{y}{a}\right)$$

---

① 荷兰数学家,1629—1695.

230

这里,上面的正负号适用于 $x > 0$ 时,下面的正负号适用于 $x < 0$ 时.据(10)便有

$$T = y\frac{\mathrm{d}s}{\mathrm{d}y} = \pm a$$

因此切线的长度是常数并等于轴距的长度.由此当 $x > 0$ 时还得出

$$s - x = a\ln a - a\ln(a + \sqrt{a^2 - y^2}) + \sqrt{a^2 - y^2}$$

于是,当 $x \to +\infty$,因而 $y \to +0$ 时,便有

$$s\!\!-\!\!x \to a(1 - \ln 2) = 0.306\,9a$$

因此随着所走路程的增大,前轮后轮的中间点走过的路程的差数便趋近于轴距的 $\frac{1}{3}$ 左右.

§2 两条曲线的相交与相切

1. **两条曲线的交角** 所谓两条曲线间的交角 σ,意思就是指两条曲线的切线在交点处的夹角.

我们有(图 12)$\sigma = \vartheta_2 - \vartheta_1$,因此

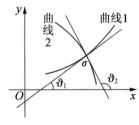

图 12

$$\tan\sigma = \frac{\tan\vartheta_2 - \tan\vartheta_1}{1 + \tan\vartheta_2 \cdot \tan\vartheta_1}$$

并由于 $\tan \vartheta_1 = \left(\dfrac{\mathrm{d}y}{\mathrm{d}x}\right)_1$，$\tan \vartheta_2 = \left(\dfrac{\mathrm{d}y}{\mathrm{d}x}\right)_2$，因此，有

$$\tan \sigma = \frac{\left(\dfrac{\mathrm{d}y}{\mathrm{d}x}\right)_2 - \left(\dfrac{\mathrm{d}y}{\mathrm{d}x}\right)_1}{1 + \left(\dfrac{\mathrm{d}y}{\mathrm{d}x}\right)_1 \left(\dfrac{\mathrm{d}y}{\mathrm{d}x}\right)_2} \qquad (17)$$

这里的 $\sigma(0 \leqslant \sigma < \pi)$ 是指那样的一个角，即曲线 1 的切线以正向转到与曲线 2 上的切线相重合时的角.

例1 曲线 $1 : y^2 = x$ 与曲线 $2 : xy = 1$（§1，图 1）在点 $(1,1)$ 处相交. 在那里

$$\left(\frac{\mathrm{d}y}{\mathrm{d}x}\right)_1 = \frac{1}{2\sqrt{x}} = \frac{1}{2}, \left(\frac{\mathrm{d}y}{\mathrm{d}x}\right)_2 = -\frac{1}{x^2} = -1$$

因此

$$\tan \sigma = -3, \sigma = \text{arc } \tan(-3) = 108°26'$$

2. 两个曲线族的交角　如果 $F(x,y) = 0$ 是曲线 1 的方程，$G(x,y) = 0$ 是曲线 2 的方程，那么，式（17）就有

$$\tan \sigma = \frac{\dfrac{\partial F}{\partial x} \dfrac{\partial G}{\partial y} - \dfrac{\partial F}{\partial y} \dfrac{\partial G}{\partial x}}{\dfrac{\partial F}{\partial x} \dfrac{\partial G}{\partial x} + \dfrac{\partial F}{\partial y} \dfrac{\partial G}{\partial y}} \qquad (18)$$

这个式子对 $F(x,y) = c_1, G(x,y) = c_2$ 仍然适用，其中 c_1, c_2 都是任意常数. 但这两式就是具有参数 c_1 与 c_2 的两个曲线族的方程；这两个曲线族就形成一个曲线网. $\sigma = 0$ 时，$\tan \sigma = 0$，因而分子等于零. 因而方程

$$\frac{\partial F}{\partial x} \frac{\partial G}{\partial y} - \frac{\partial F}{\partial y} \frac{\partial G}{\partial x} = \frac{\partial(F,G)}{\partial(x,y)} = 0 \qquad (19)$$

就表明：曲线族 $F(x,y) = c_1$ 与曲线族 $G(x,y) = c_2$ 一

致.

$\sigma = \dfrac{\pi}{2}$ 时,分母等于零. 因而有

$$\frac{\partial F}{\partial x}\frac{\partial G}{\partial x} + \frac{\partial F}{\partial y}\frac{\partial G}{\partial y} = 0 \qquad (20)$$

这就是第一族的每条曲线与第二族的每条曲线垂直相交的条件(正交性条件),于是便有一个正交曲线网.

例2　具有参数 α, β 的两个曲线族 $F(x, y) \equiv xy = \alpha, G(x, y) \equiv x^2 - y^2 = \beta$,形成一个正交曲线网. 因为 $F_x = y, F_y = x, G_x = 2x, G_y = -2y$,所以可知正交性条件(20)得到满足(图13).

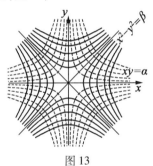

图13

3. 两条曲线的相切　如果两条曲线有一个公共点,此外并在那里有公共切线,那么便说,这些曲线在点 P 处相切. 因切线是一条割线的极限位置,故也说,它与曲线有无限接近的两个公共点,或者说切点应是一个二重交点,在两条曲线相切的情形也是如此. 于是,可设想:一条曲线是固定的,而第二条曲线除了在点 P 处以外,还与它有另一公共点 P_1,而且第二条曲线是这样变动,使 $P_1 \rightarrow P$,于是公共割线便转成公共切

线.

把这个观点一般化,便得到高阶相切的概念. 试设想有一固定曲线(I) $y = f(x)$ 与一可变曲线(II),它与(I)除了在点 $P = (x_0, y_0)$ 以外,还与它有 n 个别的公共点 $P_1, P_2, \cdots, P_n$(因此总共有 $n+1$ 个点). 如果可变曲线(II)趋向这样一条极限曲线,使点 $P_1, P_2, \cdots, P_n$ 全部无限地趋近点 P,那么便说,固定曲线 $y = f(x)$ 与可变曲线的极限位置 $y = g(x)$,在 P 有一个 n 阶切点,在点 P 处应有 $n+1$ 个交点会合在一起.

两条曲线 $y = f(x)$ 与 $y = g(x)$ 的 n 阶相切的解析条件,对 $n = 2$,照下列方式即可得到:设 $P = (x_0, y_0)$,$P_1 = (x_1, y_1)$,$P_2 = (x_2, y_2)$ 是两条曲线(I) $y = f(x)$ 与(II) $y = \varphi(x)$ 的三个交点,且设 $f(x)$ 与 $\varphi(x)$ 是二次连续可微分的. 如果设 $F(x) = f(x) - \varphi(x)$,那么便有 $F(x_0) = 0, F(x_1) = 0, F(x_2) = 0$. 根据罗尔定理,因它的条件为这里的 $F'(x)$ 所完全满足,故有

$$\begin{cases} F'(\xi_1) = 0 & (x_0 \cdots \xi_1 \cdots x_1) \\ F'(\xi_2) = 0 & (x_1 \cdots \xi_2 \cdots x_2) \end{cases} \tag{a}$$

据此,罗尔定理便也可以应用于 $F'(x)$,并得

$$F''(\xi) = 0 \quad (\xi_1 \cdots \xi \cdots \xi_2) \tag{b}$$

于是 P_1 与 P_2 都应无限地趋近点 P,即 $x_1 \to x_0$,$x_2 \to x_0$,因此也有 $\xi_1 \to x_0$,$\xi_2 \to x_0$,$\xi \to x_0$. 这时,曲线(II)的形态与位置也都要变,它的方程也不再是 $y = \varphi(x)$. 如果设可变曲线也都总有二次连续可微分的方程,而且都趋向一个有同一性质的方程 $y = g(x)$ 的极限位置,此外还有 $\varphi'(x) \to g'(x)$,$\varphi''(x) \to g''(x)$,那么由(a)与

(b)便得出 $F(x_0)=0,F'(x_0)=0,F''(x_0)=0$,可是, 现在这里的 $F(x)=f(x)-g(x)$.

因而

$$f(x_0)=g(x_0),f'(x_0)=g'(x_0),f''(x_0)=g''(x_0)$$

就是二阶相切的条件. 一般说,两条曲线在一个横坐标为 x 的点处为 n 阶相切的条件就是

$$f(x)=g(x),f'(x)=g'(x),f''(x)=g''(x),\cdots,$$
$$f^{(n)}(x)=g^{(n)}(x) \qquad (21)$$

并且如果相切恰恰是 n 阶的,那么就有

$$f^{(n+1)}(x)\neq g^{(n+1)}(x)$$

4. 举例　(1)悬链线 $y=\cosh x=f(x)$ 与抛物线 $y=\dfrac{1}{2}x^2+1=g(x)$ 有公共点 $x=0,y=1$,因为 $f(0)=g(0)=1$. 可是进一步,有

$$f'(x)=\sinh x,g'(x)=x$$

因此

$$f'(0)=g'(0)=0$$

由于

$$f''(x)=\cosh x,g''(x)=1$$

因此

$$f''(0)=g''(0)=1$$

由于

$$f'''(x)=\sinh x,g'''(x)=0$$

因此

$$f'''(0)=g'''(0)=0$$

由于

$$f^{(4)}(x) = \cosh x, g^{(4)}(x) = 0$$

因此

$$f^{(4)}(0) = 1, g^{(4)}(0) = 0$$

因而便有一个恰为三阶的切点. 抛物线在悬链线的最深点的邻近, 很密切地挨近它. 由这个理由, 微微下垂的金属线的形状, 实际上几乎可看作是抛物线.

（2）两条曲线 $y = x^p = f(x)$, 其中 $p > 0$（整数）, 与 $y = 0 = g(x)$ 共同有零点. 于是有

$$f^{(n)}(x) = p(p-1)(p-2)\cdots(p-n+1)x^{p-n} \quad (n < p)$$

而这对 $x = 0$ 是等于零的, 同时 $f^{(p)}(x) = p_1 > 0$; 反之, 对每个 n 与每个 x, $g^{(n)}(x) = 0$. 据此, 曲线 $y = x^p$ 与 x 轴在零点上处有恰为 $(p-1)$ 阶的相切.

5. 密切圆　现在要确定这种圆, 它与已知曲线 $y = f(x)$ 以尽可能高的阶相切. 如果 ξ 与 η 是它的中心点的坐标, ρ 是它的半径, 那么它的方程就是

$$(x - \xi)^2 + (y - \eta)^2 = \rho^2$$

因此得

$$y = \eta \pm \sqrt{\rho^2 - (x - \xi)^2} = g(x)$$

为确定 ξ, η, ρ 一般需要三个方程, 即

$$f(x) = g(x), f'(x) = g'(x), f''(x) = g''(x)$$

于是就有一个二阶的相切, 不过也能出现更高阶的相切的情形. 可是

$$x - \xi + (y - \eta)y' = 0$$

更进一步

$$1 + y'^2 + (y - \eta)y'' = 0$$

由此首先便得 η, 然后得 ξ 与 ρ. 于是求得

$$\xi = x - y'\frac{1 + y'^2}{y''} \tag{22}$$

$$\eta = y + \frac{1 + y'^2}{y''} \tag{23}$$

$$\rho = \left|\frac{(1 + y'^2)^{\frac{3}{2}}}{y''}\right| \tag{24}$$

由这些公式确定的圆,即密切圆,它在切点 (x,y) 处,比任何别的圆,都更紧密地挨近曲线. 因而在有关点左近,可以用它来代替曲线,这对实际作曲线的圆时甚是方便.

例 3　对抛物线 $y^2 = 2px$,有 $y' = \dfrac{p}{y}$ 与 $y'' = -\dfrac{p}{2}xy$,因而便有

$$\rho = \left|\frac{\left(1 + \dfrac{p^2}{y^2}\right)^{\frac{3}{2}}}{-\dfrac{p}{2xy}}\right| = \frac{(2x + p)^{\frac{3}{2}}}{\sqrt{p}}$$

$$\xi = x + \frac{(2px + p^2)2x}{2px} = 3x + p$$

$$\eta = y - \frac{(2px + p^2)2xy}{y^2 p} = -\frac{2xy}{p}$$

特别是,对顶点 $(0,0)$,有

$$\rho = p, \xi = p, \eta = 0$$

因此,$OM_0 = 2OF$,如果 F 是焦点的话(图 14).

读者试对曲线为形式 $x = x(t), y = y(t)$ 时的情形,举出式 (22) 与式 (23) 来.

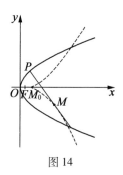

图 14

§3 曲率, 曲率圆与渐屈线

1. 曲率 一个圆, 半径越小, 就说它曲得越厉害. 因而就把一个圆的曲率 k 的大小, 定义为圆半径 R 的倒数; 除此以外, 并按照圆是按数学上的正方向或负方向描出, 而来确定它有正号或负号. 因此就有 $k = \pm 1 : R$.

如果圆是用参数式给出的: $x = R\cos\ t$, $y = R\sin\ t$, 那么就有 $\tan\ \vartheta = \dfrac{\mathrm{d}y}{\mathrm{d}x} = -\cot\ t$, 由此 $\vartheta = t + \dfrac{\pi}{2}$, 因此 $\mathrm{d}\vartheta = \mathrm{d}t$. 还有 $\mathrm{d}s = R\mathrm{d}t$, 随着正的 $\mathrm{d}t$, 也就是, 如果圆是以正方向描出的, $\mathrm{d}s$ 就是正的, 那么便有

$$k = \frac{\mathrm{d}\vartheta}{\mathrm{d}s} \tag{25}$$

利用这个公式, 对随便一个与圆不同的曲线, 也可以定义它的曲率. 公式右边也很适合直观上对曲率概念的看法, 即把曲率看作是切线方向的改变量 (由角 ϑ 来量) 与弧长的改变量之比. 当然在一般情形下, 曲率是

沿着曲线逐点改变的.

2. k 的另一公式　由 §1 公式(9), $\cos\vartheta=\dfrac{\mathrm{d}x}{\mathrm{d}s}$, $\sin\vartheta=\dfrac{\mathrm{d}y}{\mathrm{d}s}$, 微分后便得

$$-\sin\vartheta\,\mathrm{d}\vartheta=\frac{1}{\mathrm{d}s^2}(\mathrm{d}s\mathrm{d}^2x-\mathrm{d}x\mathrm{d}^2s)$$

$$\cos\vartheta\,\mathrm{d}\vartheta=\frac{1}{\mathrm{d}s^2}(\mathrm{d}s\mathrm{d}^2y-\mathrm{d}y\mathrm{d}^2s)$$

如果在左边再设 $\cos\vartheta=\dfrac{\mathrm{d}x}{\mathrm{d}s}$, $\sin\vartheta=\dfrac{\mathrm{d}y}{\mathrm{d}s}$, 与 $k=\dfrac{\mathrm{d}\vartheta}{\mathrm{d}s}$, 那么便得到双重方程

$$k=\frac{\mathrm{d}s\mathrm{d}^2y-\mathrm{d}y\mathrm{d}^2s}{\mathrm{d}x\mathrm{d}s^2}=-\frac{\mathrm{d}s\mathrm{d}^2x-\mathrm{d}x\mathrm{d}^2s}{\mathrm{d}y\mathrm{d}s^2}\qquad(25')$$

由此, 消去 d^2s, 得

$$\frac{\mathrm{d}\vartheta}{\mathrm{d}s}=k=\frac{\mathrm{d}x\mathrm{d}^2y-\mathrm{d}y\mathrm{d}^2x}{\mathrm{d}s^3}\qquad(26)$$

如果曲线是用参数式表示的: $x=x(t)$, $y=y(t)$, 以使 $\mathrm{d}x=x'(t)\mathrm{d}t$, $\mathrm{d}y=y'(t)\mathrm{d}t$, $\mathrm{d}^2x=x''(t)\mathrm{d}t^2$, $\mathrm{d}^2y=y''(t)\cdot\mathrm{d}t^2$, $\mathrm{d}s^2=(x'^2+y'^2)\mathrm{d}t^2$, 那么就有

$$k=\frac{x'y''-y'x''}{(x'^2+y'^2)^{\frac{3}{2}}}\qquad(27)$$

由此, 对 $t=x$ 的情形, 就是当 $y=y(x)$ 是曲线方程时的情形, 便得出

$$k=\frac{y''}{(1+y'^2)^{\frac{3}{2}}}\qquad(28)$$

因此, k 与 y'' 同号, 如果分母(除数)的平方根按照正的来算, 也就是, 如果把弧的描画方向按照横坐标增大的

方向来定.

　　3. 曲率半径,曲率中心,曲率圆　k 的倒值名为曲率半径 ρ. 就是

$$\rho = \frac{1}{k} = \frac{\mathrm{d}s}{\mathrm{d}\vartheta} = \frac{(1 + y'^2)^{\frac{3}{2}}}{y''} \qquad (29)$$

因此,根据 §2(24),曲率半径的绝对值是与密切圆半径一致的. 所谓曲线上一点处的曲率圆就是指那个圆,它的半径是曲率半径. 它的中心位置在曲线点的法线上,而它本身又通过曲线上那个点. 它的中心就叫作曲率中心. 根据 1 小节中所讲,ρ 与 k 都是正的,如果照弧的增大方向沿曲线走时,曲率中心是在左边的话.

　　定理 1　曲率中心是曲线的法线与一条相近法线的交点的极限位置,如果后者无限地靠近前者的话(更简短地,但不甚精密的说法是:曲率中心是两条无穷接近的法线的交点). 参看图 15.

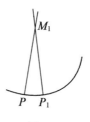

图 15

　　证明　设在曲线上已知点 P 与一个相近点 P_1 处作出曲线的法线. 设两条线的交点是 M_1. 如果在曲线上作 $P_1 \to P$ 的移动,那么 M_1 就在固定点 P 的法线上移动. 在 $P = (x, y)$ 与 $P_1 = (x + h, y + k)$ 处的法线的方程式,据 §1 式(4),有

$$(\xi - x) + f'(x)(\eta - y) = 0$$
$$(\xi - x - h) + f'(x + h)(\eta - y - k) = 0$$

在其中 ξ, η 表示流动点的坐标. 交点 M_1 的坐标同时满足两个方程, 因而相减便得出

$$h + f'(x)(\eta - y) - f'(x + h)(\eta - y - k) = 0$$

或

$$1 - (\eta - y)\frac{f'(x + h) - f'(x)}{h} + \frac{k}{h}f'(x + h) = 0$$

因 $f(x)$ 是二次可微分的, 对 $h \to 0$, 便有

$$\lim_{h \to 0}\frac{k}{h} = f'(x), \lim_{h \to 0}\frac{f'(x + h) - f'(x)}{h} = f''(x)$$

故若 $f''(x) \neq 0$, 则 η 就趋近一个极限 $\lim \eta$, 为简写起见, 可仍以 η 表示这极限

$$\eta = y + \frac{1 + f'(x)^2}{f''(x)}$$

这就是已经求得的密切圆中心点的纵坐标值 §2 式 (23). 对横坐标 ξ, 则由法线方程可知它同样是与密切圆中心点的横坐标一致的. 因此, M_1 的极限位置就是密切圆的中心点 M. 可是这中心点与 P 的距离是 $|\rho| = \dfrac{1}{|k|}$, 即所证.

同时得到: 曲率圆恒等于密切圆.

如果 k 在 P 的左边是单调改变的, 即或者只增, 或者只减, 那么曲率圆就在 P 通过曲线, 因为在 P 的一边曲率半径较大于 P 处的曲率半径, 在另一边的则较小于 P 处的曲率半径 (图16).

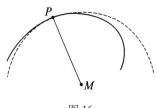

图 16

4. **渐屈线**　一条已知曲线全部曲率中心点的几何轨迹,就叫作它的渐屈线或曲率中心曲线. 为了求得它的方程,需在 ξ 与 η 之间建立一种函数关系. 常常把 ξ 与 η 表示为 x 的函数就够了.

例如,对抛物线 $y^2 = 2px$,就有(§2)

$$\xi = 3x + p, \eta = -\frac{2xy}{p} = -2x\sqrt{\frac{2x}{p}}$$

在这里可以把 x 消去,作为抛物线渐屈线的方程,便得到

$$\eta^2 = \frac{8}{27p}(\xi - p)^3$$

即半立方抛物线(奈尔抛物线)(图 14,虚线处).

对 ξ, η 的别的公式. $\triangle PQM$(图 17),在 M 处的角是 ϑ,由这个三角形,显而可见: $x - \xi = \rho\sin\vartheta, \eta - y = \rho\cos\vartheta$. 可是 $\rho = \dfrac{\mathrm{d}s}{\mathrm{d}\vartheta}, \cos\vartheta = \dfrac{\mathrm{d}x}{\mathrm{d}s}, \sin\vartheta = \dfrac{\mathrm{d}y}{\mathrm{d}s}$,因此

$$\begin{cases} \xi = x - \rho\sin\vartheta = x - \dfrac{\mathrm{d}y}{\mathrm{d}\vartheta} \\[2mm] \eta = y - \rho\cos\vartheta = y + \dfrac{\mathrm{d}x}{\mathrm{d}\vartheta} \end{cases} \quad (30)$$

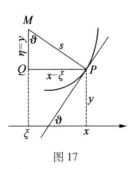

图 17

例 4　对平常摆线,由于 $\vartheta = \dfrac{1}{2}\pi - \dfrac{1}{2}t + k\pi, \mathrm{d}\vartheta =$

$-\dfrac{1}{2}\mathrm{d}t$,并因 $\mathrm{d}s = 2a\sin\dfrac{1}{2}t\mathrm{d}t$,因此根据(25)便得出

$$k = -\dfrac{1}{4a\sin\dfrac{1}{2}t}$$

另一方面,法线的长度是 $N = -2a\sin\dfrac{1}{2}\mathrm{d}t$,因而摆线

的曲率半径,按大小与方向说,便等于法线长的两倍,

作为曲率中心点的坐标,根据(30),就得到

$$\xi = a(t - \sin t) + 2a\sin t = a(t + \sin t)$$

$$\eta = a(1 - \cos t) - 2a(1 - \cos t) = -a(1 - \cos t)$$

对 $t = \pi + \tau$,便得

$$\xi = \pi a + a(\tau - \sin\tau), \eta = -2a + a(1 - \cos\tau)$$

因此,摆线的渐屈线同样是个摆线,它与已知摆线可重

合,但按照正 x 轴的方向移动 πa,按照负 y 轴的方向移动

$2a$.

5. 渐屈线的性质　一条已知曲线在点 P 处的法

线就是它的渐屈线在曲率中心点处的切线.

证明 由前例方程,便得出,如果 ξ 与 η 都是可微分的,有

$$d\xi = dx - d\rho\sin\vartheta - \rho\cos\vartheta d\vartheta$$

$$d\eta = dy + d\rho\cos\vartheta - \rho\sin\vartheta d\vartheta$$

那么由于

$$\rho d\vartheta = ds, \quad dx = ds\cos\vartheta, \quad dy = ds\sin\vartheta$$

便有

$$d\xi = -d\rho\sin\vartheta, \quad d\eta = +d\rho\cos\vartheta \tag{31}$$

由此,假使 $d\rho \neq 0$ 的话,便有 $\dfrac{d\eta}{d\xi} = -\cot\vartheta = -\dfrac{dx}{dy}$. 因此,渐屈线切线的斜率等于已知曲线的法线的斜率,并因两条直线都通过 M,故两者会合在一起.

6. 渐屈线弧 曲线弧上两点的曲率半径的差数,等于相应曲率中心点间的渐屈线弧的长度.

如果设 ds 是渐屈线的线素,那么根据(31)就有 $d\bar{s}^2 = d\xi^2 + d\eta^2 = d\rho^2$,因此,若把弧长照 ρ 的增大方向计算,则 $d\bar{s} = d\rho$,据此 $\bar{s} = \rho + C$. 如果渐屈线的弧 $\bar{s}$ 从 M_0 算起,其中 $M_0 P_0 = \rho_0$,那么就有 $0 = \rho_0 + C$,因此

$$\bar{s} = \rho - \rho_0 \tag{32}$$

从渐屈线展开渐屈线切线时,这条切线的一个点便描出已知曲线或平行于它的曲线(即以相等法距 PQ 描成的曲线). 这个平行曲线族就叫作与一条已知渐屈线相应的渐伸线队(渐伸线或作展开线,图18).

244

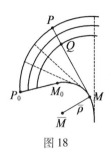

图 18

7. 渐屈线与渐伸线的曲率半径 之比,犹如相应的弧素之比.

设渐屈线在 M 处的曲率半径是 $M\overline{M} = \overline{\rho}$(图 18).

可是 $\rho = \dfrac{\mathrm{d}s}{\mathrm{d}\vartheta}$,因而,相应地有,$\overline{\rho} = \dfrac{\mathrm{d}\overline{s}}{\mathrm{d}\overline{\vartheta}}$. 但根据 5,有 $\overline{\vartheta} = \vartheta + \dfrac{\pi}{2}$,因此,$\mathrm{d}\overline{\vartheta} = \mathrm{d}\vartheta$,因而

$$\overline{\rho} : \rho = \mathrm{d}\overline{s} : \mathrm{d}s \tag{33}$$

此外,由于 $\mathrm{d}\overline{s} = \mathrm{d}\rho$,并由此得出

$$\overline{\rho} = \rho \frac{\mathrm{d}\rho}{\mathrm{d}s} \tag{34}$$

8. 拐点 一个平常的拐点是曲线上这样的一点,在那里曲率随着变号而等于零(图 19).一个平点是这样的一个点,在那里曲率取零值,而不变号(图 20).因根据(28),k 与 y'' 同号(如果曲线的描画方向选择适当的话),故可按照 y'' 是否变号且等于零来确定有一拐点或平点.例如,对 $y = x^n (n > 2, 整数)$,$y'' = n(n-1) \cdot x^{n-2}$ 并在 $x = 0$ 变号等于零,如果 n 是奇数的话;不变号等于零,如果 n 是偶数的话.曲线 $y = x^3, x^5, x^7, \cdots,$

因此就都在零点处有平常拐点,而 $y = x^4, x^6, \cdots$ 就都在那里有一个平点,若 ρ 等于零且变号,则也可有一拐点,这是更尖锐的拐点.

图 19   图 20

举例:$x = t^3, y = t^5$. 试作图!

9. **顶点**　是曲线上这样的一点,在那里曲率为极大或极小,因而,相应地.曲率半径在那里有极小或极大. 因此在那里 $\dfrac{dk}{dt}\left(\text{并且} \dfrac{d\rho}{dt} \text{也一样}\right)$,必然等于零且变号,其中 t 表示随便一个自变量. 例如,抛物线 $y = x^2$ 就在零点处有一个顶点. 于是 $\rho = \dfrac{1}{2}(1 + 4x^2)^{\frac{3}{2}}, \dfrac{d\rho}{dt} = 6x(1 + 4x^2)^{\frac{1}{2}}$,这就在 $x = 0$ 处等于零且变号.

因而由式(34)得出:如果已知曲线有一个顶点,那么渐屈线的曲率半径便等于零且变号消灭. 在一般情形下,渐屈线在这里有一个尖点,就像抛物线与其渐屈线所表明的.

10. **椭圆的例子**　$x = a\cos t, y = b\sin t$. 这个参数式相当于图 21 里所示的椭圆上点 $P = (x, y)$ 的作图法,在那里 $OA = OA_1 = a, OB = OB_1 = b$. 设 $a > b$,而 $c = \sqrt{a^2 - b^2} > 0$. c 就叫作椭圆的线性离心率,t 叫作椭圆的偏近点角. $dx = -a\sin t dt, dy = b\cos t dt$. 如果 $OP_1 = a + b$,那么 PP_1 就是椭圆上 P 处的法线. 因为 P_1 有坐

标 $x_1 = (a + b)\cos t, y_1 = (a + b)\sin t$，所以 PP_1 的斜率等于

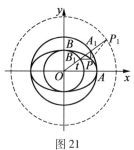

图 21

$$\frac{y_1 - y}{x_1 - x} = \frac{a\sin t}{b\cos t} = -\frac{\mathrm{d}x}{\mathrm{d}y}$$

即等于法线的斜率. 椭圆的弧素是

$$\mathrm{d}s = \sqrt{a^2\sin^2 t + b^2\cos^2 t}\,\mathrm{d}t = w\mathrm{d}t$$

这里 w 表示根的正值. 由于 $\mathrm{d}^2 x = -a\cos t\mathrm{d}t^2$，$\mathrm{d}^2 y = -b\sin t\mathrm{d}t^2$，可由（26）来求曲率. 又根据（30）得曲率中心的坐标

$$\xi = a\cos t - \frac{w^3}{ab} \cdot \frac{\cos t}{w}$$

$$= \frac{\cos t(a^2 - w^2)}{a}$$

$$= \cos^3 t\,\frac{a^2 - b^2}{a}$$

或

$$\xi = \frac{c^2}{a}\cos^3 t$$

同样

$$\eta = -\frac{c^2}{b}\sin^3 t$$

247

在顶点 $A(t=0)$ 与 $B\left(t=\dfrac{\pi}{2}\right)$ 处便有

$$\rho_A=\frac{b^2}{a},\rho_B=\frac{a^2}{b} \qquad (35)$$

如果对一个椭圆,主轴 OA 与 OB 的方向与大小都已给定,那么就可以画出椭圆的外切长方形,从 C 作 AB 的垂线,这条垂线与 OA 相交于 M_A,与 OB 相交于 M_B. 由 $\triangle OAB$,$\triangle ACM_A$,$\triangle BCM_B$ 的相似,很容易得出 $AM_A=\rho_A$,$BM_B=\rho_B$ 作出以 M_A 与 M_B 为中心的曲率圆后,可使椭圆更容易画出,在画法几何里就使用这个方法(图 22). 为更进一步用曲线板把中间部分画得更精

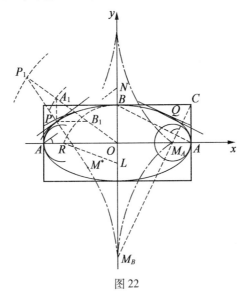

图 22

确些,还可以约略把外切于椭圆的菱形画出(切点 $Q\left(\dfrac{1}{2}\sqrt{2}\,a,\dfrac{1}{2}\sqrt{2}\,b\right)$,$\vartheta=-\arctan\dfrac{b}{a}$,因此一边平行于

AB），或更精密地是画出曲率圆①，它的半径 ρ^* 是 ρ_A 与 ρ_B 的几何中数，由于式（35）是 $\rho^* = \sqrt{\rho_A \rho_B} = \sqrt{ab}$. 试证明相应的曲率中心 M^* 与 O 相距 $a-b$；半径 $LB = \dfrac{1}{2}(a+b)$，而中心在 y 轴上 L 处的圆在 x 轴上截出 $OR = \rho^*$；若使 $ON = \rho^*$，则 NA 就有相应切线的方向，通过 O 而与此对称的射线就在以 $b, a, a+b$ 为半径且以 O 为中心的那些圆上定出点 B_1, A_1, P_1，并从而定出 P，法线 $P_1 P$，最后乃至曲率中心 M^* 本身.

借对 ξ, η 的公式，同时并求得椭圆渐屈线的参数表达式. 消去 t，就得

$$\left(\frac{a\xi}{c^2}\right)^{\frac{2}{3}} + \left(\frac{b\eta}{c^2}\right)^{\frac{2}{3}} = 1$$

或

$$(a\xi)^{\frac{2}{3}} + (b\eta)^{\frac{2}{3}} = (c^2)^{\frac{2}{3}}$$

椭圆的周界虽不能以简单方式算出②，但其渐屈线的四分之一的弧长，根据（32），却立即可求得为 $\overset{\frown}{M_A M_B} = \rho_B - \rho_A$，因此周界

$$\bar{s} = 4\,\frac{a^3 - b^3}{ab}$$

如果把椭圆渐屈线方程中的 a, b, c 看成三个彼此独立的常数，然后设 $a = b, \dfrac{c^2}{a} = C$，那么就得到

---

① 不与点 Q 相应的.

② 对此，以后还要详讲.

$$\xi^{\frac{2}{3}} + \eta^{\frac{2}{3}} = C^{\frac{2}{3}}$$

就是星形线,它渐缩屈仍然是一条星形线,读者可以自己证明.

11. 圆的渐伸线 若从一个固定的圆上展开切线,则切线上每个点都画出一个圆渐伸线. 在图 23 中,$\vartheta = t, \xi = a\cos t, \eta = a\sin t, \rho = at$,因此根据(30)有

$$x = a(\cos t + t\sin t), y = a(\sin t - t\cos t)$$

只要开始展开的地方是在 $A(t = 0)$ 处. 由于 $\mathrm{d}s = at\mathrm{d}t$,圆渐伸线的从 A 算起的弧长就是 $s = \dfrac{1}{2}at^2$.

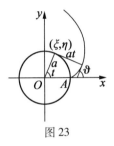

图 23

§4 极坐标的应用,反演

1. 极坐标 在一个点 $P = (x, y) = \langle r, \varphi \rangle$ 的笛卡儿直角坐标 x, y,与极坐标 r(矢径),φ(偏角)之间,存在这些关系

$$\begin{cases} x = r\cos \varphi, y = r\sin \varphi, x^2 + y^2 = r^2 \\ \varphi = \arccos \dfrac{x}{\sqrt{x^2 + y^2}} = \arcsin \dfrac{y}{\sqrt{x^2 + y^2}} \\ \quad = \arctan \dfrac{y}{x} = \text{arc cot} \dfrac{x}{y} \end{cases} \quad (36)$$

用这些公式,一条曲线的方程便可以随意用这种或那种坐标来表示. 在 r 为负值时,点 $\langle -|r|,\varphi\rangle$ 应与点 $\langle |r|,\pi+\varphi\rangle$ 相同(图 24).

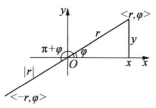

图 24

P 在一条不通过 O 的直线上,设直线的位置由这样决定,即从 O 到它的垂线,有长度 $l(>0)$,有偏角 α. 于是(图 25)

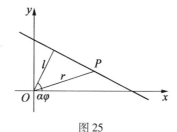

图 25

$$r\cos(\alpha-\varphi)=l \qquad (37)$$

就是直线的极坐标方程,如果对此写成

$$r\cos\varphi\cos\alpha+r\sin\varphi\sin\alpha=l$$

并转到笛卡儿坐标,那么便得出

$$x\cos\alpha+y\sin\alpha-l=0 \qquad (38)$$

这个方程叫作海塞①标准形式(或法式),还有如 $l=0$

———————

① 海塞,德国数学家,1811—1874.

时,它也成立.

一半中心点 $M = \langle r_0, \varphi_0 \rangle$,半径 c 的圆的方程,由 $\triangle OMP$,根据余弦定理,即可得到(图26).

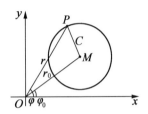

图 26

$$r^2 + r_0^2 - 2rr_0 \cos (\varphi - \varphi_0) = c^2 \qquad (39)$$

特别如圆通过零点($c = r_0$),便得

$$r = 2r_0 \cos (\varphi - \varphi_0) \qquad (40)$$

2. 逆径变换(反演) 两个点 $P = \langle r, \varphi \rangle$ 与 $P^* = \langle r^*, \varphi \rangle$,位置在同一矢径上的,就叫作相互反演的,如果

$$r \, r^* = p \qquad (41)$$

其中 $p \neq 0$ 表示一个已知常数,那么这时一条矢径与另一条的倒值成比例,并且两条矢径指向同一边或对立(相反)边,各按 p(称为反演率)是正或负而定. 图27 与28 的两具标尺具体说明反演 $r \, r^* = \pm 1$.

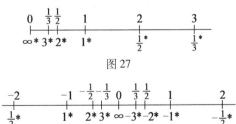

图 27

图 28

252

对 $p > 0$,与 P 反演的点 P^* 可以用初等几何方法作出图来,就像图 29 所表明的,在那里 $OP \cdot OP^* = OB^2 = p$.

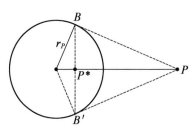

图 29

如果 P 在一条曲线 (k) 上运动,那么 P^* 便描出与 (k) 反演的曲线 (k^*). 现在要定出与一条直线反演的曲线. 如果这条直线通过 O,那么它的反演曲线当然就与它重合. 在一般情形下,直线方程 (37) 经变换 (41) 后,便成为

$$r^* = \frac{p}{l} \cos (\alpha - \varphi)$$

由此可根据 (40) 得如下结论:一条不通过零点的直线经倒半径变换后就变成一个通过零点的圆. 显然逆命题也成立.

还有,一个不通过零点的圆,经倒半径变换后,仍变为一个这样的圆.

因圆方程 (39) 由式 (41) 变成

$$\frac{p^2}{r^{*2}} - 2\frac{p}{r^*}r_0 \cos (\varphi - \varphi_0) = c^2 - r_0^2$$

故由于 $c \neq r_0$ 而变成

$$r^{*2} + 2r^* \frac{pr_0}{c^2 - r_0^2} \cos (\varphi - \varphi_0) = \frac{p^2}{c^2 - r_0^2}$$

可是这仍是一个圆的方程.

如果把圆看作具有无穷大半径的圆,那么便可以一般地说:经倒半径变换后一个圆仍变成一个圆.所有圆这一集合对反演始终不变.

3. 反演器 用反演变换可把一种圆周运动变成一种直线运动.有些有关节架的机构,可以作出这个(反演器).

a) 波赛利反演器(1864)(图 30, OA 与 OB 是两条棒,与菱形关节架 $APBP^*$ 相连.因此 OPP^* 是一条直线.因而

$$OP \cdot OP^* - r \cdot r^* = (OC + CP)(OC - CP^*)$$
$$= OC^2 - CP^2$$

可是由 Rt△ACO 与 Rt△ACP 可得

$$OC^2 = OA^2 - AC^2, CP^2 = PA^2 - AC^2$$

因此便有 $r\,r^* = OA^2 - PA^2$. 这个数量只依赖于关节机构的杆长,因而对所有

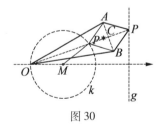

图 30

这个机构的运动都始终不变.因此 P 与 P^* 是互为反演的点,如果 P 描出直线 g,那么 P^* 就描出通过 O 的圆 k 的一段($OM = MP^*$).因而可以把这种装置用作滑杆,就与曲柄传动装置或曲柄滑动机相仿,不过这些

机构都不依据倒半径变换的原理罢了.

b)在哈德反演器(1875)上有一个搭上的平行四边形关节架在活动(图31). 对 $AB = A'B' = a, AB' = A'B = b < a$, 有

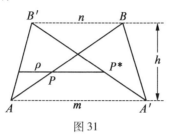

图 31

$$AA' = m = \sqrt{a^2 - h^2} + \sqrt{b^2 - h^2}$$

$$BB' = n = \sqrt{a^2 - h^2} - \sqrt{b^2 - h^2}$$

因此

$$mn = a^2 - b^2$$

另一方面

$$r : n = AO : AB', \quad r^* : n = BP : BA$$

因此

$$r \cdot r^* = \frac{AO \cdot BP}{a \cdot b} mn = AO \cdot BP \frac{a^2 - b^2}{a \cdot b}$$

右边只依赖于杆格的大小,因此在 P 与 P^* 运动时始终不变.

4. 极坐标在平面曲线微分几何上的应用　由 $x = r\cos\varphi$ 与 $y = r\sin\varphi$ 微分后,并根据§1式(9),便得到

$$\begin{cases} dx = \cos\varphi dr - r\sin\varphi d\varphi = \cos\vartheta ds \\ dy = \sin\varphi dr + r\cos\varphi d\varphi = \sin\vartheta ds \end{cases} \tag{42}$$

若再引入矢径与曲线切线(图32)间的角 $\psi = \vartheta - \varphi$,则

解出 dr 与 dφ 后得

$$\begin{cases} \mathrm{d}r = \cos\,\psi\mathrm{d}s \\ r\mathrm{d}\rho = \sin\,\psi\mathrm{d}s \end{cases} \tag{43}$$

因而

$$\frac{\mathrm{d}r}{\mathrm{d}\varphi} = r\cot\,\psi \tag{44}$$

故微商 $\dfrac{\mathrm{d}r}{\mathrm{d}\varphi}$ 与 x 轴的位置无关.

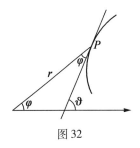

图 32

5. 用极坐标时的线素 由方程组（42）或方程组
（43）便得到 $\mathrm{d}s^2 = \mathrm{d}r^2 + r^2\mathrm{d}\varphi^2$，因此

$$\mathrm{d}s = \sqrt{\mathrm{d}r^2 + r^2\mathrm{d}\varphi^2} \tag{45}$$

6. 如在矢径上 O 处作它的垂线，便得以下四个线
段（图 33）**极切线** $PT = T^*$，**极法线** $PN = N^*$，**极次切距**
$TO = S_t^*$，**极次法距** $NO = S_n^*$. 由图上很容易看出

$$\begin{cases} T^* = \dfrac{r}{\cos\,\psi} = r\dfrac{\mathrm{d}s}{\mathrm{d}r},\ N^* = \dfrac{r}{\sin\,\psi} = \dfrac{\mathrm{d}s}{\mathrm{d}\varphi} \\ S_t^* = r\tan\,\psi = r^2\dfrac{\mathrm{d}\varphi}{\mathrm{d}r},\ S_n^* = r\cot\,\psi = \dfrac{\mathrm{d}r}{\mathrm{d}\varphi} \end{cases} \tag{46}$$

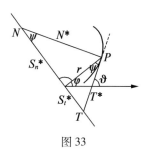

图 33

7. 阿基米德螺线(图 34)具有方程

$$r = a \cdot \varphi$$

的,是由两个彼此相映的部分而成[1],即有

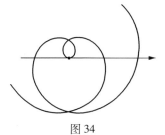

图 34

$$\cot \psi = \frac{1}{r}\frac{\mathrm{d}r}{\mathrm{d}\varphi} = \frac{1}{\varphi}$$

因此,$\tan \psi = \varphi$,因而 $S_n^* = a$(常数). 还有

$$\mathrm{d}s = a\sqrt{1 + \varphi^2}\,\mathrm{d}\varphi$$

所以

$$s = a\int_0^\varphi \sqrt{1 + \varphi^2}\,\mathrm{d}\varphi$$

---

　　[1]　有时只画出右半. ——在画法上应用极坐标,利用极坐标最方便.

$$= a\left(\frac{\varphi}{2}\sqrt{1+\varphi^2} + \frac{1}{2}\ln(\varphi + \sqrt{1+\varphi^2})\right)$$

$$= \frac{1}{2}a(\varphi\sqrt{1+\varphi^2} + \operatorname{arcsinh}\varphi)$$

(试由微分法加以验证!)可是这个公式在实际上并不很有用. 弧长的近似公式, 当有很多圈螺线时, 例如像一条线绳重重绕在线轮上时的情形, 可以照这样得到, 即

$$\varphi = \frac{1}{u}$$

$$2\frac{s}{a} - \varphi^2 - \ln\varphi$$

$$= \varphi\sqrt{1+\varphi^2} - \varphi^2 + \ln\frac{\varphi + \sqrt{1+\varphi^2}}{\varphi}$$

$$= (1 + \sqrt{1+u^2})^{-1} + \ln(1 + \sqrt{1+u^2}) \rightarrow$$

$$\frac{1}{2} + \ln 2 = 1.193$$

当 $u \rightarrow 0$ 或 $\varphi \rightarrow \infty$, 即当 φ 是大的值时, 渐近地有

$$s \sim \frac{1}{2}a(\varphi^2 + \ln\varphi + 1.193)$$

由此, 由于 $\lim(\varphi^{-2}\ln\varphi) = 0$ 与 $\lim 1.193\varphi^{-2} = 0$, 便得出 $\lim s\varphi^{-2} = \frac{1}{2}a$, 因此当 φ 为大的值时, 可用下面这个方便的(虽然不是渐近的)近似公式

$$s \approx \frac{1}{2}a\varphi^2$$

应用:心状偏心轮(图 35)由两个相映的曲线段组成,其中

$$OQ = c + a\varphi \quad \left(\frac{1}{2}\pi \leqslant \varphi \leqslant \frac{3}{2}\pi \right)$$

$$OP = c + a(2\pi - \varphi)$$

这两段曲线变更径距 c 就成为阿基米德螺线 $r = a\varphi$. 如果设 $c = a\varphi_1$,那么便可见到:为了得到那两条曲线段,只需把它旋转 $+\varphi_1$ 或 $-\varphi_1$. 于是有

$$PQ = OQ + PO = c + a\varphi + c + a(2\pi - \varphi)$$
$$= 2c + 2\pi a = b \quad （常数）$$

因此,在偏心轮围着 O 旋转时杆的两尖端保持固定距离 b.

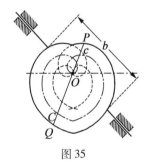

图 35

8. 双曲螺线

$$r = \frac{a}{\varphi}$$

r 随着 φ 的增大而趋近值 0,零点就是螺线的一个渐近点. 这种曲线也是由两个相映部分而成的. 对 $\varphi \to 0$,这个螺线就趋近于渐近直线 $y = a$,因为我们有

$$y = r\sin \varphi = a \frac{\sin \varphi}{\varphi} \to a \quad （图 36）$$

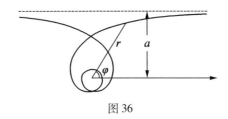

图 36

9. 对数螺线

$$r = e^{a\varphi}$$

$(a > 0; a = 0$ 为圆$)$ 只由一个部分而成. 零点是一个渐近点$(\varphi \to -\infty$ 时 $r \to 0)$. 由 $\dfrac{\mathrm{d}r}{\mathrm{d}\varphi} = a \cdot r$, 得出 $\cot \psi = a$, 即 $\psi = $ 常数, 因此, 对数螺线与自其渐近点发出的射线都相交于常角. 反之, 如果 ψ 是常数, $\cot \psi = a$, 那么便得出 $\dfrac{\mathrm{d}r}{r} = a\mathrm{d}\varphi$, 因此积分后, 得出 $\ln r = a(\varphi - \varphi_0)$, $r = e^{a(\varphi - \varphi_0)}$, 即对数螺线(图 37).

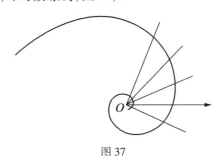

图 37

对这个性质, 在技术上常常使用(剪钣机, 后旋铣床, 熔矿圆炉上的喷管, 等等). 自然由于技术上更容易制造的理由, 照例把对数螺线的短弧, 拿阿基米德螺线的短弧来代替. 这是可以的, 因为由于

$$\lim_{x \to 0} \frac{(e^x - 1)}{x} = 1 \text{ 或 } e^x \approx 1 + x$$

对 φ 的小值，并对 $\varphi_0 = -\dfrac{1}{a}$，便有

$$r = e^{a\varphi} \approx 1 + a\varphi = a(\varphi - \varphi_0)$$

因此可近似地拿阿基米德螺线来代替对数螺线.

根据式（45），弧素是

$$ds = \sqrt{a^2 + 1}\, r \mathrm{d}\varphi = \sqrt{1 + a^{-2}}\, \mathrm{d}r$$

因此在随便两个点 P_0 与 P 间的弧长是

$$s = \sqrt{1 + a^{-2}}\, (r - r_0)$$

当 r 固定且 $r_0 \to 0$ 时，即在接近渐近点时，弧长便趋近于值

$$s = \sqrt{1 + a^{-2}} \cdot r$$

因此与终点的矢径成比例，因而根据式（46）立刻可以得出的，这弧长恰恰与极切线 T^* 一样长，同样，很容易证明，N^*, S_t^*, S_n^* 也与 r 成比例.

10. 极坐标表示的曲率　由式（42）得到

$$\begin{cases} \mathrm{d}^2 x = \mathrm{d}^2 r \cos\varphi - 2\mathrm{d}r \sin\varphi \mathrm{d}\varphi - r\cos\varphi \mathrm{d}\varphi^2 - r\sin\varphi \mathrm{d}^2\varphi \\ \mathrm{d}^2 y = \mathrm{d}^2 r \sin\varphi + 2\mathrm{d}r \cos\varphi \mathrm{d}\varphi - r\sin\varphi \mathrm{d}\varphi^2 + r\cos\varphi \mathrm{d}^2\varphi \end{cases}$$

$$\tag{47}$$

$$k = \frac{2\mathrm{d}r^2 \mathrm{d}\varphi + r\mathrm{d}r\mathrm{d}^2\varphi - r\mathrm{d}^2\varphi + r^2\mathrm{d}\varphi^3}{(\mathrm{d}r^2 + r^2\mathrm{d}\varphi^2)^{\frac{3}{2}}} \tag{48}$$

在这个公式中，与从前一样，r 与 φ 都可以看作随便一个参数的函数. 如果 φ 是自变量，$\mathrm{d}^2\varphi = 0$，$\dfrac{\mathrm{d}r}{\mathrm{d}\varphi} = r'$，$\dfrac{\mathrm{d}^2 r}{\mathrm{d}\varphi^2} = r''$，那么就有

$$k = \frac{2r'^2 - r\, r'' + r^2}{(r'^2 + r^2)^{\frac{3}{2}}} \tag{49}$$

取 $u = r^{-1}$，这个公式便变成

$$k = \frac{u'' + u}{(u^{-2}u'^2 + 1)^{\frac{3}{2}}} \tag{50}$$

例5　对于对数螺线，$r' = ar$，$r'' = a^2 r$，因此

$$k = \frac{1}{r\sqrt{a^2 + 1}}, \rho = r\sqrt{a^2 + 1}$$

即 ρ 与 r 成比例.

11. 扇形的面积　为了定出扇形 $S = \overset{\frown}{OBA}$ 的面积，我们从图 38 看到

$$S = ab\,\overset{\frown}{BAa} + \triangle OaA - \triangle ObB$$

因此

$$S = \int_a^b y\mathrm{d}x + \frac{1}{2}af(a) - \frac{1}{2}bf(b)$$

其中 $y = f(x)$ 指直角坐标的曲线方程.

可是

$$\int_{x=a}^{b} \mathrm{d}(x \cdot y) = \left[xf(x) \right]_a^b = bf(b) - af(a)$$

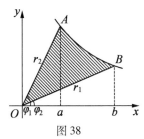

图 38

由于

$$y\mathrm{d}x - \frac{1}{2}\mathrm{d}(xy) = y\mathrm{d}x - \frac{1}{2}x\mathrm{d}y - \frac{1}{2}y\mathrm{d}x$$

因此得

$$S = \frac{1}{2} \int_{x=a}^{b} (y\mathrm{d}x - x\mathrm{d}y) \qquad (51)$$

(莱布尼茨扇形公式).

这里的 x 与 y 也可以看作随便一个参数 t 的函数,于是就有

$$S = \frac{1}{2} \int_{t_A}^{t_B} (yx' - xy')\mathrm{d}t = \frac{1}{2} \int_{t_B}^{t_A} (xy' - yx')\mathrm{d}t$$

其中 t_A, t_B 指与点 A, B 相应的参数值. 用极坐标时,由于式(42),$y\mathrm{d}x - x\mathrm{d}y = -r^2\mathrm{d}\varphi$,因此,矢径在偏角 φ_1 与 φ_2 间扫出的扇形面积是

$$S = \frac{1}{2} \int_{\varphi_1}^{\varphi_2} r^2 d\varphi \qquad (52)$$

其中 φ_1, φ_2 是与点 B, A(图38)相应的值.

例6　就对数螺线 $r = e^{a\varphi}$ 来说,从随便一个点 $\langle r_0, \varphi_0 \rangle$ 算起的扇形面积是

$$S = \frac{1}{2} \int_{\varphi_0}^{\varphi} e^{2a\varphi}\mathrm{d}\varphi = \frac{1}{4a}(e^{2a\varphi} - e^{2a\varphi_0}) = \frac{r^2 - r_0^2}{4a}.$$

$r_0 \to 0$ 时,即当趋近于渐近点时,S 便趋近值 $\dfrac{r^2}{4a}$,它与 r^2 成比例. 这里必须考虑到:扇形内部位置越接近渐近点,被扫过的次数越多.

12. 垂足曲线　一个已知曲线对于一个极点 O 的垂足曲线,就是从 O 落到曲线的切线上的垂足 F 的几何轨迹(图39). 如果 $F = \langle r_1, \varphi_1 \rangle$,那么 $r_1 = r\sin\psi$,$\varphi_1 = \vartheta - \dfrac{\pi}{2}$,因此根据式(43),$r_1 = r^2\dfrac{\mathrm{d}\varphi}{\mathrm{d}s}$. 由此便确定了 F 的极坐标,并因而也确定了足点曲线.

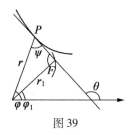

图 39

例 7 对等边双曲线 $x^2 - y^2 = a^2$ 或 $r^2 \cos 2\varphi = a^2$,有

$$\mathrm{d}r\cos 2\varphi - r\sin 2\varphi \mathrm{d}\varphi = 0$$

由此,根据式(36)有

$$\frac{\mathrm{d}s}{\mathrm{d}\varphi} = \frac{r}{\cos 2\varphi} = \frac{r^3}{a^2}$$

由此得出足点曲线 $r_1 = a^2 : r$. 还有,$x\mathrm{d}x - y\mathrm{d}y = 0$,由此 $\tan \vartheta = \dfrac{\mathrm{d}y}{\mathrm{d}x} = \dfrac{x}{y} = \cot \varphi$,因此 $\tan \varphi_1 = -\tan \varphi$,$\varphi_1 = \pi - \varphi$. 因而 $\cos 2\varphi_1 = \cos 2\varphi$,因此

$$r_1^2 = a^2 \cos 2\varphi_1$$

这条曲线叫双纽线(图 40). 射线 OP 在 $P^* = \langle r_1, \varphi \rangle = \langle \dfrac{a^2}{r}, \varphi \rangle$ 处与它相交,因此它也是等边双曲线的反演曲线. 用笛卡儿坐标表示它的方程是

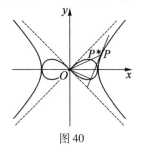

图 40

264

$$(x^2 + y^2)^2 = a^2(x^2 - y^2)$$

双纽线也是那些点的几何轨迹,对那些点,它们与两个固定点 F_1、F_2 的距离的积恒等于 e^2,如果 $F_1F_2 = 2e$ 的话,那么有(图41)

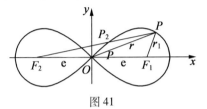

图 41

$$r_1^2 = r^2 + e^2 - 2er\cos\varphi$$
$$r_2^2 = r^2 + e^2 + 2er\cos\varphi$$

因而,若 $r_1 r_2 = e^2$,$r^2 = 2e^2\cos 2\varphi$,则就像上边对 $a = e\sqrt{2}$ 一样.

§5 渐 近 线

1. **直线作为渐近线** 前面已经讲到一条已知曲线 $y = f(x)$ 由另一条曲线作渐近的近似. 现在来专门研究这种情形,其中两条曲线之一是条直线,于是它就简单叫作渐近线.

一条不全在①有穷位置的曲线的渐近线,是这样一条直线,即一个曲线点 P 与它的距离向零收敛,如

———————

① 在这样的一条直线上,两个笛卡儿坐标中至少有一个,因此矢径也是,必须变成无穷的. 但并非这样的曲线都有渐近线,例如,$y = x^n (n \neq 0, \pm 1)$ 与 $\sinh x$ 就没有.

果 P 趋于无穷远.

代替与渐近线的垂直距离 PQ ,也可用与两轴之一平行的距离 PQ_1 或 PQ_2 ,因为至少其中之一与 PQ 同时向零收敛(图42).

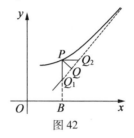

图42

对一条垂直于 x 轴的渐近线 $x = a$,必要且充分的条件是 $x \rightarrow a$ 时有 $y \rightarrow \pm \infty$;对一条垂直于 y 轴的渐近线 $y = b$,则是当 $y \rightarrow b$ 时有 $x \rightarrow \pm \infty$. 像这样的例子,可由分式有理函数得到. 例如, $y = (\alpha + \beta x) : (\gamma + \delta x)$,其渐近线就是 $x = -\dfrac{\gamma}{\delta}$ 与 $y = \dfrac{\beta}{\delta}$. 还有, $y = \tan x$ 在 $x = \dfrac{(2k+1)\pi}{2}$, $y = \cot x$ 在 $x = k\pi$ 有渐近线. 曲线 $y = \dfrac{\sin x}{x}$ 以 x 轴为渐近线. 这个例子同时指明:渐近线并不一定是"无穷远处的切线",像有些人所说的,而是在 $x \rightarrow \infty$ 时,切线与 y 轴的交点起伏于 ± 1 之间.

曲线 $y = f(x)$ 的一条不垂直于 x 轴的渐近线,如果设其方程是 $y = mx + \mu$,那么对 $y = f(x)$,就有

$$m = \lim_{x \rightarrow \infty} \frac{y}{x} \quad \text{(渐近线方向)} \tag{53}$$

$$\mu = \lim_{x \rightarrow \infty} (y - mx) \tag{54}$$

证明 曲线点 P 与渐近线的距离为 PQ ,即与

266

$PR - Q_1R = f(x) - mx - \mu = w(x)$（图 43）成比例. 可是 $x \rightarrow \infty$ 时, $w(x) \rightarrow 0$, 因而 $\dfrac{y}{x} - m = \dfrac{w(x) + \mu}{x} \rightarrow 0$, 因此 $\dfrac{y}{x} \rightarrow m$. 再则 $y - mx = \mu + w(x) \rightarrow \mu$.

因而如果曲线方程可以写成形式 $y = f(x) = mx + \mu + w(x)$, 在其中 $x \rightarrow \infty$ 时 $w(x) \rightarrow 0$, 那么 $y = mx + \mu$ 就是曲线的一条渐近线.

2. 举例　$y = \dfrac{x^3}{x^2 - 1}$. 于是 $\dfrac{y}{x} = \dfrac{x^2}{x^2 - 1} = \dfrac{1}{1 - x^{-2}} \rightarrow 1$

对 $x \rightarrow \infty$, 有 $m = 1$, $y - mx = \dfrac{x}{x^2 - 1} = \dfrac{1}{x - x^{-1}} \rightarrow 0$, 因此 $\mu = 0.$ 因而 $y = x$ 是一条渐近线, 此外还有 $x = \pm 1$（图 43; y 以 1:2 缩小）.

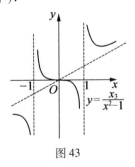

图 43

所给方程可以写成形式

$$y = x + \dfrac{x}{x^2 - 1}$$

由此对 $x \rightarrow \infty$, 据上边的话, 便直接得出: $y = x$ 是一条渐近线.

3. 一条代数曲线的诸渐近线　一条代数曲线有以

Leibniz 定理

下形式的方程

$$F(x,y) = \sum_{\alpha} \sum_{\beta} a_{\alpha\beta} x^{\alpha} y^{\beta} = 0 \quad (\alpha, \beta = 0, 1, 2 \cdots)$$

或者写出来

$$F(x,y) = a_{00} + (a_{10}x + a_{01}y) + (a_{20}x^2 +$$
$$2a_{11}xy + a_{02}y^2) + \cdots +$$
$$= 0$$

所出现的最高指数和 $\alpha + \beta = n$ 叫作函数的次数. 如果把左边由各括号所给出的同次项按下降次序排列起来,那么这个方程便表现为这个形式

$$F(x,y) = \psi_n(x,y) + \psi_{n-1}(x,y) + \cdots + \psi_1(x,y) + \psi_0 = 0$$

这里,一切 λ 次的项便总括在 $\psi_{\lambda}(x,y)$ 里.

对 $x = r\cos\varphi$ 与 $y = r\sin\varphi$,便有

$$F(x,y) = r^n \psi_n(\cos\varphi, \sin\varphi) + r^{n-1}\psi_{n-1}(\cos\varphi,$$
$$\sin\varphi) + \cdots + r\psi_1(\cos\varphi, \sin\varphi) + \psi_0$$
$$= 0$$

因而有

$$\psi_n(\cos\varphi, \sin\varphi) + \frac{1}{r}\psi_{n-1}(\cos\varphi, \sin\varphi) + \cdots + \frac{\psi_0}{r^n} = 0$$

由此,当 $r \to \infty$ 时,作为确定渐近线方向的方程,便得出

$$\psi_n(\cos\varphi, \sin\varphi) = 0$$

如果渐近线不垂直于 x 轴,那么便可以在这时设 $y = \tan\varphi \cdot x$,于是便有

$$\psi_n(x,y) = x^n \psi_n(1, m) = x^n \chi(m) = 0$$

因此 $\chi(m) = 0$ 就是确定渐近方向的方程. 再在 $F(x, y) = 0$ 里,代入 $y = mx + \mu$,在这个方程里以 x 的最高次幂来除,于是它便取形式

$$\omega(m,\mu) + x^{-1}w_1(m,\mu)\cdots = 0$$

由此当 $x \to \infty$ 时,便得出 $\omega(m,\mu) = 0$ 来确定 μ. 因而得出以下法则:

为确定代数曲线 $F(x,y) = 0$ 的不垂直于 x 轴的那些渐近线,首先代入 $y = mx$,并设 x 的最高次幂的系数等于零,由此便确定出渐近方向$(\chi(m) = 0)$;然后再设 $y = mx + \mu$,于是更使 x 的最高幂次的系数等于零$(\omega(m,\mu) = 0)$,由此便确定出渐近线在 y 轴上的截段 μ.

读者可以自己想想:怎样来确定垂直于 x 轴的那些渐近线.

4. **举例**　$x^3 + y^3 - 8axy = 0$(笛卡儿叶形线).

如果设 $y = mx$,那么就有 $x^3(1 + m^3) - 3amx^2 = 0$,因而必然有 $1 + m^3 = 0$,因此 $m = -1$.

对 $y = mx + \mu = -x + \mu$,便进一步得出

$$x^3 + (\mu - x)^3 - 3ax(\mu - x) = 0$$

或

$$3x^2(\mu + a) - 3x(\mu^2 + a\mu) + \mu^3 = 0$$

因而必然有 $\mu + a = 0, \mu = -a$. 据此这条曲线的唯一渐近线就是 $y = -x - a$(图 44).

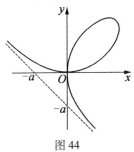

图 44

5. **用极坐标时的渐近线**　如果 $\varphi \to \alpha$ 时 $r \to \infty$,那么,曲线 $r = r(\varphi)$ 的一个渐近方向就由偏角 α 而规定.

于是这个渐近线与零点的距离就是(图45)

$$p = AB = AP + PB = AP + r\sin(\alpha - \varphi)$$

对 $r \to \infty$ 或 $\varphi \to \alpha$, 有 $AP \to 0$,

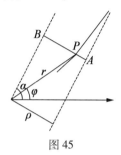

图 45

因此

$$p = \lim_{\varphi \to \alpha}(r\sin(\alpha - \varphi)) \tag{55}$$

于是 $p > 0$ 或 $p < 0$, 按照(对 $r > 0$) $\alpha - \varphi > 0$ 或 $\alpha - \varphi < 0$ 而定, 只要 φ 与 α 足够近的话, 或按照渐近线与正轴或与负轴相交.

例 8 $r = \dfrac{a \cdot \varphi}{\varphi - 1}$. 于是对 $\varphi \to 1, r \to \infty$, 有 $\alpha = 1$. 因此有

$$p = \lim_{\varphi \to 1}\left(\frac{\alpha\varphi}{\varphi - 1}\sin(1 - \varphi)\right) = -a\lim_{\varphi \to 1}\left(\varphi\,\frac{\sin(1 - \varphi)}{(1 - \varphi)}\right) = -a$$

渐近线与负轴相交(图46).

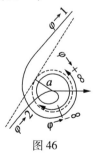

图 46

270

6. **渐近圆**　如果对 $\varphi \to \infty$，r 趋近一个有穷的与零不同的极限 a，那么 $r = a$ 就是一个渐近圆．上边刚讲的曲线（图 46）就有一个这样的圆，那条曲线在 $\varphi \to -\infty$ 时从内部，在 $\varphi \to +\infty$ 时从外部，趋近它．

曲线

$$r = \frac{a + b\mathrm{e}^{\varphi}}{1 + \mathrm{e}^{\varphi}} \quad (0 < a < b)$$

由于对 $\varphi \to -\infty$ 时 $r \to \alpha$，又对 $\varphi \to +\infty$ 时 $r \to b$，这曲线完全在两个渐近圆 $r = a$ 与 $r = b$ 构成的圆环的内部，并且是一个完全在有穷位置而非闭的曲线的例子（图 47）．

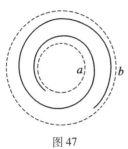

图 47

§6　奇点与包络线

1. **奇点**　如果把一条曲线的方程表示为隐式：$F(x, y) = 0$，那么切线方向便由

$$\tan \vartheta = \frac{\mathrm{d}y}{\mathrm{d}x} = -\frac{\partial F}{\partial x} : \frac{\partial F}{\partial y} = -F_x : F_y \qquad (56)$$

规定．在这里也包含两个偏导数之一等于零的那些情

271

形,即对 $F_x = 0$,有 $\vartheta = 0$,又对 $F_y = 0$,有 $\vartheta = \dfrac{\pi}{2}$.

但这个公式是无效的,如果同时有

$$F(x,y) = 0, \frac{\partial F}{\partial x} = 0, \frac{\partial F}{\partial y} = 0 \qquad (57)$$

在这种情形下,便说有一个奇点[①],以别于一个平常的(正规的)点.

2. **双点,尖点,孤点** 为了研究曲线在一个奇点 (x,y) 上的情况,假定一切邻近的曲线点 $(x+h, y+k)$ 都是正规的. 可是

$$F(x+h, y+k) = F(x,y) + hF_x + kF_y + \frac{1}{2}(h^2 F_{xx} +$$

$$2hkF_{xy} + k^2 F_{yy}) + R_3$$

其中 R_3 含 h, k 的至低是三次的项:左边和(由于式 (57))右边前三项都等于零. 极限 $\dfrac{k}{h}$ 在 $h \to 0, k \to 0$ 就是微商 y'. 因此,如果 F_{xx}, F_{xy}, F_{yy} 也不同时等于零,那么 y' 由于 $\lim\left(\dfrac{R_3}{h^2}\right) = 0$ 便由二次方程

$$F_{xx} + 2y' F_{xy} + y'^2 F_{yy} = 0 \qquad (58)$$

而规定. 如果 $F_{yy} \neq 0$,那么在一个奇点处,一般存在两条切线. 按照被开方数

$$\Delta = F_{xy}^2 - F_{xx} F_{yy} \qquad (59)$$

的性质,可分成下列几种最简单的情形

―――――――

① 如曲线变成不连续的(无穷的),便也说有奇点. 不过,在这里讲的不是这些.

$$\begin{cases} \Delta > 0, \text{两条不同的实切线}: \text{双点} \\ \Delta = 0, \text{两条合一的切线}: \text{自切点或尖点(歧点)} \quad (60) \\ \Delta < 0, \text{无实切线}: \text{孤点} \end{cases}$$

若 $F_{yy} = 0$,则一个值是 $y' = \infty$,另一个是 $y' = -\frac{1}{2}F_{xx}$:

F_{xy},因此这时一般便有一个双点,而切线之一是与 y 轴平行的直线.

3. 举例 a)半立方抛物线 $y^2 - ax^3 = 0$. $F_x = -3ax^2$, $F_y = 2y$. 因此零点就是曲线的一个奇点. 于是 $F_{xx} = -6ax$, $F_{xy} = 0$, $F_{yy} = 2$,因而 $\Delta = 12ax$. Δ 在零点等于零. 因此零点就是一个尖点(参看§2图14,其中 M_0 就假定作零点).

b)$x^3 + y^3 - 3axy = 0$(笛卡儿叶形线,§5,图44). $F_x = 3x^2 - 3ay$, $F_y = 3y^2 - 3ax$. 由 $F_x = 0$, $F_y = 0$,得 $x = 0$, $y = 0$,及 $x = a$, $y = a$;但只有偶值$(0,0)$满足曲线方程. 由于 $F_{xx} = 6x$, $F_{xy} = -3a$, $F_{yy} = 6y$,因此 $\Delta = 9a^2 - 36xy$. 在零点处 $\Delta = 9a^2 > 0$,因此它就是一个双点;再则在零点处,由于 $F_{yy} = 0$, $y' = \infty$,又 $y' = -\frac{1}{2}F_{xx}$:$F_{xy} = \frac{x}{a} = 0$,因此,曲线在双点处以两个坐标轴作切线.

c)曲线 $(y - x^2)^2 - x^5 = 0$ 在零点处有一个尖点,因为有

$$F_x = 4x^3 - 4xy - 5x^4, \quad F_y = 2(y - x^2)$$

$$F_{xx} = 12x^2 - 4y - 20x^3, \quad F_{xy} = -4x, \quad F_{yy} = 2$$

所以 $\Delta = 40x^3 - 8x^2 + 8y$,而且在零点处 $\Delta = 0$. 此外在这里还有一个所谓"鸟嘴尖点",在它的邻近,曲线的两支都在切线的,即 x 轴的同一边(图48),这是与"箭

头尖点"不同的,箭头尖点,例如在抛物渐屈线上就可遇到.

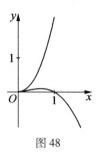

图 48

d)此外,还有些尖点,同时是双点或隐点(具有合一的切线的).这样的一个例子就是 $y^2(1+x) + ax^4 = 0$. 于是有

$$F_x = y^2 + 4ax^3, F_y = 2y(1+x)$$

因此零点是奇点. 由于

$$F_{xx} = 12ax^2, F_{xy} = 2y, F_{yy} = 2(1+x)$$

在零点处便有 $\Delta = 0$,因此有一个尖点. 但它对 $a \leqslant 0$ 同时是双点(图 49 与 50),对 $a > 0$ 同时是隐点(图 51). x 轴在两种情形下都是双切线. 这些情形要求作更详尽的研究,但在这里对这些却不能深究.

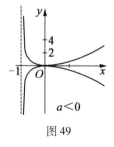

图 49

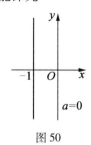

图 50

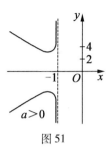

图 51

4. 曲线族, 包络线　方程 $F(x,y,\alpha)=0$, 其中 α 是指一个变的, 但不依赖于 x,y 的参数, 就表示一个曲线族①的方程.

例 9　Ⅰ. $y=\alpha x$, 一切通过 O 的直线.

Ⅱ. $(x-\alpha)^2+y^2=R^2$, 一切半径为 R 的圆, 其中心点都在 x 轴上(图 52)的.

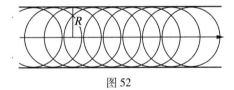

图 52

Ⅲ. 一条单向曲行曲线的曲率圆, 例如一条椭圆的或一条抛物线的(图 53).

由直观可知, 在上边所举最后两个情形下, 可以得出某一条曲线来(在情形Ⅱ下就是与 x 轴相距 $\pm R$ 的两条平行线, 在情形Ⅲ下就是现在说的那条曲线), 把曲线族包括起来, 或在族中各曲线彼此最相近处穿过

---

①　有一个参数 α 时, 就说族中有 ∞^1 曲线; 有两个参数 α,β 时, 就说有 ∞^2 曲线, 以此类推.

它. 为精密地规定这条曲线, 即包络线, 下边当再来讲.

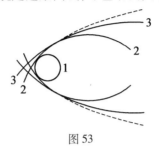

图 53

情形 I 指明: 并非每个曲线族都有一条包络线.

试考察曲线族中有参数值 α 与 $\alpha + h$ 的两条曲线, 在它上有点 (x, y), (ζ, η), 以使 $F(x, y, \alpha) = 0$, $F(\zeta, \eta, \alpha + h) = 0$, 因此也使

$$\Delta F = F(\zeta, \eta, \alpha + h) - F(x, y, \alpha) = 0$$

可是 (图 54)

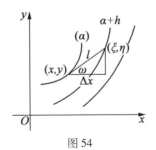

图 54

$$\zeta - x = \Delta x = l\cos\omega, \quad \eta - y = \Delta y = l\sin\omega$$

推广到三个变数 x, y, α 上, 有

$$\Delta F = \frac{\partial F}{\partial x} l\cos\omega + \frac{\partial F}{\partial y} l\sin\omega + \frac{\partial F}{\partial \alpha} h + \varphi\Delta x + \psi\Delta y + \chi h = 0$$

其中 φ, ψ, χ 与 $\Delta x, \Delta y, h$, 同时向零收敛, 假使 $F(x, y, \alpha)$ 有连续的偏导数的话, 对 $h \to 0$, 曲线 $(\alpha + h)$

逐渐通过族中其他曲线,便无限地趋近曲线(α). 这时距离 l 也要能向零收敛. 可是在曲线彼此密切相近或甚至相交的地方,当 $h \to 0$ 时甚至 $l : h$ 也要变成无穷小. 这样的地方,如果有的话,那么就叫作曲线族的极限点,对它,由 $\Delta F = 0$,用 h 除后并在 $h \to 0$ 时,便得出 $F_\alpha = 0$. 反之,如果有 $F_\alpha = 0$,那么由上例方程对 $h \to 0$,由于 $\chi \to 0$,便得出

$$\lim(l : h) = 0$$

即有一个极限点.

极限点的几何轨迹就是包络线.

因此包络线的方程,即由以下两个方程,消去参数 α 而得

$$F(x, y, \alpha) = 0, \frac{\partial F}{\partial \alpha} = 0 \qquad (61)$$

5. **定理**　包络线与族中每条曲线在一个极限点上相切.

证明　对族中的每条曲线,在方程 $F(x, y, \alpha) = 0$ 中的 α 都是常数,因此切线的斜率就是

$$\frac{\mathrm{d}y}{\mathrm{d}x} = -\frac{\partial F}{\partial x} : \frac{\partial F}{\partial y}$$

反之,对包络线说,在 $F(x, y, \alpha) = 0$ 中的 α 却是 x 与 y 的一个函数,它要从 $F_\alpha = 0$ 求出,因此在这里,切线的斜率要从 $F_x \mathrm{d}x + F_y \mathrm{d}y + F_\alpha \mathrm{d}\alpha = 0$ 来算,在其中 $\mathrm{d}\alpha = \alpha_x \mathrm{d}x + \alpha_y \mathrm{d}y$. 可是由于 $F_\alpha = 0$,从这里也得出

$$\frac{\mathrm{d}y}{\mathrm{d}x} = -\frac{F_x}{F_y}$$

因此,族中曲线与包络线在点 (x, y) 处有同一切线方向,又因那个点位于两条曲线上,两切线便合在一起,

即所证.——奇点在这整个考察中都要除外. $F(x,y,\alpha)$ 也必须是其自变量的一个单值函数.

6. 举例 一条有常数长度 c 的线段 AB 这样子运动,即 A 永远在 x 轴上,B 永远在 y 轴上. 什么是这个线段的包络线呢(图 55)?

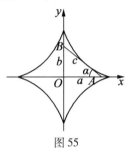

图 55

如果 $OA = a = c\cos\alpha$, $OB = b = c\sin\alpha$,那么,这种曲线族的方程就是

$$\frac{x}{\cos\alpha} + \frac{y}{\sin\alpha} = c$$

由条件 $F_\alpha = 0$,得

$$\frac{x}{\cos^2\alpha}\sin\alpha - \frac{y}{\sin^2\alpha}\cos\alpha = 0$$

由此得出 $x = c\cos^3\alpha$, $y = c\sin^3\alpha$. 由这个得到星形线 $x^{\frac{2}{3}} + y^{\frac{2}{3}} = c^{\frac{2}{3}}$ (§1).

§7 特种应用与例子

1. 关于滚线的定理 如果一条动的曲线 (C) 在一条固定曲线 (K) 上不光滑地在滚动,那么一个与 (C)

联结的点 P 便描出一条滚线 (R)（图 56）.

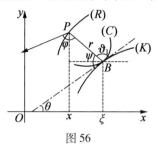

图 56

P 与 (C) 和 (K) 的公共切点间的联结直线就是 (R) 在 P 处的法线.

证明　设 $P = (x, y)$，$B = (\xi, \eta) = \langle r, \varphi \rangle$，但其中极坐标系应与极点 P 一起运动. 在以 $PB = r$ 为斜边的直角三角形中，$x - \xi = r\cos \vartheta_1$，$y - \eta = r\sin \vartheta_1$，因而

$$
\begin{aligned}
\mathrm{d}x &= \mathrm{d}\xi + \mathrm{d}r\cos \vartheta_1 - r\sin \vartheta_1 \mathrm{d}\vartheta_1 \\
\mathrm{d}y &= \mathrm{d}\eta + \mathrm{d}r\cos \vartheta_1 + r\cos \vartheta_1 \mathrm{d}\vartheta_1
\end{aligned}
\tag{62}
$$

要证明的就是 $\tan \vartheta_1 = -\dfrac{\mathrm{d}x}{\mathrm{d}y}$. 于是 $\vartheta_1 - \vartheta + \psi = \pi$，而起滚的条件是：各弧长要只差一段常数长，因此 (C) 与 (K) 的弧素具有共同值 $\mathrm{d}s$，由此得出

$$
-\cos \vartheta_1 = \cos (\psi - \vartheta) = \cos \psi\cos \vartheta + \sin \psi\sin \vartheta
$$

$$
\sin \vartheta_1 = \sin (\psi - \vartheta) = \sin \psi\cos \vartheta - \cos \psi\sin \vartheta
$$

因此，根据 §4 式（42）和（43），而且由于 $\mathrm{d}\xi = \mathrm{d}s\cos \vartheta$，$\mathrm{d}\eta = \mathrm{d}s\sin \vartheta$，有

$$
-\mathrm{d}s^2\cos \vartheta_1 = \mathrm{d}r\mathrm{d}\xi + r\mathrm{d}\varphi\mathrm{d}\eta
$$

$$
\mathrm{d}s^2\sin \vartheta_1 = r\mathrm{d}\varphi\mathrm{d}\xi - \mathrm{d}r\mathrm{d}\eta
$$

因而便有

$$
\mathrm{d}\xi = -\mathrm{d}r\cos \vartheta_1 + r\mathrm{d}\varphi\sin \vartheta_1
$$

$$d\eta = -rd\varphi\cos\vartheta_1 - dr\sin\vartheta_1$$

因此,根据(68)得

$$dx = r\sin\vartheta_1(d\varphi - d\vartheta_1)$$

$$dy = -r\cos\vartheta_1(d\varphi - d\vartheta_1)$$

于是便得出命题.

特别地,设(K)与(R)是两条相交的直线(图57),取$\vartheta = 0$. 因PB垂直于(R),ϑ_1便是常数,因此根据§4,(C)就是一条对数螺线,P是其渐近点. 由此便还得到:螺线的弧$\overgroup{BP}$与极切线$\overline{OB}$等长.

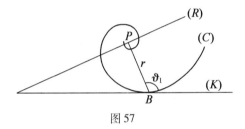

图57

2. 焦线(回光线) 同一平面上的平行光线可以在一条曲线上反射,这些反射光线的包络线就叫作所说曲线的焦线.

设$P_1 = (x_1, y_1)$是反射光线的那条曲线上一点(图58);设各光线与y轴平行投射下来,且设ϑ是入射角,ds是弧素,P是反映曲线的曲率半径,那么就有

$$dx_1 = ds\cos\vartheta, dy_1 = ds\sin\vartheta, P = \frac{ds}{d\vartheta}$$

于是反射光线的方程便是

$$(x - x_1)\cos 2\vartheta + (y - y_1)\sin 2\vartheta = 0$$

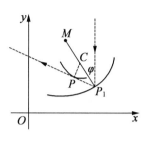

图 58

如果把 x_1, y_1, ϑ 都看作参数 s 的函数,那么为规定包络线,就需使上面这个方程的左边对 s 的导数等于零,即有

$$-(x - x_1)\sin 2\vartheta + (y - y_1)\cos 2\vartheta$$

$$= \frac{1}{2}\cos 2\vartheta\frac{\mathrm{d}x_1}{\mathrm{d}\vartheta} + \frac{1}{2}\sin 2\vartheta\frac{\mathrm{d}y_1}{\mathrm{d}\vartheta}$$

$$= \frac{1}{2}\rho\cos\vartheta$$

由此很容易得出

$$x - x_1 = \frac{1}{2}\rho\cos\vartheta\sin 2\vartheta, y - y_1 = \frac{1}{2}\rho\cos\vartheta\cos 2\vartheta \quad (63)$$

焦线上点 ρ 的坐标就可由它确定. 因而

$$PP_1 = \frac{1}{2}\rho\cos\vartheta \quad\quad (64)$$

于是便可求得 P,这就是从 C,即 $P_1 M = \rho$ 的中点,在反射光线上作垂线的垂足.

如果反映曲线是一个半径为 ρ,以 O 为中心的圆,因此

$$x_1 = \rho\sin\vartheta, y_1 = -\rho\cos\vartheta$$

那么由式(63)经简短计算后,就得出

$$x = \rho \sin^3 \vartheta = \frac{1}{4}\rho(3\sin\vartheta - \sin 3\vartheta)$$

$$y = -\frac{1}{4}\rho(3\cos\vartheta - \cos 3\vartheta)$$

由 §1 式(14),把十字轴架转 $+\dfrac{\pi}{2}$ 并取

$$b = c = \frac{1}{2}a = \frac{1}{4}\rho, \chi = \vartheta$$

也可得出它.

图的焦线因此是一个(两个尖的)外摆线,它由一个直径 a 的圆周上的一点,在一个半径 c 的圆上滚动时产生的(图59).

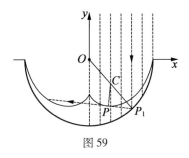

图 59

3. 在一个圆锥截线上的反光与折光 从一个焦点发出的光线是在椭圆上这样地反射,在双曲线上这样地折射的,即反射或折射后的全部光线都通过另一个焦点(图60). 在抛物线上,其中一个焦点在无穷远处,这条定理便这样说:从焦点发出的光线在抛物线上反射之后,与主轴平行着射出去,并反之.

证明 一个圆锥截线的极坐标焦点方程是

$$r = \frac{p}{1 \mp \varepsilon \cos\varphi} \qquad (65)$$

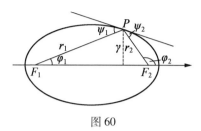

图 60

其中 p 是指参数, ε 是指离心率值, 而主轴方向假定为轴 $\varphi = 0$, 据图 60 有

$$r_1 = p : (1 - \varepsilon\cos\varphi_1), \quad r_2 = p : (1 + \varepsilon\cos\varphi_2)$$

又根据 §4 式(44)得

$$r_1\cot(\pi - \psi_1) = \frac{\mathrm{d}r_1}{\mathrm{d}\varphi_1} = -\frac{p\varepsilon\sin\varphi_1}{(1 - \varepsilon\cos\varphi_1)^2} = -y\,\frac{\varepsilon}{p}r_1$$

这是由于 $y = r_1\sin\varphi_1$. 据此, $y\tan\psi_1 = \dfrac{p}{\varepsilon}$. 显而可见,

$y\tan\psi_2$ 也有同值, 因此, 只讨论锐角 $\psi_1 = \psi_2$, 即所证.

这些定理都作为特例包含在下列较一般的定理中:

如果曲线 (K) 是所有那种点的几何轨迹, 即从 P 到两条已知曲线 (K_1) 与 (K_2) 上的法线 $PP_1 = n_1$, $PP_2 = n_2$, 其和或差都是常数, 那么 (K) 上 P 外的法线 n 就平分角 P_1PP_2 或其邻角(图 61).

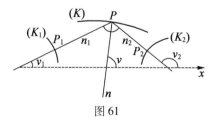

图 61

证明　于此 $x - x_1 = n_1\cos v_1, y - y_1 = n_1\sin v_1$, 而

$\tan v_1 = -\dfrac{\mathrm{d}x_1}{\mathrm{d}y_1}$，由此得出（试算出 $x - x_1$ 与 $y - y_1$ 对 n_1 与 ϑ_1 的全微分）

$$\mathrm{d}n_1 = \cos v_1 \mathrm{d}x + \sin v_1 \mathrm{d}y$$

同样

$$\mathrm{d}n_2 = \cos v_2 \mathrm{d}x + \sin v_2 \mathrm{d}y$$

于是若 $n_1 \pm n_2 = $ 常数，则便进一步得出

$$(\cos v_1 \pm \cos v_2)\mathrm{d}x + (\sin v_1 \pm \sin v_2)\mathrm{d}y = 0$$

或由于 $\tan v = -\dfrac{\mathrm{d}x}{\mathrm{d}y}$，经几步简短运算后，得

$$\sin\left(v - \frac{v_1 + v_2}{2}\right) = 0 \text{ 或 } \cos\left(v - \frac{v_1 + v_2}{2}\right) = 0$$

即 $v = \dfrac{1}{2}(v_1 + v_2)$ 或 $v = \dfrac{1}{2}\pi - \dfrac{1}{2}(v_1 + v_2)$. 因此两角 $\angle nn_1 = v - v_1$，$\angle nn_2 = v_2 - v$ 便等于 $\dfrac{1}{2}(v_2 - v_1)$ 或与它差一个直角，即所证.

如果两条曲线(K_1)与(K_2)都各集中在一个点上，那么便得到刚才用别法证明了的椭圆的反光律或双曲线的折光律.

4. 彼此相滚的椭圆　如果在一椭圆上有一个与它合同的椭圆在滚动，使动的总是那个固定椭圆在共同切线上的反映，那么它的焦点就各以固定焦点为中心描出圆来——椭圆齿轮.

因为由切点处的角的相等（根据反光律），所以得出 F_1, P, F_2' 与 F_2, P, F_1'，都各位在一条直线上，又于此 $r_1' = r_1, r_2' = r_2$，因而 $r_1 + r_2' = r_2 + r_1' = 2a$ 常数（图62）. 由四

条杠杆 $F_1F_2, F_2F_1', F_1'F_2', F_2'F_1$ 构成的四角关节架便构成
与 §4 中所考察的哈德反演器相同的机构. 显然, 在 F_1F_2
固定时, 架在上边的两杠杆的交点描成一个椭圆.

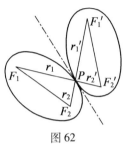

图 62

5. 圆锥截线的中心点　设

$$K(x,y) = a_{11}x^2 + 2a_{12}xy + a_{22}y^2 + 2a_{13}x + 2a_{23}y + a_{33}$$

（66）

是 x, y 的一个二次函数. 则 $K(x,y) = 0$ 就是一个圆锥
曲线 (KS) 的最一般形式的方程. 随便一条切线的斜率
就是

$$\frac{\mathrm{d}y}{\mathrm{d}x} = -\frac{\partial K}{\partial x} : \frac{\partial K}{\partial y} = -K_x : K_y$$

在那里

$$\begin{cases} \dfrac{1}{2}K_x = a_{11}x + a_{12}y + a_{13} \\ \dfrac{1}{2}K_y = a_{21}x + a_{22}y + a_{23} \end{cases} \quad (a_{21} = a_{12}) \quad （67）$$

因而由方程

$$K_x + mK_y = 0 \qquad （68）$$

与 $K = 0$ 一起便给出 KS 上的那些点 P_1P_2（图 63）, 使
该处的切线有一个已知斜率 m. 可是式 (68) 正表示一
个直线的方程, 因它对 x 与 y 都是一次的, 又因 P_1 与

P_2 都位于在它上,它就是直线 P_1P_2.

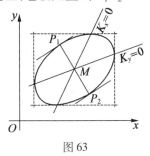

图 63

平行的切线的切点间的这种连线就叫作 KS 的一条直径. 一切直径都通过同一个点,就是 KS 的中心点. 因为对点 M,其坐标同时满足两个方程

$$\frac{\partial K}{\partial x} = 0, \frac{\partial K}{\partial y} = 0 \qquad (69)$$

在随便什么 m 时也都满足式(68). 解两个方程(69)便可以求得 M. 由 $K_x = 0$ 得到联结与 x 轴平行的两切线($m = 0$)的切点的直径,$K_y = 0$ 则相应地给出两条与 y 轴平行的切线($m = \infty$)间的直径. 如 $a_{11}a_{22} - a_{12}^2 = 0$,方程(75)对 x, y 一般就无解,于是 KS 便无中心点,它或是一个抛物线或是一对平行直线.

例 10 一个圆滚动在一条直线上. 问圆内固定直径的包络是什么?

解 在开始运动时,取直径在 y 轴上. 在圆转了 $\angle \omega$ 之后,直径的方程是

$$(y - a)\sin \omega - (x - a\omega)\cos \omega = 0$$

包络线便成摆线.

画图

$$x = \frac{1}{2}a(2\omega - \sin 2\omega), y = \frac{1}{2}a(1 - \cos 2\omega)$$

例 11 在曲线 $y = f(x)$ 上有坐标 $OQ = \xi, OR = \eta$ 的点 P. 如果 P 在所说曲线上运动时(图 65),那么直线 QR 的包络是什么?

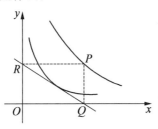

图 65

解 以 ξ 为参数,包络线便是

$$x = -\frac{\xi^2 f'(\xi)}{f(\xi) - \xi f'(\xi)}, y = \frac{f(\xi)^2}{f(\xi) - \xi f'(\xi)}$$

例 12 设一个曲面的等高线是圆族

$$x^2 + y^2 + a^2 z^2 + 2bxz - c^2 = 0$$

其中 z 是高度,a, b, c 都是固定的常数,如果从上边由很大的高度来看,什么是曲面的轮廓呢?

解 所举的具有参数 z 的圆族的包络线,即

$$\frac{x^2}{\dfrac{a^2 c^2}{(a^2 - b^2)}} + \frac{y^2}{c^2} = 1$$

是一个椭圆(对 $a^2 > b^2$),一对平行直线(对 $a^2 = b^2$),一个双曲线(对 $a^2 < b^2$),画图!

287

中学教师用到的微分几何

第 7 章

§1 一个错题引起的讨论

河北廊坊一中的袁缵芹老师曾在 1997 年第 2 期《数学通报》上用微分几何的包络分析了来自某市的一道考题（选择题）：

设复数 z 满足 $|z-\mathrm{i}|=|z+t+\mathrm{i}|$ $(t\in\mathbf{R})$，则在复平面内与复数 z 对应的点的集合是

  (A)直线   (B)椭圆

  (C)双曲线 (D)抛物线

命题人提供的答案是(D).

这道题貌似简单,实际上内容相当丰富. 袁老师指出：

1. 本题是一道错题,所给选择项都不符合题设的要求.

先来研究命题人为何给出答案(D),我们的分析是：

　　由于复数方程

$$|z-\mathrm{i}| = |z+t+\mathrm{i}| \quad (t \in \mathbf{R}) \tag{1}$$

的左端 $|z-\mathrm{i}|$ 表示复数 z 所对应的动点 Z 到定点(与复数 i 对应的点,即坐标为 $(0,1)$ 的点)的距离,命题人又认为方程右端 $|z+t+\mathrm{i}|(t \in \mathbf{R})$ 表示动点 Z 到定直线($z=-t-\mathrm{i}(t \in \mathbf{R})$ 的轨迹)的距离,于是根据抛物线的定义选(D). 这里对方程右端含义的误解导致了结论的错误.

　　众所周知,$z=-t-\mathrm{i}(t \in \mathbf{R})$ 当 t 取任意实数时轨迹确实是一条直线,是复平面内过虚轴上 $-\mathrm{i}$,且与实轴平行的直线. 但是,对每一个 t 值($t \in \mathbf{R}$),$z=-t-\mathrm{i}$ 仅表示这条直线上的一个确定的点,这时 $|z+t+\mathrm{i}| = |z-(-t-\mathrm{i})|$ 就表示点 Z 到这个点的距离,也就是说 $|z+t+\mathrm{i}|$ 只能表示两个复数对应点的距离,并不表示点到直线的距离,这是引起错误的关键所在. 因此本题是由题设(方程(1))求"到定点与到定直线上的动点距离相等的点的集合".

　　根据复数减法的几何意义,对每一个 t 值,方程(1)表示到两个定点距离相等的点的轨迹,它是以这两个定点为端点的线段的垂直平分线,由于 $t \in \mathbf{R}$,因而所求集合是由所有这样的直线上的点构成(图1).

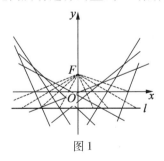

图1

2. 用解析几何的方法来研究.

设 $z = x + yi(x, y \in \mathbf{R})$，则方程（1）化为

$$x^2 + (y-1)^2 = (x+t)^2 + (y+1)^2$$

化简得

$$2tx + 4y + t^2 = 0 \quad (t \in \mathbf{R}) \quad\quad (2)$$

方程（2）就是平面直角坐标系中，所求集合中的点应满足的实数方程. 由于式（2）是 x, y 的一次式（含参数 t），它表示一族直线，并不表示一条抛物线，我们又一次证明了原题的结论是错误的. 由此，本题所求的集合就是直线族（2）上所有点的集合. 但这个集合中的点在直角坐标平面内构成了一个什么样的区域，由方程（2）看不出明确的结论.

3. 我们给出本题由题设应得到的明确的结论：

满足方程（1）的复数 z 在复平面内对应点的集合是相应直角坐标平面内抛物线 $D: y = \dfrac{1}{4}x^2$ 及其外部（D 把平面分成两个区域，含焦点的区域称为 D 的内部，不含焦点的区域称为外部）形成的区域.

下面证明这个结论.

在直角坐标系中，若该抛物线 D 的焦点为 F，准线为 l，则题目中所求的点集为 $\{Z \mid |ZP| = |ZF|, P \in l\}$，记这个集合为 S.

显然当 $Z \in D$ 时，存在 $P \in l$，使 $|ZP| = |ZF|$，故 $Z \in S$.

我们知道，对一般的抛物线 $x^2 = 2py(p > 0)$，当点 $Z(x, y)$ 在其外部时有 $x^2 > 2py$. 事实上，若过 Z 引 y 轴

的平行线交抛物线于 $Z_0(x_0, y_0)$，则 $x = x_0$，$y < y_0$（图 2），于是

$$x^2 = x_0^2 = 2py_0 > 2py$$

同理可得，当点 Z 在内部时有 $x^2 < 2py$.

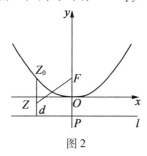

图 2

该点 Z 到准线 l 的距离为 d，则 $d = \left| y + \dfrac{p}{2} \right|$.

又

$$|ZF| = \sqrt{x^2 + \left(y - \dfrac{p}{2} \right)^2}$$

于是当点 Z 在抛物线外部时，有

$$|ZF| > \sqrt{2py + \left(y - \dfrac{p}{2} \right)^2} = \sqrt{\left(y + \dfrac{p}{2} \right)^2} = \left| y + \dfrac{p}{2} \right| = d$$

这时，存在 $P \in l$，使 $|ZP| = |ZF|$，故此时 $Z \in S$.

同理，当点 Z 在内部时，$|ZF| < d$，这时在 l 上不存在点 P，使 $|ZP| = |ZF|$，故此时 $Z \notin S$.

这样就证明了我们的结论.

我们还需要指出，直线族（2）中的每一条直线都是抛物线 D 的切线（图 3），事实上由方程（2）与 D 的方程联立，消去 y 得 $2tx + x^2 + t^2 = 0$，即 $(x + t)^2 = 0$（$t \in \mathbf{R}$）

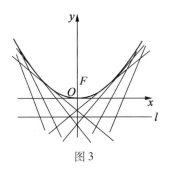

图 3

此方程有两个相等的实根(或说判别式 $\Delta = 0$),因此,对每一个 $t \in \mathbf{R}$,方程(2)表示的直线都和 D 相切,并且切点的横坐标是 $-t$. 因而对 D 上每一点都有直线族(2)的一条直线与 D 相切. 4 在 3 中我们明确给出了所求的点集 S,但 S 的边界线 $D: y = \dfrac{1}{4} x^2$ 是如何求得的,在 2 中,我们得到所求的点集 S 是直线族(2)中所有直线上的点的集合,但由方程(2)很难用初等数学得到 S 的边界线,我们用常微分方程的奇解和包络来解决.

所谓曲线族的包络是指这样的曲线,它本身并不包含在曲线族中,但过这曲线上的每一点,有曲线族中的一条曲线和它在这点相切. 从 3 的最后我们已经看到,抛物线 D 应该是直线族(2)的包络. 下面我们来解决这个问题.

方程(2)两边对 x 求导,得 $2t + 4y' = 0$,即 $t = -2y'$. 把它代入方程(2),经化简得

$$y'^2 - xy' + y = 0 \qquad\qquad (3)$$

方程(3)就是方程(2)要满足的微分方程.

解方程（3），令 $y' = p$，则式（3）化为

$$p^2 - xp + y = 0 \qquad (4)$$

解得

$$y = xp - p^2$$

上式对 x 求导，得

$$p = p + x\frac{\mathrm{d}p}{\mathrm{d}x} - 2p\frac{\mathrm{d}p}{\mathrm{d}x}$$

即

$$(x - 2p)\frac{\mathrm{d}p}{\mathrm{d}x} = 0 \qquad (5)$$

由式（5）的第二个因子 $\dfrac{\mathrm{d}p}{\mathrm{d}x} = 0$ 积分得 $p = c$，代入式

（4）得

$$-cx + y + c^2 = 0 \qquad (6)$$

它就是方程（3）的积分曲线族（直线族）.

由式（5）的第一个因子 $x - 2p = 0$ 得 $p = \dfrac{x}{2}$，代入

式（4）得 $\left(\dfrac{x}{2}\right)^2 - x \cdot \dfrac{x}{2} + y = 0$，即 $y = \dfrac{1}{4}x^2$.

由式（6）对 c 求导，得

$$-x + 2c = 0 \qquad (7)$$

由（6）和（7）两式消去 c，得 $y = \dfrac{1}{4}x^2$.

因而 $y = \dfrac{1}{4}x^2$ 是方程（3）的奇解.

所以抛物线 $D: y = \dfrac{1}{4}x^2$ 是直线族（6）的包络，而直

线族（6）就是直线族（2），事实上，在式（6）中令 $c =$

$-\dfrac{1}{2}t$,式(6)就化为式(2).

这样在本节开始所提出的问题得到了完美的解决.

§2 曲线族的包络

假设给定依赖于一个参数 α 的一族平面曲线 $\{C_\alpha\}$,如果对于这个曲线族,有这样的曲线 E 存在,使得对于 E 上每个点 P_α 必有族中一条曲线 C_α 在点 P_α 与 E 相切,而且对于族中每一条曲线 C_α,在曲线 E 上有这样的一个点 P_α,使得曲线 C_α 与 E 在这个点 P_α 相切. 具有这种性质的曲线 E 叫作给定的曲线族 $\{C_\alpha\}$ 的包络,P_α 叫作族中曲线 C_α 的特征点(图4).

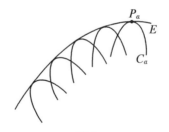

图 4

现在假设给定的曲线族的方程为

$$\varphi(x,y,\alpha) = 0 \qquad (8)$$

其中 α 为一个参数,并假定参数 $\varphi(x,y,\alpha)$ 关于三个变数 x,y,α 是连续的而且具有连续的导数. 如果曲线族(8)有包络 E 存在,根据定义,那么 E 上各个点必在

族中某一曲线上,而这条曲线由参数 α 来确定,所以包络 E 上的点的坐标为参数 α 的函数

$$x = x(\alpha), y = y(\alpha) \tag{9}$$

并以这个方程组作为包络 E 的参数方程.

既然包络 E 上的各个点都在族(8)中某一条曲线上,那么把 E 的方程(9)代入式(8),就得到关于 α 的一个恒等式

$$\varphi\{x(\alpha), y(\alpha), \alpha\} = 0 \tag{10}$$

把这个恒等式关于 α 微分,得到

$$\varphi_x \frac{dx}{d\alpha} + \varphi_y \frac{dy}{d\alpha} + \varphi_\alpha = 0 \tag{11}$$

若族中曲线的参数方程为

$$x = x(t), y = y(t)$$

则这条曲线与包络 E 相切的条件为它们在切点的切线具有相同的方向数,因而

$$\frac{\dfrac{dx}{d\alpha}}{\dfrac{dx}{dt}} = \frac{\dfrac{dy}{d\alpha}}{\dfrac{dy}{dt}}$$

以 ρ 表示这个公共比,则有

$$\frac{dx}{d\alpha} = \rho \frac{dx}{dt}, \frac{dy}{d\alpha} = \rho \frac{dy}{dt} \tag{12}$$

代入方程(11),得到

$$\rho\left(\varphi_x \frac{dx}{dt} + \varphi_y \frac{dy}{dt}\right) + \varphi_\alpha = 0 \tag{13}$$

另一方面,由于族(8)中曲线上各个点的切线的方向数满足下列条件

$$\varphi_x \frac{\mathrm{d}x}{\mathrm{d}t} + \varphi_y \frac{\mathrm{d}y}{\mathrm{d}t} = 0 \qquad (14)$$

与式(13)比较可知,特征点的坐标必须满足方程

$$\varphi_\alpha = 0$$

因此包络 E 上点的坐标,必须满足下列方程组

$$\varphi(x,y,\alpha) = 0, \varphi_\alpha(x,y,\alpha) = 0 \qquad (15)$$

解这个方程组就得出 x,y 为参数 α 的函数,而所确定的曲线叫作给定的曲线族(8)的判别曲线. 根据上面的讨论,若包络存在,则必包含在判别曲线中.

最后,我们来确定,在什么条件下,由方程组(15)解出的曲线

$$x = x(\alpha), y = y(\alpha)$$

确实是包络. 为此,我们将所得到的这个表达式代入方程组(15)的第一个等式,即得下列恒等式

$$\varphi\{x(\alpha), y(\alpha), \alpha\} = 0$$

把这个恒等式关于 α 微分,并考虑到式(15)的第二个等式,则有

$$\varphi_x \frac{\mathrm{d}x}{\mathrm{d}\alpha} + \varphi_y \frac{\mathrm{d}y}{\mathrm{d}\alpha} = 0 \qquad (16)$$

与条件式(14)比较,就得到条件式(12),这就是判别曲线与族中曲线相切的条件,但是这里必须假定系数 φ_x 与 φ_y 不同时等于零,否则,判别曲线与族中曲线不相切时,条件式(16)对判别曲线的切线的方向数 $\frac{\mathrm{d}x}{\mathrm{d}\alpha}, \frac{\mathrm{d}y}{\mathrm{d}\alpha}$ 仍旧是成立的.

因此,对满足 $\varphi_x = \varphi_y = 0$ 的点,即族中曲线的二重点,判别曲线由这种点组成的枝线可能不是包络(图5).

图 5

综合上面的讨论,我们得到:

定理 1 曲线族(8)的包络包含在由方程组(15)所确定的判别曲线中,而不包含族中二重点的判别曲线就是包络.

例 1 求半立方抛物线族

$$\varphi(x, \alpha) = (y - \alpha)^2 - (x - \alpha)^2 = 0 \qquad (a)$$

的判别曲线与包络.

解 把方程(a)关于 α 求导数,便得

$$\varphi_\alpha = -2(y - \alpha) + 3(x - \alpha)^2 = 0 \qquad (b)$$

把方程(b)改写成

$$y - \alpha = \frac{3}{2}(x - \alpha)^2 \qquad (c)$$

代入方程(a),便得

$$\frac{9}{4}(x - \alpha)^4 - (x - \alpha)^3 = 0$$

或即

$$\frac{9}{4}(x - \alpha)^3 \left(x - a - \frac{4}{9}\right) = 0$$

从此,我们把它分为两种情形来讨论:

1. $x - a = 0$;从等式(c),我们有 $y - \alpha = 0$,从而得到判别曲线的一枝

$$y = x$$

2. $x - \alpha - \dfrac{4}{9} = 0$；这时从（c）即得 $y - \alpha = \dfrac{8}{27}$，从而得到判别曲线的另一枝

$$y = x - \frac{4}{27}$$

现在来验证这两枝判别曲线是否满足条件

$$\varphi_x = -3(x - \alpha)^2 = 0,\ \varphi_y = 2(y - \alpha) = 0$$

事实上，第一枝 $y = x$ 是满足这两个方程的，于是第一枝是二重点的轨迹. 而第二枝不满足上列条件，所以是包络（图6）.

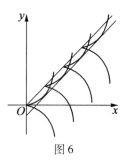

图6

§3　平面曲线族的包络

考虑 xy - 平面上的曲线族

$$M = M(u, \lambda) \qquad\qquad (17)$$

函数 $M(u, \lambda)$ 关于它的每个变元都是连续可微分的，λ 是任意参数，对于每个值 λ = 常数，方程（17）决定了族中一条曲线，u 是决定这种曲线上点 M 位置的

参数.

所谓曲线族(17)的包络是指那样的一条曲线,在它自己的每一点都与族中一条曲线相切.

如果包络存在并且是点 M 的轨迹,那么点 M 的运动应当由下列方程决定

$$u = f(t), \lambda = \varphi(t)$$

这里 $f(t), \varphi(t)$ 在区间 $a < t < b$ 内连续可微分,并且所得的函数值相应于区域 $\mathfrak{U}$ 里的 u, λ 值. 如果把 t 看作时间,那么点 M 的速度由下列导函数决定

$$\frac{\mathrm{d}M}{\mathrm{d}t} = M_u f'(t) + M_\lambda \varphi'(t) \qquad (18)$$

这里

$$M_u = \frac{\partial M}{\partial u}, M_\lambda = \frac{\partial M}{\partial \lambda}$$

并且 M_u 是曲线族(17)中通过点 M 的那一条的切线矢量. 画出包络的点 M,它的速度沿切线方向,而在与曲线族(17)相切的点,这切线又与切线 M_u 重合. 既然式(18)右方第一项的方向沿着这条切线,那么第二项或者等于零,即

$$\varphi'(t) = 0 \qquad (19)$$

或者平行于第一项,也就是说,矢量 M_u 与 M_λ 共线,这就等于说这两个矢量的矢积为零,即

$$M_u \times M_\lambda = 0 \qquad (19')$$

如果方程(19)在区间 $a < t < b$ 成立,那么将引出等式 $\lambda = \varphi(t) =$ 常数,也就是说,得到族(17)里的一条曲线,这将不是问题的解答.

因此,包络应满足条件(19′).

令

$$M = ix + jy$$

把方程（19′）改写为下列形状

$$\left(i\frac{\partial x}{\partial u} + j\frac{\partial y}{\partial u} \right) \times \left(i\frac{\partial x}{\partial \lambda} + j\frac{\partial y}{\partial \lambda} \right) = k\frac{\partial(x,y)}{\partial(u,\lambda)} = 0$$

由这里推知

$$\frac{\partial(x,y)}{\partial(u,\lambda)} = \frac{\partial x}{\partial u}\frac{\partial y}{\partial \lambda} - \frac{\partial x}{\partial \lambda}\frac{\partial y}{\partial u} = 0 \qquad (20)$$

如果方程（20）决定一个函数

$$\lambda = \varphi(u)$$

并且曲线 $\lambda = \varphi(u)$ 位于区域 $\mathfrak{U}$ 内，那么曲线 $M = M(u, \varphi(u))$ 将是曲线族（17）的包络．

在族（17）中曲线的奇点，方程（20）也是满足的，因为这时

$$\frac{\partial x}{\partial u} = 0, \frac{\partial y}{\partial u} = 0 \qquad (21)$$

但这种点不满足区域 $\mathfrak{U}$ 的条件，且（一般地说）方程（21）不决定包络．

如果曲线族是由方程

$$F(x,y,\lambda) = 0 \qquad (22)$$

给出的，这里函数 $F(x,y,\lambda)$ 在 xy – 平面上的某个区域 $\mathfrak{U}$ 里以及对于相应于这个区域里点的值 λ，关于所有的变元连续可微分，那么为了对于由方程（22）解出的

$$x = \varphi(u,\lambda), y = \psi(u,\lambda) \qquad (23)$$

来写出方程（20），只需把方程（22）双方关于 u 与 λ 施行微分，并考虑到等式（23），有

$$F_x \cdot \frac{\partial x}{\partial u} + F_y \cdot \frac{\partial y}{\partial u} = 0$$

$$F_x \cdot \frac{\partial x}{\partial \lambda} + F_y \cdot \frac{\partial y}{\partial \lambda} = -F_\lambda$$

(24)

由于判别式(20)变为零,方程(24)的等号左方同时为零,由此推出方程

$$F_\lambda = 0$$

等价于等式(20),并与方程(22)共同决定曲线族(22)的包络.

例2 具有定长 l 的直线段两端在一个直角的两条边上滑动,寻求这样所得直线段族的包络.

若把直角的边取作坐标轴,并以 α 来记线段与横标轴的交角,则把线段投影到坐标轴上便得到线段在直角两边上所截出来的线段的长

$$a = l\cos \alpha, b = l\sin \alpha$$

线段所在的直线可以用下列方程表示

$$\frac{X}{l\cos \alpha} + \frac{Y}{l\sin \alpha} = 1 \qquad (a)$$

如果把角 α 看作任意参数,那么线段运动时画出一族直线.

要寻找这一族直线的包络,只需对方程(a)关于 α 微分,得

$$\frac{X\sin \alpha}{l\cos^2 \alpha} - \frac{Y\cos \alpha}{l\sin^2 \alpha} = 0 \qquad (b)$$

从方程组(a)和(b)解出 X, Y 便得到所求的包络上点 $M(X, Y)$ 的流动坐标,即

$$X = l\cos^3 \alpha, Y = l\sin^3 \alpha$$

这个方程与星形线的方程完全一样(以 R 代 l).星形线的切线段有定长.现在我们看到,也只有星形线才具有这种性质.

§4　具有一个自由度而运动着的平面及它的特征线

考虑依赖于一个参数 t 的平面族.

如果把参数 t 看作时间,那么参数 t 的变动相应于平面在族的内部位移.

在这样的条件下,平面的特征线是指族中平面上那种点的轨迹,它的速度矢量位于这张平面内.

对于族中每一平面附属于一个三面形 $T(M;e_1,e_2,e_3)$,使得平面 Me_1e_2 与这张平面重合.设平移运动速度为 f 与转动速度为 Φ,则平面上点 $P(\tilde{x},\tilde{y},\tilde{z}=0)$ 的速度等于

$$\frac{\mathrm{d}P}{\mathrm{d}t} = e_1(a - r\tilde{y}) + e_2(b + r\tilde{x}) + e_3(c + p\tilde{y} - q\tilde{x})$$

$$(25)$$

假如它位于平面 Me_1e_2 里,则第三个分量为零,即

$$c + p\tilde{y} - q\tilde{x} = 0 \qquad (26)$$

这是加在点 P 坐标 $\tilde{x},\tilde{y}$ 上唯一的方程.因为这是一次方程,所以平面的特征线是直线.

若选择三面形 $T(M,e_1,e_2,e_3)$,使得轴 e_1 与特征

线重合. 则方程(26)应取下列形状

$$\tilde{y} = 0$$

并且我们得到加在速度分量 f 与 Φ 上的条件

$$c = 0, q = 0 \qquad (27)$$

特征线的轨迹是一个直纹面 L.

定理 2　单参数平面族特征线所产生的直纹面与族中平面在公共特征线上的每点相切.

定义 1　曲面在其点 M_0 的切平面是定义作这样的平面, 它包含了所有曲面上通过点 M_0 的曲线的切线. 点 M_0 叫作切点.

要证明定理只需证明在直纹面 L 上任意作位移时, 特征线上任意点 P 的速度矢量在平面 Me_1e_2 上. 为了要得到点 P 在曲面 L 上的任意运动, 必须允许点 P 关于轴 e_1 可有固有运动, 因此必须对牵连速度式(25)再加上固有运动速度 $e_1 \dfrac{\mathrm{d}\tilde{x}}{\mathrm{d}t}$. 如果注意到速度分量的值(27), 以及等式 $\tilde{y} = 0$, 那么我们得到

$$\frac{\mathrm{d}P}{\mathrm{d}t} = e_1\left(\frac{\mathrm{d}\tilde{x}}{\mathrm{d}t} + a\right) + e_2(b + r\tilde{x}) \qquad (25')$$

我们看出这个速度总是在平面 Me_1e_2 里的, 于是定理证毕.

定义 2　如果曲面在它的每一点与平面族的某一平面相切, 那么曲面叫作平面族的包络.

系　特征线的轨迹是单参数平面族的包络.

§5 包络的脊线

我们对于点 P 的速度矢量再作更严的要求:要求点 P 的速度在特征线上.

这样的点叫作第二阶特征点.

因为这种点 P 的速度更是在族中的平面上,点 P 属于特征线. 若要使速度在特征线上,需令式(25′)右边的第二个分量等于零,即

$$b + r\tilde{x} = 0 \qquad (28)$$

若 $r \neq 0$,则方程(28)决定特征点的横坐标 x. 假设三面形 $T(M; e_1, e_2, e_3)$ 的顶点是一个第二阶特征点,则应有 $\tilde{x} = 0$,方程(28)给出

$$b = 0 \qquad (29)$$

如果这时分量 a 等于零,那么点 P 保持不动,而曲面 L 将是锥面. 如果 $a \neq 0$,那么我们引进下面新的参数代替参数 t,有

$$s = \int_{t_0}^{t} a \mathrm{d}t \quad (t_0 = 常数) \qquad (30)$$

假设这个替换已经作了,且 $s = t$,则方程(30)给出

$$a = 1 \qquad (29')$$

且

$$\frac{\mathrm{d}P}{\mathrm{d}s} = e_1(1 - r\tilde{y}) + e_2(r\tilde{x} - r\tilde{z}) + e_3 p\tilde{y}$$

如果引进新的记法 $e_1 = \tau, e_2 = \upsilon, e_3 = \beta, r = k, p =$

κ, 那么与由三面形顶点 P 所画曲线的伴随三面形固定联系着的点的速度.

定义 3　第二阶特征点所画出的曲线叫作包络的脊线.

由这里得到系: 所有的特征线都与包络的脊线相切. 族中平面是脊线的密切平面.

§6　可 展 曲 面

定义 4　空间任意曲线的切线所画出的轨迹是一个直纹面, 这样的直纹面叫作可展曲面.

由这里就得到系:

1. 单参数平面族的包络是可展曲面.

2. 切平面沿整个母线与可展曲面相切.

如果在方程 $(25')$ 中取 $b = 0$, 那么我们得到当沿着可展曲面作任意运动

$$\tilde{x} = f(t) \qquad\qquad (31)$$

时, 点 P 的速度 $\dfrac{\mathrm{d}P}{\mathrm{d}t}$ 是

$$\frac{\mathrm{d}P}{\mathrm{d}t} = \boldsymbol{e}_1\left(\frac{\mathrm{d}\tilde{x}}{\mathrm{d}t} + a\right) + \boldsymbol{e}_2 r\tilde{x} \qquad\qquad (31')$$

换一种说法, 这也就是曲面上任意曲线的切线矢量.

考虑这条曲线在它自己与脊线相交处(图7)的切线. 为这个目的,我们必须在方程(31′)中代入值$\tilde{x}=0$,但导函数$\dfrac{\mathrm{d}\tilde{x}}{\mathrm{d}t}$在这一点可以取任意值. 我们得到

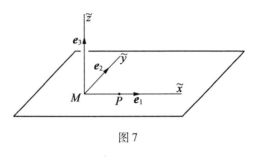

图 7

$$\frac{\mathrm{d}P}{\mathrm{d}t} = e_1\left(\frac{\mathrm{d}\tilde{x}}{\mathrm{d}t} + a\right) \tag{31″}$$

如果$\dfrac{\mathrm{d}\tilde{x}}{\mathrm{d}t}+a\neq 0$,那么切线矢量与特征线 e_1 重合,也就是说,曲线切于脊线.

如果$\dfrac{\mathrm{d}\tilde{x}}{\mathrm{d}t}+a=0$,那么导函数(31″)变为零,在这一点失去正则性.

由这里就有定理:包络的脊线是曲面的奇异曲线,曲面上一切通过脊线上点而在这一点与脊线不相切的曲线,以这一点为奇点.

在最简单的情形这个奇点是尖点. 特别地,包络的脊线是所有与可展曲面脊线相交的平面所截出平面曲

线上尖点的轨迹.

§7　柱　　面

如果转动分量 r 等于零,那么 §5 的考虑将失去效力. 这时方程(28)不包含 $\tilde{x}$,在特征线上不能够找到其速度是沿着特征线的点. 公式(27)指出,在这个情形下转动矢量重合于特征线,有

$$\boldsymbol{\Phi} = p\boldsymbol{e}_1$$

因此,在所有的点上特征线都具有同一个方向.

族中所有的平面都平行于这个方向,包络是一个柱面.

包络在力学领域中的应用

§1 莫尔强度理论

第 8 章

莫尔用应力圆(即莫尔圆)表达他的理论,方法是对材料做三个破坏试验,即单向拉伸破坏试验、单向压缩破坏试验和薄壁圆管的扭转(纯剪应力状态)破坏试验. 根据试验测得的破坏时的极限应力,在以正应力 σ 为横坐标、剪应力 τ 为纵坐标的坐标系中绘出莫尔圆,例如图 1

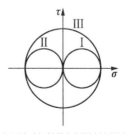

图1 拉伸和压缩破坏性能相同的材料的极限应力圆

是根据拉伸和压缩破坏性能相同的材料作出的,其中圆Ⅰ、圆Ⅱ和圆Ⅲ分别由单向拉伸破坏、单向压缩破坏和纯剪破坏的极限应力作出,这些圆称为极限应力圆,而最大的极限应力圆(即圆Ⅲ)称为极限主圆. 当校核用被试材料制成的构件的强度时,若危险点的应力状态是单向拉伸,则只要其工作应力圆不超出极限应力圆Ⅰ,材料就不破坏. 若是单向压缩或一般双向应力状态,则看材料中的应力是否超出极限应力圆Ⅱ或Ⅲ而判断是否发生破坏.

对于拉伸和压缩破坏性能有明显差异的材料,压缩破坏的极限应力远大于拉伸时的极限应力,所以圆Ⅱ的半径比圆Ⅰ的半径大得多(图2). 在双向应力状

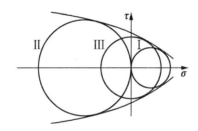

图2　拉伸和压缩破坏性能不同的材料的极限应力圆

态下,只要再作一个纯剪应力状态下破坏的极限应力圆Ⅲ,则三个极限应力圆的包络线就是极限应力曲线. 和图1相比,此处圆Ⅲ已不是极限主圆,而图1中的极限主圆在这里变成了对称于 σ 轴的包络曲线. 当判断由给定的材料(拉压强度性能不同者)制成的构件在工作应力下是否会发生破坏时,将构件危险点的工作应力圆同极限应力圆图进行比较,若工作应力圆不超出包络线范围,就表明构件不会破坏. 有时为了省去一个纯剪应力状态(薄壁圆管扭转)破坏试验,也可以用

圆 I 和圆 II 的外公切线近似地代替包络曲线段.

为了考查上述各种强度理论的适用范围,自 17 世纪以来,不少学者进行了一系列的试验. 结果表明,想建立一种统一的、适用于各种工程材料和各种不同的应力状态的强度理论是不可能的. 在使用上述强度理论时,还应知道它们是对各向同性的均匀连续材料而言的. 所有这些理论都只侧重可能破坏点本身的应力状态,在应力分布不均匀的情况下,对可能破坏点附近的应力梯度未予考虑.

20 世纪 40 年代中期,苏联的 H·H·达维坚科夫和 Я·Ъ·弗里德曼提出一个联合强度理论,其要点是根据材料的性质,按照危险点的不同应力状态,有区别地选用已有的最大剪应力理论或最大伸长应变理论,所以它实质上只是提供一个选用现成强度理论的方法.

参考文献

[1]　孙训方等. 材料力学[M]. 北京:人民教育出版社,1979.

§2　平面曲线族的包络

方程式

$$F(x,y,a) = 0 \qquad (1)$$

其左边为三个变数的连续及可微函数,对 a 的每一个固定的值,表示一条平面曲线. 当 a 取不同的值时,即

得无限多的曲线. 其全体组成曲线族, 而与参数 a 有关. 在某些情形, 曲线族容许一种曲线的存在, 使沿其上每一点与族中某一曲线相切. 此种曲线称为已知曲线族的包络. 包络与族中曲线的切点, 称为曲线族的特征点(图3). 现假定由方程式(1)定义的曲线族具有包络.

图 3

根据定义, 包络上每一点属于族中某一曲线, 而此曲线由参数值 a 决定. 故可视包络上点的坐标为参数 a 的函数

$$x = x(a), y = y(a) \qquad (2)$$

并以此作为包络的参数方程式.

因包络上每一点属于族中的一条曲线, 故以表示式(2)代入方程式(1), 即得恒等式

$$F\{x(a), y(a), a\} = 0 \qquad (3)$$

而对 a 所有的值均成立.

视 a 为独立变数, 关于 a 微分式(3), 得

$$\frac{\partial F}{\partial x}\frac{\mathrm{d}x}{\mathrm{d}a} + \frac{\partial F}{\partial y}\frac{\mathrm{d}y}{\mathrm{d}a} + \frac{\partial F}{\partial a} = 0 \qquad (4)$$

若族中曲线的方程式为

$$x = x(t), y = y(t)$$

则此曲线与包络相切的条件为:两者在切点的切线向量的坐标成比例

$$\frac{\mathrm{d}x}{\mathrm{d}a} = \lambda\,\frac{\mathrm{d}x}{\mathrm{d}t}, \frac{\mathrm{d}y}{\mathrm{d}a} = \lambda\,\frac{\mathrm{d}y}{\mathrm{d}t} \qquad (5)$$

代入方程式(4),得

$$\lambda\left(\frac{\partial F}{\partial x}\frac{\mathrm{d}x}{\mathrm{d}t} + \frac{\partial F}{\partial y}\frac{\mathrm{d}y}{\mathrm{d}t}\right) + \frac{\partial F}{\partial a} = 0$$

但族中曲线上每一点的切线向量的坐标应满足条件

$$\frac{\partial F}{\partial x}\frac{\mathrm{d}x}{\mathrm{d}t} + \frac{\partial F}{\partial y}\frac{\mathrm{d}y}{\mathrm{d}t} = 0 \qquad (6)$$

由此知特征点的坐标满足等式

$$\frac{\partial F}{\partial a} = 0 \qquad (7)$$

所以,包络上点的坐标,可由解联立方程式

$$F(x,y,a) = 0, \frac{\partial}{\partial a}F(x,y,a) = 0 \qquad (8)$$

而得.

　　解这两个方程式,得 x 与 y 为参数 a 的函数,而得出所谓已知曲线的判别曲线.上面的讨论显示,若包络存在,必合于判别曲线中,而后者常具有多条支线.现在阐明,在何种条件下,由方程组(8)解得的曲线

$$x = x(a), y = y(a)$$

确为包络.为此,可将所得表示代入式(8)的第一式,而得恒等式

$$F\{x(a), y(a), a\} = 0$$

微分此等式,并注意式(8)的第二式,得

$$\frac{\partial F}{\partial x}\frac{\mathrm{d}x}{\mathrm{d}a} + \frac{\partial F}{\partial y}\frac{\mathrm{d}y}{\mathrm{d}a} = 0 \qquad (9)$$

与条件(6)相比校,即得式(5),即判别曲线与族中曲线相切的条件,但需假定系数 $\frac{\partial F}{\partial x}$ 与 $\frac{\partial F}{\partial y}$ 不同时为 0. 不然,则当判别曲线不与族中曲线相切时,条件(9)对判别曲线的切线向量的坐标 $\frac{\mathrm{d}x}{\mathrm{d}a}$ 与 $\frac{\mathrm{d}y}{\mathrm{d}a}$ 仍成立. 因此,由判别曲线中满足

$$F_x = F_y = 0$$

的点,即由族中曲线的奇异点组成的枝线不为包络(图4).

图 4

所以,由方程式(8)决定的曲线族的判别曲线,若不含族中曲线的奇异点,即为包络.

习题 1　星形线为一直线族的包络,族中直线与直角的两边截成定长 l 的线段(图5). 求其方程式.

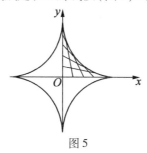

图 5

提示：如图所示，取直线与直角一边的交角 α 为参数．

解　$x = l\cos^3\alpha,\ y = l\sin^3\alpha$，或消去参数后，得

$$x^{\frac{2}{3}} + y^{\frac{2}{3}} = l^{\frac{2}{3}}$$

习题 2　已知直线族中直线的法线式为

$$e(a)r - p(a) = 0 \qquad (\ *\ )$$

其中 p 为 a 的函数，求此直线族的包络(图 6)．

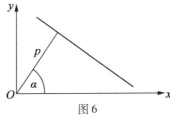

图 6

解　关于参数微分直线族的方程式，得

$$e_1(\alpha)r - \frac{\mathrm{d}p}{\mathrm{d}\alpha} = 0 \qquad (\ *\ *\ )$$

包络上点的向径可写为

$$r = \lambda e(\alpha) + \mu e_1(\alpha)$$

代入方程式($*$)与($*$ $*$)，得

$$r = pe(\alpha) + \frac{\mathrm{d}p}{\mathrm{d}\alpha}e_1(\alpha)$$

习题 3　求半立方抛物线族 $3(y-c)^2 - 2(x-c)^3 = 0$ 的判别曲线及包络(图 7)．

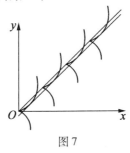

图 7

解　关于 c 微分,得

$$y - c - (x - c)^2 = 0$$

与原方程式联立,得

$$x - c = 0, y - c = 0$$

$$x - c = \frac{2}{3}, y - c = \frac{4}{9}$$

故判别曲线分解为一对直线,即

$$x = y \ \text{与} \ x - y - \frac{2}{9} = 0$$

仅后者为包络,前者则为奇异点的轨迹.

§3　曲面及其切线,曲面的法线

由解析几何方面知曲面由方程式

$$F(x, y, z) = 0 \tag{10}$$

表示,此方程式为曲面上点的坐标的结合关系.

若一直线与曲面上某一曲线相切,则此直线称为曲面的切线. 为求直线与曲面相切的条件,取曲面上一条曲线,并设其参数方程式为

$$x = x(t), y = y(t), z = z(t) \tag{11}$$

以曲线上点的坐标代入曲面方程式,得恒等式

$$F\{x(t), y(t), z(t)\} = 0 \tag{12}$$

而对 t 的任何值皆成立.

微分此恒等式,得

$$\frac{\partial F}{\partial x} \frac{\mathrm{d}x}{\mathrm{d}t} + \frac{\partial F}{\partial y} \frac{\mathrm{d}y}{\mathrm{d}t} + \frac{\partial F}{\partial z} \frac{\mathrm{d}z}{\mathrm{d}t} = 0 \tag{13}$$

此式左边包含两组值：

A. 曲线上点坐标的导数,它们等于切线方向向量的坐标;

B. 曲面方程式左边的偏导数,其值仅与点的位置有关,而与过此点的曲线的选择无关.

试考虑向量

$$N = F_x\boldsymbol{i} + F_y\boldsymbol{j} + F_z\boldsymbol{k} \tag{14}$$

此向量仅与曲面上点的坐标有关(图8). 等式(13)的左边实际上是向量 N 与 $\dfrac{\mathrm{d}\boldsymbol{r}}{\mathrm{d}t}$ 的纯量积,故可写为

$$N\frac{\mathrm{d}\boldsymbol{r}}{\mathrm{d}t} = 0 \tag{14'}$$

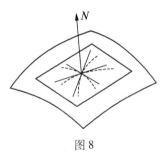

图 8

若在曲面某一点 $N = \boldsymbol{0}$,则此点称为曲面的奇异点,其余的点称为正常点. 在曲面的正常点,等式(13)为曲面的切线向量与在此点完完全全确定的向量 N 的正交条件. 过曲面一点可作无数曲面曲线,使之对条件(13)均成立,故各曲线的切线向量垂直于同一方向,而位于同一平面上.

所以,与曲面切于一个正常点的所有直线位于同一平面上.

与曲面在一个正常点相切的所有直线的轨迹,称为曲面在此点的切平面.

为求曲面的切平面方程式,可注意此平面过曲面已给点 r,而其法向量则由式(14)确定.故若记切平面上任一点的向径为

$$\boldsymbol{\rho} = \xi \boldsymbol{i} + \eta \boldsymbol{j} + \zeta \boldsymbol{k}$$

则其方程式可写为形式

$$N(\boldsymbol{\rho} - \boldsymbol{r}) = 0 \qquad (15)$$

或以坐标表示为

$$F_x(\xi - x) + F_y(\eta - y) + F_z(\zeta - z) = 0 \qquad (16)$$

过切点而与切平面垂直的直线,称为曲面的法线,其规范方程式显然为

$$\frac{\xi - x}{F_x} = \frac{\eta - y}{F_y} = \frac{\zeta - z}{F_z} \qquad (17)$$

习题 4　求曲面 $xyz = a$ 的切平面的方程式,及平面 $Ax + By + Cz + D = 0$ 与此曲面相切的条件.

解　　　$yz\xi + zx\eta + xy\zeta = 3a$

相切条件

$$27aABC + D^3 = 0$$

习题 5　柱面为由一定方向的直线运动而成的曲面.此种直线即称为柱面的母线,而柱面与垂直于母线的平面的交线则称为参考曲线.若取坐标系使 z 轴平行于母线,且参考曲线位于平面 $z = 0$ 上并具方程式

$$f(x,y) = 0$$

则此方程式(不附加条件 $z = 0$)即为柱面的方程式(图 9).其切平面为

$$f_x(\xi - x) + f_y(\eta - y) = 0$$

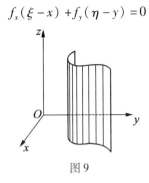

图 9

此平面与 z 轴平行,其位置与切点的位置无关. 故柱面的切平面包含母线,而与此母线上切点的位置无关.

习题 6　锥面为由过定点(锥面的顶点)的直线(母线)运动而成的曲面. 锥面与不过顶点的平面的交线,称为锥面的参考曲线(图 10).

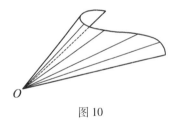

图 10

假定取锥面顶点为坐标原点,且参考曲线位于平面 $z = 1$ 上,而具有方程式

$$f(x, y) = 0$$

若齐次函数 $F(x, y, z)$ 恒满足关系

$$F(x, y, 1) = f(x, y)$$

则锥面的方程式即为

$$F(x, y, z) = 0$$

318

实际上,由齐次函数的定义,有

$$F(\lambda x, \lambda y, \lambda z) \equiv \lambda^p F(x, y, z)$$

其中 p 为 $F(x, y, z)$ 的次数.

　　若母线上一点 A_1 具有坐标 $(x_1, y_1, 1)$,则过坐标原点及点 A_1 的直线

$$\boldsymbol{r} = \lambda(x_1 \boldsymbol{i} + y_1 \boldsymbol{j} + \boldsymbol{k})$$

上的每一点均属于锥面.

　　切平面方程式具有形式

$$F_x(\xi - x) + F_y(\eta - y) + F_z(\zeta - z) = 0$$

而由 Euler 恒等式,有

$$F_x x + F_y y + F_z z = pF(x, y, z)$$

故对曲面上的点有

$$F_x x + F_y y + F_z z = 0 \qquad (*)$$

因此切平面方程式化为

$$F_x \xi + F_y \eta + F_z \zeta = 0$$

　　因条件 $(*)$ 表示切平面的法向量垂直于母线,另一方面, F_x, F_y, F_z 均为 $p-1$ 次的齐次函数,故有

$$F_x(\lambda x, \lambda y, \lambda z) = \lambda^{p-1} F_x(x, y, z)$$

$$F_y(\lambda x, \lambda y, \lambda z) = \lambda^{p-1} F_y(x, y, z)$$

$$F_z(\lambda x, \lambda y, \lambda z) = \lambda^{p-1} F_z(x, y, z)$$

　　由此推出:曲面的法向量沿母线保持其方向不变,故曲面的切平面包含母线,其位置与母线上切点的位置无关.

　　习题 7　证明曲面 $F(x^2 + y^2, z) = 0$ 的所有法线交于 z 轴.

§4 曲面的奇异点

在曲面的奇异点,曲面方程式左边关于点坐标的偏导数同时为 0,即

$$F_x = 0, F_y = 0, F_z = 0 \qquad (18)$$

故等式(13)不能对过此点的切线的位置作出结论. 为确定其位置,可关于参数 t 微分式(13),而得新恒等式

$$F_{xx}\left(\frac{\mathrm{d}x}{\mathrm{d}t}\right)^2 + F_{yy}\left(\frac{\mathrm{d}y}{\mathrm{d}t}\right)^2 + F_{zz}\left(\frac{\mathrm{d}z}{\mathrm{d}t}\right)^2 + 2F_{xy}\frac{\mathrm{d}x}{\mathrm{d}t}\frac{\mathrm{d}y}{\mathrm{d}t} +$$

$$2F_{yz}\frac{\mathrm{d}y}{\mathrm{d}t}\frac{\mathrm{d}z}{\mathrm{d}t} + 2F_{zx}\frac{\mathrm{d}z}{\mathrm{d}t}\frac{\mathrm{d}x}{\mathrm{d}t} + F_x\frac{\mathrm{d}^2x}{\mathrm{d}t^2} + F_y\frac{\mathrm{d}^2y}{\mathrm{d}t^2} + F_z\frac{\mathrm{d}^2z}{\mathrm{d}t^2} = 0 \quad (19)$$

在奇异点,上式最后三项消失为 0.

记过奇异点的切线的参数方程为

$$\xi - x = \lambda\frac{\mathrm{d}x}{\mathrm{d}t}$$

$$\eta - y = \lambda\frac{\mathrm{d}y}{\mathrm{d}t} \qquad (20)$$

$$\zeta - z = \lambda\frac{\mathrm{d}z}{\mathrm{d}t}$$

以导数的此种表示代入式(19)的左边,去掉公共因子 $\frac{1}{\lambda^2}$,等式(19)在奇异点化为形式

$$F_{xx}(\xi - x)^2 + F_{yy}(\eta - y)^2 + F_{zz}(\zeta - z)^2 +$$
$$2F_{xy}(\xi - x)(\eta - y) + 2F_{yz}(\eta - y)(\zeta - z) +$$
$$2F_{zx}(\zeta - z)(\xi - x) = 0 \qquad (21)$$

此时与曲面切于奇异点的所有直线的点,其坐标均满

足此式.

若第二阶偏导数不同时为 0,则方程式(21)表示一个二次锥面.

若此锥面为虚的,则奇异点为孤立点,即在此点近旁,无曲面其他的点.

若锥面为实,则曲面在此点具有锥面的形状,此种点显然存在. 例如将一锥面略加变形,扭曲其母线,使与原母线在顶点相切(图 11).

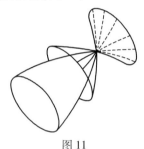

图 11

最后,方程式(21)可表示两平面. 例如当奇异点属于曲面上一自交曲线时,两半面为实. 若在曲面某一点,所有第二阶偏导数为 0,则由微分方程式(19)引出一个锥面方程式,此锥面由所有切线组成,其次数大于 2. 锥面的次数亦称奇异点的次数.

习题 8　求曲面 $x^2 + y^2 - z^2 - 6x - 8y - 10z = 0$ 的奇异点,并移动坐标原点于此点以简化原方程式.

解　$x^2 + y^2 - z^2 = 0$. 曲面为一圆锥.

习题 9　求曲面 $x^3 - z^2 y - 3x^2 + 2yz + z^2 + 3x - 2z - y = 0$ 的奇异点,并移动坐标原点于此点以简化原方程式.

解　奇异直线 $x = 1, z = 1$. 简化后的方程式为

$$x^3 + z^2 - yz^2 = 0.$$

§5 空间曲线的隐表示式

空间曲线可视为两曲面的交线. 设两曲面的方程为
$$\varphi(x,y,z) = 0, \psi(x,y,z) = 0 \tag{22}$$
而定义曲线为坐标同时满足这两个方程式的点的轨迹.

为化隐表示为参数表示, 可如下进行. 关于三个变数中任意两个, 例如 y 与 z, 解两个方程式, 而视另一个变数 x 为参数, 则代替式(22)有
$$x = t, y = y(t), z = z(t) \tag{23}$$
这显然为曲线的参数表示的一种特例.

曲线的切线可不借助参数表示而求得. 事实上仅需注意曲线同时位于两个曲面上, 且其切向量与两个曲面在对应点的法向量 N_1 与 N_2 正交. 若两个曲面沿此曲线各点无公共切平面, 则其法向量不共线, 此时曲线的切向量 T 可由两者的向量积决定(图12), 即

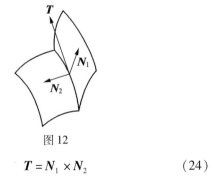

图 12

$$T = N_1 \times N_2 \tag{24}$$

包络面及其应用

微分几何学的地位近年来变得很重要起来. 2003 年 4 月佩雷尔曼在纽约举行讲座向全世界的同行讲解他对庞加莱猜想的证明. 拓扑学专家贝纳胡博士形容当时"拓扑学的专家们都完全无法理解佩雷尔曼的说明, 讲解的内容确实是在论证庞加莱的猜想. 但是大家却跟不上他的思路."

约韩·摩根博士则评价说:"有点讽刺的是, 佩雷尔曼的证明, 使用的是微分几何学, 而不是拓扑学."

过去拓扑学家们一度认为微分几何学已经太过于陈旧, 他们纷纷退出了这一领域的研究. 但是这一次, 佩雷尔曼正是利用了微分几何学的最新知识, 解开了庞加莱猜想这个被认为是拓扑学象征的世纪难题([日]春日真人著. 孙庆媛译《庞加莱猜想: 追寻宇宙的形状》. 北京: 人民邮电出版社, 2015, p193).

§1　一阶线性偏微分方程,几何解

问题　求一个曲面,使它的法线是一个给定的旋转柱面的切线.

为了解这一练习,我们写出这个问题的偏微分方程

$$(qx + py)^2 = R^2(p^2 + q^2) \tag{1}$$

这里的轴是这样选取的:使得柱面的方程为 $x^2 + y^2 = R^2$. 这个方程不是线性的,但是,用一般的方法(求通解)处理它是笨拙的,因为我们可以直接看出,它可以分解成两个线性方程. 方程(1)关于 p 与 q 是齐次的. 其次,这些方程是无理的,而且写起来比较复杂.

在这种类型的问题中,写出偏微分方程是完全无用的. 只要知道问题依赖于一个一阶偏微分方程就够了,然后,我们可以借助纯几何的方法来求解.

解　我们求一个曲面,使它的法线是一个旋转柱面的切线,设 M 是柱面外的一点(见图1). 要从点 M 出发的一条射线是柱面的切线,当且仅当切于柱面的两个平面(用 π 与 π' 表示它们)中的一个通过 M.

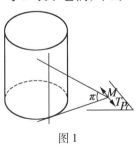

图 1

324

因此,要曲面满足问题的要求,当且仅当它在点 M 的切平面包含一条垂直于两个平面 π 与 π' 之一的直线 MT.

我们只考虑平面 π 与直线 MT. 我们看出了解一个一阶线性偏微分方程问题的几何解释. 特征曲线是在点 M 处以 MT 为切线的曲线,也就是展布在柱面的截圆的切空间上的曲线. 表示这个曲面的一个解是这些具有单参变量曲线的轨迹.

有两个解曲面通过给定曲线 γ,因为通过一个点有两条渐伸线. 它们是由切于 γ 的一条渐伸线所生成的.

§2　曲面族的包络面概要

1. 曲面族的包络面　已知单参数曲面族
$$\Sigma_\lambda : F(x,y,z;\lambda) = 0$$
若另有曲面 Σ,对于任意 $P \in \Sigma$,有族 $\{\Sigma_\lambda\}$ 中某个 Σ_λ,使 $P \in \Sigma_\lambda$,且在这点 Σ 与 Σ_λ 有相同的切平面,称 Σ 为族 $\{\Sigma_\lambda\}$ 的包络面.

对于每一个 λ,方程组
$$\begin{cases} F(x,y,z;\lambda) = 0 \\ F_\lambda(x,y,z;\lambda) = 0 \end{cases}$$
表示的曲线 Γ_λ 称为在曲面 Σ_λ 上的特征线,它是 Σ_λ 与族中邻近曲面交线的极限位置. 族中所有特征线组成族的包络面,从以上方程组中消去参数 λ,一般得到族的包络面方程.

对于每一个 λ, 方程组

$$\begin{cases} F(x,y,z;\lambda)=0 \\ F_{\lambda}(x,y,z;\lambda)=0 \\ F_{\lambda\lambda}(x,y,z;\lambda)=0 \end{cases}$$

表示的点 P_{λ} 称为特征线上的特征点. 它是 Σ_{λ} 与族中两个相邻曲面交点的极限位置. 族中所有特征点组成族的脊线 Γ, 它与特征线相切, 从以上方程组中消去参数 λ, 一般得到脊线方程.

2. 平面族的包络面　与曲线 Γ_0 有关的单参数平面族的包络面、特征线与脊线:

与 Γ_0 有关平面族 $\{\pi\}$	包络面 Σ	特征线 Γ	脊线 $\overline{\Gamma}$
密切平面族 $\{\pi_0\}$	切线曲面 Σ_α	切线 $\rho=r_0+t\alpha_0$	$\overline{\Gamma}=\Gamma_0$
从切平面族 $\{\pi_\beta\}$	从可展曲面 Σ_Ω	瞬时转轴 $\rho=r_0+t\Omega_0$	$\overline{\Gamma}:\rho=r+\dfrac{\kappa}{\kappa\tau-\tau\kappa}\Omega$
法平面族 $\{\pi_\alpha\}$	极线曲面 Σ_R	曲率轴 $\rho=r_0+R_0\beta_0+t\gamma_0$	$\overline{\Gamma}:\rho=r-R\beta+\dfrac{R}{\tau}\gamma$
切平面族 $\{\pi_n\}:n=\beta\cos\theta+\gamma\sin\theta$ $\theta+\tau=0$	可展法线曲面 $\Sigma_n:\overline{n}=-\beta\sin\theta+\gamma\cos\theta$	法线 $\rho=r_0+tn_0$	$\overline{\Gamma}:\rho=r+R(\beta+\gamma\tan\theta)$

单参数平面族

$$\pi_\lambda:A(\lambda)x+B(\lambda)y+C(\lambda)z+D(\lambda)=0$$

的包络面 Σ 为可展曲面, 特征线是其直母线.

当 Σ 为柱面时, 所有特征线互相平行;

当 Σ 为锥面时, 所有特征线通过一定点;

当 Σ 为切线曲面时, 所有特征线为脊线的切线.

§3　单参数曲面族的包络

求单参数曲面族的包络的实用规则如下所述: 在"一般"情形下, 它给出正则的结果. 取曲面族的形式为 $F(x,y,z;\lambda)=0$, 再由两个方程 $F(x,y,z;\lambda)=0$ 和 $\dfrac{\partial F}{\partial \lambda}(x,y,z;\lambda)=0$ 消去参数 λ. 最常得到的结果有形式 $G(x,y,z)=0$ (如果能够做明晰的计算的话). 在单个平面的情形下, 得到可展曲面. 球面族的情形是特别引人注目的. 如果说每个平面与其包络是沿着一条直线 (无限邻近的平面的交) 相切, 那么每个球面是沿着一个 (小) 圆周相切. 这些曲面将用它们的曲率线刻画特征. 还要注意当球面有一个公共点时, 它们的包络是可展曲面的在反演下的象.

这里指出两个情形: 第一个情形是球面的半径是常数, 包络 (至少对于充分小的半径) 正是我们研究过的管形的边界, 那里的 X 是 $\mathbf{R}^3$ 里的曲线, 在古典文献里, 它们叫作管道曲面.

第二个情形是曲面 S 以两种不同的方式作为球面的包络. 三个不同的球确定与三个球都相切的一个单参数的球面族, 并且我们确信必然会出现这里所说的情形. 公切球中心的轨迹 (它有两段, 每段对应一个生成方式) 由 $\mathbf{R}^3$ 的两个焦点圆锥曲线构成 (图 2), 即对

应于 $c = \lambda, z = 0$ 和 $b = \lambda, y = 0$ 的极限形式

$$\frac{x^2}{a-c} + \frac{y^2}{b-c} - 1 = 0, \frac{x^2}{a-b} + \frac{z^2}{b-c} - 1 = 0$$

还必须包括以下两个特殊情形:两段组成焦点抛物线,以及一段是圆周,而另一段是它的轴. 前一种情形得到的曲面正是迪潘四次圆纹曲面类. 后一种情形给出的是圆环面.

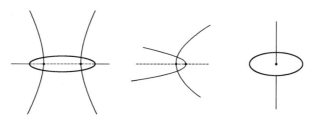

图 2　焦点圆锥曲线:它们描绘在正交平面上,
并且一个的顶点是另一个的焦点

§4　带双参数的包络

仅谈论平面情形. 在 $\mathbf{R}^2$ 里一个单参数直线族,至少对于某些计算,理想的表示是欧拉方程,即把直线到原点的距离表示成方向的函数,而说到底,方向是描绘出一个圆周的向量确定. 计算是容易的,根本原因在于一个圆周的参数表示跟一条直线一样. 如果直线到原点的距离 p 是角 θ 的函数,那么其包络曲线的曲率的值是

$$p + \frac{\mathrm{d}^2 p}{\mathrm{d}\theta^2} = p + p''$$

　　对于 $\mathbf{R}^3$ 的平面的双参数族,必须用单位向量的函数给定平面到原点的距离 p,单位向量相当描绘出 S^2 的一个点. 而前面已经看到 S^2 的点的参数表示并不真的那么简单.

　　波曲面十分容易地定义为双参数平面族的包络,取函数 p 为

$$p = \frac{(a+k)u^2 + (b+k)v^2 + (c+k)w^2}{2}$$

其中 $u^2 + v^2 + w^2 = 1$,而 k 是一个参数.

　　笛卡儿坐标由

$$x = (p-a)u, y = (p-b)v, z = (p-c)w$$

给定.

　　读者可以验证恩尼珀曲面,可以非常容易地定义为平面的这样的包络:在焦点抛物线的两条抛物线(参见前面的图形)上各任意取一个点,如果作这对点的中垂面,即过联结这两个点的线段的中点并且垂直于该线段的平面,那么这些平面的包络是恩尼珀曲面.

可展曲面

第 10 章

§1 曲面族的包络

含一个参数的曲面族,由下面的方程式给定

$$F(x,y,z,c) = 0 \qquad (1)$$

固定 c 的值,方程式即决定族中一曲面,变动 c 即对应而得其他的曲面(图1).

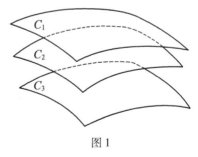

图 1

若存在一曲面,在其上每一点与族中某一曲面相切,则此曲面称为已知曲面族的包络(图2).

330

图 2

由定义,知包络的每一点必属于族中某一曲面,而此曲面由参数值 c 完全决定. 故可认为包络的每一点对应于 c 唯一确定的值,即 c 为包络上点的坐标的函数

$$c = c(x, y, z) \qquad (2)$$

以包络上点的坐标及对应的参数值代入族方程式,即得恒等式

$$F\{x, y, z, c(x, y, z)\} = 0 \qquad (3)$$

为求出包络与族中曲面相切的条件,考虑位于包络上的某一曲线

$$\boldsymbol{r} = \boldsymbol{r}(t)$$

因曲线上点的坐标应满足方程式(3),故亦满足恒等式

$$F\{x(t), y(t), z(t), c(t)\} \equiv 0$$

微分上式而得新恒等式

$$\frac{\partial F}{\partial x}\frac{\mathrm{d}x}{\mathrm{d}t} + \frac{\partial F}{\partial y}\frac{\mathrm{d}y}{\mathrm{d}t} + \frac{\partial F}{\partial z}\frac{\mathrm{d}z}{\mathrm{d}t} + \frac{\partial F}{\partial c}\frac{\mathrm{d}c}{\mathrm{d}t} = 0 \qquad (4)$$

但包络的切向量 $\dfrac{\mathrm{d}\boldsymbol{r}}{\mathrm{d}t}$ 应同时为族中对应曲面的切向量,由此有

$$N \frac{\mathrm{d}\boldsymbol{r}}{\mathrm{d}t} = F_x \frac{\mathrm{d}x}{\mathrm{d}t} + F_y \frac{\mathrm{d}y}{\mathrm{d}t} + F_z \frac{\mathrm{d}z}{\mathrm{d}t} \qquad (5)$$

故向量 $\dfrac{\mathrm{d}\boldsymbol{r}}{\mathrm{d}t}$ 与曲面法向量 N 正交. 比较式（4）与式（5），得

$$\frac{\partial F}{\partial c} \frac{\mathrm{d}c}{\mathrm{d}t} = 0$$

这对包络上每一点均成立.

因曲线可任意选择,使其包含族中不同曲面的点,故上面的条件应恒满足. 而对变动的 c,即当 $\dfrac{\mathrm{d}c}{\mathrm{d}t} \neq 0$ 时,有

$$\frac{\partial F}{\partial c} = 0$$

所以,包络上的点,其坐标应满足两个方程式

$$F(x,y,z,c) = 0 \quad （A）$$
$$\frac{\partial}{\partial c} F(x,y,z,c) = 0 \quad （B） \qquad (6)$$

由这两式消去参数 c,而得具有形式

$$\varphi(x,y,z) = 0 \qquad (7)$$

的关系. 若包络存在,此即表示其方程式.

若由方程组（6）消去参数 c 而考察由方程式（7）表示的曲面（即所谓已知曲面族的判别曲面）,则此种曲面不一定为包络. 为确定在何种条件下此种曲面确为包络,需进行特别的探讨,而以相反的程序重复上面的讨论.

首先可看出判别曲面上每一点属于族中某一曲面,因其坐标对 c 的某值满足方程式

$$F(x,y,z,c)=0$$

为进而确定相切的关系,可取位于判别曲面上的任意一条曲线,以其关于参数 t 的表示式代入(6,A),再进行微分,有如导出公式(4)时的情形,而得条件

$$F_x\frac{\mathrm{d}x}{\mathrm{d}t}+F_y\frac{\mathrm{d}y}{\mathrm{d}t}+F_z\frac{\mathrm{d}z}{\mathrm{d}t}+F_c\frac{\mathrm{d}c}{\mathrm{d}t}=0$$

但由式(6,B),最后一项消失,故得

$$F_x\frac{\mathrm{d}x}{\mathrm{d}t}+F_y\frac{\mathrm{d}y}{\mathrm{d}t}+F_z\frac{\mathrm{d}z}{\mathrm{d}t}=0$$

此条件表示判别曲面的切向量 $\dfrac{\mathrm{d}\boldsymbol{r}}{\mathrm{d}t}$ 与族中曲面的法向量正交,但需等式

$$F_x=F_y=F_z=0$$

不同时成立,而此式则表示族中曲面的奇异点.

因此,若判别曲面不由族中曲面的奇异点组成时,即为族的包络.

§2　曲面族的特征线

参数 c 的值,一般地说,随点在包络上的移动而变化.但可在包络上求出特殊的轨迹,使其上的点所对应的参数值为常数.

在此条件下,方程式(6),即

$$F(x,y,z,c)=0$$

$$F_c(x,y,z,c)=0$$

表示两曲面,其公共点的轨迹一般为某一曲线,位于包络上,且其上所有的点对应于同一的参数值 c. 此曲线称为曲面族的特征线. 因特征线上所有的点由于方程式(6,A)属于族中某一定曲面,故特征线为包络与族中某一定曲面沿之相切的曲线(图 3).

图 3

特征线的概念可由另一方面的考虑获得,此在许多特殊情形下更便于作特征线的几何性质的研究.

假定族中对应于两个充分接近的参数值 c 与 $c + \Delta c$ 的两曲面,沿某一曲线相交. 此曲线上点的坐标显然满足方程式

$$F(x,y,z,c) = 0 \qquad (\text{I})$$

与

$$F(x,y,z,c+\Delta c) = 0 \qquad (\text{I}')$$

应用 Lagrange 中值定理,可得第三个方程式

$$F_c(x,y,z,c_1) = 0 \qquad (\text{I}'')$$

其中 c_1 为参数在两个已知值间的某一个值.

所论曲线的点坐标亦满足此方程式.

现在假定 $\Delta c \to 0$,即对应于族中两已知曲面的参数值无限地接近,此时方程式(I'')变为

$$F_c(x,y,z,c) = 0 \qquad (\text{II})$$

而与方程式(Ⅰ)共同决定所讨论曲线的极限位置. 比较方程组(Ⅰ)和(Ⅱ)与式(6),即得如下的结论:曲面族中对应于两无限接近的参数值的两曲面的交线的极限位置,与族中特征线一致.

§3 脊 线

特征线在包络上组成含一个参数的曲线族. 若此族曲线具有包络,则此包络线称为已知曲面族的脊线.

假定所讨论曲面族具有脊线,而由下面的方程式表示

$$r = r(t)$$

将此曲线的点坐标表示代入方程式(6),而得恒等式,因由定义,故脊线属于包络.

微分由式(6,B)而得的条件,有

$$\frac{\partial^2 F}{\partial c\, \partial x}\frac{\mathrm{d}x}{\mathrm{d}t} + \frac{\partial^2 F}{\partial c\, \partial y}\frac{\mathrm{d}y}{\mathrm{d}t} + \frac{\partial^2 F}{\partial c\, \partial z}\frac{\mathrm{d}z}{\mathrm{d}t} + \frac{\partial^2 F}{\partial c\, \partial c}\frac{\mathrm{d}c}{\mathrm{d}t} = 0 \quad (8)$$

但由于脊线在其上每一点的切向量应与对应的特征线的切向量一致,因此,应垂直于过此特征线的任意一个曲面的法向量. 此种曲面之一由方程式(6,B)表示

$$F_c(x, y, z, c) = 0$$

其法向量 N_c 具有坐标

$$(F_{cx}, F_{cy}, F_{cz})$$

注意正交条件

Leibniz 定理

$$N_c\frac{\mathrm{d}\boldsymbol{r}}{\mathrm{d}t}=0 \tag{9}$$

及参数值 c 沿脊线变动,则由式(8)有

$$F_{cc}=0$$

因此,脊线上点的坐标应同时满足如下三个方程式

$$F(x,y,z,c)=0,F_c(x,y,z,c)=0,F_{cc}(x,y,z,c)=0$$

$$\tag{10}$$

关于 x,y,z 解此三个方程式,可决定它们为参数 c 的函数.若脊线存在,则得其参数方程式为

$$\boldsymbol{r}=\boldsymbol{r}(c)$$

此时,对应于 c 的每一个值,可在族中每一曲面上求得属于脊线的一点,此种点称为已知曲面族的特征点.

例 1 球面族的包络称为圆纹面.求含一个参数的球面族具有包络的条件.

解 设球面族的方程式为

$$(\rho-r)^2-k^2=0 \tag{$*$}$$

取族中球心的轨迹曲线($r=\mathrm{const.}$ 时的情形无意义)

$$r=r(s)$$

的弧长为参数.关于此参数微分($*$),得

$$(\rho-r)\tau+k\frac{\mathrm{d}k}{\mathrm{d}s}=0 \tag{$**$}$$

由方程组($*$)和($**$)知族中特征线为圆,位于平面($**$)上.此平面与球心轨迹的法平面平行,而与对应球心的距离为

$$k\left|\frac{\mathrm{d}k}{\mathrm{d}s}\right|$$

336

此圆（随之而圆纹面本身）当

$$\left|\frac{\mathrm{d}k}{\mathrm{d}s}\right| < 1$$

时为实.

特别地,若族中所有球面有同一半径,则曲面为实,而特征线为族中球面上的大圆,位于球心轨迹的法平面上.

§4 可 展 曲 面

考虑由下面方程式定义的平面束

$$F(x,y,z,a) = N(a)r + D(a) = 0 \qquad (11)$$

关于参数 a 微分上式,得

$$F_a(x,y,z,a) = \dot{N}r + \dot{D} = 0 \qquad (12)$$

若平面族的特征线存在,方程式(11)及式(12)对于 a 固定的值即为其方程式. 因式(12)为平面的方程式,故特征线即为平面(11)与(12)的公共直线. 若两平面的法向量不平行,则其交线恒存在. 相反的情形,若向量 $\dot{N}$ 与 N 共线,则

$$\dot{N} = \lambda N \qquad (13)$$

表示向量 N 有一定方向,而族中所有平面互相平行. 此种平面族的包络显然不存在. 因此,以下将摒除情形(13)于讨论之外,而假定平面的法向量的方向随参数 a 变动.

回到一般情形,而以下的方程式结合于方程

式(11)与(12),得

$$F_{aa}(x,y,z,a) = \ddot{N}r + \ddot{D} = 0 \qquad (14)$$

族中特征点的坐标应满足方程组

$$\begin{cases} Nr + D = 0 & (\alpha) \\ \dot{N}r + \dot{D} = 0 & (\beta) \\ \ddot{N}r + \ddot{D} = 0 & (\gamma) \end{cases} \qquad (15)$$

因三个方程式均为一次的,故 r 的唯一的解的存在的充要条件为:此组方程式的主行列式不为 0. 但此行列式有形式

$$\Delta = \begin{vmatrix} A & B & C \\ \dot{A} & \dot{B} & \dot{C} \\ \ddot{A} & \ddot{B} & \ddot{C} \end{vmatrix} \qquad (16)$$

其中,A, B, C 一如通常表示向量 N 的坐标,而为平面族的方程式的系数.

行列式 Δ 显然可化为混合积

$$\Delta = (N \dot{N} \ddot{N}) \qquad (17)$$

（A）分别对于 $\Delta \neq 0$ 及 $\Delta = 0$ 的情形,讨论对应的平面族.

$$\Delta = (N \dot{N} \ddot{N}) \neq 0$$

此时方程组(15)关于特征点的向径为可解的,而由此即决定它为参数 a 的函数

$$r = r(a) \qquad (18)$$

若方程组(18)定义一曲线,则即为脊线. 现讨论此曲线如何与平面族相结合.

因特征线为平面 α 与 β 的交线,切于脊线,故其切向量与两平面的法向量垂直,而有

$$N \dot{r} = 0 \qquad\qquad (19)$$

$$\dot{N} r = 0 \qquad\qquad (20)$$

微分等式(19),得

$$\dot{N} r + N \ddot{r} = 0$$

而由式(20),有

$$N \ddot{r} = 0$$

故族中与脊线相切的平面包含二阶导向量,因此为脊线的密切平面.

所以,若平面族的脊线与某一空间曲线重合,则族中所有特征线切于此曲线,且族中诸平面为其密切平面.

在式(15)关于特征点向径为可解的条件下,向径可能与参数无关.此时方程式(18)为方程式

$$r = r_0 = \text{const.}$$

所代替,而不定义脊线为一曲线.但此时可认为平面族的所有特征线均过一定点 $r = r_0$,而包络由过一定点的直线运动而成,故为锥面.

所以,若平面族的所有特征线过一定点,则族中所有平面切于一锥面,而特征线即与其直母线一致.

(B)假定 $\Delta = (N \dot{N} \ddot{N}) = 0$.此时向量 N 变动而保持平行于一定平面,且族中平面均垂直于此平面.因特征线为族中两平面的公共直线的极限位置,故亦垂直于该平面,而特征线则互相平行.由此推得:包络由一

定方向的直线运动而成,故为柱面.

所以,若平面族的特征线互相平行,则此族的包络为一柱面.

依据以后即将解释的理由,平面族的包络称为可展曲面.

综合本节所得结果,可说存在三种可展曲面:

1. 由空间曲线的切线作成的曲面(切线曲面)(图4);

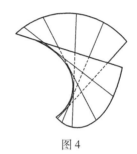

图 4

2. 锥面(图 5);

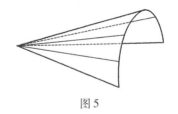

图 5

3. 柱面(图 6).

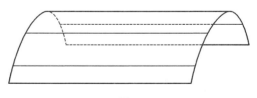

图 6

平面亦可看成可展曲面. 因平面显然可视为平面曲线的切线曲面,或以直线为参考曲线的锥面或柱面.

§5　极　曲　面

进入与空间曲线相关的可展曲面的讨论,可研究法平面族的包络. 一曲线的法平面族的包络称为此曲线的极曲面.

曲线
$$r = r(s)$$
的法平面的方程式有形式
$$\tau(\rho - \tau) = 0 \tag{21}$$
关于参数微分上式,得方程组
$$\begin{cases} \tau(\rho - r) = 0 & (A) \\ \dfrac{\mathrm{d}}{\mathrm{d}s}\{\tau(\rho - r)\} = 0 & (B) \end{cases} \tag{22}$$
而决定极曲面的特征线. 整理方程式(B)的左边,应用 Frenet – Serret 公式,得
$$\frac{\mathrm{d}}{\mathrm{d}s}\{\tau(\rho - r)\} = kv(\rho - r) - \tau^2 = k\{v(\rho - r) - p\}$$

因此,特征线上每一点的坐标满足关系
$$v(\rho - r) = p \tag{23}$$

方程式(22,B)或其等价的方程式(23)表示一平面,其法向量沿曲线的主法线的方向,故平行于直平面. 因为此平面与法平面沿族的特征线相交,所以特征线平行于副法线.

至此,容易求出特征线在法平面上的位置. 由关系

式(23)可知,连接曲线上任一点及特征线上任一点的向量 $\boldsymbol{\rho}-\boldsymbol{r}$ 在主法线上的射影等于曲率半径,由此立即推出:特征线过曲线的曲率中心(图7).

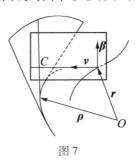

图 7

所以,极曲面的特征线为直线,平行于已知曲线在对应点的副法线并过其曲率中心.

此直线亦称为已知曲线的曲率轴.

例 2　求曲线

$$\boldsymbol{r}=\cos\frac{\varphi}{\sqrt{2}}\left\{\frac{\boldsymbol{e}(\varphi)+\boldsymbol{k}}{\sqrt{2}}\right\}-\sin\frac{\varphi}{\sqrt{2}}\boldsymbol{e}_1(\varphi)$$

的曲率轴及极曲面.

解　$\dot{\boldsymbol{r}}=\dfrac{1}{2}\sin\dfrac{\varphi}{\sqrt{2}}\{\boldsymbol{e}(\varphi)-\boldsymbol{k}\}$

法平面的方程式为

$$\{\boldsymbol{e}(\varphi)-\boldsymbol{k}\}\boldsymbol{\rho}=0$$

关于 φ 微分,得

$$\boldsymbol{e}_1(\varphi)\boldsymbol{\rho}=0$$

由此,特征线的方程式有形式

$$\boldsymbol{\rho}=\lambda\{\boldsymbol{e}(\varphi)-\boldsymbol{k}\}\times\boldsymbol{e}_1(\varphi)=\lambda\{\boldsymbol{k}+\boldsymbol{e}(\varphi)\}$$

而得

$$\xi = +\lambda\cos\varphi,\ \eta = +\lambda\sin\varphi,\ \zeta = -\lambda$$

消去 φ，得极曲面的方程式为

$$\xi^2 + \eta^2 - \zeta^2 = 0$$

为一圆锥.

曲线自身位于球面上，而称为圆的球面渐伸线.

§6　极曲面的特征点

由可展曲面的一般理论，知极曲面的特征点的坐标应满足方程组

$$
\begin{cases}
\boldsymbol{\tau}(\boldsymbol{\rho}-\boldsymbol{r}) = 0 & (\text{A}) \\[2mm]
\dfrac{\mathrm{d}}{\mathrm{d}s}\{\boldsymbol{\tau}(\boldsymbol{\rho}-\boldsymbol{r})\} = 0 & (\text{B}) \\[2mm]
\dfrac{\mathrm{d}^2}{\mathrm{d}s^2}\{\boldsymbol{\tau}(\boldsymbol{\rho}-\boldsymbol{r})\} = 0 & (\text{C})
\end{cases}
\qquad (24)
$$

整理最后一式，并应用方程式 $(24,\text{B})$ 的整理结果，得

$$\frac{\mathrm{d}^2}{\mathrm{d}s^2}\{\boldsymbol{\tau}(\boldsymbol{\rho}-\boldsymbol{r})\}$$

$$= \frac{\mathrm{d}}{\mathrm{d}s}\{k[\boldsymbol{v}(\boldsymbol{\rho}-\boldsymbol{r})-p]\}$$

$$= k'[\boldsymbol{v}(\boldsymbol{\rho}-\boldsymbol{r})-p] + k[(-k\boldsymbol{\tau}+x\boldsymbol{\beta})\cdot$$

$$(\boldsymbol{\rho}-\boldsymbol{r})+\boldsymbol{v}\boldsymbol{\tau}-p']$$

但由方程式 $(24,\text{B})$，第一项为 0，故得

$$(k\boldsymbol{\tau}-x\boldsymbol{\beta})(\boldsymbol{\rho}-\boldsymbol{r})+p' = 0 \qquad (25)$$

所求特征点位于曲率轴上，由此其向径可写为

$$\boldsymbol{\rho} = \boldsymbol{r} + p\boldsymbol{v} + \lambda\boldsymbol{\beta} \quad （\text{图}8）$$

以之代入(25),得

$$-x\lambda + p' = 0$$

引用记法

$$q = \frac{1}{x} \qquad (26)$$

(即所谓"挠率半径")得极曲面上特征点的向径的最后表示为

$$\boldsymbol{\rho} = \boldsymbol{r} + p\boldsymbol{v} + qp'\boldsymbol{\beta} \qquad (27)$$

若视上式右边的参数 s 为变数,即得极曲面的脊线的方程式.

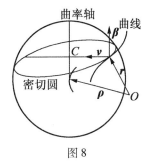

图 8

显然,公式(27)仅对非平面曲线有意义. 若曲线为平面的,则其极曲面为柱面,而无特征点.

§7 密　切　球

密切球为过已知曲线上四个无限接近点的球面的极限位置. 设此球面的方程式为

$$(\boldsymbol{\rho} - \boldsymbol{\rho}_0)^2 - R^2 = 0 \qquad (28)$$

其中 $\boldsymbol{\rho}$ 为球面的流动向径，$\boldsymbol{\rho}_0$ 为球心向径，R 为球的半径.

由接触的一般理论，以曲线的向径代入方程式 (28) 及由此微分而得的另外三式，应变为恒等式.

但

$$\frac{\mathrm{d}}{\mathrm{d}s}\{[\boldsymbol{r}(s) - \boldsymbol{\rho}_0]^2 - R^2\} = 2(\boldsymbol{r} - \boldsymbol{\rho}_0)\boldsymbol{\tau}$$

故所讨论恒等式有形式

$$(\boldsymbol{r}_0 - \boldsymbol{\rho}_0)^2 - R^2 = 0 \qquad (\mathrm{A}_1)$$

$$\boldsymbol{\tau}_0(\boldsymbol{r}_0 - \boldsymbol{\rho}_0) = 0 \qquad (\mathrm{A}_2)$$

$$\frac{\mathrm{d}}{\mathrm{d}s}\boldsymbol{\tau}\{\boldsymbol{r}(s) - \boldsymbol{\rho}_0\}\Big|_{s=s_0} = 0 \qquad (\mathrm{A}_3)$$

$$\frac{\mathrm{d}^2}{\mathrm{d}s^2}\boldsymbol{\tau}\{\boldsymbol{r}(s) - \boldsymbol{\rho}_0\}\Big|_{s=s_0} = 0 \qquad (\mathrm{A}_4)$$

第一方程式决定所求球面的半径. 后三式可与前节方程组 (24) 比较，即易于讨论. 事实上这三个式子表示：以密切球心的向径代替流动向径 $\boldsymbol{\rho}$ 代入 (24)，得到满足.

由此立即推出：密切球心与极曲面的特征点一致. 因此，如式 (27)，可由下面公式表示

$$\boldsymbol{\rho}_0 = \boldsymbol{r}_0 + p\boldsymbol{v}_0 + qp'\boldsymbol{\beta}_0 \qquad (29)$$

更注意关系 (A_1)，可得密切球的半径的表示式

$$R^2 = p^2 + (qp')^2 \qquad (30)$$

作为结束，试讨论几种特殊情形.

平面曲线无密切球，由此可如下推得：平面上的四点，一般不能在同一球面上，因为挠率为 0 时，式 (26)

无意义. 球面曲线即以所在球面为密切球, 此可直接证明, 只需注意此球面过已知曲线上任何四点. 若注意球面曲线的所有曲率轴应过球心, 且后者为极曲面的特征点, 则应为密切球球心——且对曲线上所有的点都如此, 亦得出同一结果.

例 3 证明密切球的半径与曲线上的点无关, 仅当曲线为球面曲线或定曲率曲线时, 而在后一情形, 密切球的半径与曲率半径一致.

解 微分关系式

$$p^2 + (qp')^2 = \text{const.}$$

得

$$p'\{p + q(p'q)'\} = 0$$

令 $p' = 0$, 得定曲率曲线, 此时显然

$$R = p$$

而在另一情形, 式 (29) 的微分给出

$$p_0' = \{px + (p'q)'\}\beta_0 = x\{p + q(p'q)'\}\beta_0 = 0$$

由此推出: 曲线位于球心向径为 $\rho_0 = \text{const.}$ 而半径 $R = \text{const.}$ 的球面上.

例 4 求极曲面的脊线的相伴三面形, 及此脊线与已知曲线的曲率与挠率的关系 (图 9).

解 以 τ, υ, β, k 及 x 表示与已知曲线相关的各量, 而 $\tau_c, \upsilon_c, \beta_c, k_c$ 及 x_c 则对应于极曲面的脊线. 因曲率轴为极曲面的特征线, 故切向量

$$\tau_c = \beta$$

法平面为曲线 ρ_c 的密切平面, 故有

$$\beta_c = \pm\tau, \upsilon_c = \beta_c \times \tau_c = \pm\tau \times \beta = \pm\upsilon$$

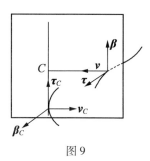

图 9

因此,曲线 ρ_0 的切线与副法线的旋转角各等于已知曲线的副法线与切线的旋转角,由此立即推出

$$\frac{\mu_c}{k_c} = \pm \frac{k}{x}$$

§8　切平面的包络

若在曲线

$$\boldsymbol{r} = \boldsymbol{r}(t)$$

上的每一点已知单位法向量 $\boldsymbol{n}$ 的切平面(图 10),则此平面族有方程式

$$\boldsymbol{n}(\boldsymbol{\rho} - \boldsymbol{r}) = 0 \tag{31}$$

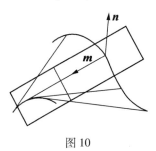

图 10

347

关于参数 t 微分上式,并注意 $\boldsymbol{n}$ 与曲线的切向量垂直,得

$$\dot{n}(\boldsymbol{\rho} - \boldsymbol{r}) - \boldsymbol{n}\,\dot{r} = 0$$

或

$$\dot{n}(\boldsymbol{\rho} - \boldsymbol{r}) = 0 \qquad (32)$$

方程式(31)与(32)决定族中的特征线,且显然 $\boldsymbol{\rho} = \boldsymbol{r}$ 亦满足两式.

由此可知,切于一已知曲线的平面族,其特征线过对应切点.

此结果显然可用下面的方式表达:与族中每一平面相切的曲线,位于此平面族的包络上.

已知特征线过切点,但完全决定它尚需计算其方向向量 $\boldsymbol{m}$. 为此,可注意 $\boldsymbol{m}$ 与平面(31)及(32)的法向量垂直,而得条件

$$\boldsymbol{mn} = 0, \boldsymbol{m}\,\dot{n} = 0 \qquad (33)$$

故特征线的方程式可写为

$$\boldsymbol{\rho} = \boldsymbol{r} + \lambda \boldsymbol{n} \times \dot{n} \qquad (34)$$

§9　由法线组成的可展曲面

假定在曲线

$$\boldsymbol{r} = \boldsymbol{r}(t)$$

上每一点已选定一法线而有单位方向向量

$$\boldsymbol{m} = \boldsymbol{m}(t)$$

现在求此向量所应满足的条件,使选定的法线为

可展曲面的母线.

因已给曲线位于此曲面上,故后者为此曲线的切平面的包络,且向量 m 应满足条件(33),即

$$mn = 0, m\dot{n} = 0$$

微分第一式,得

$$\dot{m}n + m\dot{n} = 0$$

显然,使第二式成立的充要条件为

$$\dot{m}n = 0 \tag{35}$$

另一方面,因 m 为单位向量,故有

$$m\dot{m} = 0 \tag{36}$$

向量 n 与 m 位于已给曲线的法平面上,按条件式(35)及式(36),向量 $\dot{m}$ 与两者垂直,故 $\dot{m}$ 沿切线的方向,而有

$$\dot{m} = \lambda\,\dot{r} \tag{37}$$

反之,由式(37)可得式(35)及式(36),且若向量 m 沿法线的方向,则对于它条件式(33)亦成立.

所以,已知曲线的法线族组成可展曲面的充要条件为:各法线的单位向量的导向量与曲线的切向量共线.

为求向量 m 的方向,假定其可写为形式

$$m = v\cos\,\theta + \beta\sin\,\theta$$

其中 θ 为 m 与曲线的主法线的交角.

微分上式,并应用 Frenet – Serret 公式,经简单变换后,得

$$dm = -\tau k\cos\,\theta ds + (d\theta + kds)(\beta\cos\,\theta - v\sin\,\theta)$$

为使 dm 与 τ 共线,应满足条件

$$d\theta + xds = 0 \qquad (38)$$

由此决定所求角度并以积分来表示

$$\theta = \int -xds \qquad (39)$$

至此可看出由任意一曲线的法线可作成可展曲面,且有某种程度的随意,以对应积分常数的随意选择.

此种任意性有简单的几何意义.假定由已给曲线的法线作成两不同的可展曲面,且其特征线与已知曲线的主法线作成角 θ_1 与 θ_2.

这两个角均应满足条件式(38),故若记 $\varphi = \theta_2 - \theta_1$,则有

$$d\varphi = d(\theta_2 - \theta_1) = 0$$

或

$$\varphi = \text{const.}$$

由此推得:若组成可展曲面的法线在法平面上转动一定角度,则所得法线仍组成可展曲面(图 11).

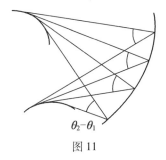

$\theta_2 - \theta_1$

图 11

公式(38)可用以解决关于曲线形状的某些问题,而使其主法线或副法线组成可展曲面. 在这两种情形

下 , $\theta = 0$ 或 $\theta = \dfrac{\pi}{2}$,而有

$$d\theta = 0$$

由此 , $k = 0$,故上面情形仅对平面曲线有可能.

§10　空间渐屈线

与已给曲线 Γ 的法线相切的曲线 Γ_1 ,称为 Γ 的空间渐屈线.

由此定义可直接推出,切于渐屈线的法线族应组成可展曲面,其脊线即所讨论的渐屈线.

现求渐屈线的点在族中法线上的位置.

为此,可注意渐屈线切于法线,故应切于已给曲线的所有法平面,因此应位于法平面族的包络上.

所以,已给曲线的渐屈线位于其极曲面上.

注意渐屈线的点为曲率轴与组成可展曲面的法线的交点,故其向径可写为下面的形式

$$\boldsymbol{\rho} = \boldsymbol{r} + p\boldsymbol{\nu} + p\tan\theta\boldsymbol{\beta}$$

其中 p 为曲率半径,而 θ 满足条件(38),即

$$d\theta + x\,ds = 0$$

因决定的角 θ 尚有一任意常数项,故每一条曲线有无数条渐屈线.

特别对于平面曲线也是正确的. 此时 $x = 0$. 而令 $\theta = 0$ 可得渐屈线之一. 但此时渐屈线与已给曲线位于同一平面,重合于后者的曲率中心的轨迹,这已于前面

有 所 讨 论. 此 曲 线 的 其 他 渐 屈 线 对 应 于 值 $\theta =$ const. $\neq 0$.

所有渐屈线均位于极曲面上, 后者在平面曲线的情形为一柱面. 另一方面, 平面曲线的渐屈线的切线与原曲线所在平面所成的角 θ 为常数, 即表示这些切线与曲率轴交成定角, 故为定倾曲线(图 12).

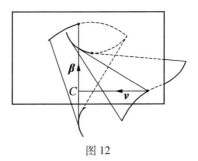

图 12

吴大任,骆家舜论包络在齿轮啮合中的应用

关于微分几何的应用,这里有一个关于吴大任父子的轶事. 吴大任先生的长子吴介之毕业于北京航空学院,后赴美留学,20 世纪 80 年代,他从事一项漩涡动力问题的研究,关键之处要用到曲面的微分几何. 1984 年春节,回家探亲的他向父亲请教,吴大任把自己撰写出版的《微分几何讲义》给了他. 那本教材简明扼要、深入浅出,吴介之读后用了一个星期就把问题解决了. 后来这项研究发展成一个边界上涡量动力学的一般理论,包括吴介之和他儿子的论文. 在吴介之与朋友合著的一本书中,他引用了父亲的《微分几何讲义》. 1993 年书在国外出版后,他托人给父亲送来一本. 特别告诉吴大任先生:这里有吴家三代人的贡献. 作为对吴大任先生的报答.

微分几何的应用中比较成功的是在齿轮啮合方面. 从 1971 年起,南开大学

就开始了对齿轮啮合理论进行研究. 随后即在数学系成立了齿轮啮合研究组, 严志达教授长期参加了研究组, 并创立了便于应用的微分几何理论体系. 1976 年和 1977 年, 吴大任先生在南开大学开设了"微分几何与齿轮啮合理论"的课程, 并与骆家舜先生合著了一本专著.

§1   齿轮传动与微分几何

在前苏联的《机器制造通报》1958 年 5 月号上发表了一篇诺维柯夫齿轮传动的计算, 是由费加金、捷斯洛柯夫所撰写, 它对我们了解微分几何在齿轮计算中的应用大有益处.

诺维柯夫齿轮传动开始在我国工业中广泛应用. 因此迫切需要制定这种齿轮传动的几何计算和近似的强度计算方法. 下面介绍这种齿轮传动的设计程序, 它或多或少都考虑到了诺维柯夫本人在他的论文中所提出的以及由试验所得出的齿廓几何要素间最合理的比值.

1. 接触应力强度的初步近似啮合计算

在新啮合制齿轮传动内轮齿的齿廓是圆弧, 而且是一个形状复杂的短悬臂梁. 作用在齿上的荷载沿其齿长方向移动.

一阶近似的轮齿负载图, 其形式有几种: 假使作用在齿上的载荷不大, 则在接触面积上载荷的分布图可以取为半椭圆体的形状, 实际上最合理的基本情况是

轮齿在端截面里齿形的线接触.如果在设计时端面齿廓曲率半径大小差不多,那么稍加磨合以后,轮齿的接触就有这种特点.在这种情况下,载荷的分布情况如图1.

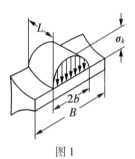

图 1

采用这种载荷图作为基本的载荷分布情况,是因为两个齿形半径差值很小(如文献[1]所推荐的数值).而当载荷接近于许用极限载荷时,点接触在理论上的接触椭圆大小,在齿高方向往往实际上超出了齿面,这样一来,就使得在接触椭圆范围内的齿面上的载荷发生了重新分配,使沿齿高方向的压力均匀化.此外,足够厚度的润滑油层的存在也同样使得接触应力在齿面上分布得更为均匀.

对于新啮合制来说,由于啮合接触情况和赫兹公式的前提条件不符合的程度与渐开线齿轮差不多,因此在渐开线制齿轮计算接触强度中广泛采用的赫兹—别辽耶夫公式,也可以适用于新啮合制的计算.其中,

---

① М·Л·诺维柯夫著:大功率齿轮传动用的点啮合几何理论的基本问题.

计算载荷,许用应力和某些系数,同样可以按照彼得罗舍维奇计算法来求.

当理论接触面积大小没有超出全齿高时,也就是点接触的情况,这时接触区域呈椭圆形,这个椭圆的长半轴 a,短半轴 b,以及接触区域中心处的法向接触应力大小 σ_k 可根据文献[①]来求出,对于铜质齿轮,取 $\mu_1 = \mu_2 = 0.33$,$E_1 = E_2 = 2.15 \times 10^6 \mathrm{kg/cm^2}$,即得

$$
\begin{cases}
a = 0.011 n_a \sqrt[3]{\dfrac{P_N}{k}} \\[2mm]
b = 0.011 n_b \sqrt[3]{\dfrac{P_N}{k}} \\[2mm]
\sigma_k = 3900 n_p \sqrt[3]{P_N k^2}
\end{cases}
\tag{1}
$$

在这些关系式中:

P_N——作用在轮齿上的法向力,它与圆周力之间的关系为

$$
P_N = \frac{p}{\cos \alpha_\partial} \sqrt{1 + \frac{\cos^2 \alpha_\partial}{\cot^2 \beta}}
\tag{2}
$$

(式中 α_∂ 为压力角; β 为齿的螺旋角);

$k = k_{11} + k_{12} + k_{21} + k_{22}$——第一个接触体曲面的主曲率($k_{11}, k_{12}$)和第二个接触曲面的主曲率($k_{21}, k_{22}$)之和;

n_a, n_b 和 n_p——与接触椭圆形状有函数关系的一些计算系数$\left(\text{其中 } n_p = \dfrac{1}{n_a n_b}\right)$. 利用文献[①]中所列的表

---

① B. M. Макушин:机械制造中强度的现代计算方法,1950.

格,是很容易查出这些系数值的.

在查系数 n_a, n_b, n_p 时,要先求出比值$\dfrac{B-A}{B+A}$,即

$$\frac{B-A}{B+A} = \frac{k_{11} - k_{12} + k_{21} - k_{22}}{k_{11} + k_{12} + k_{21} + k_{22}}$$

要注意,在代入公式时,主曲率应该连它自己的符号一起代入,对于外啮合传动曲率 k_{21} 取负值,对内啮合传动,曲率 k_{21} 及 k_{22} 都取负值.

轮齿共轭曲面的主曲率求法如下:将构成轮齿的螺旋面参数方程式作偏微分,求出一阶及二阶偏导数.再求出曲面的高斯第一微分式和高斯第二微分式的系数值,然后便可求出曲面的高斯曲率 K 及平均曲率 H[1],即

$$K = \frac{p^2 R \cos \lambda}{r(R^2 \sin^2 \lambda + p^2)^2}$$

$$H = \frac{p}{2r} \cdot \frac{p^2 + R(r \cos \lambda + R)}{(R^2 \sin^2 \lambda + p^2)^{\frac{3}{2}}}$$

求出了 K 和 H 之后,第一个(小齿轮)共轭齿面的主曲率半径 R_{11}, R_{12},以及第二个(大齿轮)齿面的主曲率半径 R_{21} 及 R_{22},便可按下式求得

$$\frac{1}{R_{1;2}} = H \pm \sqrt{H^2 - K}$$

将 H 和 K 的值代入上述方程以后,小齿轮齿面的

---

[1]　关于本文中的这一些数学名词可参阅斯米尔诺夫高等数学解析教程第二卷,第二分册"微分几何基础"一章.——校者注

主曲率半径如下

$$R_{11;12} = \frac{1}{k_{11;12}}$$

$$= R_1 \frac{1 + \cot^2\beta + \bar{r}_1 \bar{l}\sin\alpha_\partial}{2\sin\alpha_\partial\cot\beta} \cdot \sqrt{\cos^2\alpha_\partial + \cot^2\beta} \cdot$$

$$\left[1 \pm \sqrt{1 - \frac{4(\cos^2\alpha_\partial + \cot^2\beta)\bar{r}_1 \bar{l}\sin\alpha_\partial}{(1 + \cot^2\beta + \bar{r}_1 \bar{l}\sin\alpha_\partial)^2}}\right] \quad (3)$$

大齿轮齿面的主曲率半径可得出相似的方程. 为方便起见用小齿轮上的坐标系表示,有

$$R_{21;22} = \frac{1}{k_{21;22}}$$

$$= R_1 \frac{1 + \cot^2\beta - i_{21}\bar{r}_2 \bar{l}\sin\alpha_\partial}{2i_{21}\sin\alpha_\partial\cot\beta} \cdot \sqrt{\cos^2\alpha_\partial + \cot^2\beta} \cdot$$

$$\left[1 \pm \sqrt{1 + \frac{4(\cos^2\alpha_\partial + \cot^2\beta)\bar{r}_2 \bar{l}\sin\alpha_\partial}{(1 + \cot^2\beta - i_{21}\bar{r}_2 \bar{l}\sin\alpha_\partial)^2}}\right] \quad (4)$$

式中: $\bar{r}_1 = \dfrac{r_1}{l} = 1$, $\bar{r}_2 = \dfrac{r_2}{l} = 1.005 \div 1.050$;

$$i_{21} = \frac{\omega_2}{\omega_1} \leqslant 1 \text{——传数比;}$$

$$\bar{l} = \frac{l}{R_1} \text{——相对偏移量(相对移距);}$$

R_1——小齿轮的节圆半径.

根据已求得的主曲率半径的值,就能算出主曲率 k_{11}, k_{12}, k_{21}, k_{22}, 然后根据主曲率来确定系数 n_a, n_b, n_p, 然后也就能求出 a, b 和 σ_k 了.

上述关系式不仅能确定在接触线的各点上共轭齿

面的主曲率半径(它是以一定的压力角 α_∂ 的值代入方程中而求得的),而且能确定齿面在任何点的主曲率半径. 只需用与该点相当的压力角 α 值来代替 α_∂ 就行了.

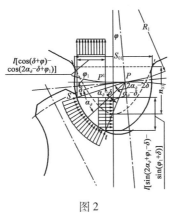

图 2

沿齿高方向齿廓的线接触是新啮合制传动中最重要的情况. 这种接触是点接触的一种极限情况,它为传动装置达到最大的承载能力提供了可能性. 如果凹形齿廓工作部分圆弧半径 r_2 和凸形齿廓工作部分圆弧半径 r_1 的差值 $\Delta r = r_2 - r_1$ 按照诺维柯夫本人所推荐的范围来取(等于 r_1 的 $0.5 \sim 5\%$),那么将齿面稍加磨配(跑合)以后,就可在全部计算齿高上获得线接触. 在这种情况下,接触应力就可利用轴线平行的两圆柱体挤压应力的赫兹公式来求.

在这种接触情况下,可用两个圆柱体作为齿面的近似表面,柱体的长度等于齿高上齿廓工作段圆弧的长度,而其半径等于曲面在接触点处沿接触线切线方向的曲率半径,两轮齿沿着与接触线垂直的曲线齿廓相接触. 诱导的曲率半径 R_∂,在这种情况下由下列方

程中求出

$$\frac{1}{R_{\partial}} = \frac{1}{R_{K_1}} + \frac{1}{R_{K_2}}$$

式中 R_{K_1} 和 R_{K_2} 为接触线切线方向的齿面法曲率半径.
根据梅尼定理, R_{K_1} 和 R_{K_2} 值可以写成

$$R_{K_1} = \frac{p_1}{\cos \theta_1}, R_{K_2} = \frac{p_2}{\cos \theta_2}$$

当量柱体曲率半径的近似, 计算公式可写成

$$R_{\partial} = R_1 \frac{1 + \cot^2 \beta}{(1 - i_{21}^2)\bar{l} + (1 \pm i_{21})\sin \alpha_{\partial}} \cdot \sqrt{1 + \frac{\cos^2 \alpha_{\partial}}{\cot^2 \beta}}$$

$$(5)$$

i_{21} 前的符号, 在外啮合传动时用正号, 在内啮合时用负号.

当量柱体的长度 L 等于图 2 和图 3 中的弧长 $\overset{\frown}{st}$, 可求得

$$L = 2^l (\alpha_{\partial} - \delta) \qquad (6)$$

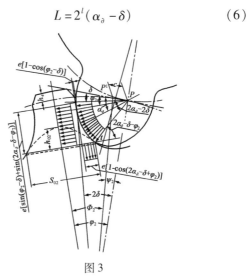

图 3

360

角 α_{∂} 和角 δ 用弧度值代入. 工艺角 δ 用以保证滚刀铲齿时有足够的后角.

角 δ 一般采用 5°. 因此在 $\alpha_{\partial} = 30°$ 时, L 的值根据下式求得

$$L = 0.873l \qquad (6')$$

上述关系式决定 L 的计算值. 用近似法作出齿形的铣刀来加工出的工件, L_{Φ} 的实际数值会小得多. 当用齿形精确的铣刀来加工,并且逐级加大荷载来使齿轮跑合时,就能使 L_{Φ} 的实际数值达到计算数值. 若把 L_{Φ} 比计算数值 L 减小一半,则啮合的承载能力就要减小一半以上.

当 $L_{\Phi} < L$ 时,传动装置应当根据点接触的公式 $(1)(3)(4)$ 来计算接触强度.

在齿轮的材料相同时($\mu = 0.3$),接触面积中心的正应力 σ_k 和接触部位宽度的一半 b(见图 1)由下列方程式确定

$$\sigma_k = 0.418 \sqrt{\frac{P_N E}{L R_{\partial}}} \qquad (7)$$

$$b = 1.52 \sqrt{\frac{P_N R_{\partial}}{L E}} = 3.63 \frac{\sigma_k R_{\partial}}{L}$$

如果法向力通过圆周力来表示式(2),并将数值 $\sqrt{1 + \dfrac{\cos^2 \alpha_{\partial}}{\cot^2 \beta}}$ 代入关系式(5),那么 σ_k 的方程表达如下

$$\sigma_k = 0.418 \sqrt{\frac{PE}{L R_p}}$$

或者,钢齿轮用

$$\sigma_k = 613 \sqrt{\frac{P}{LR_P}} \qquad (7')$$

式中：P——圆周力；R_P——假定的计算曲率半径，它是根据下列方程确定的

$$R_P = R_1 \frac{(1 + \cot^2\beta)\cos\alpha_\partial}{(1 - i_{21}^2)\bar{l} + (1 \pm i_{21})\sin\alpha_\partial} \qquad (5')$$

R_P 数值是假定的计算值，并没有什么物理意义. 若 $\alpha_\partial = 90°$，则 $R_P = 0$，因此这时实际上不可能传递圆周力.

啮合所能传递的许用圆周力 $[P]$ 由下列方程求得

$$[P] = 2.66 \times 10^{-6} LR_P[\sigma_k]^2$$

许可的接触应力值 $[\sigma_k]$ 可由文献中求得. 例如，$H_B \leqslant 350$ 时，则可取

$$[\sigma_k] = 21 H_B \sqrt{\frac{N_{u.B}}{N_u}}$$

式中：$N_{u,B}$——载荷循环基数；N_u——所计算的传动装置中应力变化的循环次数

$$N_u = 60 anT$$

其中：a——齿轮一转的啮合数；n——齿轮每分钟的转数；T——减速器工作的总寿命（小时）.

根据贝良宁（А. И. Белянин）的研究，当 $N_u > N_{u,B}$ 时，可以采用

$$[\sigma_k] = 0.8 \sigma_{k.B}$$

研究传动装置时，经常要考虑到工作齿表面疲劳破坏问题. 当工作面的硬度 $H_B \leqslant 400$ 时，疲劳破坏的极限接触应力 $\sigma_{k,B}$ 也可根据贝良宁所提出的关系式来求

$$\sigma_{k,B} = 28.85(H_B - 40)$$

计算圆周力时,必须考虑到动载荷系数 K_∂,对于圆周速度在 20m/s 以下的二级精度中等尺寸齿轮传动装置,在初步计算时可以采用 $K_\partial = 1.3$. 即使 Δr 值采用了推荐的数值仍应当考虑到齿高上载荷分布的某些不均匀性,甚至在跑合到沿齿高方向成线接触以后,也还应当对此加以考虑,载荷分布系数大致可采用 $K_H = 1.3$.

实验研究所证明的基本结论是:新传动装置的承载能力可以比渐开线啮合的传动装置提高好几倍.

М·Л·诺维柯夫所进行的初期研究表明,当载荷比用同样材料尺寸和硬度相同的渐开线齿轮的计算载荷约大 3 倍时,诺维柯夫齿轮的工作齿面仍不会产生疲劳破坏,也不会发生"胶合"现象.

В·Н·库特略夫采夫教授对新啮合传动的研究结果,表明了这种新啮合制的传动装置,其承载能力能够比渐开线啮合制的传动装置要大 1 倍. 在他领导下所作的多次研究证明,新传动装置的承载能力以接触强度而言,约为渐开线传动装置的 2 ~ 2.5 倍.

新传动装置在 М·Л·诺维柯夫亲自参加下,在新德文斯克的巴尔霍明柯工厂进行了第一批工厂试验. 如同第一批的试验一样,在以后陆续进行的几次试验中都表明,新型传动装置接触应力的承载能力为渐开线传动装置的 3 ~ 3.5 倍. 总共试验了 14 个中等功率的减速器,其圆周速度均为 10 ~ 15m/s 左右.

圆周速度达 60m/s 的高载荷减速器已在尼古拉机器制造厂试验成功. 试验表明,新啮合方式的传动装置在接触强度的承载能力比渐开线传动装置要大 2 倍.

其他单位对新传动装置的承载能力所进行的试验研究都得出了同样的结果.

试验还表明,新传动装置接触应力的承载能力提高的程度上有很大的变化范围.

这就说明,新传动装置的承载能力在实质上与啮合参数有关,主要是与轮齿的螺旋角 β 有关. 随着角 β 的减小,接触线上工作齿面的曲率半径就增大,从而,接触面积也就增大.

在 В·И·库特略夫采夫教授领导下所研究的传动装置中,轮齿螺旋角为 $\beta = 30°$. 巴尔霍明柯工厂制造的传动装置中,螺旋角为 $\beta = 12°$,尼古拉工厂的传动装置,其螺旋角为 $\beta = 17°$. 很自然,新传动装置在接触强度方面的承载能力将随轮齿螺旋角的减小而增加.

新啮合的齿面在破坏时具有斑点状的损伤,也就是有一些直径不大而又很浅的小孔(就像是用大头针刺出的一些小扎). 由于在超载荷时,齿面是在齿轮跑合以前最初接触的部位开始破坏的,因此建议在刀具齿形设计和制造时缜密一些,使得齿轮齿面上的最初接触位置是在齿高的中间开始,然后根据随着跑合的程度渐渐地使接触区域扩大到整个齿高上. 这时,就不需要用研磨膏对齿廓进行研磨,而只要在载荷下进行跑合就行了.

最初的接触区域偏移到凹齿齿顶边缘,以及因此而出现的所谓棱边接触现象,在很大程度上都会降低传动装置的承载能力. 棱边接触还会降低轮齿的接触强度和

弯曲强度. 为了避免棱边接触,根据 H·H·克拉斯诺晓可夫的研究,中心距的公差最好只取负值,而凸形齿和凹形齿的齿廓半径的公差都取同样的符号(最好也都用负号). И·H·格利舍里根据初步试验的结果,对于三级精度中等尺寸齿轴推荐采用 $\Delta A = 0.15$.

2. 轮齿弯曲强度的近似计算

诺维柯夫齿轮轮齿弯曲强度与这种啮合的某些特性相关,首先与作用在齿上载荷的特殊情况有关. 当两齿廓成线接触时,载荷在齿高方向几乎是均匀地分布,在齿长方向则按椭圆规律分布. 这个载荷并以相当大的速度沿齿长方向移动.

在新的啮合中,当模数增大和轮齿的全部尺寸按正比例增大时,随着弯曲强度的增加,接触强度会由于齿高上接触部位尺寸所增大的倍数而同样加大多少倍. 试验表明,加在接触部位上的载荷并不是由轮齿的整个齿长的材料承受的,而只由直接在接触区域附近的一小段齿来承受. 齿的其他部分实际上并不承受什么载荷. 因此当轮齿的螺旋角不变时,齿轮轮缘宽度的变化,实际上并不影响齿的弯曲强度,这一点是和渐开线齿轮完全不相同的. 可以认为,弯曲应力只与法向作用力 P_N 和载荷作用的力臂 h_0 成正此,与齿的危险断面面积 S_0 的平方成反此,即

$$\sigma_n \approx K \frac{P_N h_0}{S_0^2}$$

如果根据接触应力来取许用的法向作用力 P_N,那么,在齿轮模数增大时(就是把轮齿的尺寸按比例地

增大 n 倍),由于齿的工作高度 L 增大而根据接触应力计算的许用法向作用力也将增大 n 倍. 同时,载荷作用力臂与危险断面面积 S_0 的大小也将增长同样的倍数. 这样一来,弯曲应力的大小实际上是不变的,即

$$\sigma_n \approx K \frac{(nP_N)(nh_0)}{(nS_0)^2} = k \frac{P_N h_0}{S_0^2}$$

由此可见,如果对于某一模数所拟定的啮合原始齿廓不能保证轮齿在接触应力和弯曲应力方面强度相等,那么,不论如何增加模数仍不可能达到这种等强度. 由于这种情况,就要求我们特别仔细地对待如何选择啮合原始齿廓的问题. 如果所规定的原始齿廓保证了齿的接触应力和弯曲应力具有必需的等强度,那么,模数为任何值时,等强度问题将自动地得到保证. 在这种情况下,很显然就没有什么必要去作齿的弯曲计算了(偏移值不变时,危险断面的大小会随齿数的变化而略有变动).

大家知道,在渐开线正齿轮传动中,轮齿在齿高方向要保证能搭接起来,用端面啮合率 ε_s 来表示. 在斜齿的渐开线啮合中齿高和齿长方向都能有搭接现象,用端面啮合率 ε_s 和轴向啮合率 ε_a 表示. 在新的啮合中由于其运动学的特点,并没有齿高方向的搭接,只有齿长方向的搭接,以轴向啮合率 ε 表示. 这是新啮合的一个极重要的特点,它能使齿的尺寸可以任意地作不成比例地变化.

为了改变新啮合的传动装置中齿的弯曲强度,正如诺维柯夫所指出的,只可能有一条道路,就是使齿的

尺寸不成比例地变化. 也就是令齿高不变, 而减小或增大齿厚. 如果齿的螺旋角固定不变, 那么, 齿厚的这种变化自然会引起齿轮轮缘宽度有若干变更.

新啮合传动装置的承载能力与齿的斜角 β 以及齿的表面硬度有关, 因此, 很明显, 要想像渐开线齿轮那样, 只规定某一个原始齿廓是不能使其满足要求的, 必须根据一定范围内的螺旋角和工作表面硬度范围规定好几种原始齿廓. 这些原始齿廓彼此的相对齿高相同, 但相对齿厚不同, 材料的硬度越高、螺旋角越小则齿厚越大.

根据最粗糙的估计, 显然, 对于每一种啮合布局方案的凸齿和凹齿至少要有三套原始齿廓. 对于"双向"(节点前后) 啮合方案 (第三布局方案), 只需要三种对大小齿轮都适用的原始齿廓就够了.

对新啮合的齿的弯曲计算, 可以利用各种正规的条件计算方法中所采用的方法, 把轮齿看作是悬臂梁来进行计算.

由于啮合中的摩擦力朝向减少压缩载荷力矩的这一边, 因此, 摩擦力在计算中可不加考虑. 因为对于短的、变截面的扭曲梁来说, 材料力学所用的平断面假定并不恰当, 所以, 在计算弯曲应力中必须引入试验所求得的适当的修正系数. 齿高方向载荷看作是均匀分布的 (见图 2 和图 3). 齿长方向则采用半椭圆的载荷分布规律 (见图 1).

载荷图的半椭圆的面积等于

$$S = \frac{\pi}{2} b \sigma_k$$

式中 b 和 σ_k 为椭圆的半轴.

作用在轮齿上的计算载荷等于

$$P_{计算的} = 1.57 b \sigma_k L = 1.57 b \sigma_k (2\alpha_\partial - 2\delta)$$

使轮齿受到弯曲的计算载荷分量,对于凸齿和凹齿相应地分别为

$$P_{u_1} = 1.57 b \sigma_k l \left[\sin(2\alpha_\partial + \varphi_1 - \delta) - \sin(\varphi_1 + \delta) \right]$$

$$P_{u_2} = 1.57 b \sigma_k l \left[\sin(2\alpha_\partial - \varphi_1 - \delta) + \sin(\varphi_2 - \delta) \right]$$

式中

$$\varphi_1 = 2 \arcsin \frac{1}{2R_1} - 57.3 \frac{S_1}{2R_1}$$

$$\varphi_2 = 2 \arcsin \frac{c}{2R_2} + \frac{180°}{Z_2}$$

全部符号从图 2 和图 3 中都容易看出.

轮齿所受弯曲应力值等于

$$\sigma_u = \frac{P_u h_0}{\dfrac{B S_0^2}{6}}$$

式中 B 为齿轮轮缘工作部分的宽度.

利用前面的一些关系式,可用轮齿所受法向作用力 P_N 来表示计算载荷的弯曲分量,这样,对于凸齿轮齿的弯曲应力大小等于

$$\sigma_{u_1} = \frac{P_N}{B m_s y_{k_1}} \Psi_c \Psi_k$$

式中

$$y_{k_1} = y_1 \cos \beta$$

$$y_1 = \frac{2(\alpha_\partial - \delta) S_{01}^2}{6 m_s h_{01} \left[\sin(2\alpha_\partial + \varphi_1 - \delta) - \sin(\varphi_1 + \delta) \right]}$$

对于凹齿得出

$$\sigma_{u_2} = \frac{P_N}{Bm_s y_{k_2}} \Psi_c \Psi_k$$

式中

$$y_{k_2} = y_2 \cos \beta$$

$$y_2 = \frac{2(\alpha_\partial - \delta)S_{02}^2}{6m_s h_{02}\left[\sin(2\alpha_\partial - \varphi_2 - \delta) + \sin(\varphi_2 - \delta)\right]}$$

式中,系数 Ψ_c 是齿长中间位置的实际应力(当载荷加在轮齿中部的情况下)与按悬臂梁的公式所求出名义计算应力的比值

$$\Psi_c = \frac{\sigma_{\partial.c}}{\dfrac{P_N}{Bm_s y_{k_1}}}$$

系数 Ψ_k 是轮齿两端边缘处实际应力与齿中部实际应力的比值

$$\Psi_k = \frac{\sigma_{\partial.k}}{\sigma_{\partial.c}}$$

根据用应变仪来测定诺维柯夫齿轮金属模型在啮合过程中轮齿应力所得出的初步资料,上述系数的值等于

$$\Psi_c \approx 1.2, \Psi_k \approx 1.4$$

这些数值是在啮合率为 $\varepsilon = 1.2$ 的条件下获得的,随着 ε 减小到 1.1,Ψ 逐渐增大到 1.6.

对已完成的结构进行校核计算时,弯曲强度的安全系数 n 根据下式求出

$$n = \frac{2\sigma_{-1}}{\sigma_u K_\sigma \left(1 + \dfrac{\sigma_{-1}}{K_\sigma \sigma_b}\right)}$$

最小许可安全系数对凸齿轮齿采用 $n = 2.5$.

凹齿的安全系数值要比凸齿的安全系数大 1（即 $n = 3.5$），这是由于凹齿对于由于制造上不精确而使最初接触点偏移到齿顶边缘的敏感性比较大的缘故. 根据以往的资料, 应力集中系数 K_δ 等于 $2.0 \sim 2.2$.

对低硬度及中等硬度的材料来说在最初提出的原始齿廓两面齿形是由同一个圆心画出的, 新啮合制齿轮的折断强度, 要比渐开线齿轮的强度高好几倍. 这是因为在模数相同时, 新啮合的齿高比渐开线的齿高小了一半的缘故. 新啮合制能保证有很大的可能性达到接触强度和弯曲强度方面的等强度.

新传动装置的试验研究证实了这种新齿轮的折断强度很高的结论. 从 1955 年起甚至用齿厚减小的修薄齿轮所进行的试验都表明, 新啮合制齿轮轮齿的强度要比渐开线啮合制大 3 倍以上.

在 1956 年全年内在巴尔霍明柯工厂里对 15 个减速器所进行的试验, 其结果同样表明, 新啮合制修薄轮齿在承受超过渐开线齿轮 3 倍以上的过载荷时才断裂, 轮齿的破坏是从齿的中间部分产生疲劳裂缝开始, 逐渐发展而断裂的.

3. 齿形的合理结构

在诺维柯夫本人对新啮合制齿轮强度进行第一批试验以后, 就得出结论, 认为轮齿两侧齿廓如果是用同一个圆心来画出的话, 对于硬度不高的钢质齿轮来说, 这种齿轮的弯曲强度就太大了, 因此, 为了使轮齿在接触应力和弯曲应力方面达到等强度, 就应该减小齿厚.

根据前面的一些关系式的计算, 选择了最适用的

齿廓. 为了使分析的结论更加可靠,用应变仪测定法对平面齿和立体齿的金属模型进行了应力测定的检验. 结果确定,为了保证凸形齿廓和凹形齿廓的轮齿的弯曲强度相等,必须保持凸形齿廓的节圆弧齿厚 S_1 和凹形齿廓节圆弧齿厚 S_2 的比值平均等于 $\dfrac{S_1}{S_2} = 1.5$. 这个比值根据传动比值会有某些变化(图4). 凸齿齿根的圆角半径值 $r_{i_1} = 0.3l$ (图5)是比较适用的半径值①.

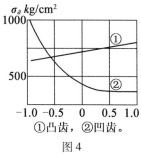

图4

①　图4是根据齿厚比 $\dfrac{S_1}{S_2} = 1.5$ 而求出在各种不同速比下凸齿及凹齿的弯曲应力大小,从图上可以看出在 $i_{21} = -0.54$ 左右时这个比值是最恰当的(外啮合传动,传动比取负号), $i_{21} = -\dfrac{\omega_2}{\omega_1} = -\dfrac{Z_1}{Z_2}$,当 i_{21} 增加时(由 $-0.54 \to 0$)大齿轮的强度(凹齿)比较高,而当传动比 i_{21} 减小时,大齿轮的强度就比较差了,这时齿厚比应该取 1.3 左右(根据其他资料介绍). 图5是对小齿轮(凸齿)轮齿齿根圆角半径应力集中影响到弯曲应力的程度的研究,从图上可以看出,当相对圆根半径 $\overline{r}_{i_1}$ 等于 0.3 时,正巧是曲线的转折点,圆角半径太大了,对强度并没有什么好处.——校者注

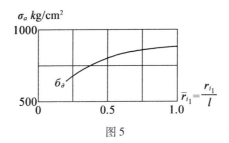

图 5

用应变仪测定了立体的金属齿轮模型上轮齿的应力,肯定了当接触区域在沿齿长方向移动时,载荷基本上只是由轮齿在接触区域附近的一段有限的危险截面来承受,而轮齿的其余部分,实际上并没有参加工作.在轮缘齿宽的两端是应力最大的部位,特别是斜齿端部成锐角的一端应力尤为最大.当螺旋角 $\beta = 30°$ 时,对于同一轮齿来说,在这边缘地区的应力要比轮齿中部所受平均应力大 70%.当轮齿有相互搭接时,这一超载的程度就能降低,若 $\varepsilon = 1.1$,则齿缘应力只比平均应力超出了 60%,若 $\varepsilon = 1.2$,则只超过 40%.轮齿螺旋角 $\beta = 20°$,$\varepsilon = 1.2$ 时,只超过 30%.在新啮合的弯曲计算中,考虑到这种情况就可以引用"边界效应"系数 $\Psi_k = \dfrac{\sigma_{\partial.k}}{\sigma_{\partial.c}}$.

在齿的中间承受载荷时,其应力与按材料强度公式所求得的名义应力仍旧有所不同.实际的应力要超过 20%.对这种情况在弯曲计算时可考虑到引用"中间"系数 $\Psi_c = \dfrac{\sigma_{\partial.c}}{\dfrac{P_N}{Bm_s y_H}}$.

利用试验系数所进行的校核计算后得知:在保证

372

低硬度材料轮齿的接触强度和弯曲强度相等的条件下,还可减小凸齿和凹齿的齿厚达 25% 以上(保持上述 S_1 与 S_2 的比例关系). 实用上可以用保持所设计的新啮合传动装置中的移距 l 和端面模数 m_s 的比值 $\dfrac{m_s}{l}$ 一定的办法来实现. 图 6 上表示了在不同硬度下最适宜的比值大小,图中的实线是指冲击载荷下的传动装置,虚线是指载荷均匀的传动装置.

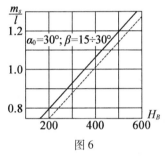

图 6

最后,对于啮合的主要参数 l,α_∂ 和 β 对强度的影响,提出几点意见.

从提高传动装置承载能力的观点来看,最好是增大移距 l 使齿高上接触部位的尺寸成正比例增加. 但是,与此同时,由于齿廓相对的滑动速度 v_c 增高,摩擦损失亦有所增大. 诚然,正如库里柯夫所进行的理论计算和试验研究表明,新啮合的主要损失是滚动损失,而滑动摩擦损失只占全部损失的 5% 左右. 因此显然,传动比很大的专用传动装置,可以将相对移距值 $\overline{l}$ 取得等于 1.0 和 1.0 以上. 这种平行轴间非自锁的传动装置在效率和承载能力方面比涡轮传动装置要好得多. 但应当指出,随着相对移距 $\overline{l}$ 增大到超过 0.2~0.3 时,传动装置对其零件的制造不精确和变形就变得很敏感.
因此,在目前,受应力比较大的传动装置最好是把 $\bar{l}$ 值
限制在 $\bar{l} = 0.05 \sim 0.20$ 以内(这是由诺维柯夫提出
的),小齿轮齿数少时,$\bar{l}$ 就取比较大的数值. 在某些行
星齿轮减速器中,凸形齿廓的主动小齿轮 z_1 的 $\bar{l}$ 值可取
到 0.4 或更大.

　　压力角 α_a 可规定在 $20° \sim 30°$ 的范围内. 压力角不
宜大于 $30°$,因为这时也将产生齿顶变尖的现象. 在设
计传动装置时,应注意到,正如计算所表明的,压力角
从 $20°$ 增大到 $30°$ 就能保证传动装置的承载能力增长
40% 左右. 这时作用在轴承上总的力只增大 8% 左右.
压力角 α_a 由 $20°$ 增至 $30°$ 时可以使得两齿廓半径的差
数 Δr 差不多减少一半.

　　从啮合的几何参数中,对啮合的承载能力影响最
大的是轮齿螺旋角 β,它对诱导曲率半径值有极大的
影响,这一点从关系式(5)中可以看出. 随着角 β 减小
到 $10°$ 或更小时,R_a 便迅速增大. 同时,齿轮轮缘的宽
度也有所增加,但是宽度 B 的增加仅与 $\cot \beta$ 成正比.

　　由于轮齿的弯曲计算所用的经验系数是在一定尺
寸和一定螺旋角 β 的齿轮传动条件下取得的,显然,在
对诺维柯夫啮合传动装置进行粗略的强度概算时,采
用下列步骤是很合适的:

　　(1)按接触应力由式(5′)(6′)(7′)确定传动装置
的承载能力;

　　(2)为了保证接触和弯曲等强度,应根据所选用
的 l 值,从图 6 中查得 m_s 值;

　　(3)已知 L 和 m_s 值,即可进行几何计算和齿廓设

计(见下文).

4. 啮合的几何计算

进行啮合的几何计算时,应考虑到上面所谈到的一些原则,给定的原始数据为:中心距 A,人字轮每边轮齿的工作宽度 B,以及减速比 $i_{21} = \dfrac{\omega_2}{\omega_1}$.

(1)求小齿轮 R_1 和大齿轮 R_2 的节圆的半径,有

$$R_1 = A \frac{i_{21}}{1 + i_{21}}, R_2 = A \frac{1}{1 + i_{21}}$$

(2)选定移距值 $\bar{l}$. 建议采用相对移距值 $\bar{l} = 0.05 \sim 0.20$.

小齿轮凸形齿廓工作段圆弧的半径 r_1 等于移距值 l. 大齿轮凹形齿廓工作段圆弧半径 r_2 建议取得要比 r_1 稍微大一些,即采用 $r_2 = (1.005 \sim 1.050)r_1$. 精度等级越高(即中心距的公差 ΔA 越小),传动装置的零件刚性愈好,则齿廓半径差 $\Delta r = r_2 - r_1$ 就可取得愈小. 减小 Δr 值,齿轮跑合的时间就能减少,并能增大啮合的承载能力. 经跑合后,Δr 值实际上接近于零并在齿的工作段的全部高度上形成线接触. Δr 值可从 $E \cdot \Gamma \cdot$ 罗斯里夫克耳提出的关系式中求得

$$\Delta r = \frac{\Delta A}{\sin \alpha_\vartheta - \sin \delta}$$

(3)根据设计经验规定啮合的端面模数 m_s. 这时最好能保持前面谈及的 l 与 m_s 之间的比值关系(见图6). 确定小齿轮 z_1 和大齿轮 z_2 的齿数,再根据齿数来确定端面模数. 求出端面齿距 $l = \pi m_s$.

(4)在圆形齿廓时啮合的侧隙不能像渐开线啮合那样利用靠工具在加工时的附加切深来获得. 因此为

了保证传动装置的正常工作,必须在设计齿廓和切齿工具时就要考虑到侧隙 Δ,动力传动装置的侧隙值规定在 $0.2 \sim 0.4$ 毫米的范围内. 因为在新啮合制中轮齿之间相对滚动速度很大,根据彼得洛谢维奇的计算结果,这时的油膜厚度将是同样参数的渐开线啮合油膜厚度的 10 倍,所以最好不规定过小的侧隙. 由于润滑油在啮合出口处的齿端部将被压出,因此最好在设计传动装置时能使人字形齿的齿角朝前,这样油从啮合的入口压入啮合内,也就是压入人字形齿的齿角内(假使中间没有空刀槽),此外,要尽可能地对着齿轮的旋转方向.

(5)确定节圆上凸形齿和凹形齿的总厚度 $S_1 + S_2 = t - \Delta$,并确定凸形齿和凹形齿的厚度$\left(\text{保持比值}\dfrac{S_1}{S_2} \approx 1.5\right)$.

(6)确定螺旋角 β,新啮合内齿长上的啮合率最好接近于 1.2.

如果在轴向尺寸上没有特殊的限制,那么为了把螺旋角减小到 $10°$ 以下,最好把齿轮轮缘的宽度尽可能规定大一些. 推荐的螺旋角是在 $\beta = 30° \sim 10°$ 的范围内.

(7)压力角规定在 $\alpha_\partial = 20° \sim 30°$ 的范围内. 当 α_∂ 增大时,传动装置的接触强度随之增大.

(8)规定齿廓非工作段的圆角半径. 为了避免凹齿齿顶边缘的崩碎,其顶部倒出半径 $r_{e_2} = 0.1l$ 的圆弧. 为了避免出现齿廓的干涉,这个圆弧的圆心不得超出所设计齿轮的节圆以外. 为了能容纳下凹形齿的齿顶,小齿轮凸形齿上的齿根应作出半径 $r_{i_1} = 0.3l$ 的圆角. 这个圆角中心同样也不得在小齿轮的节圆外面.

5. 齿廓的绘制

绘制新啮合的端面齿廓的步骤如下(图7):

在中心线上,取线段 O_1O_2 等于中心距 A. 从中心 O_1 以半径 R_1 画出小齿轮的节圆. 从中心 O_2 以半径 R_2 画出大齿轮的节圆. 中心线上两节圆的切点就是啮合节点 P. 通过节点 P 作小齿轮和大齿轮节圆的公切线 PN.

通过节点引压力线 MO 与 PN 线的夹角为压力角 α_∂,在压力线上作出点 M,它与节点的距离为移距值 l.

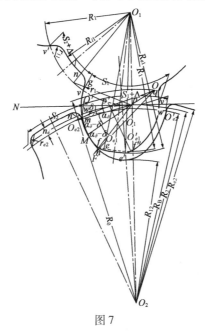

图 7

绘制小齿轮凸形齿廓的步骤如下:以节点为圆心,以 r_1(等于位移值 l)为半径,画出齿廓工作部分的圆弧 fg,然后再以节点为圆心,以半径 $r_1 + r_{i_1}$(式中 $r_{i_1} = 0.3l$——齿根圆角半径)作圆弧. 交小齿轮节圆于点

O_{i_1}. 从中心 O_{i_1} 以半径 r_{i_1} 画出齿根圆角 gh. 从齿轮中心 O_1 以半径 R_{i_1}(等于线段 O_1h)作出小齿轮齿底圆圆弧 hj. 齿底也可以不用半径 $\overset{\frown}{R_{i_1}}$ 的圆弧画成,而用直线代替.

从小齿轮上取节圆弧长 vv'' 等于轮齿的弧齿厚度加侧隙值 $S_2 + \Delta$. 将圆弧 vv'' 等分. 然后,通过圆弧的中点和中心 O_1 作出小齿轮齿间对称轴. 齿间的另一侧与这条轴线相对称.

建议采用工艺角 δ 等于 $5°$. 在压力线 OM 的两边,作角 $(\alpha_a - \delta)$ 画出直线 P_m 和 P_f,这是齿廓工作部分的界限. 从点 f 在 $\overset{\frown}{fP}$ 上截取线段 $fO_{e_{11}} = r_{e_1} = (0.1 \sim 0.2)^l$. 以点 O_{e_1} 为圆心,以半径 r_{e_1} 画圆弧 f^e,即得凸齿齿顶圆角.

轮齿另一侧齿廓的画法如下:在小齿轮节圆上取弧长 vv' 等于凸齿弧齿厚 S_1. 将圆弧 S_1 等分,并作 O_1 与圆弧 S_1 的中点的连线,这就是凸齿齿廓的对称轴. 在小齿轮的节圆上标出与点 P 相对称的点 P'. 以点 P' 为中心,通过点 v' 以半径 r_1 做出与圆弧 gf 相对称的另一侧齿廓 $g'f'$.

在 $f'P'$ 线上截取线段等于 r_{e_1},并以点 O'_{e_1} 为圆心,以 r_{e_1} 为半径画出另一侧齿廓的齿顶圆角. 通过点 e 和点 e' 以半径 R_{e_1} 画齿轮的齿顶圆. 齿顶也可以不进行倒角,这时齿顶圆是通过点 f 和点 f' 以半径 R_f 画出如虚线所示.

绘制大齿轮的凹形齿廓步骤如下:在压力线上从点 M 向节点方向截取线段 MO,等于凹形齿廓圆弧半

径 r_2. 从点 O 通过点 M 以半径 r_2 作出凹形齿廓工作部分的圆弧 $\overset{\frown}{km}$.

齿廓的非工作部分的绘制方法如下: 大齿轮凹齿齿顶圆角半径值采用 $r_{e_2} = 0.1l$.

从齿廓中心 O, 以半径 $r_2 + r_{e_2}$ 作圆弧与 $\overline{Pf}$ 和 $\overline{Pm}$ 相交于点 F 和 O_{e_2}. 从中心 O_{e_2} 以半径 r_{e_2} 画出凹形齿廓齿顶圆角.

为了避免在齿廓非工作部分发生干涉, 凹齿齿顶圆角中心 O_{e_2} 不论在任何情况下都不得超出大齿轮的节圆. 从中心 O_2 以半径 R_{e_2} (等于 $\overline{O_2 n}$), 画大齿轮的齿顶圆. 凹形齿廓的齿顶圆角也可以用倒斜棱来代替, 如虚线所示.

绘制凹形齿间的另一侧齿廓时要考虑到规定的侧隙 Δ. 因此, 从点 w 在大齿轮节圆上量出 $\overset{\frown}{ww'}$ 等于小齿轮弧齿厚加侧隙 $S_1 + \Delta$ 之和 (几何计算中求得). 将 $\overset{\frown}{ww'}$ 等分, 并从大齿轮的中心 O_2 通过弧 $\overset{\frown}{ww'}$ 的中点作出大齿轮齿间的对称轴. 从大齿轮中心 O_2 通过点 O, 并以半径 R_0 作圆弧 OO'. 在圆弧 OO' 上标出与点 O 相对称的点 O'. 以点 O' 为中心, 以半径 r_2 画出齿间另一侧齿廓的工作部分.

齿顶圆角的画法如下: 以 O_2 为圆心以 R_B 为半径通过点 O_{e_2} 划齿顶圆角中心所在圆. 由点 O' 以 $r_2 + r_{e_2}$ 为半径作圆弧与上述圆角中心所在圆交于点 O'_{e_2}. 以 O'_{e_2} 为中心以 r_{e_2} 为半径画出另一侧凹齿齿廓的齿顶圆角或倒棱.

以凹齿齿间对称轴与$\overline{OF}$的交点 O_{i_2} 为圆心,以 r_{i_2}（等于$\overline{O_{i_2}k}$）为半径,画出凹齿齿间的齿底圆弧,在大齿轮节圆上量出凹齿齿厚并等分,通过中点和齿轮中心的连线就是轮齿的对称轴,凹齿的另一侧齿廓对称于这条对称轴.

设计齿轮刀具时,刀具法截面中的"原始齿廓"可以根据上述端面齿廓来求出,照理法截面原始齿廓是椭圆形的,但为制造上方便起见,诺维柯夫建议把求得的法截面椭圆齿廓用与其近似的圆弧来代替. 这时,对工件端面齿廓所引起的一些偏差是很小的,在跑合的过程中能很快就消除掉.

§2 单参数曲面族的包络面

在齿轮啮合运动中,我们总有两个同时都在运动而又相切的曲面,其中最重要的一种情况是这两个曲面构成两对"共轭曲面". 在一定意义下,可以简单地说,共轭曲面中的每一个都被另一个所"包络". 本章论述单参数曲面族的包络理论,就是为分析共轭曲面的关系作准备. 我们采用的方法(或说表现形式),和一般微分几何教材中的不同,它更便于应用到共轭曲面理论.

1. 包络面,接触方程,特征线

我们用矢方程

$$\{S_t\}: \quad \boldsymbol{r} = \boldsymbol{r}(u,v;t) \tag{8}$$

代表一个单参数曲面族,其中 t 是曲面族的参数. 每给 t 一个定值(一般是在一个闭节 $t_1 \leqslant t \leqslant t_2$ 里),矢方程(8)就代表一个曲面 S_t,而 u,v 是 S_t 上的参数;当 t 的值变化时,曲面 S_t 就随之变化. 我们假定对于每个 t 值,S_t 没有奇点,矢函数 $r(u,v;t)$ 有连续的一阶和二阶偏导矢,而且 $r_u \times r_v \neq 0$. 为了使最后的条件得到满足,在不同范围内的 t 值,在 S_t 上的不同区域可能需要选择不同的参数,但在理论分析中,将总用 u,v 表示.

若有一个曲面 Σ,它的每一点都属于曲面族 $\{S_t\}$ 中唯一的一个曲面 S_t,而且和 S_t 在该点相切,则 Σ 称为曲面族 $\{S_t\}$ 的包络(面). 例如一个可展曲面(平面除外)的切面所构成的单参数平面族的包络面就是那个可展曲面. 又如若令一个半径为 a 的球面的球心沿一条直线 l 移动,则球面在运动中的不同位置构成一个单参数球面族,包络面是以 l 为轴,半径等于 a 的回转柱面. 应当指出:一个不可展曲面的全部切面构成一个双参数曲面族,只有可展曲面的切面才构成单参数曲面族. 还应当指出:不是每一个单参数曲面族都有包络面. 例如一个由互相平行的平面所构成的平面族或由经过一条直线的平面所构成的平面族就没有包络面;又如由同心球面所构成的球面族也没有包络面.

我们以下就假定曲面族 $\{S_t\}$ 的包络面 Σ 存在,并论述求 Σ 的方程的方法. 为此,关键的问题是求 S_t 上一点 P 同时属于包络面 Σ 的条件.

设包络面的方程是

$$r = r^*(u^*,v^*) \tag{9}$$

而且 $\dfrac{\partial \boldsymbol{r}^*}{\partial u^*} \times \dfrac{\partial \boldsymbol{r}^*}{\partial v^*} \neq 0$，并设 P 为 Σ 和 S_t 的一个共同点，它在 Σ 上对应于参数 u^*, v^*. 根据定义，点 P 只能在唯一的 S_t 上，即 u^*, v^* 确定唯一的 t 值；与此同时，在 S_t 上，点 P 又有确定的参数值 u, v. 在这个意义上，t, u, v 就都是 u^*, v^* 的（单值）函数，即有

$$t = t(u^*, v^*), u = u(u^*, v^*), v = v(u^*, v^*) \quad (10)$$

点 P 的径矢当然就是

$$\boldsymbol{r}^*(u^*, v^*) = \boldsymbol{r}(u(u^*, v^*), v(u^*, v^*), t(u^*, v^*))$$
$$(11)$$

现在，若把 P 看成是固定点，则

$$\begin{cases} \dfrac{\partial \boldsymbol{r}^*}{\partial u^*} = \boldsymbol{r}_u \dfrac{\partial u}{\partial u^*} + \boldsymbol{r}_v \dfrac{\partial v}{\partial u^*} + \boldsymbol{r}_t \dfrac{\partial t}{\partial u^*} \\[2mm] \dfrac{\partial \boldsymbol{r}^*}{\partial v^*} = \boldsymbol{r}_u \dfrac{\partial u}{\partial v^*} + \boldsymbol{r}_v \dfrac{\partial v}{\partial v^*} + \boldsymbol{r}_t \dfrac{\partial t}{\partial v^*} \end{cases} \quad (12)$$

是 Σ 在点 P 沿参数曲线 u^* 线和 v^* 线的切矢. Σ 和 S_t 在点 P 相切的充要条件是：(12) 中两式都分别和 $\boldsymbol{r}_u, \boldsymbol{r}_v$ 共面，即

$$\left(\boldsymbol{r}_u, \boldsymbol{r}_v, \dfrac{\partial \boldsymbol{r}^*}{\partial u^*} \right) = \left(\boldsymbol{r}_u, \boldsymbol{r}_v, \dfrac{\partial \boldsymbol{r}^*}{\partial v^*} \right) = 0$$

把方程组 (12) 代入，这就是

$$(\boldsymbol{r}_u, \boldsymbol{r}_v, \boldsymbol{r}_t) \dfrac{\partial t}{\partial u^*} = (\boldsymbol{r}_u, \boldsymbol{r}_v, \boldsymbol{r}_t) \dfrac{\partial t}{\partial v^*} = 0 \quad (13)$$

注意 $\dfrac{\partial t}{\partial u^*}, \dfrac{\partial t}{\partial v^*}$ 不会同时恒等于零，因为那样式 (10) 里的函数 $t(u^*, v^*)$ 将是常数，Σ 上的一切点将属于同一个 S_t，Σ 将和那个固定的 S_t 重合或成为它的一部分.

我们当然永远排除这种例外情况. 在 $\dfrac{\partial t}{\partial u^*}$, $\dfrac{\partial t}{\partial v^*}$ 不同时

等于零的点,式(13)和

$$(r_u, r_v, r_t) = 0 \qquad (14)$$

等价,但这式左边是 u, v, t 的连续函数,式(14)既然在

$\dfrac{\partial t}{\partial u^*}$, $\dfrac{\partial t}{\partial v^*}$ 不同时等于零的情况下是 Σ 和 S_t 在点 P 相

切的充要条件,它也就是在一切情况下 Σ 和 S_t 在点 P 相切的充要条件.

以后我们就用 $\Phi(u, v, t)$ 表示式(14)左边的纯量函数,即把式(14)写成

$$\Phi(u, v, t) \equiv (r_u, r_v, r_t) = 0 \qquad (15)$$

以上我们从"P 为包络面 Σ 和 S_t 的一个共同点"的假设出发,得到 Σ 和 S_t 在点 P 相切的充要条件(15). 但条件(15)完全是对于 S_t 上一点 $P(u, v)$ 的条件. 因此,自然就提出这样的问题:(15)是不是 S_t 上一点 $P(u, v)$ 属于包络面 Σ 的充要条件? 答案是肯定的. 证明如下:一般地,我们可以假定,在 S_t 上满足(15)的一点 $P(u, v)$, Φ_u , Φ_v 不同时等于零[①](这个假定的几何意义将在下面阐明). 为明确起见,假定 $\Phi_v \neq 0$,则从(15)可以解出 v 作为 u, t 的函数 $v(u, t)$,它在点 P 邻近的一定范围内,满足恒等式

————————

① 我们当然永远假定由 Φ_u , Φ_v 不都恒等于零:在 Φ_u , Φ_v 都恒等于零的情况下,Φ 将是只含 t 的函数,$\Phi = 0$ 将只被离散的 t 值所满足. 这样就得不到通常意义下的包络面.

$$\Phi(u,v(u,t),t)\equiv 0 \tag{16}$$

把 $v=v(u,t)$ 代入(8),就得到一个曲面

$$\hat{\Sigma}: \boldsymbol{r}=\hat{\boldsymbol{r}}(u,t)\equiv \boldsymbol{r}(u,v(u,t);t) \tag{17}$$

其中 u,t 是 Σ 的独立参数(在这里,应当提醒读者注意的是,在微分几何里,我们所讨论的主要是局部性质,即图形在一点邻近的性质.例如我们所得到的函数 $v=v(u,t)$ 一般只适用于点 P 的某一个邻域(或者说,所给 u,v,t 的值的某一个邻域),$\hat{\Sigma}$ 的方程(17)也只适用于这样的邻域,至于这些邻域的范围有多大,那是另一个问题.换一点 P,就可能要相应地改换这些邻域).不难证明,$\hat{\Sigma}$ 就是曲面族 $\{S_t\}$ 的包络面.首先 $\hat{\Sigma}$ 上的点 P 本来是 S_t 上的点.其次,$\hat{\Sigma}$ 在点 P 的两个切矢

$$\hat{\boldsymbol{r}}_u=\boldsymbol{r}_u+\boldsymbol{r}_v\frac{\partial v}{\partial u},\hat{\boldsymbol{r}}_t=\boldsymbol{r}_v\frac{\partial v}{\partial t}+\boldsymbol{r}_t \tag{18}$$

由于式(15)满足

$$(\hat{\boldsymbol{r}}_u,\boldsymbol{r}_u,\boldsymbol{r}_v)=(\hat{\boldsymbol{r}}_t,\boldsymbol{r}_u,\boldsymbol{r}_v)=0$$

即和 S_t 在点 P 的切矢 $\boldsymbol{r}_u,\boldsymbol{r}_v$ 共面,因而 $\hat{\Sigma}$ 和 S_t 在点 P 相切.这就证明了 $\hat{\Sigma}$ 就是 $\{S_t\}$ 的包络面 Σ.

于是我们可以作出结论:在 S_t 没有奇点而曲面族 $\{S_t\}$ 的包络面 Σ 存在,Φ_u,Φ_v 不同时等于零的假定下,(15)是 S_t 上的点 $\boldsymbol{r}(u,v;t)$ 属于包络面 Σ 的充要条件.

由于曲面 S_t 和包络面 Σ 的接触点 P 决定于三个参数 u,v,t,我们可以用 $P(u,v,t)$ 表示接触点,而把式(15)叫作接触方程,并把式(8)和式(15)联立起来作为包络面 Σ 的方程,即

$$\Sigma : \boldsymbol{r} = \boldsymbol{r}(u,v;t) \,, \Phi(u,v,t) = 0 \qquad (19)$$

其中第二式表示矢函数 $\boldsymbol{r}(u,v,t)$ 中三个参数之间必须满足的条件.

在式(15)中,令 t = 常数,例如 $t = t_0$,一般就得到参数 u,v 之间的一个函数关系.这个函数关系一般地确定 S_{t_0} 上一条曲线 C_{t_0},而这条曲线也在包络面 Σ 上.例如若采用上面的结果,则 C_{t_0} 的方程是

$$C_{t_0} : \boldsymbol{r} = \boldsymbol{r}(u,v(u,t_0);t_0) \qquad (20)$$

其中只有 u 仍是变数.一般地,若用式(19)表示 Σ 的方程,则 C_{t_0} 的方程可以写成

$$C_{t_0} : \boldsymbol{r} = \boldsymbol{r}(u,v;t_0) \,, \Phi(u,v,t_0) = 0 \qquad (21)$$

这就表明,曲面族中的每个曲面 S_t 和包络面 Σ 一般地不是在一点而是沿一条曲线 C_t 相切.这条曲线 C_t 就叫作 S_t 上的特征线.当 t 的值变化时,就得到一个单参数特征线族 $\{C_t\}$,这一族曲线 $\{C_t\}$ 构成(或说"产生")包络面 Σ.

现在来考察 Φ_u,Φ_v 不同时等于零的几何意义.设 s 为式(21)所代表的特征线 C_{t_0} 的弧长参数,则 C_{t_0} 的幺切矢

$$\frac{\mathrm{d}\boldsymbol{r}}{\mathrm{d}s} = \boldsymbol{r}_u \frac{\mathrm{d}u}{\mathrm{d}s} + \boldsymbol{r}_v \frac{\mathrm{d}v}{\mathrm{d}s} \qquad (22)$$

但 C_{t_0} 上的点满足 $\Phi(u,v,t) = 0$,因而

$$\Phi_u \frac{\mathrm{d}u}{\mathrm{d}s} + \Phi_v \frac{\mathrm{d}v}{\mathrm{d}s} = 0$$

即

$$\frac{\mathrm{d}u}{\mathrm{d}s} : \frac{\mathrm{d}v}{\mathrm{d}s} = \Phi_v : -\Phi_u \qquad (23)$$

由此可见，Φ_u，Φ_v 不同时等于零保证比值 $\mathrm{d}u : \mathrm{d}v = \dfrac{\mathrm{d}u}{\mathrm{d}s} : \dfrac{\mathrm{d}v}{\mathrm{d}s}$ 是确定的，也就是式（22）里的幺切矢 $\dfrac{\mathrm{d}\boldsymbol{r}}{\mathrm{d}s}$ 是确定的，而且不等于 0. 换句话说，Φ_u，Φ_v 不同时等于零保证那里不是特征线的奇点；不过 Φ_u，Φ_v 同时等于零只是特征线奇点的必要条件，不是充分条件.

上面我们在 Φ_u，Φ_v 不同时等于零的假定下，证明了（15）是 S_t 上一点 $\boldsymbol{r}(u,v;t)$ 属于包络面 Σ 的充要条件. 现在考察一下 Φ_u，Φ_v 同时等于零的情况. 设 S_{t_0} 上的点 P_0 在 S_{t_0} 上的参数是 u_0，v_0，而且

$$\Phi(u_0,v_0,t_0)=0$$

$$\Phi_u(u_0,v_0,t_0)=\Phi_v(u_0,v_0,t_0)=0$$

由于 Φ_u，Φ_v 一般都不恒等于零，满足 $\Phi=0$，$\Phi_u=\Phi_v=0$ 的点一般是孤立点. 因此，在特征线 C_{t_0} 上，在 P_0 邻近的其他点 Φ_u，Φ_v 不同时等于零. 换句话说，包络面 Σ 和 S_t 沿特征线 C_{t_0} 相切，唯一可能的例外是 P_0. 设 P 为 C_{t_0} 上一个动点，它沿 C_{t_0} 趋于 P_0. 在 P 到达 P_0 之前，S_{t_0} 和 Σ 在点 P 有相同的法线，而在点 P_0，S_{t_0}（由于它没有奇点）有完全确定的法线. 显然，把 S_{t_0} 在 P_0 的法线看成也是 Σ 在 P_0 的法线是完全合理的，不会引起任何矛盾. 这样，Σ 和 S_t 就沿整条特征线 C_{t_0}（包括 P_0 在内）相切. 由此可见，可以无例外地认为，式（15）是 S_t 上一点 $\boldsymbol{r}(u,v;t)$ 属于包络面 Σ 的充要条件.

归纳以上的结果，可知：

若 S_t 没有奇点而 $\{S_t\}$ 的包络面 Σ 存在，则

1）S_t 上一点 $P(u,v)$ 属于包络面 Σ 的充要条件是

(接触条件)
$$\Phi(u,v,t) \equiv (\boldsymbol{r}_u,\boldsymbol{r}_v,\boldsymbol{r}_t) = 0$$

2)每一个 S_t 和 Σ 沿一条特征线 C_t 相切,C_t 的方程是

$$\boldsymbol{r} = \boldsymbol{r}(u,v;t),\ \Phi(u,v,t) = 0$$

3)Φ_u,Φ_v 不同时等于零保证该点不是特征线的奇点(或者说,$\Phi_u = \Phi_v = 0$ 是特征线奇点的必要条件).

最后,不妨指出,在上面的分析中,我们假定了曲面 S_t 上没有奇点.若 S_t 上有奇点,则在奇点 $\boldsymbol{r}_u \times \boldsymbol{r}_v = 0$,因而式(15)得到满足.所以,在 S_t 有奇点的情况下,$\Phi(u,v,t) = 0$ 不但被包络面 Σ 的点所满足,还被 S_t 的奇点所满足.

2. 特征点,包络面上的奇点,脊线

我们仍然继续假定曲面族 $\{S_t\}$ 的曲面 S_t 没有奇点而且包络面 Σ 存在.

在 1 小节中,我们指出,若在 Σ 上一点 $P(u,v,t)$,$\Phi_v \neq 0$,可以在该点邻近引进 u,t 作为 Σ 上的参数.同样,若在点 $P,\Phi_u \neq 0$,在点 P 邻近就可以引进 v,t 作为参数.无论是哪一种情况,t 都可以作为 Σ 上的参数之一.引进 t 作为参数之一是很自然的,因为 Σ 是由特征线产生的,引进 t 作为参数之后,Σ 上的参数曲线 $t =$ 常数就是特征线,这对于考察 Σ 的性质是比较便利的.

我们暂时仍在 Φ_u,Φ_v 不同时等于零的情况下引进特征点的概念,然后再把这个概念略加扩充.假定 $\Phi_v \neq 0$,根据 1 小节,包络面 Σ(至少一部分)的方程可以写成

$$\Sigma: \boldsymbol{r} = \hat{\boldsymbol{r}}(u,t) \equiv \boldsymbol{r}(u,v(u,t);t) \qquad (24)$$

这时候, Σ 上

$$\hat{\boldsymbol{r}}_u \times \hat{\boldsymbol{r}}_t = 0 \qquad (25)$$

的点就叫作 Σ 上的特征点. 与此对称, 若在 $\Phi_u \neq 0$ 的假定下, 引进 v,t 作为 Σ(一部分)的参数, 也可以引进特征点的概念. 我们将看到, 这两种情况下所引进的特征点的概念是完全一致的.

现在假定包络面 Σ 的方程写成式(24)的形状. 于是

$$\hat{\boldsymbol{r}}_u = \boldsymbol{r}_u + \boldsymbol{r}_v \frac{\partial v}{\partial u}, \hat{\boldsymbol{r}}_t = \boldsymbol{r}_v \frac{\partial v}{\partial t} + \boldsymbol{r}_t \qquad (26)$$

但由式(16)

$$\Phi(u,v(u,t),t) \equiv 0$$

可知

$$\Phi_u + \Phi_v \frac{\partial v}{\partial u} = 0, \Phi_v \frac{\partial v}{\partial t} + \Phi_t = 0$$

故

$$\frac{\partial v}{\partial u} = -\frac{\Phi_u}{\Phi_v}, \frac{\partial v}{\partial t} = -\frac{\Phi_t}{\Phi_v}$$

代入式(26), 就可以把特征点的条件式(25)写成

$$\left(\boldsymbol{r}_u - \frac{\Phi_u}{\Phi_v}\boldsymbol{r}_v\right) \times \left(-\frac{\Phi_t}{\Phi_v}\boldsymbol{r}_v + \boldsymbol{r}_t\right) = 0$$

化简, 这就是

$$\boldsymbol{\xi} \equiv \Phi_u \boldsymbol{r}_v \times \boldsymbol{r}_t + \Phi_v \boldsymbol{r}_t \times \boldsymbol{r}_u + \Phi_t \boldsymbol{r}_u \times \boldsymbol{r}_v = 0 \qquad (27)$$

由于在推导式(27)的时候, 是以 $\Phi = 0$ 为前提的(或者说, 特征点都是 Σ 上的点), 所以特征点的完整条件应当是

$$\Phi = 0, \boldsymbol{\xi} = 0 \qquad (28)$$

由式(27)中 $\boldsymbol{\xi}$ 的定义,可知条件(28)对于 u,v 是对称的,因此,若在 $\Sigma($ 一部分$)$ 上引进 v,t 作为参数,所得到的特征点的条件仍然是(28).

条件式(28)中包括一个纯量函数方程和一个矢量函数方程.不难求得一个由两个纯量方程构成的等价条件.由 $\boldsymbol{\xi} = \boldsymbol{0}$ 可知

$$\boldsymbol{\xi} \cdot (\boldsymbol{r}_u \times \boldsymbol{r}_v) = 0 \qquad (29)$$

把式(27)中的 $\boldsymbol{\xi}$ 代入,就得

$$\Phi_u(\boldsymbol{r}_v \times \boldsymbol{r}_t)(\boldsymbol{r}_u \times \boldsymbol{r}_v) + \Phi_v(\boldsymbol{r}_t \times \boldsymbol{r}_u)(\boldsymbol{r}_u \times \boldsymbol{r}_v) +$$
$$\Phi_t(\boldsymbol{r}_u \times \boldsymbol{r}_v)^2 = 0$$

将其中三个数积按拉格朗日恒等式展开,就得

$$\Psi(u,v,t) \equiv \begin{vmatrix} \boldsymbol{r}_u^2 & \boldsymbol{r}_u\boldsymbol{r}_v & \boldsymbol{r}_u\boldsymbol{r}_t \\ \boldsymbol{r}_v\boldsymbol{r}_u & \boldsymbol{r}_v^2 & \boldsymbol{r}_v\boldsymbol{r}_t \\ \Phi_u & \Phi_v & \Phi_t \end{vmatrix} = 0 \qquad (30)$$

因此,由式(28)可得

$$\Phi = 0, \Psi = 0 \qquad (31)$$

反过来,由于式(29)和式(30)等价,由式(31)首先可得式(29).但由 $\Phi = 0$ 又可以立刻验证

$$\boldsymbol{\xi}\boldsymbol{r}_u = \boldsymbol{\xi}\boldsymbol{r}_v = 0$$

这样,矢量 $\boldsymbol{\xi}$ 就同时垂直于三个不共面的矢量 $\boldsymbol{r}_u, \boldsymbol{r}_v,$ $\boldsymbol{r}_u \times \boldsymbol{r}_v$,因而 $\boldsymbol{\xi} = \boldsymbol{0}$. 所以式(31)和式(28)等价.

于是我们在 Φ_u, Φ_v 不同时等于零的条件下引进了特征点的概念并推得特征点的充要条件式(28)以及和它等价的式(31).

在对特征点概念加以扩充之前,我们对 Σ 上的特

征点作一分析.

首先,若包络面 Σ 上有奇点,则在 $\Phi_v \neq 0$ 的条件下,这些奇点必定满足(25),因而也就满足式(28)以及式(31).但后两个条件对于 u,v 是对称的.因此,无论假定 Φ_u 或 Φ_v 不等于零,Σ 上的奇点都是特征点.

其次,如果包络面 Σ 上的特征线有包络线 Γ,那么 Γ 叫作 Σ 上的脊线,也叫作曲面族 $\{S_t\}$ 的脊线.我们将证明,脊线上的点都是特征点.作为 Σ 上特征线的包络线,它的特点是:它的每一点属于唯一的一条特征线 C_t,不同点属于不同的 C_t,而且它和 C_t 在它们的共同点相切.脊线上的点一般是包络面 Σ 上的奇点,但也可以不是.例如一条曲线 Γ 的切线曲面 Σ(作为 Σ 的切面族的包络面)上的脊线就是 Γ.可以证明,若 Γ 是挠曲线(即不在一个平面上的曲线),则 Γ 上的点都是 Σ 上的奇点.又如若包络面 Σ 是平面(或其一部分),则脊线 Γ 在该平面上,因而 Γ 的点不是 Σ 的奇点.锥面和柱面(作为它们的切面族的包络面)上面都没有脊线,前者有奇点,后者没有.

现在假定 Σ 上有脊线 Γ,并证明它上面的点都是特征点.根据定义,Γ 上不同点属于不同特征线 C_t,不妨选取 t 作为 Γ 上的参数.换句话说,在包络面

$$\Sigma : r = r(u,v;t), \Phi(u,v,t) = 0 \qquad (32)$$

上,可以令 $u = u(t), v = v(t)$ 为 Γ 的参数方程,因而 Γ 的矢方程可以写作

$$\Gamma : r = r(u(t),v(t);t), \Phi(u(t),v(t),t) = 0 \quad (33)$$

由(33),可得

$$\boldsymbol{\varPhi}_u \frac{\mathrm{d}u}{\mathrm{d}t} + \boldsymbol{\varPhi}_v \frac{\mathrm{d}v}{\mathrm{d}t} + \boldsymbol{\varPhi}_t = 0 \qquad (34)$$

脊线 $\varGamma$ 在一点 P 的一个切矢是

$$\boldsymbol{r}_u \frac{\mathrm{d}u}{\mathrm{d}t} + \boldsymbol{r}_v \frac{\mathrm{d}v}{\mathrm{d}t} + \boldsymbol{r}_t \qquad (35)$$

另一方面,设 s 为经过点 P 的特征线 C_t (t = 常数)上的弧长参数,则根据式(22)和式(23),C_t 在点 P 的一个切矢是

$$\boldsymbol{\varPhi}_v \boldsymbol{r}_u - \boldsymbol{\varPhi}_u \boldsymbol{r}_v \qquad (36)$$

根据脊线定义,它在点 P 和 C_t 相切,即(35)和(36)中两个切矢平行

$$\left(\boldsymbol{r}_u \frac{\mathrm{d}u}{\mathrm{d}t} + \boldsymbol{r}_v \frac{\mathrm{d}v}{\mathrm{d}t} + \boldsymbol{r}_t \right) \times (\boldsymbol{\varPhi}_v \boldsymbol{r}_u - \boldsymbol{\varPhi}_u \boldsymbol{r}_v) = 0$$

展开,利用(34),就得

$$\boldsymbol{\xi} = \boldsymbol{\varPhi}_u \boldsymbol{r}_v \times \boldsymbol{r}_t + \boldsymbol{\varPhi}_v \boldsymbol{r}_t \times \boldsymbol{r}_u + \boldsymbol{\varPhi}_t \boldsymbol{r}_u \times \boldsymbol{r}_v = 0$$

在点 P,$\boldsymbol{\varPhi} = 0$ 当然得到满足. 于是点 P 满足特征点的条件(28). 证毕.

现在,为了简化分析条件,我们把特征点的概念扩大,使它包括一切满足 $\boldsymbol{\varPhi} = \boldsymbol{\xi} = 0$ 或 $\boldsymbol{\varPhi} = \boldsymbol{\varPsi} = 0$ 的点,这样,一切 $\boldsymbol{\varPhi}_u$,$\boldsymbol{\varPhi}_v$,$\boldsymbol{\varPhi}_t$ 都等于零的点就都是特征点,而且,由于 $\boldsymbol{r}_u \times \boldsymbol{r}_v \neq 0$,对于 $\boldsymbol{\varPhi}_u$,$\boldsymbol{\varPhi}_v$ 同时等于零的点(这些可能但不一定是特征线的奇点),特征点的充要条件是 $\boldsymbol{\varPhi}_t = 0$. 于是概括起来,在 S_t 没有奇点而包络面 $\varSigma$ 存在的情况如下:

(1)包络面 $\varSigma$ 上的特征点的条件是 $\boldsymbol{\varPhi} = \boldsymbol{\xi} = 0$ 或 $\boldsymbol{\varPhi} = \boldsymbol{\varPsi} = 0$;

(2)特征点包括 $\varSigma$ 上的奇点和特征线的包络线

（即脊线）上的点；

（3）对于 $\Phi_u = \Phi_v = 0$ 的点，特征点条件 $\Phi = \Psi = 0$ 和 $\Phi = \Phi_t = 0$ 等价。

最后，为了在齿轮啮合理论中的应用（特别是在第 7、8、9 三章），我们指出：尽管在第一次得到曲面族 $\{S_t\}$ 中的曲面 S_t 和包络面 Σ 的接触条件 $\Phi = 0$ 时，$\Phi(u,v,t)$ 的定义是 $\Phi(u,v,t) \equiv (\boldsymbol{r}_u, \boldsymbol{r}_v, \boldsymbol{r}_t)$（参看式（15）），但是，在那以下的分析和论证中，除了个别论点（例如 1 小节末关于 S_t 上的奇点也满足 $\Phi = 0$ 的论点）外，都只用到了 $\Phi = 0$ 代表（充要的）接触条件的事实而没有用到 Φ 的具体表达式，因此，若 $\overline{\Phi}$ 为另一个 u, v, t 的函数，只要 $\overline{\Phi} = 0$ 代表接触条件，就可以用 $\overline{\Phi}$ 来代替 Φ，不影响一切主要结论。例如 $\overline{\Phi}_u = \overline{\Phi}_v = 0$ 仍然是特征线上奇点的必要条件；又如若令

$$\overline{\boldsymbol{\xi}} \equiv \overline{\Phi}_u r_v \times r_t + \overline{\Phi}_v r_t \times r_u + \overline{\Phi}_t r_u \times r_v$$

$$\overline{\Psi}(u,v,t) \equiv \begin{vmatrix} r_u^2 & r_u r_v & r_u r_t \\ r_v r_u & r_v^2 & r_v r_t \\ \overline{\Phi}_u & \overline{\Phi}_v & \overline{\Phi}_t \end{vmatrix}$$

则 $\overline{\Phi} = 0, \overline{\boldsymbol{\xi}} = 0$ 以及 $\overline{\Phi}_u = \overline{\Psi} = 0$ 都仍然是特征点的充要条件，如此等等。这样的函数 $\overline{\Phi}_u$ 显然是存在的，例如，若 $\eta(u,v,t)$ 是任意不等于零的函数，则 $\overline{\Phi}_u \equiv \eta(u,v,t) \cdot \Phi(u,v,t)$ 就是其中的一个。

3. 可展曲面作为单参数平面族的包络面

在 1 小节里，已经指出，每一个可展曲面（平面除

外)Σ 的切面族都构成一个单参数平面族，而 Σ 就是这个平面族的包络面.

现在我们证明，一个单参数平面族如果有包络面 Σ，那么 Σ 必是可展曲面.

一个单参数平面族 $\{\pi_t\}$ 的方程可以写成

$$\{\pi_t\} : \boldsymbol{r} = u\boldsymbol{\sigma}(t) + v\boldsymbol{\tau}(t) + \boldsymbol{\rho}(t) \qquad (37)$$

其中 $\boldsymbol{\rho}(t)$ 是平面 π_t 上一点 P_0 的径矢，$\boldsymbol{\sigma}(t)$，$\boldsymbol{\tau}(t)$ 是 π_t 上两个不平行的矢量，u, v 是纯量参数，由式（37）可得

$$\boldsymbol{r}_u = \boldsymbol{\sigma}(t), \boldsymbol{r}_v = \boldsymbol{\tau}(t), \boldsymbol{r}_t = u\boldsymbol{\sigma}'(t) + v\boldsymbol{\tau}'(t) + \boldsymbol{\rho}'(t) \quad (38)$$

故

$$\Phi \equiv (\boldsymbol{r}_u, \boldsymbol{r}_v, \boldsymbol{r}_t) = (\boldsymbol{\sigma}, \boldsymbol{\tau}, \boldsymbol{\sigma}')u + (\boldsymbol{\sigma}, \boldsymbol{\tau}, \boldsymbol{\tau}')v + (\boldsymbol{\sigma}, \boldsymbol{\tau}, \boldsymbol{\rho}')$$

$$(39)$$

因此，在每一个平面 π_t 上，$\Phi = 0$ 是一个含 u, v 的线性方程，代表着 π_t 上一条直线（我们只考虑一般的情况，假定包络面 Σ 存在，等等）. 换句话说，特征线是直线，它们所产生的包络面 Σ 是直纹面，它和每一个 π_t 沿一条直线相切. 因此，Σ 是可展曲面.

为了求 Σ 上的特征点，而且为了简化公式，我们可以假定 $\boldsymbol{\sigma}, \boldsymbol{\tau}$ 是互相垂直的幺矢，而且 P_0 是从坐标原点到 π_t 的垂足，于是可以令

$$\boldsymbol{\sigma} \times \boldsymbol{\tau} = \boldsymbol{\zeta}, \boldsymbol{\rho}(t) = p(t)\boldsymbol{\zeta}(t)$$

其中 $p(t)$ 是从坐标原点到 P_0 的有向距离，$\boldsymbol{\zeta}$ 为 π_t 的一个幺法矢，而且 $\boldsymbol{\sigma}, \boldsymbol{\tau}, \boldsymbol{\zeta}$ 构成右手系. 这时候，接触方程可以写成（注意 $\boldsymbol{\rho}' = p'\boldsymbol{\zeta} + p\boldsymbol{\zeta}', \boldsymbol{\zeta}\boldsymbol{\zeta}' = 0$）

$$\Phi \equiv (\boldsymbol{\zeta}\boldsymbol{\sigma}')u + (\boldsymbol{\zeta}\boldsymbol{\tau}')v + p' = 0 \qquad (40)$$

令

$$\begin{cases} \boldsymbol{\sigma}' = \qquad \mu_3\boldsymbol{\tau} - \mu_2\boldsymbol{\zeta} \\ \boldsymbol{\tau}' = -\mu_3\boldsymbol{\sigma} \qquad + \mu_1\boldsymbol{\zeta} \\ \boldsymbol{\zeta}' = \mu_2\boldsymbol{\sigma} - \mu_1\boldsymbol{\tau} \end{cases}$$

其中

$$\begin{cases} \mu_1 = \boldsymbol{\tau}'\boldsymbol{\zeta} = -\boldsymbol{\tau}\boldsymbol{\zeta}' \\ \mu_2 = \boldsymbol{\zeta}'\boldsymbol{\sigma} = -\boldsymbol{\zeta}\boldsymbol{\sigma}' \\ \mu_3 = \boldsymbol{\sigma}'\boldsymbol{\tau} = -\boldsymbol{\sigma}\boldsymbol{\tau}' \end{cases}$$

都是 t 的函数. 于是式(40)又可以写成

$$\Phi \equiv -\mu_2 u + \mu_1 v + p' = 0 \qquad (41)$$

而

$$\Phi_u = -\mu_2, \Phi_v = \mu_1, \Phi_t = -\mu_2' u + \mu_1' v + p''$$

$$\Psi \equiv \begin{vmatrix} \boldsymbol{r}_u^2 & \boldsymbol{r}_u\boldsymbol{r}_v & \boldsymbol{r}_u\boldsymbol{r}_t \\ \boldsymbol{r}_v\boldsymbol{r}_u & \boldsymbol{r}_v^2 & \boldsymbol{r}_v\boldsymbol{r}_t \\ \Phi_u & \Phi_v & \Phi_t \end{vmatrix} \equiv \begin{vmatrix} 1 & 0 & -\mu_3 v + \mu_2 p \\ 0 & 1 & \mu_3 u - \mu_1 p \\ -\mu_2 & \mu_1 & -\mu_2' u + \mu_1' v + p'' \end{vmatrix}$$

$$\equiv (-\mu_1\mu_3 - \mu_2')u + (-\mu_2\mu_3 + \mu_1')v + (\mu_1^2 + \mu_2^2)p + p''$$

由式(37)和 $\Phi = 0$ 可以求得可展曲面 Σ 的方程; 由 $\Phi = \Psi = 0$ 可以求得 Σ 上特征点的轨迹.

二次作用和直接展成法原理

关于二次作用及其在二次包络中的应用,酒井高男和牧充已作了较全面的介绍,本章主要是对该文结论在数学上进行论证和补充,希望使这些结论更具体、完整而准确,并给出有关公式.

在这里,我们先概括地介绍直接展成法的一般原理.

假定两个动标 $\sigma^{(1)}$ 和 $\sigma^{(2)}$ 的相对运动已事先给定. 把一个刀具和 $\sigma^{(2)}$ 相固连,把齿坯和 $\sigma^{(1)}$ 相固连. 在 $\sigma^{(2)}$ 的运动中,设刀具齿面是 $\Sigma^{(2)}$,在 $\sigma^{(2)}$ 和 $\sigma^{(1)}$ 的相对运动中,刀具在齿坯所切削成的齿面,也就是 $\Sigma^{(2)}$ 在该相对运动中所包络的齿面是 $\Sigma^{(1)}$. 这是第一次包络. 然后设计另一个刀具齿面 $\Sigma^{(1)}$ 和 $\sigma^{(1)}$ 相固连,并使 $\Sigma^{(1)}$ 包含曲面偶 $[\Sigma^{(2)}, \Sigma^{(1)}]$ 的部分二界共轭点,而令另一个齿坯和 $\sigma^{(1)}$ 相固连. 假定 $\sigma^{(1)}, \sigma^{(2)}$ 的相对运动依旧不

第 12 章

变,则在相对运动中,$\Sigma^{(1)}$ 在 $\sigma^{(2)}$ 里包络一个曲面 $\hat{\Sigma}^{(2)}$,它和 $\Sigma^{(2)}$ 不相同,它包含 $\Sigma^{(2)}$ 上有原来接触线的那部分 $\Sigma_1^{(2)}$ 和由于二次作用而出现的新的接触线所产生的曲面 $\Sigma^{(2)*}$. 这是第二次包络. 新刀具在新齿坯上所切削出的实物齿面 $\overline{\Sigma}^{(2)}$ 不但和 $\Sigma^{(2)}$ 不同,和 $\hat{\Sigma}^{(2)}$ 也不同. $\overline{\Sigma}^{(2)}$ 包括 $\Sigma_1^{(2)}$ 和 $\Sigma^{(2)*}$ 的一部分 $\Sigma_2^{(2)*}$,这两部分沿第一次包络中 $[\Sigma^{(2)},\Sigma^{(1)}]$ 的二界曲线 $L^{(2)}$ 光滑相连. 在 $L^{(2)}$ 两侧,齿面偶 $[\Sigma^{(1)},\overline{\Sigma}^{(2)}]$ 的诱导法曲率一般不相等,而齿轮副 $[\Sigma^{(1)},\overline{\Sigma}^{(2)}]$ 的优越性就在于:$\Sigma^{(1)}$ 和 $\Sigma_2^{(2)*}$ 在 $L^{(2)}$ 上的啮合点密切,因而沿各方向的诱导法曲率为零. 因此,$[\Sigma^{(1)},\overline{\Sigma}^{(2)}]$ 在部分啮合点的诱导法曲率都较小. 以上结论,在本章中都将陆续证明.

　　为了具体分析以上各曲面的相互关系,我们需要证明关于三个相切曲面的一个引理.

§1　关于三个相切曲面的一个引理

　　引理　设曲面 $\Sigma^{(1)},\Sigma^{(2)},\Sigma^{(3)}$ 在它们的公共点 Q 彼此相切,公切面为 π,曲线 $\Gamma^{(1)},\Gamma^{(2)},\Gamma^{(3)}$ 经过点 Q(图 1),而且

　　1)$\Gamma^{(1)}$ 在 $\Sigma^{(2)}$ 和 $\Sigma^{(3)}$ 上,$\Gamma^{(2)}$ 在 $\Sigma^{(3)}$ 和 $\Sigma^{(1)}$ 上,$\Gamma^{(3)}$ 在 $\Sigma^{(1)}$ 和 $\Sigma^{(2)}$ 上;

　　2)$\Gamma^{(1)},\Gamma^{(3)}$ 在 Q 相切,但不和 $\Gamma^{(2)}$ 相切;

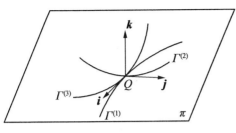

图 1

3) $\Sigma^{(1)}$ 和 $\Sigma^{(3)}$ 不沿 $\Gamma^{(2)}$ 相交（交叉）；

则一般地 $\Sigma^{(1)}$，$\Sigma^{(3)}$ 在一条经过 Q 的曲线 Γ 处交叉，$\Gamma \neq \Gamma^{(2)}$.

证明 显然曲线 $\Gamma^{(1)}$，$\Gamma^{(2)}$，$\Gamma^{(3)}$ 都在 Q 和平面 π 相切.

设 i 为 $\Gamma^{(1)}$，$\Gamma^{(3)}$ 在点 Q 的一个公共的幺切矢，j 为 $\Gamma^{(2)}$ 在点 Q 的一个幺切矢，则由于 i，j 不平行，$i \times j \neq 0$.

令

$$k = \frac{i \times j}{|i \times j|} \tag{1}$$

则 k 为 $\Sigma^{(1)}$，$\Sigma^{(2)}$，$\Sigma^{(3)}$ 在点 Q 的一个公共的幺法矢，也是它们的公切面 π 的幺法矢.

先用 Σ 表示 $\Sigma^{(1)}$，$\Sigma^{(2)}$，$\Sigma^{(3)}$ 中的任意一个，由于 i，j，k 不共面，Σ 在坐标系 $[Q; i, j, k]$[①]里的方程可以写成

$$\Sigma: r = ui + vj + z(u, v)k \tag{2}$$

于是

$$r_u = i + z_u k, \quad r_u = j + z_v k \tag{3}$$

———————

① 注意，由于 i，j 一般不垂直，这不是直角坐标系，而是一个特殊的仿射坐标系；k 和 i，j 垂直，i，j，k 都是幺矢.

$$r_{uu} = z_{uu}k, r_{uv} = z_{uv}k, r_{vv} = z_{vv}k$$

等等. 由于 Σ 经过 $Q(u=v=0)$, 即

$$z(0,0) = 0 \qquad (4)$$

取 k 和 (3) 中每式两边的数积, 可知在点 Q 有

$$z_u(0,0) = z_v(0,0) = 0 \qquad (5)$$

因此, 若把 $r(u,v)$ 根据泰勒定理在点 Q 邻近展开, 则由于式 (4) 和式 (5), 得

$$r = ui + vj + \left\{ \frac{1}{2} \left[z_{uu}(0,0)u^2 + 2z_{uv}(0,0)uv + \right. \right.$$

$$z_{vv}(0,0)v^2 \right] + \frac{1}{6} \left[z_{uuu}(0,0)u^3 + 3z_{uuv}(0,0)u^2v + \right.$$

$$3z_{uvv}(0,0)uv^2 + z_{vvv}(0,0)v^3 \right] + \varepsilon \right\} k \qquad (6)$$

其中 ε 一般是 u,v 的四阶无穷小.

现用 Σ 表示 $\Sigma^{(1)}, \Sigma^{(2)}$ 中的任意一个, 它经过 $\Gamma^{(3)}$ 作为 Σ 上的曲线, $\Gamma^{(3)}$ 的方程可以写成

$$\Gamma^{(3)} : u = u(s), v = v(s)$$

其中 s 是以 Q 为始点, 以 i 为正向度量的弧长, 则它的方程可以写成

$$\Gamma^{(3)} : \rho(s) = u(s)i + v(s)j + z(u(s),v(s))k$$

于是, 对 s 取导矢, 得

$$\dot{\rho} = \dot{u}i + \dot{v}j + (z_u\dot{u} + z_v\dot{v})k$$

$$\ddot{\rho} = \ddot{u}i + \ddot{v}j + \left[z_{uu}\dot{u}^2 + 2z_{uv}\dot{u}\dot{v} + z_{vv}\dot{v}^2 + z_u\ddot{u} + z_v\ddot{v} \right]k$$

$$\dddot{\rho} = \dddot{u}i + \dddot{v}j + \left\{ \left[z_{uuu}\dot{u}^3 + 3z_{uuv}\dot{u}^2\dot{v} + 3z_{uvv}\dot{u}\dot{v}^2 + z_{vvv}\dot{v}^3 \right] + \right.$$

$$3 \left[z_{uu}\dot{u}\ddot{u} + z_{uv}(\dot{u}\ddot{v} + \ddot{u}\dot{v}) + z_{vv}\dot{v}\ddot{v} \right] +$$

$$\left[z_u\dddot{u} + z_v\dddot{v} \right] \right\}k$$

根据 $\Gamma^{(3)}$ 弧长参数的选择, 在点 Q

$$\dot{\boldsymbol{\rho}}(0) = \boldsymbol{i}$$

这样有

$$\dot{u}(0) = 1, \dot{v}(0) = 0$$

而在点 Q(参看式(5)),有

$$\ddot{\boldsymbol{\rho}}(0) = \ddot{u}(0)\boldsymbol{i} + \ddot{v}(0)\boldsymbol{j} + z_{uu}(0,0)\boldsymbol{k} \qquad (7)$$

$$\dddot{\boldsymbol{\rho}}(0) = \dddot{u}(0)\boldsymbol{i} + \dddot{v}(0)\boldsymbol{j} + [z_{uuu}(0,0) + 3z_{uu}(0,0)\ddot{u}(0) +$$

$$3z_{uv}(0,0)\ddot{v}(0)]\boldsymbol{k} \qquad (8)$$

现在,若把 $\Sigma^{(i)}$ 的方程写成

$$\Sigma^{(i)} : \boldsymbol{r}^{(i)} = u\boldsymbol{i} + v\boldsymbol{j} + z^{(i)}(u,v)\boldsymbol{k} \quad (i=1,2,3) \quad (9)$$

则由于 $\Sigma^{(1)}, \Sigma^{(2)}$ 都经过 $\Gamma^{(3)}$,(7)和(8)两式对于它们都适用. 比较所得两个结果,就得

$$z_{uu}^{(1)}(0,0) = z_{uu}^{(2)}(0,0) \qquad (10)$$

$$z_{uuu}^{(1)}(0,0) + 3z_{uu}^{(1)}(0,0)\ddot{u}(0) + 3z_{uv}^{(1)}(0,0)\ddot{v}(0)$$

$$= z_{uuu}^{(2)}(0,0) + 3z_{uu}^{(2)}(0,0)\ddot{u}(0) + 3z_{uv}^{(2)}(0,0)\ddot{v}(0)$$

而根据(10),后一式还可以略为简化成

$$z_{uuu}^{(1)}(0,0) + 3z_{uv}^{(1)}(0,0)\ddot{v}(0) = z_{uuu}^{(2)}(0,0) + 3z_{uv}^{(2)}(0,0)\ddot{v}(0)$$

$$(11)$$

同样,由于 $\Gamma^{(1)}$ 既在 $\Sigma^{(2)}$ 上又在 $\Sigma^{(3)}$ 上,而它在点 Q 的一个幺切矢也是 $\boldsymbol{i}$,仿照式(10)和(11),又得

$$z_{uu}^{(2)}(0,0) = z_{uu}^{(3)}(0,0) \qquad (12)$$

$$z_{uuu}^{(2)}(0,0) + 3z_{uv}^{(2)}(0,0)\ddot{v}(0) = z_{uuu}^{(3)}(0,0) + 3z_{uv}^{(3)}(0,0)\ddot{v}(0)$$

$$(13)$$

于是由式(10) ~ (13)又得

$$z_{uu}^{(1)}(0,0) = z_{uu}^{(3)}(0,0) \qquad (14)$$

$$z_{uuu}^{(1)}(0,0) + 3z_{uv}^{(1)}(0,0)\ddot{v}(0) = z_{uuu}^{(3)}(0,0) + 3z_{uv}^{(3)}(0,0)\ddot{v}(0)$$

(15)

与此对称,由于 $\Gamma^{(2)}$ 既在 $\Sigma^{(1)}$ 上又在 $\Sigma^{(3)}$ 上,而它在点 Q 的一个幺切矢是 j,我们又有

$$z_{vv}^{(1)}(0,0) = z_{vv}^{(3)}(0,0)$$

(16)

$$z_{vvv}^{(1)}(0,0) + 3z_{uv}^{(1)}(0,0)\ddot{u}(0) = z_{vvv}^{(3)}(0,0) + 3z_{uv}^{(3)}(0,0)\ddot{u}(0)$$

(17)

我们现在利用关系式(14)~(17)来考察 $\Sigma^{(1)}$ 和 $\Sigma^{(3)}$ 的相互关系. 我们把 $\Sigma^{(1)}$, $\Sigma^{(3)}$ 的方程(9)写成像(6)那样的展开式. 设 $\gamma^{(1)}$, $\gamma^{(3)}$ 依次为平面 $v=0$ 和 $\Sigma^{(1)}$, $\Sigma^{(3)}$ 的交线,则它们的方程可以写成

$$\gamma^{(1)}: \boldsymbol{r}^{(1)} = u\boldsymbol{i} + \left[\frac{1}{2}z_{uu}^{(1)}(0,0)u^2 + \frac{1}{6}z_{uuu}^{(1)}(0,0)u^3 + \varepsilon^{(1)}\right]\boldsymbol{k}$$

$$\gamma^{(3)}: \boldsymbol{r}^{(3)} = u\boldsymbol{i} + \left[\frac{1}{2}z_{uu}^{(3)}(0,0)u^2 + \frac{1}{6}z_{uuu}^{(3)}(0,0)u^3 + \varepsilon^{(3)}\right]\boldsymbol{k}$$

其中 $\varepsilon^{(1)}$, $\varepsilon^{(3)}$ 一般都是四阶无穷小. 由此,根据式(14),就得

$$\delta = (\boldsymbol{r}^{(1)} - \boldsymbol{r}^{(3)})\boldsymbol{k}$$

$$= \frac{1}{6}\left[z_{uuu}^{(1)}(0,0) - z_{uuu}^{(3)}(0,0)\right]u^3 + \varepsilon^{(1)} - \varepsilon^{(3)}$$ (18)

显然 δ 表示平面 $v=0$ 上一条平行于 $\boldsymbol{k}$ 的直线和 $\gamma^{(1)}$, $\gamma^{(3)}$ 的交点 $P^{(1)}$, $P^{(3)}$ 之间的有向距离

$$\delta = \overrightarrow{P^{(3)}P^{(1)}} \cdot \boldsymbol{k}$$

但根据式(15), $z_{uuu}^{(1)}(0,0) - z_{uuu}^{(3)}(0,0)$ 一般不等于零①,

----

① 即 δ 不是四阶无穷小.

关系式(18)表明,当 u 适当(或充分)小时,δ 随着 u 变号而变号. 换句话说,$\Sigma^{(1)}$,$\Sigma^{(3)}$ 在平面 $v=0$ 上的截线 $\gamma^{(1)}$,$\gamma^{(3)}$ 一般地在点 Q 相交(交叉).

与此对称,根据(16)和(17)两式,我们可以证明,$\Sigma^{(1)}$,$\Sigma^{(3)}$ 在平面 $u=0$ 上的截线一般地也在点 Q 相交.

由此可见,$\Sigma^{(1)}$,$\Sigma^{(3)}$ 一般地相交于一条经过点 Q 的曲线 Γ;Γ 不是 Γ^2,因为已经假定 $\Sigma^{(1)}$,$\Sigma^{(3)}$ 不沿 $\Gamma^{(2)}$ 相交. 证毕.

§2　关于二次接触

设 $\Sigma^{(1)}$,$\Sigma^{(2)}$ 为一对作啮合运动的齿面,它们分别绕固定轴 $a^{(1)}$,$a^{(2)}$ 作匀速转动. 设在时刻 t,$\Sigma^{(1)}$ 上一点 P 满足啮合条件 $\Phi=0$,即

$$nv^{(12)} = (n,\omega^{(12)},r^{(1)}) - (n,\omega^{(2)},\xi) = 0 \quad (19)$$

其中 $\xi = r^{(2)} - r^{(1)}$. 而在另一时刻 t^*,当点 P 在另一位置 P^*(径矢是 $r^{(1)*}$,$\Sigma^{(1)}$,$\Sigma^{(2)}$ 在 P^* 的公法矢是 n^*,相对速度是 $v^{(12)*}$)时,啮合条件也得到满足,即

$$n^* v^{(12)*} = (n^*,\omega^{(12)},r^{(1)*}) - (n^*,\omega^{(2)},\xi) = 0$$
$$(20)$$

设 ψ_1 为从 P 到 P^* 的有向角(其正向决定于 $\omega^{(1)}$ 的正向),则可以令

$$\psi_1 = |\omega^{(1)}|(t^* - t) \quad (21)$$

注意:首先,$t^* - t$ 可正可负,也可以是 0,但 $|t^* - t|$ 不会太大;其次,理论上若 ψ_1 是一个解,则 $\psi_1 + 2k\pi$ 也

是解,其中 k 是任意整数,但由于 $|t^* - t|$ 不会太大,我们将假定 $|\psi_1| < 2\pi$.

根据前面的内容

$$|\boldsymbol{\omega}^{(1)}|\boldsymbol{n}^* = |\boldsymbol{\omega}^{(1)}|\cos\psi_1 \boldsymbol{n} + (1 - \cos\psi_1)(\boldsymbol{n}\boldsymbol{\omega}^{(1)})\frac{\boldsymbol{\omega}^{(1)}}{|\boldsymbol{\omega}^{(1)}|} +$$
$$\sin\psi_1(\boldsymbol{\omega}^{(1)} \times \boldsymbol{n}) \tag{22}$$

$$|\boldsymbol{\omega}^{(1)}|\boldsymbol{r}^{(1)*} \times \boldsymbol{n}^*$$
$$= |\boldsymbol{\omega}^{(1)}|(\boldsymbol{r}^{(1)} \times \boldsymbol{n})^*$$
$$= |\boldsymbol{\omega}^{(1)}|\cos\psi_1(\boldsymbol{r}^{(1)} \times \boldsymbol{n}) + (1 - \cos\psi_1)(\boldsymbol{r}^{(1)}, \boldsymbol{n}, \boldsymbol{\omega}^{(1)}) \cdot$$
$$\frac{\boldsymbol{\omega}^{(1)}}{|\boldsymbol{\omega}^{(1)}|} + \sin\psi_1[\boldsymbol{\omega}^{(1)} \times (\boldsymbol{r}^{(1)} \times \boldsymbol{n})] \tag{23}$$

因此,注意(20)里的行列式 $(\boldsymbol{n}^*, \boldsymbol{\omega}^{(12)}, \boldsymbol{r}^{(1)*}) = \boldsymbol{\omega}^{(12)} \cdot (\boldsymbol{r}^{(1)*} \times \boldsymbol{n}^*)$,再利用条件式(19),就可以把式(20)简写成

$$\sin\psi_1[(\boldsymbol{\omega}^{(12)} \times \boldsymbol{\omega}^{(1)})(\boldsymbol{r}^{(1)} \times \boldsymbol{n}) - (\boldsymbol{\omega}^{(1)} \times \boldsymbol{n})(\boldsymbol{\omega}^{(2)} \times \boldsymbol{\xi})] +$$
$$(1 - \cos\psi_1)\left[(\boldsymbol{r}^{(1)}, \boldsymbol{n}, \boldsymbol{\omega}^{(1)})\left(\boldsymbol{\omega}^{(12)} \cdot \frac{\boldsymbol{\omega}^{(1)}}{|\boldsymbol{\omega}^{(1)}|}\right) - \right.$$
$$\left. (\boldsymbol{n}\boldsymbol{\omega}^{(1)})\left(\frac{\boldsymbol{\omega}^{(1)}}{|\boldsymbol{\omega}^{(1)}|}, \boldsymbol{\omega}^{(2)}, \boldsymbol{\xi}\right)\right] = 0 \tag{24}$$

这里面,第一个方括号等于

$$(\boldsymbol{\omega}^{(1)} \times \boldsymbol{\omega}^{(2)}, \boldsymbol{r}^{(1)}, \boldsymbol{n}) - (\boldsymbol{\omega}^{(1)}, \boldsymbol{n}, \boldsymbol{\omega}^{(2)} \times \boldsymbol{\xi}) = \Phi_t$$

若用 B_1 表示第二个方括号,则

$$B_1 = \left(\boldsymbol{\omega}^{(12)} \cdot \frac{\boldsymbol{\omega}^{(1)}}{|\boldsymbol{\omega}^{(1)}|}\right)(\boldsymbol{n}\boldsymbol{v}^{(1)}) - \left(\frac{\boldsymbol{\omega}^{(1)}}{|\boldsymbol{\omega}^{(1)}|}\right)(\boldsymbol{\omega}^{(1)}, \boldsymbol{\omega}^{(2)}, \boldsymbol{\xi})$$
$$\tag{25}$$

其中

$$\boldsymbol{v}^{(1)} = \boldsymbol{\omega}^{(1)} \times \boldsymbol{r}^{(1)}$$

表示 P（或 P^*）绕 $a^{(1)}$ 的线速度（矢）. 这样，条件（24）就可以写成

$$\Phi_t \sin \psi_1 + B_1 (1 - \cos \psi_1) = 0 \qquad (26)$$

或

$$\sin \frac{\psi_1}{2} \left(\Phi_t \cos \frac{\psi_1}{2} + B_1 \sin \frac{\psi_1}{2} \right) = 0$$

因此，在 $|\psi_1| < 2\pi$ 的假定下，ψ_1 有两个解，一个是 $\left(\sin \dfrac{\psi_1}{2} = 0 \right)$

$$\psi_1 = 0 \qquad (27)$$

这对应于时刻 t，另一个是 $\left(\tan \dfrac{\psi_1}{2} = -\dfrac{\Phi_t}{B_1} \right)$

$$\psi_1 = 2 \tan^{-1} \left(-\frac{\Phi_t}{B_1} \right) \qquad (28)$$

由此可见，在 $|\psi_1| < 2\pi$ 的范围内，$\Sigma^{(1)}$ 上的每一个二类界点只能满足啮合条件一次，其余的每一点，若满足一次，就满足两次[①].

　　容易证明，一个非界点满足啮合条件的两个位置（或时刻），二界函数有相同的绝对值但相反的符号. 用 ψ_1 表示从第一位置到第二位置的有向角，ψ_1^* 表示从第二位置到第一位置的有向角，则因 $|\psi_1| < 2\pi$，$|\psi_1^*| < 2\pi$，有

$$\psi_1 + \psi_1^* = \pm 2\pi$$

或者

---

①　一般地，$B_1 \neq 0$.

Leibniz 定理

$$\psi_1 + \psi_1^* = 0$$

故

$$\tan \frac{\psi_1}{2} = -\tan \frac{\psi_1^*}{2} \tag{29}$$

现在,(25)表明,在这两个位置,B_1 有相同的值($\boldsymbol{\omega}^{(1)}$, $\boldsymbol{\omega}^{(2)}$,$\boldsymbol{\xi}$ 都是固定矢量,数积 $n\boldsymbol{v}^{(1)}$,$n\boldsymbol{\omega}^{(1)}$ 在这两个位置分别有相同的值),因此,若用 Φ_t,Φ_t^* 表示 Φ_t 在这两个位置的值,则式(29)等价于

$$-\frac{\Phi_t}{B_1} = \frac{\Phi_t^*}{B_1}$$

即

$$\Phi_t + \Phi_t^* = 0$$

证毕.

以上论点完全适用于 $\Sigma^{(2)}$. 所不同的是,由于 $\Sigma^{(1)}$,$\Sigma^{(2)}$ 次序颠倒,Φ_t 变号,因而公式(28)现在应当用

$$\psi_2 = 2\tan^{-1}\left(+\frac{\Phi_t}{B_2}\right) \tag{30}$$

代替,其中

$$B_2 = -\left(\boldsymbol{\omega}^{(12)} \cdot \frac{\boldsymbol{\omega}^{(2)}}{|\boldsymbol{\omega}^{(2)}|}\right)(n\boldsymbol{v}^{(2)}) - \left(n\frac{\boldsymbol{\omega}^{(2)}}{|\boldsymbol{\omega}^{(2)}|}\right)(\boldsymbol{\omega}^{(1)},\boldsymbol{\omega}^{(2)},\boldsymbol{\xi}) \tag{31}$$

$$\boldsymbol{v}^{(2)} = \boldsymbol{\omega}^{(2)} \times \boldsymbol{r}^{(2)}$$

我们还可以考察一下,当 $\Sigma^{(1)}$,$\Sigma^{(2)}$ 绕 $a^{(1)}$,$a^{(2)}$ 不是作匀速转动而是作匀速螺旋运动时的情况. 设 $p^{(1)}$,$p^{(2)}$ 依次为 $\Sigma^{(1)}$,$\Sigma^{(2)}$ 的螺旋运动的节,则在任意点,相对速度是

$$\boldsymbol{v}^{(12)} = p^{(1)}\boldsymbol{\omega}^{(1)} - p^{(2)}\boldsymbol{\omega}^{(2)} + \boldsymbol{\omega}^{(12)} \times \boldsymbol{r}^{(1)} - \boldsymbol{\omega}^{(2)} \times \boldsymbol{\xi}$$

$$(32)$$

在这里面,$\boldsymbol{\xi}$ 不再是固定矢量而是时间 t 的函数

$$\frac{\mathrm{d}\boldsymbol{\xi}}{\mathrm{d}t} = p^{(1)}\boldsymbol{\omega}^{(1)} - p^{(2)}\boldsymbol{\omega}^{(2)} \qquad (33)$$

因此,在时刻 t^{*},对应的矢量为(图 2)

$$\boldsymbol{\xi}^{*} = \boldsymbol{\xi} + (p^{(1)}\boldsymbol{\omega}^{(1)} - p^{(2)}\boldsymbol{\omega}^{(2)})(t^{*} - t)$$

图 2

或者,利用式(21),有

$$\boldsymbol{\xi}^{*} = \boldsymbol{\xi} + (p^{(1)}\boldsymbol{\omega}^{(1)} - p^{(2)}\boldsymbol{\omega}^{(2)})\frac{\psi_1}{|\boldsymbol{\omega}^{(1)}|} \qquad (34)$$

现在式(19)变成

$$\begin{aligned}
\boldsymbol{\Phi} &= \boldsymbol{n}\boldsymbol{v}^{(12)} \\
&= (p^{(1)}\boldsymbol{\omega}^{(1)} - p^{(2)}\boldsymbol{\omega}^{(2)})\boldsymbol{n} + (\boldsymbol{n},\boldsymbol{\omega}^{(12)},\boldsymbol{r}^{(1)}) - \\
&\quad (\boldsymbol{n},\boldsymbol{\omega}^{(2)},\boldsymbol{\xi}) \\
&= 0
\end{aligned}$$

$$(35)$$

而式(20)变成

$$\begin{aligned}
\boldsymbol{\Phi}^{*} &= \boldsymbol{n}^{*}\boldsymbol{v}^{(12)*} \\
&= (p^{(1)}\boldsymbol{\omega}^{(1)} - p^{(2)}\boldsymbol{\omega}^{(2)})\boldsymbol{n}^{*} + (\boldsymbol{n}^{*},\boldsymbol{\omega}^{(12)},\boldsymbol{r}^{(1)}) - \\
&\quad (\boldsymbol{n}^{*},\boldsymbol{\omega}^{(2)},\boldsymbol{\xi}^{*}) \\
&= 0
\end{aligned}$$

$$(36)$$

利用式(22)(23)(24)可得

$$\mid \boldsymbol{\omega}^{(1)} \mid \boldsymbol{\Phi}^{*}$$
$$= \left[\mid \boldsymbol{\omega}^{(1)} \mid \boldsymbol{\Phi} + p^{(1)} \psi_{1}(\boldsymbol{n}, \boldsymbol{\omega}^{(1)}, \boldsymbol{\omega}^{(2)}) \right] \cos \psi_{1} +$$
$$B_{1}(1 - \cos \psi_{1}) + \left[\boldsymbol{\Phi}_{t} - p^{(1)}(\boldsymbol{n}, \boldsymbol{\omega}^{(1)}, \boldsymbol{\omega}^{(2)}) + \right.$$
$$\left. p^{(1)} \psi_{1}(\boldsymbol{\omega}^{(1)} \times \boldsymbol{n})(\boldsymbol{\omega}^{(1)} \times \boldsymbol{\omega}^{(2)}) \right] \sin \psi_{1} \qquad (37)$$

其中 $\boldsymbol{\Phi}$ 的公式是式(35),而由式(33)得

$$\boldsymbol{\Phi}_{t} = \boldsymbol{n} \left[p^{(1)} + p^{(2)}(\boldsymbol{\omega}^{(1)} \times \boldsymbol{\omega}^{(2)}) + (\boldsymbol{\xi} \times \boldsymbol{\omega}^{(2)}) \times \right.$$
$$\left. \boldsymbol{\omega}^{(1)} + (\boldsymbol{\omega}^{(1)} \times \boldsymbol{\omega}^{(2)}) \times \boldsymbol{r}^{(1)} \right] \qquad (38)$$

又

$$B_{1} = \left(\boldsymbol{n} \frac{\boldsymbol{\omega}^{(1)}}{\mid \boldsymbol{\omega}^{(1)} \mid} \right) (p^{(1)} \boldsymbol{\omega}^{(1)2} - p^{(2)} \boldsymbol{\omega}^{(1)} \boldsymbol{\omega}^{(2)}) +$$
$$\left(\boldsymbol{\omega}^{(12)} \cdot \frac{\boldsymbol{\omega}^{(1)}}{\mid \boldsymbol{\omega}^{(1)} \mid} \right) \times (\boldsymbol{r}^{(1)}, \boldsymbol{n}, \boldsymbol{\omega}^{(1)}) -$$
$$\left(\boldsymbol{n} \frac{\boldsymbol{\omega}^{(1)}}{\mid \boldsymbol{\omega}^{(1)} \mid} \right) (\boldsymbol{\omega}^{(1)}, \boldsymbol{\omega}^{(2)}, \boldsymbol{\xi}) \qquad (39)$$

因此,若在时刻 t,P 是啮合点,而在时刻 t^{*},当 P 在 P^{*} 位置时,啮合条件也得到满足,则由(35)(36)(37)得

$$p^{(1)} \psi_{1}(\boldsymbol{n}, \boldsymbol{\omega}^{(1)}, \boldsymbol{\omega}^{(2)}) \cos \psi_{1} + B_{1}(1 - \cos \psi_{1}) +$$
$$\left[\boldsymbol{\Phi}_{t} - p^{(1)}(\boldsymbol{n}, \boldsymbol{\omega}^{(1)}, \boldsymbol{\omega}^{(2)}) + p^{(1)} \psi_{1}(\boldsymbol{\omega}^{(1)} \times \boldsymbol{n}) \times \right.$$
$$\left. (\boldsymbol{\omega}^{(1)} \times \boldsymbol{\omega}^{(2)}) \right] \sin \psi_{1} = 0 \qquad (40)$$

关系式(40)比式(20)复杂处在于出现了 $\psi_{1}\cos \psi_{1}$ 和 $\psi_{1}\sin \psi_{1}$ 这样的项. 这样的方程对于 ψ_{1} 有没有解,有多少解,都必须根据运动的具体情况作具体分析,不能给出一般性结论. 但是有两种特殊情况,从中可以得到明确结论. 一种是平行轴的情况. 这时候,$\boldsymbol{\omega}^{(1)} \times \boldsymbol{\omega}^{(2)} = 0$,式(40)化为式(26)的形状,而且 $\boldsymbol{\Sigma}^{(1)}$,$\boldsymbol{\Sigma}^{(2)}$ 的关系是对称的,上面关于 $\boldsymbol{\Sigma}^{(1)}$,$\boldsymbol{\Sigma}^{(2)}$ 上二次接触的结论

都适用. 另一种是 $a^{(1)}$, $a^{(2)}$ 两轴相错, $\Sigma^{(1)}$ 绕 $a^{(1)}$ 作匀速转动, $\Sigma^{(2)}$ 绕 $a^{(2)}$ 作匀速螺旋运动的情况, 这时 $p^{(1)}=0$ 但 $p^{(2)}\neq 0$, 方程 (40) 也化为式 (26) 的形状. 以上的结论对于 $\Sigma^{(1)}$ 仍然适用, 即 $\Sigma^{(1)}$ 上每一个非二类界点的啮合点, 在另一个时刻也满足啮合条件, 而一个二类界点则只在唯一的时刻满足啮合条件. 但由于与式 (40) 相应的关于 $\Sigma^{(2)}$ 的方程中, $p^{(2)}\neq 0$, 这些结论对于 $\Sigma^{(2)}$ 一般不适用.

§3　第一次包络, 曲面偶 $[\Sigma^{(2)}, \Sigma^{(1)}]$

设刀具和齿坯依次绕相错轴 $a^{(2)}$, $a^{(1)}$ 转动, 刀具齿面是 $\Sigma^{(2)}$, 它在齿坯上展成的齿面是 $\Sigma^{(1)}$. 假定 $\Sigma^{(2)}$ 上没有奇点, $\Sigma^{(1)}$ 上也都没有曲面偶 $[\Sigma^{(2)}, \Sigma^{(1)}]$[①]的一类界点, 因而 $\Sigma^{(1)}$ 上也没有奇点. 此外, 我们还假定 $[\Sigma^{(2)}, \Sigma^{(1)}]$ 的接触线 C_t 也没有奇点.

在刀具齿面 $\Sigma^{(2)}$ 上, 二类界点的轨迹 $L^{(2)}$, 即二界曲线, 一般是接触线 C_t 的包络线. 二界曲线 $L^{(2)}$ 一般地把 $\Sigma^{(2)}$ 分为两部分. 一部分 $\Sigma_1^{(2)}$ 上有接触线, 一部分 $\Sigma_2^{(2)}$ 上没有, $\Sigma_2^{(2)}$ 的点完全不进入啮合. 根据 §2 的分析, $\Sigma_1^{(2)}$ 上每一个不在 $L^{(2)}$ 上的啮合点 P, 在两个不同时刻 t, t^* 满足啮合条件, 它是接触线 C_t 和 C_{t^*} 的交点; 而每一个二类界点则只在一个时刻满足啮合条件, 例如 C_t 上的二类界点 Q_t 只在时刻 t 进入啮合, C_{t^*} 上

---

① 注意次序!

的二类界点 Q_{t^*} 只在时刻 t^* 进入啮合.

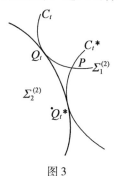

图 3

被展齿面 $\Sigma^{(1)}$ 是它上面的接触线 C_t 所产生的,经过它的每一点有一条接触线 C_t,因而每一点都是啮合点. $\Sigma^{(1)}$ 上的二界共轭点的轨迹 $L^{(1)}$,即它上面的二界共轭线,不是接触线 C_t 的包络线,因为 C_t 的包络线是一类界点所构成,而我们已经假定 $\Sigma^{(1)}$ 上没有一类界点,所以,二界共轭线 $L^{(1)}$ 和各接触线 C_t 相交而不相切(图 4).

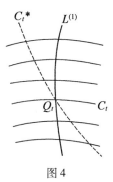

图 4

我们现在考察在一定时刻 t,$\Sigma^{(1)}$ 上满足啮合条件的一切点的轨迹 $\hat{C}_t$. 显然 $\hat{C}_t$ 包含 $\Sigma^{(1)}$ 上在时刻 t 的接

408

触线在内. 我们将证明, 除了 C_t 以外, $\hat{C}_t$ 还包含另一条曲线, 它和 C_t 相交于 C_t 上的二界共轭点 Q_t. 设 P 为 $\Sigma^{(1)}$ 上在时刻 t 满足啮合条件的一点, 并假定 P 或者不在 C_t 上, 或者就是 C_t 上的点 Q_t. 我们要考察这样的点 P 的轨迹. 根据 §2 的分析, 点 P 一定在某个不同于 t 的时刻 t^* 满足啮合条件, 除非 P 就是 Q_t (图 3). 由于点 P 在时刻 t 满足啮合条件, 我们首先有

$$\Phi(u, v, t) = 0 \tag{41}$$

与此同时, 由 §2 的关系式(21)和式(28), 可得

$$\tan \frac{|\boldsymbol{\omega}^{(1)}|(t^* - t)}{2} = -\frac{\Phi_t}{B_1} \tag{42}$$

这式右边是 u, v, t 的函数, 因此, 在 t 已经固定的情况下, 式(42)是关于 u, v, t^* 的一个关系式, 它表明时刻 t^* 和点 P 位置的关系. 它还表明, 除非点 P 就是 Q_t, 否则 $t^* \neq t$. 在 $\Sigma^{(1)}$ 上, 我们一般地引进 u, t 或 v, t 作为独立参数. 假定 $\Sigma^{(1)}$ 的参数是 u, t, 我们从式(41)和式(42)消去 v, 就得一个含 u, t^* 的函数关系

$$f(u, t^*) = 0 \tag{43}$$

把 t^* 这个变数看成时间参数, 式(43)就代表 $\Sigma^{(1)}$ 上的一条曲线, 它除 Q_t 外和 C_t 没有共同点. 用 C_t^* 表示这条曲线, 就得 $\hat{C}_t = C_t + C_t^*$. 因此, 我们所求的 $\Sigma^{(1)}$ 上在时刻 t 满足啮合条件的点的轨迹包含两条相交于一个二界共轭点 Q_t 的曲线 C_t 和 C_t^*, 其中 C_t 是原来产生 $\Sigma^{(1)}$ 的接触线. 证毕.

§4 第二次包络,曲面偶$[\Sigma^{(1)},\hat{\Sigma}^{(2)}]$

1. 被展曲面$\hat{\Sigma}^{(2)}$

在上节,我们证明了,在$\Sigma^{(1)}$上,在每一时刻t,一切满足啮合条件的点的轨迹包括两条曲线C_t和C_t^*,其中C_t就是$[\Sigma^{(2)},\Sigma^{(1)}]$的接触线. 令$t$变动,我们就得到两族曲线$\{C_t\}$和$\{C_t^*\}$. 经过$\Sigma^{(1)}$上每一个二界共轭点,有一条$C_t$和一条对应于同时刻$t$的$C_t^*$;经过$\Sigma^{(1)}$上一个非二界共轭点,除有一条$C_t$外,也有一条$C_t^*$,但这两条曲线对应于不同的$t$值(例如一条是$C_t$,一条是$C_{t'}^*$,$t'\neq t$).

现在假定有一个和$\Sigma^{(2)}$相固连的观察者$A^{(2)}$,在$A^{(2)}$看来,$\Sigma^{(1)}$在不同时刻t的不同位置$\Sigma_t^{(1)}$构成一个单参数曲面族$\{\Sigma_t^{(1)}\}$,$\Sigma_t^{(1)}$上的接触线C_t产生原来的刀具齿面$\Sigma^{(2)}$上的一部分$\Sigma_1^{(2)}$,$\Sigma_t^{(1)}$上(在时刻t也满足啮合条件)的曲线C_t^*(当t变化时)也产生一个曲面$\Sigma^{(2)*}$. 由此可见,$\Sigma_1^{(2)}$是以C_t为特征线的$\{\Sigma_t^{(1)}\}$的包络面,而$\Sigma^{(2)*}$是以C_t^*为特征线的$\{\Sigma_t^{(1)}\}$的包络面. 也可以说,$\{\Sigma_t^{(1)}\}$的包络面$\hat{\Sigma}^{(2)}$包括两叶,一叶是$\Sigma_1^{(2)}$,它和$\Sigma_t^{(1)}$的接触线是C_t,另一叶是$\Sigma^{(2)*}$,它和$\Sigma^{(1)}$的接触线是C_t^*. $\hat{\Sigma}^{(2)}=\Sigma_1^{(2)}+\Sigma^{(2)*}$就是"第二次包络"中的被展曲面. 以后我们称$C_t$为原接触线,$\Sigma_1^{(2)}$为

原作用面;称 C_t^* 为新接触线,$\Sigma^{(2)*}$ 为新作用面. 曲面偶 $[\Sigma^{(1)},\dot{\Sigma}^{(2)}]$ 的接触线是 $\hat{C}_t = C_t + C_t^*$,C_t ,C_t^* 是它的两支.

曲面 $\Sigma_1^{(2)}$ 的天然边界是 $[\Sigma^{(2)},\Sigma^{(1)}]$ 的二界曲线 $L^{(2)}$. 由于每一条新接触线 C_t^* 上都有一个二类界点 Q_t ,而经过每一个二类界点 Q_t 都有一条新接触线 C_t^* ,曲面 $\Sigma^{(2)*}$ 经过 $L^{(2)}$,但一般不以 $L^{(2)}$ 为天然边界. 若 Q_t 为 $L^{(2)}$ 上任意点,则在时刻 t ,$\Sigma^{(1)}$ 沿 C_t 和 $\Sigma_1^{(2)}$ 接触,沿 C_t^* 和 $\Sigma^{(2)*}$ 接触,而 C_t ,C_t^* 在 Q_t 相遇,因此,$\Sigma_1^{(2)}$ 和 $\Sigma^{(2)*}$ 在 Q_t 相切. 由此可见,$\Sigma_1^{(2)}$ 和 $\Sigma^{(2)*}$ 沿 $L^{(2)}$ 相切.

2. 界点

现在来考察曲面偶 $[\Sigma^{(1)},\dot{\Sigma}^{(2)}]$. 和对于齿面偶 $[\Sigma^{(2)},\Sigma^{(1)}]$ 一样,对于这个曲面偶,二类界点的特征是,它只在唯一的时刻 t 满足啮合条件. 很显然,在 $\Sigma^{(1)}$ 上,只有 $L^{(1)}$ 的点,在 $\dot{\Sigma}^{(2)}$ 上,只有 $L^{(2)}$ 的点具有这种性质. 因此,曲面偶 $[\Sigma^{(1)},\dot{\Sigma}^{(2)}]$ 的二类界点和 $[\Sigma^{(2)},\Sigma^{(1)}]$ 的二类界点的分析条件完全一致. 换句话说,对于曲面偶 $[\Sigma^{(1)},\dot{\Sigma}^{(2)}]$,$\Sigma^{(1)}$ 上的二界曲线是 $L^{(1)}$,$\dot{\Sigma}^{(2)}$ 上的二界共轭线是 $L^{(2)}$.

曲面偶 $[\Sigma^{(1)},\dot{\Sigma}^{(2)}]$ 的接触线 $\hat{C}_t$ 包含 C_t 和 C_t^* 这样相遇于一个二类界点 Q_t 的两支,故 Q_t 是 $\hat{C}_t$ 的奇点;对于 $[\Sigma^{(1)},\dot{\Sigma}^{(2)}]$,$\Sigma^{(1)}$ 上的二界曲线 $L^{(1)}$ 和 $\dot{\Sigma}^{(2)}$ 上的二界共轭线 $L^{(2)}$ 现在是接触线奇点的轨迹(假定 C_t ,C_t^* 都没有奇点).

411

对于曲面偶 $[\overset{\frown}{\Sigma}{}^{(1)}, \overset{\frown}{\Sigma}{}^{(2)}]$，$\overset{\frown}{\Sigma}{}^{(2)}$ 上的每一个二界共轭点 Q_t，作为接触线的奇点，又是 $[\overset{\frown}{\Sigma}{}^{(1)}, \overset{\frown}{\Sigma}{}^{(2)}]$ 的一类界点。$\overset{\frown}{\Sigma}{}^{(2)}$ 上的这部分一类界点显然都是 $\overset{\frown}{\Sigma}{}^{(2)}$ 的奇点，因为 $\overset{\frown}{\Sigma}{}^{(2)}$ 的两叶在这里相遇。但是，曲面偶 $[\overset{\frown}{\Sigma}{}^{(1)}, \overset{\frown}{\Sigma}{}^{(2)}]$ 的一类界点一般地还包括非二界共轭点的一些其他点。例如若 $\overset{\frown}{\Sigma}{}^{(2)}$（或 $\Sigma^{(2)*}$）上的新接触线 C_t^* 有包络线，则它上面的点就都是 $\overset{\frown}{\Sigma}{}^{(2)}$（以及 $\Sigma^{(2)*}$）上的一类界点。

现在试考察曲面偶 $[\overset{\frown}{\Sigma}{}^{(1)}, \Sigma^{(2)*}]$。对于这个曲面偶，$L^{(1)}$ 一般不是 $\Sigma^{(1)}$ 上新接触线 C_t^* 的包络线，因此，它一般不是 $\Sigma^{(1)}$ 上二类界点的轨迹。同样，$L^{(2)}$ 一般也不是 $\Sigma^{(2)*}$ 上接触线的包络线，因此，它一般不是 $\Sigma^{(2)*}$ 上一类界点的轨迹。换句话说，$\overset{\frown}{\Sigma}{}^{(2)}$ 上，对于 $[\overset{\frown}{\Sigma}{}^{(2)}, \Sigma^{(1)}]$ 的二类界点是 $[\overset{\frown}{\Sigma}{}^{(1)}, \overset{\frown}{\Sigma}{}^{(2)}]$ 的二界共轭点兼一类界点，一般地却不是对于 $[\overset{\frown}{\Sigma}{}^{(1)}, \Sigma^{(2)*}]$ 的二界共轭点或一类界点。如上所说，在接触线 C_t^* 在 $\Sigma^{(2)*}$ 上有包络线的情况下，在 $\Sigma^{(2)*}$ 上这个包络线上的点就都是 $[\Sigma^{(1)}, \Sigma^{(2)*}]$ 的一类界点（图 5）。

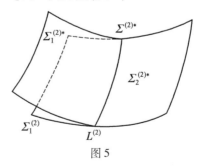

图 5

3. 在对于 $[\Sigma^{(1)}, \hat{\Sigma}^{(2)}]$ 的一个二类界点邻近, 有关曲面的相对位置

在第二次包络中, 在每一时刻 t, 可以认为, 有三个曲面在 $\Sigma^{(1)}$ 上的二类界点($\hat{\Sigma}^{(2)}$ 的二界共轭点)Q_t 彼此相切:这三个曲面是 $\Sigma^{(1)}$, $\Sigma^{(2)}$ 和新作用面 $\Sigma^{(2)*}$. 我们现在要考察这三个曲面的相对位置. 为此, 可以从那个和 $\Sigma^{(2)}$, $\Sigma^{(2)*}$ 相固连的观察者 $A^{(2)}$ 的观点出发, 即设想 $\Sigma^{(2)}$, $\Sigma^{(2)*}$ 的位置是固定的, 而 $\Sigma^{(1)}$ 的位置则随着时间 t 而变化(这样, $\Sigma^{(1)}$ 应写作 $\Sigma_t^{(1)}$, 但我们为了简化符号, 仍写作 $\Sigma^{(1)}$.);与此同时, 二类界点 Q_t 的位置以及原接触线 C_t, 新接触线 C_t^* 也随之变化.

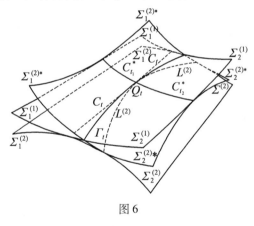

图 6

符 号 说 明

$\Sigma^{(2)}$:刀具齿面

$\Sigma^{(1)}$:在 $\sigma^{(1)}$ 里, $\Sigma^{(2)}$ 的包络面

$\hat{\Sigma}^{(2)} = \Sigma_1^{(2)} + \Sigma^{(2)*}$:在 $\sigma^{(2)}$ 里, $\Sigma^{(1)}$ 的包络面

$\Sigma^{(2)*}$: 在 $\sigma^{(2)}$ 里, $\Sigma^{(1)}$ 的新作用面

Q_t : 在时刻 t, $\Sigma^{(1)}$, $\Sigma^{(2)}$, $\Sigma^{(2)*}$ 的公共啮合点

$L^{(2)}$: $[\Sigma^{(2)}, \Sigma^{(1)}]$ 在 $\sigma^{(2)}$ 里的二界曲线, $[\Sigma^{(1)}, \hat{\Sigma}^{(2)}]$ 的二界共轭线

$\hat{C}_t = C_t + C_t^*$: $[\Sigma^{(1)}, \hat{\Sigma}^{(2)}]$ 的接触线

C_t : $[\Sigma^{(2)}, \Sigma^{(1)}]$ 的接触线, 即 $[\Sigma^{(1)}, \hat{\Sigma}^{(2)}]$ 的原接触线

C_t^* : $[\Sigma^{(1)}, \hat{\Sigma}^{(2)}]$ 的新接触线, 即 $[\Sigma^{(1)}, \Sigma^{(2)*}]$ 的接触线

Γ_t : 在时刻 t, $\Sigma^{(1)}$ 和 $\Sigma^{(2)*}$ 的交线

$C_{t_1}^*$: C_t^* 在 $\Sigma^{(1)}$ 实体内的一段

$C_{t_2}^*$: C_t^* 在 $\Sigma^{(1)}$ 外侧的一段

$\Sigma_1^{(2)}$: $\Sigma^{(1)}$ 的原作用面, 为 C_t 所产生

$\Sigma_2^{(2)*}$: $\Sigma^{(2)*}$ 上 $C_{t_2}^*$ 所产生的部分

关于这三个曲面的关系, 首先是 $\Sigma^{(2)}$, $\Sigma^{(2)*}$ 沿二界曲线 $L^{(2)}$ 相切, $\Sigma^{(2)*}$, $\Sigma^{(1)}$ 沿新接触线 C_t^* 相切, $\Sigma^{(1)}$, $\Sigma^{(2)}$ 沿原接触线 C_t 相切, 其中 $L^{(2)}$ 和 C_t 在 Q_t 相切, 但 C_t^* 一般在 Q_t 不和 $L^{(2)}$, C_t 相切, 而且 $\Sigma^{(1)}$ 和 $\Sigma^{(2)*}$ 一般不沿 C_t^* 相交. 把 §1 的引理应用到这三个曲面 (把 $\Sigma^{(2)*}$, C_t, C_t^*, $L^{(2)}$ 依次看作引理中的 $\Sigma^{(3)}$, $\Gamma^{(3)}$, $\Gamma^{(2)}$, $\Gamma^{(1)}$), 就可以得到这样的结论: $\Sigma^{(1)}$, $\Sigma^{(2)*}$ 一般相交于一条经过 Q_t 的曲线 Γ_t, 而且 Γ_t 不是 C_t^*. 交线 Γ_t 当然随着 $\Sigma^{(1)}$ 的位置变动而变化.

现在还可以进一步. 由于 $\Sigma^{(2)}$ 是刀具齿面, $\Sigma^{(1)}$ 是

$\Sigma^{(2)}$ 在齿坯上展成的齿面,无论 $\Sigma^{(2)}$ 或 $\Sigma^{(1)}$ 都有本质不同的两侧,即内侧(实体方面的一侧)和外侧(实体外面的一侧).显然 $\Sigma^{(1)}$ 在 $\Sigma^{(2)}$ 的外侧,$\Sigma^{(2)}$ 在 $\Sigma^{(1)}$ 的外侧.由于 C_t^* 在 $\Sigma^{(1)}$ 上,除 Q_t 之外,它在 $\Sigma^{(2)}$ 的外侧,它所产生的 $\Sigma^{(2)*}$,除 $L^{(2)}$ 外,也在 $\Sigma^{(2)}$ 的外侧.

$\Sigma^{(1)}$ 被它和 $\Sigma^{(2)*}$ 的交线 Γ_t 分为两部分:一部分用 $\Sigma_1^{(1)}$ 表示,它和 $\Sigma_1^{(2)}$ 有共同的原接触线 C_t,和 $\Sigma^{(2)*}$ 有共同的新接触线 C_t^* 的一段 $C_{t_1}^*$,显然 $\Sigma_1^{(1)}$ 介乎 $\Sigma_1^{(2)}$ 和 $\Sigma^{(2)*}$ 之间;另一部分用 $\Sigma_2^{(1)}$ 表示,它和 $\Sigma^{(2)}$ 除 Q_t 外没有公共点,而和 $\Sigma^{(2)*}$ 有新接触线 C_t^* 的另一段 $C_{t_2}^*$,显然 $\Sigma^{(2)*}$ 介乎 $\Sigma_2^{(2)}$ 和 $\Sigma_2^{(1)}$ 之间.由此可见,$C_{t_1}^*$ 在 $\Sigma^{(1)}$ 内侧而 $C_{t_2}^*$ 在 $\Sigma^{(1)}$ 外侧.令 t 变化,则 $C_{t_1}^*$ 产生 $\Sigma^{(2)*}$ 的一部分 $\Sigma_1^{(2)*}$,$C_{t_2}^*$ 产生 $\Sigma^{(2)*}$ 的另一部分 $\Sigma_2^{(2)*}$,这两部分沿 $L^{(2)}$ 相连.在每一时刻 t,在 Q_t 邻近,$\Sigma_1^{(2)*}$ 基本上在 $\Sigma^{(1)}$ 的内侧,而 $\Sigma_2^{(2)*}$ 基本上在 $\Sigma^{(1)}$ 的外侧(说基本上,因为 Γ_t 和 $L^{(2)}$ 不相同——但根据下面分析,在 Q_t 相切).

我们还指出,$\Sigma^{(1)}$ 和 $\Sigma^{(2)*}$ 的交线 Γ_t 在 Q_t 和 C_t,$L^{(2)}$ 相切,而且夹在它们之间.参看图 6,设想在 $\Sigma^{(2)}$ 上,C_t 在 $L^{(2)}$ 左侧,即 $\Sigma_1^{(2)}$ 在 $\Sigma_2^{(2)}$ 左侧,则因 $\Sigma_1^{(1)}$ 和 $\Sigma_2^{(2)}$ 有接触线 C_t,$\Sigma_2^{(1)}$ 和 $\Sigma^{(2)*}$ 有接触线 $C_{t_2}^*$,当 $\Sigma^{(1)}$ 跨过 Γ_t 从左到右时,在 Q_t 邻近,它从 $\Sigma^{(2)*}$ 之下转而到 $\Sigma^{(2)*}$ 之上,它和 $\Sigma^{(2)*}$ 的交线 Γ_t 必然在 C_t 右侧,在 $L^{(2)}$ 左侧,即夹在 C_t 与 $L^{(2)}$ 之间,因而和 C_t,$L^{(2)}$ 在 Q_t

都相切. 此外, 整条接触线 C_t 在 $\Sigma_1^{(1)}$ 上.

4. $[\Sigma^{(1)}, \Sigma^{(2)*}]$ 的诱导法曲率

仍假定在时刻 t, 曲面 $\Sigma^{(1)}, \Sigma^{(2)*}$ 的接触线 C_t^* 和 $[\Sigma^{(1)}, \Sigma^{(2)}]$ 的二界共轭线 $L^{(2)}$ 的交点是 Q_t. 在 2 小节里, 我们曾经指出, Q_t 一般不是 $[\Sigma^{(1)}, \Sigma^{(2)*}]$ 的界点, 因而在 Q_t, $[\Sigma^{(1)}, \Sigma^{(2)*}]$ 沿任意公切线方向有诱导法曲率 $k_n^{(12)*}$, 而且 Q_t 是 $[\Sigma^{(1)}, \Sigma^{(2)*}]$ 的一个抛物切点. 换句话说, 除沿 C_t^* 方向, 诱导法曲率 $k_n^{(12)*} = 0$ (即 C_t^* 方向是它们的一个相对渐近方向) 外, 沿其他方向, $k_n^{(12)*}$ 或者不等于 0 又不变号, 或者都等于 0 (即一切方向都是相对渐近方向). 我们将证明, 在 Q_t 沿一切方向, $k_n^{(12)*} = 0$, 或者说, Q_t 是 $\Sigma^{(1)}, \Sigma^{(2)*}$ 的平切点, 也可以说, $\Sigma^{(1)}, \Sigma^{(2)*}$ 在 Q_t "密切".

显然, 为了证明上述命题, 我们只需证明, 除 C_t^* 的方向外, $\Sigma^{(1)}, \Sigma^{(2)*}$ 还有另一个相对渐近方向. 在 3 小节里, 我们指出, $\Sigma^{(1)}, \Sigma^{(2)*}$ 相交于一条经过 Q_t 而在 Q_t 和 $L^{(2)}$ 相切的一条曲线 Γ_t. 设 $k_n^{(1)}, k_n^{(2)*}$ 依次为 $\Sigma^{(1)}, \Sigma^{(2)*}$ 沿 Γ_t 方向的法曲率, 则根据法曲率的定义

$$k_n^{(1)} = k_n^{(2)*} = \boldsymbol{n} \frac{\mathrm{d}^2 \boldsymbol{r}}{\mathrm{d}s^2}$$

其中 $\boldsymbol{n}$ 是两曲面在 Q_t 的公共幺法矢, $\boldsymbol{r}$ 是 Γ_t 上一动点的径矢, s 是 Γ_t 的弧长参数. 而 $\frac{\mathrm{d}^2 \boldsymbol{r}}{\mathrm{d}s^2}$ 表示二阶导矢在 Q_t 的值. 因此, 在 Q_t 沿 Γ_t 的方向, 诱导法曲率

$$k_n^{(12)*} = k_n^{(1)} - k_n^{(2)*} = 0$$

即 Γ_t 的方向也是一个相对渐近方向. 但 Γ_t 的方向和 $L^{(2)}$ 相同, 而 C_t^* 和 $L^{(2)}$ 不相切. 这样, 在 Q_t, $[\Sigma^{(1)}, \Sigma^{(2)*}]$ 就有了两个不同的相对渐近方向, 因而在 Q_t 密切. 证毕.

设 $k_n^{(12)*}$ 是 $\Sigma^{(1)}, \Sigma^{(2)*}$ 在时刻 t 在 (C_t^* 上) 任意啮合点沿接触线 C_t^* 法线方向的诱导法曲率, 则在 Q_t, 有 $k_\sigma^{(12)*}=0$. 由于 $k_\sigma^{(12)*}$ 是连续的, 在 Q_t 邻近 (在 C_t^* 上) 的啮合点, $k_\sigma^{(12)*}$ 都有较小的绝对值, 因而在 Q_t 邻近的啮合点, 沿任意方向的诱导法曲率 $k_n^{(12)*}$ 都有较小的绝对值.

§5　直接展成法概述

现在设制作刀具齿面 $\Sigma^{(1)}$ 同 $\sigma^{(1)}$ 相固连, 另令齿坯同 $\sigma^{(2)}$ 相固连, $\sigma^{(1)}, \sigma^{(2)}$ 的相对运动不变, 则在齿坯上展成的齿面 $\Sigma^{(2)}$ 就包含两部分: 一部分是原接触线 C_t 所产生的原作用面 $\Sigma_1^{(2)}$, 即原刀具齿面有接触线的部分, 另一部分是新接触线 C_t^* 的一段 $C_{t_2}^*$ 所产生的 $\Sigma_2^{(2)*}$, 即新作用面 $\Sigma^{(2)*}$ 位于 $\Sigma^{(1)}$ 外侧的一部分; 至于新接触线的另一段 $C_{t_1}^*$ 所产生的 $\Sigma_1^{(2)*}$, 则因 $C_{t_1}^*$ 在 $\Sigma^{(1)}$ 内侧, 被切削掉. $\Sigma_1^{(2)}$ 和 $\Sigma_2^{(2)*}$ 沿 $L^{(2)}$ 相连, 在 $L^{(2)}$ 邻近构成连续而光滑的曲面 $\overline{\Sigma}^{(2)} = \Sigma_1^{(2)} + \Sigma_2^{(2)*}$ (§4, 图 5). 曲面偶 $[\Sigma^{(1)}, \overline{\Sigma}^{(2)}]$ 的接触线是 $\overline{C}_t = C_t + C_{t_2}^*$, C_t 在 $\Sigma_1^{(2)}$ 上而 $C_{t_2}^*$ 在 $\Sigma_2^{(2)*}$ 上, 它们相遇于 $L^{(2)}$.

$\Sigma^{(2)}$ 的两部分 $\Sigma_1^{(2)}$ 和 $\Sigma_2^{(2)}$ 虽然沿曲线 $L^{(2)}$ 光滑相连,即 $\bar{\Sigma}^{(2)}$ 在 $L^{(2)}$ 邻近有连续的法矢 $\boldsymbol{n}$,但在 $L^{(2)}$ 上一点,沿一个不同于 $L^{(2)}$ 的切线方向,$\dfrac{\mathrm{d}\boldsymbol{n}}{\mathrm{d}s}$ 一般地却不连续,因此,在 $L^{(2)}$ 两侧,$\bar{\Sigma}^{(2)}$ 有不同的法曲率. 要考察 $[\Sigma^{(1)}, \bar{\Sigma}^{(2)}]$ 的诱导法曲率,就必须分别考察 $[\Sigma^{(1)}, \Sigma_1^{(2)}]$ 和 $[\Sigma^{(1)}, \Sigma_2^{(2)*}]$ 的诱导法曲率;因为在 $L^{(2)}$ 上一点,沿一个不同于 $L^{(2)}$ 的切线方向,在 $L^{(2)}$ 两侧,诱导法曲率不等.

若注意到原接触线 C_t 整个在 $\Sigma^{(1)}$ 上,就不难看出,在 $\bar{\Sigma}^{(2)}$ 上的接触线 $\bar{C}_t = C_t + C_{t_2}^*$ 大体分布如图 7. $\Sigma_1^{(2)}$ 上每一点一般在两个不同时刻和 $\Sigma^{(1)}$ 啮合,$\Sigma_2^{(2)*}$ 上的点以及 $L^{(2)}$ 上的点则每个只在一个时刻和 $\Sigma^{(1)}$ 啮合. 在 $\Sigma^{(1)}$ 上的接触线 C_t 大体分布如图 8. $\Sigma^{(1)}$ 也被 $L^{(1)}$ 分为两部分:一部分上的每一点在两个不同时刻分别和 $\Sigma_1^{(2)}$, $\Sigma_2^{(2)*}$ 啮合一次,另一部分上的每一点则只在一个时刻和 $\Sigma_1^{(2)}$ 啮合,至于 $L^{(1)}$ 上的每一点则只在一个时刻和 $L^{(2)}$ 啮合.

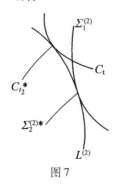

图 7

图 8

对于 $[\Sigma^{(1)}, \bar{\Sigma}^{(2)*}]$, $\bar{\Sigma}^{(2)*}$ 上的二界共轭点是接触线 $\overline{C_t}$ 的奇点, 因而也是一类界点. 但若 $\Sigma_2^{(2)*}$ 上的接触线 $C_{t_2}^*$ 有包络线, 则包络线上的点也是一类界点, 而且一般的是 $\Sigma_2^{(2)*}$ 上的奇点. 在选取齿面 $\bar{\Sigma}^{(2)}$ 时, 应把这部分一类界点排除在外, 以免产生根切或干涉.

§6　关于直接展成法的一般计算方法

1. 第一次包络

(即关于曲面偶 $[\Sigma^{(2)}, \Sigma^{(1)}]$ 主要是在 $\sigma^{(2)}$ (同 $\Sigma^{(2)}$ 相固连的坐标系) 里进行计算.)

设 $\Sigma^{(2)}$ 在 $\sigma^{(2)}$ 里的方程为

$$\Sigma^{(2)} : r^{(2)} = \sum_i x_i^{(2)}(u, v) e_i^{(2)} \qquad (44)$$

则啮合函数

$$\Phi(u, v, t) = n v^{(21)} \qquad (45)$$

其中 n 是 $\Sigma^{(2)}$ 的幺法矢, $v^{(21)}$ 是相对速度

419

$$\boldsymbol{v}^{(21)} = \boldsymbol{\omega}^{(2)} \times \boldsymbol{r}^{(2)} - \boldsymbol{w}^{(1)} \times \boldsymbol{r}^{(1)}, \boldsymbol{r}^{(1)} = \boldsymbol{r}^{(2)} - \boldsymbol{\xi} \quad (46)$$

而 $\boldsymbol{\xi} = \overrightarrow{O^{(2)}O^{(1)}}$（图 9），故

$$\Phi(u,v,t) = (\boldsymbol{n}, \boldsymbol{\omega}^{(21)}, \boldsymbol{r}^{(2)}) + (\boldsymbol{n}, \boldsymbol{\omega}^{(1)}, \boldsymbol{\xi}) \quad (47)$$

其中 $\boldsymbol{\omega}^{(21)} = -\boldsymbol{\omega}^{(12)} = -\boldsymbol{\omega}^{(1)} + \boldsymbol{\omega}^{(2)}$. 若 φ_2 为 $\Sigma^{(2)}$ 绕 $a^{(2)}$ 轴的转角，φ_1 为 $\Sigma^{(1)}$ 绕 $a^{(1)}$ 轴的转角，则可以令

$$\varphi_2 = |\boldsymbol{\omega}^{(2)}|t, \varphi_1 = |\boldsymbol{\omega}^{(1)}|t = \frac{\varphi_2}{i_{21}} \quad (48)$$

于是啮合方程可以写成

$$\Phi\left(u, v, \frac{\varphi_2}{|\boldsymbol{\omega}^{(2)}|}\right) = 0 \quad (49)$$

由此可以得原接触线 C_t.

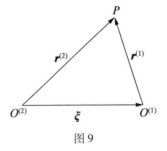

图 9

由式(47)可以计算二界函数 Φ_t 以及 Φ_u，Φ_v. 一界函数则根据公式

$$\Psi(u,v,t) = \frac{1}{D^{(2)2}} \begin{vmatrix} E^{(2)} & F^{(2)} & \boldsymbol{r}_u^{(2)}\boldsymbol{v}^{(21)} \\ F^{(2)} & G^{(2)} & \boldsymbol{r}_v^{(2)}\boldsymbol{v}^{(21)} \\ \Phi_u & \Phi_v & \Phi_t \end{vmatrix} \quad (50)$$

计算，其中 $E^{(2)}$，$F^{(2)}$，$G^{(2)}$ 是 $\Sigma^{(2)}$ 的第二类基本量，$D^{(2)2} = E^{(2)}G^{(2)} - F^{(2)2}$. 由

$$\Phi = \Phi_t = 0 \quad (51)$$

420

$$\Phi = \Psi = 0 \qquad (52)$$

可以依次得到二类界点和一类界点.

若从式(49)解出 u, v 之一, 例如 v

$$v = v(u, \varphi_2) \qquad (53)$$

就可以写出 $\Sigma^{(1)}$ 在 $\sigma^{(1)}$ (同 $\Sigma^{(1)}$ 相固连的坐标系)里的方程

$$\Sigma^{(1)} : r^{(1)} = \sum_i x_i^{(1)}(u, \varphi_2) e_i^{(1)} \qquad (54)$$

2. 第二次包络

(即关于曲面偶 $[\Sigma^{(1)}, \hat{\Sigma}^{(2)}]$ 和 $[\Sigma^{(1)}, \Sigma^{(2)*}]$, 主要是在 $\sigma^{(1)}$ 里进行计算.)

曲面偶 $[\Sigma^{(1)}, \hat{\Sigma}^{(2)}]$ 的啮合函数

$$\hat{\Phi}(u, \varphi_2, t) = n^{(1)} v^{(12)} \qquad (55)$$

其中 $n^{(1)}$ 是 $\Sigma^{(1)}$ 的幺法矢. 但是, 由于可以令 $n^{(1)}$ 等于 $\Sigma^{(2)}$ 的幺法矢 n, 不必从式(54)计算 $n^{(1)}$, 较简便的方法是把 $\Sigma^{(2)}$ 的幺法矢 n 通过由 $\sigma^{(2)}$ 到 $\sigma^{(1)}$ 的矢变换写成 $e_i^{(1)}$ 的线性组合. 至于式(55)里的 $v^{(12)}$, 则有

$$v^{(12)} = \omega^{(1)} \times r^{(1)} - \omega^{(2)} \times r^{(2)} = \omega^{(12)} \times r^{(1)} - \omega^{(2)} \times \xi \qquad (56)$$

但现在不能沿用式(48)中第一次包络中的转角 φ_2, φ_1, 而必须引用新的转角

$$\psi_1 = |\omega^{(1)}| t, \psi_2 = |\omega^{(2)}| t \qquad (57)$$

以此区别. 这样, 啮合方程就可以写作

$$\hat{\Phi}\left(u, \varphi_2, \frac{\psi_1}{|\omega^{(1)}|}\right) = (n, \omega^{(12)}, r^{(1)}) - (n, \omega^{(2)}, \xi) = 0 \qquad (58)$$

　　根据 §4 的分析,由啮合方程式(58)所得到的是接触线 $\hat{C}_t = C_t + C_t^*$. 事实上,在式(58)中,若令 $\psi_1 = \varphi_1 = \dfrac{\varphi_2}{i_{21}}$,就得到原接触线 C_t,这是从共轭曲面 $\Sigma^{(2)}$,$\Sigma^{(1)}$ 的对称性可以看出的;反之,若令 $\psi_1 \neq \varphi_1$,就得到新接触线 C_t^*.

　　由 $[\Sigma^{(1)}, \hat{\Sigma}^{(2)}]$ 的啮合函数 $\hat{\Phi}$ 可以计算二界函数 $\hat{\Phi}_t$ 以及 $\hat{\Phi}_u, \hat{\Phi}_v$,于是也可以计算一界函数 $\hat{\Psi}$. 可以验证,$\hat{\Phi} = \hat{\Phi}_t = 0$ 和 $\Phi = \Phi_t = 0$ 等价,这表明曲面偶 $[\Sigma^{(1)}, \hat{\Sigma}^{(2)}]$ 和 $[\Sigma^{(2)}, \Sigma^{(1)}]$ 二类界点的分析条件相同;可以验证,由 $\hat{\Phi} = \hat{\Phi}_t = 0$ 可得 $\hat{\Phi}_u = \hat{\Phi}_v = 0$,这表明对于曲面偶 $[\Sigma^{(1)}, \hat{\Sigma}^{(2)}]$,$\hat{\Sigma}^{(2)}$ 上的二界共轭点是接触线 $\hat{C}_t$ 的奇点.

　　但是更重要的是,在 ψ_1 一般不等于 φ_1 的假定下,可以从 $[\Sigma^{(1)}, \hat{\Sigma}^{(2)}]$ 的啮合函数 $\hat{\Phi}$ 获得 $[\Sigma^{(1)}, \Sigma^{(2)*}]$ 的一个(广义的)啮合函数 Φ^*,因而可以计算这个曲面偶的二界函数 Φ_t^* 和一界函数 Ψ^*. 可以验证,满足 $\Phi = \Phi_t = 0$ 的点一般不满足 $\Phi^* = \Phi_t^* = 0$,这表明 $\hat{\Sigma}^{(2)}$ 上对于 $[\Sigma^{(1)}, \hat{\Sigma}^{(2)}]$ 的二界共轭点一般不是对于 $[\Sigma^{(1)}, \Sigma^{(2)*}]$ 的二界共轭点.

　　从 $\hat{\Phi} = 0$ 和 $\Sigma^{(1)}$ 的方程可以得到 $\hat{\Sigma}^{(2)}$ 的方程;从 $\Phi^* = 0$ 和 $\Sigma^{(1)}$ 的方程可以得到 $\Sigma^{(2)*}$ 的方程. 但结果一般很烦琐.

平面二次包络（直接展成法）

本章紧接上一章对直接展成法中的平面二次包络作具体分析，并验证上一章中的一般结论.

§1 坐标系及其底矢变换公式

在一般理论的论证中，我们一贯采用一套系统性和对称性较强的数学符号. 下面，在进行具体问题的推算时，由于对称性已大为削弱，为了简化公式，我们把部分常用符号变动如下：

原用符号	e_1,e_2,e_3	$e_1^{(1)},e_1^{(1)},e_1^{(1)}$	$e_1^{(2)},e_2^{(2)},e_3^{(2)}$	
现用符号	i,j,k	i_1,j_1,k_1	i_2,j_2,k_2	
原用符号	$x_1^{(1)},x_2^{(1)},x_3^{(1)}$	$x_1^{(2)},x_2^{(2)},x_3^{(2)}$	$\|\omega^{(1)}\|$	$\|\omega^{(2)}\|$
现用符号	x_1,y_1,z_1	x_2,y_2,z_2	ω_1	ω_2

现设曲面 $\Sigma^{(1)}$，$\Sigma^{(2)}$ 绕互相垂直而相错的两轴 $a^{(1)}$，$a^{(2)}$ 转动，转速矢依次为 $\omega^{(1)}$，$\omega^{(2)}$. 设 $O^{(1)}$，$O^{(2)}$ 依次为 $a^{(1)}$ 和 $a^{(2)}$ 的公垂

第

13

章

线在 $a^{(1)}, a^{(2)}$ 上的垂足, $O = O^{(1)}$ (图1). 令

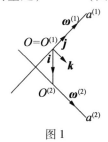

图 1

$$j = \frac{\boldsymbol{\omega}^{(1)}}{\omega_1}, k = \frac{\boldsymbol{\omega}^{(2)}}{\omega_2}, i = j \times k \qquad (1)$$

$$A = \overrightarrow{O^{(1)} O^{(2)}} \cdot i \qquad (2)$$

则, $|A|$ 是 $a^{(1)}, a^{(2)}$ 之间的最短距离. 取基础(即"固定")标架

$$\sigma = [O; i, j, k]$$

其次, 取同 $\Sigma^{(1)}$ 相固连的标架 $\sigma^{(1)} = [O^{(1)}; i_1, j_1,$ $k_1]$, 使 $t = 0$ 时, $i_1 = i, k_1 = k$, 而在任意时刻 t, 从 k 到 k_1 的有向角(图2)

$$\varphi_1 = \omega_1 t \qquad (3)$$

则

$$k_1 = k \cos \varphi_1 + i \sin \varphi_1$$

因而有底矢变换

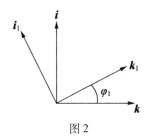

图 2

$$\sigma \rightarrow \sigma^{(1)} \begin{cases} \boldsymbol{i}_1 = \boldsymbol{i}\cos\varphi_1 - \boldsymbol{k}\sin\varphi_1 \\ \boldsymbol{j}_1 = \boldsymbol{j} \\ \boldsymbol{k}_1 = \boldsymbol{i}\sin\varphi_1 + \boldsymbol{k}\cos\varphi_1 \end{cases} \tag{4}$$

$$\sigma^{(1)} \rightarrow \sigma \begin{cases} \boldsymbol{i} = \boldsymbol{i}_1\cos\varphi_1 + \boldsymbol{k}_1\sin\varphi_1 \\ \boldsymbol{j} = \boldsymbol{j}_1 \\ \boldsymbol{k} = -\boldsymbol{i}_1\sin\varphi_1 + \boldsymbol{k}_1\cos\varphi_1 \end{cases} \tag{5}$$

另一方面,取同 $\Sigma^{(2)}$ 相固连的标架 $\sigma^{(2)} = \big[\, O^{(2)} ;$ $\boldsymbol{i}_2 , \boldsymbol{j}_2 , \boldsymbol{k}_2\,\big]$,使 $t = 0$ 时,$\boldsymbol{i}_2 = \boldsymbol{i} , \boldsymbol{j}_2 = \boldsymbol{j}$,而在任意时刻 t,从 $\boldsymbol{i}$ 到 $\boldsymbol{i}_2$ 的有向角

$$\varphi_2 = \omega_2 t \tag{6}$$

则

$$\boldsymbol{i}_2 = \boldsymbol{i}\cos\varphi_2 + \boldsymbol{j}\sin\varphi_2$$

因而有底矢变换

$$\sigma \rightarrow \sigma^{(2)} \begin{cases} \boldsymbol{i}_2 = \boldsymbol{i}\cos\varphi_2 + \boldsymbol{j}\sin\varphi_2 \\ \boldsymbol{j}_2 = -\boldsymbol{i}\sin\varphi_2 + \boldsymbol{j}\cos\varphi_2 \\ \boldsymbol{k}_2 = \boldsymbol{k} \end{cases} \tag{7}$$

$$\sigma^{(2)} \rightarrow \sigma \begin{cases} \boldsymbol{i} = \boldsymbol{i}_2\cos\varphi_2 - \boldsymbol{j}_2\sin\varphi_2 \\ \boldsymbol{j} = \boldsymbol{i}_2\sin\varphi_2 + \boldsymbol{j}_2\cos\varphi_2 \\ \boldsymbol{k} = \boldsymbol{k}_2 \end{cases} \tag{8}$$

于是由式$(4)(5)(7)(8)$,又有 $\sigma^{(1)} , \sigma^{(2)}$ 之间的底矢变换

$$\sigma^{(2)} \rightarrow \sigma^{(1)} \begin{cases} \boldsymbol{i}_1 = \boldsymbol{i}_2\cos\varphi_1\cos\varphi_2 - \boldsymbol{j}_2\cos\varphi_1\sin\varphi_2 - \boldsymbol{k}_2\sin\varphi_1 \\ \boldsymbol{j}_1 = \boldsymbol{i}_2\sin\varphi_2 + \boldsymbol{j}_2\cos\varphi_2 \\ \boldsymbol{k}_1 = \boldsymbol{i}_2\sin\varphi_1\cos\varphi_2 - \boldsymbol{j}_2\sin\varphi_1\sin\varphi_2 + \boldsymbol{k}_2\cos\varphi_1 \end{cases}$$
$$\tag{9}$$

$$\sigma^{(1)} \to \sigma^{(2)} \begin{cases} \boldsymbol{i}_2 = \boldsymbol{i}_1 \cos \varphi_1 \cos \varphi_2 + \boldsymbol{j}_1 \sin \varphi_2 + \boldsymbol{k}_1 \sin \varphi_1 \cos \varphi_2 \\ \boldsymbol{j}_2 = -\boldsymbol{i}_1 \cos \varphi_1 \sin \varphi_2 + \boldsymbol{j}_1 \cos \varphi_2 - \boldsymbol{k}_1 \sin \varphi_1 \sin \varphi_2 \\ \boldsymbol{k}_2 = -\boldsymbol{i}_1 \sin \varphi_1 + \boldsymbol{k}_1 \cos \varphi_1 \end{cases}$$

$$\tag{10}$$

我们假定传动比

$$i_{21} = \frac{\omega_2}{\omega_1} = \frac{\varphi_2}{\varphi_1} = \frac{1}{i_{12}} \tag{11}$$

是常数,因而 φ_1, φ_2 之中,每一个决定另一个.

最后,令在任意时刻 t,$\Sigma^{(1)}, \Sigma^{(2)}$ 的任意啮合点 P 在 $\sigma^{(1)}, \sigma^{(2)}$ 里的径矢

$$\boldsymbol{r}^{(1)} = \overrightarrow{O^{(1)}P}, \boldsymbol{r}^{(2)} = \overrightarrow{O^{(2)}P} \tag{12}$$

并令(参看(2))

$$\boldsymbol{\xi} = \overrightarrow{O^{(2)}O^{(1)}} = -A\boldsymbol{i} \tag{13}$$

则

$$\boldsymbol{r}^{(2)} = \boldsymbol{r}^{(1)} + \boldsymbol{\xi} = \boldsymbol{r}^{(1)} - A\boldsymbol{i} \tag{14}$$

§2 平面第一次包络,曲面偶 $[\Sigma^{(2)}, \Sigma^{(1)}]$

1. 啮合函数,二界函数,一界函数

已知刀具齿面 $\Sigma^{(2)}$ 在坐标系 $\sigma^{(2)}$ 里的方程

$$\boldsymbol{r}^{(2)} = x_2(u,v)\boldsymbol{i}_2 + y_2(u,v)\boldsymbol{j}_2 + z_2(u,v)\boldsymbol{k}_2 \tag{15}$$

就可以根据公式

$$\boldsymbol{v}^{(21)} = \boldsymbol{\omega}^{(2)} \times \boldsymbol{r}^{(2)} - \boldsymbol{\omega}^{(1)} \times \boldsymbol{r}^{(1)}$$

求相对速度 $\boldsymbol{v}^{(21)}$ 在 $\sigma^{(2)}$ 里的分量. 把上节的式(14)代

入,就得

$$v^{(21)} = \boldsymbol{\omega}^{(21)} \times \boldsymbol{r}^{(2)} - \boldsymbol{\omega}^{(1)} \times A\boldsymbol{i} \qquad (16)$$

其中

$$\boldsymbol{\omega}^{(21)} = \boldsymbol{\omega}^{(2)} - \boldsymbol{\omega}^{(1)} \qquad (17)$$

利用上节的式(1),得

$$\boldsymbol{\omega}^{(21)} = -\omega_1 \boldsymbol{j} + \omega_2 \boldsymbol{k} \qquad (18)$$

再利用上节的式(8),又得

$$\boldsymbol{\omega}^{(21)} = -\omega_1 \sin \varphi_2 \boldsymbol{i}_2 - \omega_1 \cos \varphi_2 \boldsymbol{j}_2 + \omega_2 \boldsymbol{k}_2 \qquad (19)$$

另一方面,根据上节的式(1)和式(8),有

$$\boldsymbol{\omega}^{(1)} \times A\boldsymbol{i} = \omega_1 A\boldsymbol{j} \times \boldsymbol{i} = -\omega_1 A\boldsymbol{k} = -\omega_1 A\boldsymbol{k}_2 \qquad (20)$$

故式(16)可以写成

$$v^{(21)} = \boldsymbol{\omega}^{(21)} \times \boldsymbol{r}^{(2)} + \omega_1 A\boldsymbol{k}_2 \qquad (21)$$

其中 $\boldsymbol{\omega}^{(21)}$ 和 $\boldsymbol{r}^{(2)}$ 就用式(15)和式(19)确定. 这样,$[\Sigma^{(2)}, \Sigma^{(1)}]$ 的啮合函数就是

$$\Phi = \boldsymbol{n}v^{(21)} = (\boldsymbol{n}, \boldsymbol{\omega}^{(21)}, \boldsymbol{r}^{(2)}) + A\omega_1(\boldsymbol{n}\boldsymbol{k}_2) \qquad (22)$$

其中 $\boldsymbol{n}$ 是 $\Sigma^{(2)}$ 在啮合点的幺法矢. 以上结果适用于任意刀具齿面 $\Sigma^{(2)}$.

现设齿面 $\Sigma^{(2)}$ 是平面(图3),在 $\sigma^{(2)}$ 里,它平行于 $\boldsymbol{i}_2$,和 $\boldsymbol{k}_2$ 所作的锐角是 β,和 y_2 轴交于 O_p. 在 $\Sigma^{(2)}$ 上,取幺矢

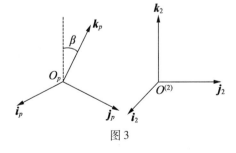

图 3

427

Leibniz 定理

$$\begin{cases} \boldsymbol{i}_p = \boldsymbol{i}_2 \\ \boldsymbol{k}_p = \boldsymbol{j}_2 \sin \beta + \boldsymbol{k}_2 \cos \beta \end{cases} \quad (23)$$

则

$$\boldsymbol{j}_p = \boldsymbol{k}_p \times \boldsymbol{i}_p = \boldsymbol{j}_2 \cos \beta - \boldsymbol{k}_2 \sin \beta \quad (24)$$

是 $\Sigma^{(2)}$ 的一个幺法矢. 假定

$$\overrightarrow{O_p O^{(2)}} = a\boldsymbol{j}_2 \quad (25)$$

则 $\overrightarrow{O_p O^{(2)}}$ 和 $\boldsymbol{j}_2$ 同正向时，$a > 0$，否则 $a < 0$. 于是 $\Sigma^{(2)}$ 上任意点在 $\sigma^{(2)}$ 里的径矢

$$\boldsymbol{r}^{(2)} = \overrightarrow{O^{(2)}P} = \overrightarrow{O^{(2)}O_p} + \overrightarrow{O_pP} = -a\boldsymbol{j}_2 + u\boldsymbol{i}_p + v\boldsymbol{k}_p$$

其中 u,v 是参数，也就是点 P 在平面坐标系 $[O_p; \boldsymbol{i}_p, \boldsymbol{k}_p]$ 里的坐标. 把式（23）代入，就得 $\Sigma^{(2)}$ 在 $\sigma^{(2)}$ 里的方程

$$\boldsymbol{r}^{(2)} = u\boldsymbol{i}_2 + (v\sin\beta - a)\boldsymbol{j}_2 + v\cos\beta\boldsymbol{k}_2 \quad (26)$$

在这里（参看（23））

$$\boldsymbol{r}_u^{(2)} = \boldsymbol{i}_2 = \boldsymbol{i}_p, \boldsymbol{r}_v^{(2)} = \sin\beta\boldsymbol{j}_2 + \cos\beta\boldsymbol{k}_2 = \boldsymbol{k}_p \quad (27)$$

因而

$$\boldsymbol{r}_u^{(2)} \times \boldsymbol{r}_v^{(2)} = -\boldsymbol{j}_p$$

但是，为了便于和我们以前所写的资料的结果比较，我们令式（22）里的幺法矢

$$\boldsymbol{n} = \boldsymbol{j}_p = \boldsymbol{j}_2 \cos\beta - \boldsymbol{k}_2 \sin\beta \quad (28)$$

这对于啮合函数 Φ，一界函数 Ψ，二界函数 Φ_t 以及诱导法曲率 $k_n^{(12)}$ 的影响都只是在正负号上.

用 $\boldsymbol{j}_p$ 代替式（22）里的 $\boldsymbol{n}$，就得

$$\Phi = (\boldsymbol{j}_p, \boldsymbol{\omega}^{(21)}, \boldsymbol{r}^{(2)}) + \omega_1 A(\boldsymbol{j}_p \boldsymbol{k}_2) \quad (29)$$

把式（19）（24）（26）代入，就得啮合函数 Φ，即

$$\frac{\Phi}{\omega_1} = u(i_{21}\cos\beta - \sin\beta\cos\varphi_2) + v\sin\varphi_2 -$$

$$\sin\beta(a\sin\varphi_2 + A) \tag{30}$$

其中 $\varphi_2 = \omega_2 t$(§1 的式(6)).

由式(30),即可推得

$$\begin{cases} \dfrac{\Phi_u}{\omega_1} = i_{21}\cos\beta - \sin\beta\cos\varphi_2 \\[3mm] \dfrac{\Phi_v}{\omega_1} = \sin\varphi_2 \end{cases} \tag{31}$$

而对于二界函数 $\Phi_t\left($注意$\dfrac{\mathrm{d}\varphi_2}{\mathrm{d}t} = \omega_2\right)$,则有

$$\frac{\Phi_t}{\omega_1\omega_2} = u\sin\beta\sin\varphi_2 + v\cos\varphi_2 - a\sin\beta\cos\varphi_2 \tag{32}$$

由式(27)可知

$$\begin{cases} E^{(2)} = r_u^{(2)2} = 1, F^{(2)} = r_u^{(2)}r_v^{(2)} = 0, G^{(2)} = r_v^{(2)2} = 1 \\[2mm] D^{(2)2} = E^{(2)}G^{(2)} - F^{(2)2} = 1 \end{cases} \tag{33}$$

此外,由式(21)可知

$$r_u^{(2)}v^{(12)} = (r_u^{(2)}, \omega^{(21)}, r^{(2)}) + \omega_1 A(r_u^{(2)}k_2)$$

$$r_v^{(2)}v^{(12)} = (r_v^{(2)}, \omega^{(21)}, r^{(2)}) + \omega_1 A(r_v^{(2)}k_2)$$

把式(19)(26)(27)代入,得

$$\begin{cases} r_u^{(2)}v^{(21)} = -v(\omega_1\cos\beta\cos\varphi_2 + \omega_2\sin\beta) + a\omega_2 \\[2mm] r_v^{(2)}v^{(21)} = u(\omega_2\sin\beta + \omega_1\cos\beta\cos\varphi_2) + \\[2mm] \qquad\qquad \omega_1\cos\beta(a\sin\varphi_2 + A) \end{cases} \tag{34}$$

根据定义,一界函数

$$\Psi = \frac{1}{D^{(2)2}} \begin{vmatrix} E^{(2)} & F^{(2)} & \boldsymbol{r}_u^{(2)}\boldsymbol{v}^{(21)} \\ F^{(2)} & G^{(2)} & \boldsymbol{r}_v^{(2)}\boldsymbol{v}^{(21)} \\ \Phi_u & \Phi_v & \Phi_t \end{vmatrix}$$

先把式(33)代入,得

$$\Psi = -(\boldsymbol{r}_u^{(2)}, \boldsymbol{v}^{(21)})\Phi_u - (\boldsymbol{r}_v^{(2)}\boldsymbol{v}^{(21)})\Phi_v + \Phi_t \quad (35)$$

把式(31)(32)(34)代入,就得

$$\frac{\Psi}{\omega_1^2 \cos\beta} = -u\sin\varphi_2\cos\varphi_2 + v(-\sin\beta\cos^2\varphi_2 + $$
$$2i_{21}\cos\beta\cos\varphi_2 + i_{21}^2\sin\beta) - $$
$$(a\sin\varphi_2 + A) - ai_{21}^2 \qquad (36)$$

2. 接触线,二界曲线

根据(30),令啮合函数 $\Phi = 0$,就得啮合方程

$$u(i_{21}\cos\beta - \sin\beta\cos\varphi_2) + v\sin\varphi_2 - \sin\beta(a\sin\varphi_2 + A) = 0$$
$$(37)$$

令 $\varphi_2 = \omega_2 t = $ 常数,这就是在时刻 t 的接触线 C_t 的方程. 由于 u, v 是平面上的直角坐标,而式(37)是一次方程,故 C_t 是直线. 这是当然的,因为 $\Sigma^{(1)}$ 是 $\sigma^{(1)}$ 里平面族 $\{\Sigma_t^{(2)}\}$ 的包络面,因而是可展曲面,而接触线 C_t 是 $\Sigma^{(1)}$ 的母线.

$[\Sigma^{(2)}, \Sigma^{(1)}]$ 的二类界点的条件是 $\Phi = \Phi_t = 0$,因此,它们满足式(37)和(参看式(32))

$$u\sin\beta\sin\varphi_2 + v\cos\varphi_2 - a\sin\beta\cos\varphi_2 = 0 \quad (38)$$

由式(24)和(37)解出 u, v,得

$$\begin{cases} u = \dfrac{A\tan\beta\cos\varphi_2}{i_{21}\cos\varphi_2 - \tan\beta} \qquad (39) \\ \qquad\quad (假定\ i_{21}\cos\varphi_2 - \tan\beta \neq 0) \\ v = \sin\beta\left(a - \dfrac{A\tan\beta\sin\varphi_2}{i_{21}\cos\varphi_2 - \tan\beta}\right) \qquad (40) \end{cases}$$

这就是 $\Sigma^{(2)}$ 上的二界曲线 $L^{(2)}$ 的参数方程.

另一方面,由式(38)和式(39),可以解出 $\sin \varphi_2$ 和 $\cos \varphi_2$,再利用恒等式 $\sin^2 \varphi_2 + \cos^2 \varphi_2 = 1$ 就可以消去 φ_2. 其结果是

$$[u^2\sin^2\beta + (v - a\sin \beta)^2](-ui_{21}\cos \beta + A\sin \beta)^2$$
$$= [u^2\sin^2\beta + (v - a\sin \beta)^2]^2 \tag{41}$$

但两边的方括号不可能等于零. 因为那样由于 $\sin \beta \neq 0$ 将得 $u = 0, v = a\sin \beta$,而这样根据式(37)将得 $A = 0$,与 $a^{(1)}, a^{(2)}$ 是相错轴的假定矛盾. 于是式(41)可以写成

$$(-ui_{21}\cos \beta + A\sin \beta)^2 = u^2\sin^2\beta + (v - a\sin \beta)^2 \tag{42}$$

这是含 u, v 的二次方程,在 $\Sigma^{(2)}$ 上代表一条二次曲线. 所以在 $\Sigma^{(2)}$ 上,二界曲线 $L^{(2)}$ 是一条二次曲线,接触线 C_t 是它的切线.

经过整理,式(28)可以写成

$$(\sin^2\beta - i_{21}^2\cos^2\beta)u^2 + 2i_{21}A\sin \beta\cos \beta u +$$
$$(v - a\sin \beta)^2 = A^2\sin^2\beta \tag{43}$$

若 $\tan \beta \neq i_{21}$,这个方程可以写成

$$\frac{\left(u + \dfrac{i_{21}\tan \beta}{\tan^2\beta - i_{21}^2}\right)^2}{\dfrac{A^2\tan^4\beta}{(\tan^2\beta - i_{21}^2)^2}} + \frac{(v - a\sin \beta)^2}{\dfrac{A^2\tan^2\beta\sin^2\beta}{\tan^2\beta - i_{21}^2}} = 1 \tag{44}$$

当 $\tan \beta > i_{21}$ 时,这是椭圆,当 $\tan \beta < i_{21}$ 时,这是双曲线. 若 $\tan \beta = i_{21}$ 时,则式(29)可以写成

$$(v - a\sin \beta)^2 = -2A\sin^2\beta\left(u - \frac{A}{2}\right) \tag{45}$$

这时 $\Sigma^{(2)}$ 上的二界曲线 $L^{(2)}$ 是一条抛物线.

二界曲线 $L^{(2)}$ 的方程(28)不难推广到曲面 $\Sigma^{(2)}$ 不是平面的情况. 若 $\Sigma^{(2)}$ 在 $\sigma^{(2)}$ 里的方程是式(15),其中 x_2, y_2, z_2 是 u, v 的一般函数而 $\Sigma^{(2)}$ 在 (u, v) 点的一个幺法矢是

$$n = \lambda(u, v)\boldsymbol{i}_2 + \mu(u, v)\boldsymbol{j}_2 + \nu(u, v)\boldsymbol{k}_2$$

容易验证,啮合函数 Φ 和二界函数 φ_t 的公式可以写成

$$\frac{1}{\omega_1}\Phi(u, v, t) = -\begin{vmatrix} y_2 & z_2 \\ \mu & \nu \end{vmatrix}\sin\varphi_2 - \begin{vmatrix} z_2 & x_2 \\ \nu & \lambda \end{vmatrix}\cos\varphi_2 +$$

$$i_{21}\begin{vmatrix} x_2 & y_2 \\ \lambda & \mu \end{vmatrix} + A\nu$$

$$\frac{1}{\omega_1\omega_2}\Phi_t(u, v, t) = -\begin{vmatrix} y_2 & z_2 \\ \mu & \nu \end{vmatrix}\cos\varphi_2 + \begin{vmatrix} z_2 & x_2 \\ \nu & \lambda \end{vmatrix}\sin\varphi_2$$

而二界曲线 $L^{(2)}$ 在 $\sigma^{(2)}$ 里的方程可以写成

$$\left(i_{21}\begin{vmatrix} x_2 & y_2 \\ \lambda & \mu \end{vmatrix} + A\nu\right)^2 = \begin{vmatrix} y_2 & z_2 \\ \mu & \nu \end{vmatrix}^2 + \begin{vmatrix} z_2 & x_2 \\ \nu & \lambda \end{vmatrix}^2 \quad (46)$$

3. 诱导法曲率

曲面偶 $[\Sigma^{(2)}, \Sigma^{(1)}]$ 在任意啮合点沿接触线法线方向的诱导法曲率是

$$k_\sigma^{(21)} = \frac{1}{D^{(2)2}\Psi}\left[E^{(2)}\Phi_v^2 - 2F^{(2)}\Phi_u\Phi_v + G^{(2)}\Phi_u^2\right] \quad (47)$$

把式(31)和式(33)代入,就得

$$k_\sigma^{(21)} = \frac{1}{\Psi}\left[(\omega_2\cos\beta - \omega_1\sin\beta\cos\varphi_2)^2 + (\omega_1\sin\varphi_2)^2\right] \quad (48)$$

再利用关于 Ψ 的公式(36)就可以计算 $k_\sigma^{(21)}$.

若用 θ 表示在啮合点接触线法线和相对速度矢 $\boldsymbol{v}^{(21)}$ 之间的锐角,则

$$\cos \theta = \frac{|\boldsymbol{\Psi} - \boldsymbol{\Phi}_t|}{|\boldsymbol{v}^{(21)}| \sqrt{\boldsymbol{\Phi}_u^2 + \boldsymbol{\Phi}_v^2}}$$

4. $\Sigma^{(1)}$ 的方程

把式(26)代入 §1 的式(14),利用 §1 式(10),可得 $\Sigma^{(1)}$ 在 $\sigma^{(1)}$ 里的方程

$$\boldsymbol{r}^{(1)} = x_1 \boldsymbol{i}_1 + y_1 \boldsymbol{j}_1 + z_1 \boldsymbol{k}_1 \tag{49}$$

其中

$$\begin{cases} x_1 = u\cos \varphi_1 \cos \varphi_2 - v(\sin \beta\cos \varphi_1\sin \varphi_2 + \\ \qquad \cos \beta\sin \varphi_1) + (a\sin \varphi_2 + A)\cos \varphi_1 \\ y_1 = u\sin \varphi_2 + v(\sin \beta\cos \varphi_2) - a\cos \varphi_2 \\ z_1 = u\sin \varphi_1\cos \varphi_2 + v(-\sin \beta\sin \varphi_1\sin \varphi_2 + \\ \qquad \cos \beta\cos \varphi_1) + (a\sin \varphi_2 + A)\sin \varphi_1 \end{cases} \tag{50}$$

由啮合方程(37)解出 v,有

$$v = u(\sin \beta\cot \varphi_2 - i_{21}\cos \beta\csc \varphi_2) + \sin \beta(a + A\csc \varphi_2) \tag{51}$$

代入式(50),就得

$$\begin{cases} x_1 = \cos \beta\{u[(\cos \beta\cos \varphi_1\cos \varphi_2 - \sin \beta\sin \varphi_1\cot \varphi_2) + \\ \qquad i_{21}(\sin \beta\cos \varphi_1 + \cos \beta\sin \varphi_1\csc \varphi_2)] + \\ \qquad (a\sin \varphi_2 + A)(\cos \beta\cos \varphi_1 - \sin \beta\sin \varphi_1\csc \varphi_2)\} \\ y_1 = u[\sin \varphi_2 + \sin \beta\cot \varphi_2(\sin \beta\cos \varphi_2 - i_{21}\cos \beta)] - \\ \qquad a\cos^2\beta\cos \varphi_2 + A\sin^2\beta\cot \varphi_2 \\ z_1 = \cos \beta\{u[(\cos \beta\sin \varphi_1\cos \varphi_2 + \sin \beta\cos \varphi_1\cot \varphi_2) + \\ \qquad i_{21}(\sin \beta\sin \varphi_1 - \cos \beta\cos \varphi_1\csc \varphi_2)] + \\ \qquad (a\sin \varphi_2 + A)(\cos \beta\sin \varphi_1 + \sin \beta\cos \varphi_1\csc \varphi_2)\} \end{cases}$$

$$\tag{52}$$

这样,式(49)就是以 u, φ_2 为独立参数的 $\Sigma^{(1)}$ 的方程.

§3 平面第二次包络, 曲面偶 $[\,\Sigma^{(1)},\hat{\Sigma}^{(2)}\,]$

1. 啮合函数

在 §2 的 4 小节里, 已经写出曲面 $\Sigma^{(1)}$ 以 u,φ_2 作为独立参数的方程, 当然可以从它的方程 (§2 式(49) 和式(52)) 求出它的法矢. 但由于在啮合点, $\Sigma^{(1)}$ 的法矢就是 $\Sigma^{(2)}$ 的法矢, 较简捷的办法是取 §2 式(28) 中的 $\boldsymbol{n}$ 作为 $\Sigma^{(1)}$ 的法矢. 利用 §1 的式(10), 就可以把 $\boldsymbol{n}$ 写成 $\boldsymbol{i}_1,\boldsymbol{j}_1,\boldsymbol{k}_1$ 的线性组合, 即

$$\begin{aligned}
\boldsymbol{n} = (\,-\cos\beta\cos\varphi_1\sin\varphi_2 + \sin\beta\sin\varphi_1\,)\boldsymbol{i}_1 + \\
\cos\beta\cos\varphi_2\boldsymbol{j}_1 - (\cos\beta\sin\varphi_1\sin\varphi_2 + \\
\sin\beta\cos\varphi_1)\boldsymbol{k}_1
\end{aligned} \qquad (53)$$

但是, 由于 φ_2 已经是 $\Sigma^{(1)}$ 上两个参数之一, 在第二次包络中, $\Sigma^{(1)},\Sigma^{(2)}$ 的转角必须引进新的符号以示区别. 我们令

$$\psi_1 = \omega_1 t,\ \psi_2 = \omega_2 t,\ \frac{\psi_2}{\psi_1} = \frac{\omega_2}{\omega_1} = i_{21} \qquad (54)$$

来代替 §1 的式(3)(6)(11). 这样, 坐标系 $\sigma,\sigma^{(1)}$, $\sigma^{(2)}$ 之间, 底矢变换公式中的 φ_1,φ_2 也必须用 ψ_1,ψ_2 来代替. 例如 §1 的式(10) 就要用下面公式代替

$$\begin{cases}
\boldsymbol{i}_2 = \boldsymbol{i}_1\cos\psi_1\cos\psi_2 + \boldsymbol{j}_1\sin\psi_2 + \boldsymbol{k}_1\sin\psi_1\cos\psi_2 \\
\boldsymbol{j}_2 = -\boldsymbol{i}_1\cos\psi_1\sin\psi_2 + \boldsymbol{j}_1\cos\psi_2 - \boldsymbol{k}_1\sin\psi_1\sin\psi_2 \\
\boldsymbol{k}_2 = -\boldsymbol{i}_1\sin\psi_1 + \boldsymbol{k}_1\cos\psi_1
\end{cases} \quad (55)$$

如此等等.

现在相对速度(参看 §1 式(14)),有

$$v^{(12)} = \omega^{(1)} \times r^{(1)} - \omega^{(2)} \times r^{(2)} = \omega^{(12)} \times r^{(1)} - \omega^{(2)} \times \xi$$
$$(56)$$

其中

$$\begin{cases} \omega^{(12)} = \omega_2 \sin \psi_1 i_1 + \omega_1 j_1 - \omega_2 \cos \psi_1 k_1 \\ -\omega^{(2)} \times \xi = \omega_2 A j_1 \end{cases} \quad (57)$$

这两个公式只需利用 §1 的式(1)(2)(13)以及 σ, $\sigma^{(1)}$, $\sigma^{(2)}$ 之间新的底矢变换公式即可得到.

于是第二次包络中曲面偶 $[\Sigma^{(1)}, \hat{\Sigma}^{(2)}]$ 的啮合函数

$$\hat{\Phi} = nv^{(12)} = (n, \omega^{(12)}, r^{(1)}) - (n, \omega^{(2)}, \xi) \quad (58)$$

不难计算. 首先,由(53)和(57)得

$$-(n, \omega^{(2)}, \xi) = \omega_2 A \cos \beta \cos \varphi_2 \quad (59)$$

其次,根据式(53)和式(57)和 §2 的式(59),得

$$(n, \omega^{(12)}, r^{(1)})$$

$$= \begin{vmatrix} -\cos \beta \cos \varphi_1 \sin \varphi_2 + \sin \beta \sin \varphi_1 & \omega_2 \sin \psi_1 & x_1 \\ \cos \beta \cos \varphi_2 & \omega_1 & y_1 \\ -\cos \beta \sin \varphi_1 \sin \varphi_2 - \sin \beta \cos \varphi_1 & -\omega_2 \cos \psi_1 & z_1 \end{vmatrix}$$

展开,再把 §2 的式(42)代入,然后把结果连同式(59)代入式(58),就得啮合函数 $\hat{\Phi}$,有

$$\frac{\hat{\Phi}}{\omega_1} = u\{\sin \beta \cos \varphi_2 - i_{21}[\cos \beta \cos(\psi_1 - \varphi_1) + \sin \beta \sin \varphi_2 \times$$

$$\sin(\psi_1 - \varphi_1)]\} - v[\sin \varphi_2 + i_{21} \cos \varphi_2 \sin(\psi_1 - \varphi_1)] +$$

$$a[\sin \beta \sin \varphi_2 + i_{21} \sin \beta \cos \varphi_2 \sin(\psi_1 - \varphi_1)] +$$

$$A\{\sin \beta + \cos \beta \cos \varphi_2[1 - \cos(\psi_1 - \varphi_1)]\} \quad (60)$$

再把 §2 的式(51)代入,化简,得

$$\frac{\sin \varphi_2}{\omega_2 \cos \beta} \hat{\Phi}$$

$$= u \big[\, (1 - \cos \lambda) \sin \varphi_2 + \sin \lambda \, (i_{21} \cos \varphi_2 - \tan \beta) \, \big] +$$
$$A \cos \varphi_2 \big[\, (1 - \cos \lambda) \sin \varphi_2 - \tan \beta \sin \lambda \, \big] \qquad (61)$$

其中

$$\lambda = \psi_1 - \varphi_1 = \omega_1 t - \frac{\varphi_1}{i_{21}} = \omega_1 \left(t - \frac{\varphi_2}{\omega_2} \right) \qquad (62)$$

因此，$[\, \Sigma^{(1)}, \hat{\Sigma}^{(2)} \,]$ 的啮合方程 $\hat{\Phi} = 0$ 可以写成

$$u \big[\, (1 - \cos \lambda) \sin \varphi_2 + \sin \lambda \, (i_{21} \cos \varphi_2 - \tan \beta) \, \big] +$$
$$A \cos \varphi_2 \big[\, (1 - \cos \lambda) \sin \varphi_2 - \tan \beta \sin \lambda \, \big] = 0 \qquad (63)$$

由式(62)，可知，当

$$t = \frac{\varphi_2}{\omega_2} \quad \text{或} \quad \varphi_2 = \omega_2 t$$

时，$\lambda = 0, \cos \lambda = 1, \sin \lambda = 0$，这时啮合方程(63)得到

满足. 这表明 $\varphi_2 = \omega_2 t = $ 常数，满足在时刻 $t = \dfrac{\varphi_2}{\omega_2}$，

$[\, \Sigma^{(1)}, \hat{\Sigma}^{(2)} \,]$ 的接触线 $\hat{C}_t$ 的条件. 但 $\varphi_2 = \omega_2 t = $ 常数，正

是 $[\, \Sigma^{(2)}, \Sigma^{(1)} \,]$ 的接触线 C_t 的条件. 这就验证了，

$[\, \Sigma^{(1)}, \hat{\Sigma}^{(2)} \,]$ 的接触线 $\hat{C}_t$ 的一个组成部分是原接触线

C_t. 这个事实也可以从式(60)看到. 因为若令 $\lambda = 0, \hat{\Phi} =$

0 就化为 $\Phi = 0$(参看 §2 式(37)). 显然，若在式(63)

里，不把 λ 限于 0，则应从 $\hat{\Phi} = 0$ 得到接触线 $\hat{C}_t = C_t + C_t^*$

(见 §4)[①]. 可以验证，C_t 和 C_t^* 在 $[\, \Sigma^{(2)}, \Sigma^{(1)} \,]$ 的二类

界点不相切.

　　为了便于和后面的一些结果比较，我们指出，除特

---

　　①　为了获得 $\hat{\Sigma}^{(2)}$ 在 $\sigma^{(2)}$ 里的方程，我们只需通过 §1，

(7)(9)(14) 和 $\boldsymbol{r}^{(1)}$ 的表达式(§2，式(49)(52))以及本节的啮

合方程(61)和关系 $\boldsymbol{r}^{(2)} = x_2 \boldsymbol{i}_2 + y_2 \boldsymbol{j}_2 + z_2 \boldsymbol{k}_2$.

殊情况外,啮合方程(63)可以写成较简明的形状

$$\frac{1}{u} = \frac{1}{A}\left[\frac{i_{21}}{\tan \beta - \dfrac{(1-\cos \lambda)}{\sin \lambda}\sin \varphi_1} - \frac{1}{\cos \varphi_2}\right] \qquad (63')$$

2. 二类界点

根据式(62),$\dfrac{\partial \lambda}{\partial t} = \omega_1$,因此,由式(61)可得

$$\frac{\sin \varphi_2}{\omega_1 \omega_2 \cos \beta}\hat{\Phi}$$

$$= u[\sin \lambda \sin \varphi_2 + \cos \lambda (i_{21}\cos \varphi_2 - \tan \beta)] +$$

$$A\cos \varphi_2 (\sin \lambda \sin \varphi_2 - \tan \beta \cos \lambda) \qquad (64)$$

为了求 $\Sigma^{(1)}$ 上对于 $[\Sigma^{(1)}, \hat{\Sigma}^{(2)}]$ 的二类界点,我们令 $\hat{\Phi} = \hat{\Phi}_t = 0$. 从这个联立方程消去 u,注意式(61)和式(64)左边都有因子 $\sin \varphi_2$,就得

$$\frac{\cos \varphi_2}{\sin^2 \varphi_2} \times$$

$$\begin{vmatrix} (1-\cos \lambda)\sin \varphi_2 + \sin \lambda (i_{21}\cos \varphi_2 - \tan \beta) & \\ & (1-\cos \lambda)\sin \varphi_2 - \tan \beta \sin \lambda \\ \sin \lambda \sin \varphi_2 + \cos \lambda (i_{21}\cos \varphi_2 - \tan \beta) & \\ & \sin \lambda \sin \varphi_2 - \tan \beta \cos \lambda \end{vmatrix} = 0$$

化简并展开,就得

$$\frac{\cos^2 \varphi_2}{\sin \varphi_2}(1 - \cos \lambda) = 0 \qquad (65)$$

若令 $\cos \lambda = 1$,则由 $\hat{\Phi} = \hat{\Phi}_t = 0$ 得

$$u = \frac{A\tan \beta \cos \varphi_2}{i_{21}\cos \varphi_2 - \tan \beta} \qquad (66)$$

若令 $\cos \varphi_2 = 0$，由 $\hat{\Phi} = \hat{\Phi}_t = 0$ 得 $u = 0$；但这些特殊解都包括在通解式（66）内. 把式（66）和 §2 式（39）比较，可知对于 $[\hat{\Sigma}^{(1)}, \hat{\Sigma}^{(2)}]$，$\hat{\Sigma}^{(1)}$ 上的二类界点就是对于 $[\hat{\Sigma}^{(2)}, \hat{\Sigma}^{(1)}]$，$\hat{\Sigma}^{(1)}$ 上的二界共轭点. 这只是验证了我们在第 12 章 §4 的 2 小节里的一般结论.

由式（61），注意根据式（62），$\dfrac{\partial \lambda}{\partial \varphi_2} = -\dfrac{1}{i_{21}}$，可以推得

$$
\begin{cases}
\dfrac{\sin \varphi_2}{\omega_2 \cos \beta} \hat{\Phi}_u = (1 - \cos \lambda)\sin \varphi_2 + \sin \lambda (i_{21}\cos \varphi_2 - \tan \beta) \\[2mm]
\dfrac{1}{\omega_2 \cos \beta} \hat{\Phi}_{\varphi_2} = u\Big\{ -\dfrac{1}{i_{21}}\big[\sin \lambda + \cos \lambda(i_{21}\cot \varphi_2 - \tan \beta \coc \varphi_2)\big] + \\[2mm]
\qquad\qquad \sin \lambda\big[-i_{21}\csc^2 \varphi_2 + \tan \beta \csc \varphi_2 \cot \varphi_2\big]\Big\} + \\[2mm]
\qquad A\Big\{\dfrac{1}{i_{21}}(-\sin \lambda \cos \varphi_2 + \tan \beta \cos \lambda \cot \varphi_2) - \\[2mm]
\qquad\qquad (1 - \cos \lambda)\sin \varphi_2 + \tan \beta \sin \lambda \csc^2 \varphi_2\Big\}
\end{cases}
$$

$$(67)$$

容易看出，当 $\hat{\Phi} = \hat{\Phi}_t = 0$（$\cos \lambda = 1$，$\sin \lambda = 0$，而 u，φ_2 满足式（66））时，$\hat{\Phi}_u = \hat{\Phi}_{\varphi_2} = 0$. 这验证了：对于 $[\hat{\Sigma}^{(1)}, \hat{\Sigma}^{(2)}]$，$\hat{\Sigma}^{(2)}$ 上的二界共轭点是接触线 $\hat{C}_t$ 的奇点，而且这些二界共轭点都是一类界点（充分条件：$\hat{\Phi}_u = \hat{\Phi}_{\varphi_2} = \hat{\Phi}_t = 0$）.

因为对于 $[\hat{\Sigma}^{(1)}, \hat{\Sigma}^{(2)}]$，$\hat{\Sigma}^{(2)}$ 上的二界共轭点兼一类界点是 $\hat{\Sigma}^{(2)}$ 上的奇点，我们就把考察的重点从 $\hat{\Sigma}^{(2)}$ 转向 $\Sigma^{(2)*}$，以免受到这些奇点的干扰.

§4　平面第二次包络,曲面偶$[\Sigma^{(1)},\Sigma^{(2)^*}]$

1. 啮合函数

利用三角恒等式

$$1-\cos\lambda=2\sin^2\frac{\lambda}{2},\sin\lambda=2\sin\frac{\lambda}{2}\cos\frac{\lambda}{2}$$

并令

$$\mu=\frac{\lambda}{2}=\frac{1}{2}\left(\omega_1 t-\frac{\varphi_2}{i_{21}}\right)\tag{68}$$

就可以把 §3 的公式(61)写成

$$\frac{\sin\varphi_2}{2\omega_2\cos\beta}\dot{\Phi}$$

$$=\sin\mu\{u[\sin\mu\sin\varphi_2+\cos\mu(i_{21}\cos\varphi_2-\tan\beta)]+$$

$$A\cos\varphi_2[\sin\mu\sin\varphi_2-\tan\beta\cos\mu]\}\tag{69}$$

因此,从$[\Sigma^{(1)},\dot{\Sigma}^{(2)}]$的啮合方程

$$\dot{\Phi}=0$$

可推得两种可能性,即

$$\sin\mu=0$$

和

$$u[\sin\mu\sin\varphi_2+\cos\mu(i_{21}\cos\varphi_2-\tan\beta)+$$

$$A\cos\varphi_2(\sin\mu\sin\varphi_2-\tan\beta\cos\mu)]=0\tag{70}$$

在上节里,我们已经指出,当 $\lambda=2\mu=0$ 即 $\sin\mu=0$ 时,$\dot{\Phi}=0$ 所确定的是原接触线 C_t^*. 显然方程(70)所确定的是新接触线 C_t^*. 换句话说,若令

439

$$\sin \varphi_2 \Phi^* = u\big[\sin \mu \sin \varphi_2 + \cos \mu(i_{21}\cos \varphi_2 - \tan \beta) +$$

$$A\cos \varphi_2[\sin \mu \sin \varphi_2 - \tan \beta \cos \mu] \qquad (71)$$

则方程（70）即 $\Phi^* = 0$ 实际上就是 $[\Sigma^{(1)}, \Sigma^{(2)*}]$ 的啮合条件或说啮合方程. 在式（70）里，令 $t = $ 常数 $\left(\text{但不等于} \dfrac{\varphi_2}{\omega_2}, \text{即} \varphi_2 \neq \text{常数}\right)$，就得到新接触线 C_t^*. 但值得注意的是，若对于每一条 C_t^*，在式（70）里令 $\sin \mu = 0 (\mu = 0, \pi)$，就得

$$u = \frac{A\tan \beta \cos \varphi_2}{i_{21}\cos \varphi_2 \pm \tan \beta} \qquad (72)$$

这包含§3式（66）的解在内. 这表明，每条新接触线 C_t^* 上有一个对于 $[\Sigma^{(1)}, \hat{\Sigma}^{(2)}]$ 的二类界点，因而新作用面 $\Sigma^{(2)*}$ 经过 $\hat{\Sigma}^{(2)}$ 的二界共轭线 $L^{(2)}$，并且沿 $L^{(2)}$ 和 $\Sigma_1^{(2)}$ 相联结. 这些几何结果和第 12 章§4 一致.

我们还指出，除特殊情况外，啮合方程（70）可以写成

$$\frac{1}{u} = \frac{1}{A}\left(\frac{i_{21}}{\tan \beta - \tan \mu \sin \varphi_2} - \frac{1}{\cos \varphi_2}\right)$$

这个关系从上节的式（63′），令 $\sin \mu = 0$ 也可以得到.

方程（70），即 $\Phi^* = 0$，既然是 $[\Sigma^{(1)}, \Sigma^{(2)*}]$ 的啮合方程，那么 Φ^* 就是这个曲面偶的一个广义啮合函数.

2. 二类界点

已知 Φ^* 是 $[\Sigma^{(1)}, \Sigma^{(2)*}]$ 的一个广义啮合函数，Φ_t^* 就是其相应的广义二界函数，而 $\Phi^* = \Phi_t^* = 0$ 就是 $\Sigma^{(1)}$ 上对于这个曲面偶的二类界点的充要条件.

现在,根据式(68),$\dfrac{\partial u}{\partial t}=\dfrac{\omega_1}{2}$,于是由式(70)得

$$\frac{2\sin\varphi_2}{\omega_1}\Phi_t^* = u\big[\cos\mu\sin\varphi_2 - \sin\mu(i_{21}\cos\varphi_2 - \tan\beta)\big] +$$

$$A\cos\varphi_2(\cos\mu\sin\varphi_2 + \tan\beta\sin\mu)\big] \qquad (73)$$

把式(70)和由式(73)所得的方程 $\Phi_t^* = 0$ 联立,消去 u,就得

$$\frac{\cos^2\varphi_2}{\sin\varphi_2} \times$$

$$\begin{vmatrix} \sin\mu\sin\varphi_2 + \cos\mu(i_{21}\cos\varphi_2 - \tan\beta) & \sin\mu\sin\varphi_2 - \tan\beta\cos\mu \\ \cos\mu\sin\varphi_2 - \sin\mu(i_{21}\cos\varphi_2 - \tan\beta) & \cos\mu\sin\varphi_2 + \tan\beta\sin\mu \end{vmatrix} = 0$$

或

$$\frac{\cos^2\varphi_2}{\sin\varphi_2} = 0$$

由 $\cos\varphi_2 = 0$ 所得 $\Phi^* = \Phi_t^* = 0$ 的解是 $\varphi_2 = \pm\dfrac{\pi}{2}, u = 0$. 根据本节的式(70)和式(73)以及上节的式(66),这两个解是 $\Sigma^{(1)}$ 上对于 $[\Sigma^{(1)}, \overset{.}{\Sigma}{}^{(2)}]$ 的二类界点. 由于 $\cos\varphi_2 = u = 0$ 时,对于一切 $t, \Phi^* = 0$,一切新接触线 C_t^* 都经过这两个点. 显然,它们也是 $\Sigma^{(2)*}$ 上对于 $[\Sigma^{(1)}, \Sigma^{(2)*}]$ 的一类界点,而且是 $\Sigma^{(1)}$ 和 $\Sigma^{(2)*}$ 的奇点. 由于我们已把 $\Sigma^{(1)}$ 的奇点排除在考察范围之外,可以认为,$[\Sigma^{(1)}, \Sigma^{(2)*}]$ 没有二类界点.

3. 一界函数

对应于广义啮合函数 Φ^*,曲面偶 $[\Sigma^{(1)}, \Sigma^{(2)*}]$ 的广义一界函数可以写成

$$\Psi^* = \frac{1}{D^{(1)2}} \begin{vmatrix} E^{(1)} & F^{(1)} & r_u^{(1)} v^{(12)} \\ F^{(1)} & G^{(1)} & r_{\varphi_2}^{(1)} v^{(12)} \\ \Phi_u^* & \Phi_{\varphi_2}^* & \Phi_t^* \end{vmatrix} \tag{74}$$

在这里面,除 Φ_t^* 已见公式(73)外,有

$$\begin{cases} \Phi_u^* = \sin \mu + \cos \mu (i_{21} \cot \varphi_2 - \tan \beta \csc \varphi_2) \\ \Phi_{\varphi_2}^* = u\{\cos \mu (-i_{21} \csc^2 \varphi_2 + \tan \beta \csc \varphi_2 \cot \varphi_2) + \\ \qquad \frac{1}{2i_{21}} [-\cos \mu + \sin \mu (i_{21} \cot \varphi_2 - \tan \beta \csc \varphi_2)]\} + \\ \qquad A[-\sin \mu \sin \varphi_2 + \tan \beta \cos \mu \csc^2 \varphi_2 + \\ \qquad \frac{1}{2i_{21}} (-\cos \mu \cos \varphi_2 - \tan \beta \sin \mu \cot \varphi_2)] \end{cases}$$

$$\tag{75}$$

把式(74)中行列式展开,Ψ^* 就表现为 Φ_u^*,$\Phi_{\varphi_2}^*$,Φ_t^* 的一次式,其中 Φ_t^* 的系数是 1. 由于根据 §4 中的 2 小节,$\sin \mu = 0$ 时,即 $\Sigma^{(1)}$ 上对于 $[\Sigma^{(1)}, \hat{\Sigma}^{(2)}]$ 的二类界点,$\Phi_t^* \neq 0$,又容易验证,这时 Φ_u^*,$\Phi_{\varphi_2}^*$ 不同时等于零,$\Psi^* \neq 0$,即上述二类界点一般不是新接触线 C_t^* 的奇点,它的共轭点也不是 $\Sigma^{(2)*}$ 的奇点.

公式(74)里的

$$\begin{cases} r_u^{(1)} = \frac{\partial x_1}{\partial u} i_1 + \frac{\partial y_1}{\partial u} j_1 + \frac{\partial z_1}{\partial u} k_1 \\ r_{\varphi_2}^{(1)} = \frac{\partial x_1}{\partial \varphi_2} i_1 + \frac{\partial y_1}{\partial \varphi_2} j_1 + \frac{\partial z_1}{\partial \varphi_2} k_1 \end{cases} \tag{76}$$

其中根据 §2 的式(52),有

$$
\begin{cases}
\dfrac{\partial x_1}{\partial u} = \cos\beta\big[\,(\cos\beta\cos\varphi_1\cos\varphi_2 - \sin\beta\sin\varphi_1\cot\varphi_2) + \\
\qquad\quad i_{21}(\sin\beta\cos\varphi_1 + \cos\beta\sin\varphi_1\csc\varphi_2)\,\big] \\[2mm]
\dfrac{\partial y_1}{\partial u} = (\sin\varphi_2 + \sin^\beta\cos\varphi_2\cot\varphi_2) - i_{21}\sin\beta\cos\beta\csc\varphi_2 \\[2mm]
\dfrac{\partial z_1}{\partial u} = \cos\beta\big[\,(\cos\beta\sin\varphi_1\cos\varphi_2 + \sin\beta\cos\varphi_1\cot\varphi_2) + \\
\qquad\quad i_{21}(\sin\beta\sin\varphi_1 - \cos\beta\cos\varphi_1\csc\varphi_2)\,\big]
\end{cases}
$$

$$(77)$$

$$
\begin{cases}
\dfrac{\partial x_1}{\partial \varphi_2} = \cos\beta\Big\{ u\Big[\,(-\cos\beta\cos\varphi_1(\sin\varphi_2 + \csc\varphi_2) + \\
\qquad\quad \sin\beta\sin\varphi_1\cot^2\varphi_2 - \\
\qquad\quad i_{21}\cos\beta\sin\varphi_1\csc\varphi_2\cot\varphi_2 - \\
\qquad\quad \dfrac{1}{i_{21}}(\cos\beta\sin\varphi_1\cos\varphi_2 + \sin\beta\cos\varphi_1\cot\varphi_2)\Big] + \\
\qquad\quad a\Big[\cos\beta\cos\varphi_1\cos\varphi_2 - \\
\qquad\quad \dfrac{1}{i_{21}}(\cos\beta\sin\varphi_1\sin\varphi_2 + \sin\beta\cos\varphi_2)\Big] + \\
\qquad\quad A\Big[\sin\beta\sin\varphi_1\csc\varphi_2\cot\varphi_2 - \\
\qquad\quad \dfrac{1}{i_{21}}(\cos\beta\sin\varphi_1 + \sin\beta\cos\varphi_1\csc\varphi_2)\Big]\Big\} \\[2mm]
\dfrac{\partial y_1}{\partial \varphi_2} = u\big[\,(\cos^2\beta\cos\varphi_2 - \sin^2\beta\csc\varphi_2\cot\varphi_2) + \\
\qquad\quad i_{21}\sin\beta\cos\beta\csc^2\varphi_2\,\big] + \\
\qquad\quad a\cos^2\beta\sin\varphi_2 - A\sin^2\beta\csc\varphi_2\cot\varphi_2
\end{cases}
$$

$$(78)$$

443

$$
\left\{
\begin{aligned}
\frac{\partial z_1}{\partial \varphi_2} = \cos \beta \Big\{ & u\Big[\big(-\cos \beta \sin \varphi_1 (\sin \varphi_2 + \csc \varphi_2) - \\
& \sin \beta \cos \varphi_1 \cot^2 \varphi_2 - \\
& i_{21} \cos \beta \cos \varphi_1 \csc \varphi_2 \cot \varphi_2 + \\
& \frac{1}{i_{21}} (\cos \beta \cos \varphi_1 \cos \varphi_2 - \sin \beta \sin \varphi_1 \cot \varphi_2) \Big] + \\
& a\Big[\cos \beta \sin \varphi_1 \cos \varphi_2 + \\
& \frac{1}{i_{21}} (\cos \beta \cos \varphi_1 \sin \varphi_2 - \sin \beta \sin \varphi_1) \Big] + \\
& A\Big[-\sin \beta \cos \varphi_1 \csc \varphi_2 \cot \varphi_2 + \\
& i_{21} (\cos \beta \cos \varphi_1 - \sin \beta \sin \varphi_1 \csc \varphi_2) \Big] \Big\}
\end{aligned}
\right.
$$

至于 $\boldsymbol{\nu}^{(12)}$，只需把 §3 的式(57)代入 §3 的式(56)，就得

$$
\boldsymbol{\nu}^{(12)} = (\omega_1 z_1 + \omega_2 \cos \psi_1 y_1) \boldsymbol{i}_1 - \omega_2 (\cos \psi_1 x_1 + \\
\sin \psi_1 z_1 - A) \boldsymbol{j}_1 + (\omega_2 \sin \psi_1 y_1 - \omega_1 x_1) \boldsymbol{k}_1
$$

其中的 x_1, y_1, z_1 见 §2 的式(52).

这样，计算 $\boldsymbol{\Psi}^*$ 所需的有关公式都已齐备，再注意

$$
\mu = \frac{1}{2}(\psi_1 - \varphi_1) = \frac{1}{2}\left(\omega_1 t - \frac{\varphi_2}{i_{21}} \right)
$$

就可以把 $\boldsymbol{\Psi}^*$ 写成 u, φ_2, ψ_1 或 u, φ_2, t 的函数.

4. 诱导法曲率

为了计算 $[\Sigma^{(1)}, \Sigma^{(2)*}]$ 沿接触线法线方向的诱导法曲率 $k_\sigma^{(12)*}$，需要通过狭义啮合函数，需要找出 $[\Sigma^{(1)}, \overset{\wedge}{\Sigma}{}^{(2)}]$ 的狭义啮合函数 $\overset{\wedge}{\Phi}$ 及一界和二界函数 $\overset{\wedge}{\boldsymbol{\Psi}}, \overset{\wedge}{\boldsymbol{\Phi}}$，同 $[\Sigma^{(1)}, \Sigma^{(2)*}]$ 的广义啮合函数 $\boldsymbol{\Phi}^*$ 及其相应的

一界和二界函数 Ψ^*，Φ_t^* 之间的关系. 首先, 由式 (69) 和式 (71) 可知

$$\hat{\Phi} = \zeta \Phi^*, \text{其中 } \zeta = 2\omega_2 \sin \beta \sin \mu^{①} \qquad (79)$$

因此

$$\hat{\Phi}_u = \zeta \Phi_u^* + \zeta_u \Phi^*, \quad \hat{\Phi}_{\varphi_2} = \zeta \Phi_{\varphi_2}^* + \zeta_{\varphi_2} \Phi^*, \quad \hat{\Phi}_t = \zeta \Phi_t^* + \zeta_t \Phi^*$$

故在 $[\Sigma^{(1)}, \Sigma^{(2)*}]$ 的啮合点 ($\Phi^* = 0$), 有

$$\hat{\Phi}_u = \zeta \Phi_u^*, \quad \hat{\Phi}_{\varphi_2} = \zeta \Phi_{\varphi_2}^*, \quad \hat{\Phi}_t = \zeta \Phi_t^* \qquad (80)$$

因而又有

$$\hat{\Psi} = \frac{1}{D^{(1)2}} \begin{vmatrix} E^{(1)} & F^{(1)} & \boldsymbol{r}_u^{(1)} \boldsymbol{v}^{(12)} \\ F^{(1)} & G^{(1)} & \boldsymbol{r}_{\varphi_2}^{(1)} \boldsymbol{v}^{(12)} \\ \hat{\Phi}_u^* & \hat{\Phi}_{\varphi_2}^* & \hat{\Phi}_t^* \end{vmatrix} = \zeta \Psi^* \qquad (81)$$

由于 $[\Sigma^{(1)}, \Sigma^{(2)*}]$ 的啮合点也是 $[\Sigma^{(1)}, \hat{\Sigma}^{(2)}]$ 的啮合点, 在 $\hat{\Psi} \neq 0$ 时, 有

$$k_\sigma^{(12)*} = \frac{1}{D^{(1)} \hat{\Psi}} (E^{(1)} \hat{\Phi}_{\varphi_2}^2 - 2F^{(1)} \hat{\Phi}_u \hat{\Phi}_{\varphi_2} + G^{(1)} \hat{\Phi}_u^2) \qquad (82)$$

把式 (80) 和式 (81) 代入, 利用式 (79), 就得

$$k_\sigma^{(12)*} = \frac{2\omega_2 \cos \beta \sin \mu}{D^{(1)2} \Psi^*} (E^{(1)} \Phi_{\varphi_2}^{*2} - 2F^{(1)} \Phi_u^* \Phi_{\varphi_2}^* + G^{(1)} \Phi_u^{*2})$$

$$(83)$$

这个公式是在 $\sin \mu \neq 0$ 的假定下推得的. 但由于已经知道, $\sin \mu = 0$ 时, $\Psi^* \neq 0$, 因而式 (83) 左右两边都是

———————

① 这表明, $\sin \mu \neq 0$ 时, φ^* 也是 $[\Sigma^{(1)}, \hat{\Sigma}^{(2)}]$ 的广义啮合函数.

连续函数,它也适用于 $\sin \mu = 0$ 的啮合点. 在 $\sin \mu = 0$ 时,由式(83)可知,$k_\sigma^{(12)*} = 0$;这就验证了,$\Sigma^{(1)}$,$\Sigma^{(2)*}$ 在 $[\Sigma^{(1)}, \Sigma^{(2)}]$ 的二类界点密切. 此外,由于 $E^{(1)}G^{(1)} - F^{(1)2} > 0$,$E^{(1)} > 0$,可知 Φ_u^*,$\Phi_{\varphi_2}^*$ 不同时为零时,式(83)中的括号大于零,故 $\Sigma^{(1)}$,$\Sigma^{(2)*}$ 在别的啮合点不密切.

关于接触线 C_t^* 的法线和 $\nu^{(12)}$ 之间的角 θ^*,在 $\sin \mu \neq 0$ 时,有

$$\cos \theta^* = \frac{D^{(1)} |\hat{\Phi}_t - \hat{\Psi}|}{|\nu^{(12)}| \sqrt{E^{(1)} \hat{\Phi}_{\varphi_2}^2 - 2F^{(1)} \hat{\Phi}_u \hat{\Phi}_{\varphi_2} + G^{(1)} \hat{\Phi}_u^2}}$$

$$(84)$$

而根据式(80),它可以写成

$$\cos \theta^* = \frac{D^{(1)} |\Phi_t^* - \Psi^*|}{|\nu^{(12)}| \sqrt{E^{(1)} \Phi_{\varphi_2}^{*2} - 2F^{(1)} \Phi_u^* \Phi_{\varphi_2}^* + G^{(1)} \Phi_u^{*2}}}$$

$$(85)$$

这在 $\sin \mu = 0$ 时仍然适用.

不妨指出,在 $\sin \mu \neq 0$ 的啮合点,仍然可以利用公式(85)来计算 $k_\sigma^{(12)*}$,但不易得出其他结论.

§5 经过修形的二次包络

1. 啮合函数,接触线

为了获得较好的传动,通常采用的方法是,在第二次包络中,令两个转动轴间的最短距离和传动比都和

第一次包络略有不同,这样,得到的二次包络的接触线将不分新旧两部分,二次包络面也将不分原刀具齿面和新作用面两部分.这种办法叫作修形.

设在第二次包络中,$\sigma^{(1)}$,$\sigma^{(2)}$ 两轴间的最短距离是 $\tilde{A}$,传动比是 $\tilde{i}_{21}$,所得到的接触线和二次包络面依次用 $\tilde{C}_t$ 和 $\tilde{\Sigma}^{(2)}$ 表示.为了求曲面偶 $\left[\Sigma^{(1)},\tilde{\Sigma}^{(2)}\right]$ 的啮合函数,只需沿用 §3 的方法,但在那里的公式(55)~(59)里,用 $\tilde{A}$ 代替 A,用 $\tilde{\boldsymbol{\omega}}^{(1)}$,$\tilde{\boldsymbol{\omega}}^{(2)}$ 代替 $\boldsymbol{\omega}^{(1)}$,$\boldsymbol{\omega}^{(2)}$,使

$$\frac{|\tilde{\boldsymbol{\omega}}^{(2)}|}{|\tilde{\boldsymbol{\omega}}^{(1)}|} = \frac{\tilde{\omega}_2}{\tilde{\omega}_1} = \tilde{i}_{21} \qquad (86)$$

再用

$$\tilde{\lambda} = \tilde{\psi}_1 - \varphi_1 = \tilde{\omega}_1 t - \frac{\varphi_2}{i_{21}} \qquad (87)$$

代替 $\lambda = \psi_1 - \varphi_1$,于是得

$$\frac{1}{\tilde{\omega}_1}\tilde{\Phi} = u\left[\sin\beta\cos\varphi_2 - \tilde{i}_{21}(\cos\beta\cos\tilde{\lambda} + \sin\beta\sin\tilde{\lambda}\cdot\right.$$

$$\sin\varphi_2)\left.\right] - v\left[\sin\varphi_2 + \tilde{i}_{21}\sin\tilde{\lambda}\cos\varphi_2\right] +$$

$$a\left[\sin\beta\sin\varphi_2 + \tilde{i}_{21}\sin\beta\sin\tilde{\lambda}\cos\varphi_2\right] +$$

$$A\left[\sin\beta - \tilde{i}_{21}\cos\beta\cos\tilde{\lambda}\cos\varphi_2\right] +$$

$$\tilde{A}\tilde{i}_{21}\cos\beta\cos\varphi_2$$

把从第一次包络的啮合方程中解出的 v(参看 §2 的式(39)或式(51))代入,就得

$$\frac{\sin\varphi_2}{\tilde{\omega}_2\cos\beta}\tilde{\Phi} = u\left[(k - \cos\tilde{\lambda})\sin\varphi_2 + \sin\tilde{\lambda}(i_{21}\cos\varphi_2 - \tan\beta)\right] +$$

$$A\cos\varphi_2\big[(C-\cos\widetilde{\lambda})\sin\varphi_2-\tan\beta\sin\widetilde{\lambda}\big]\quad(88)$$

其中

$$k=\frac{i_{21}}{\widetilde{i}_{21}},\ C=\frac{\widetilde{A}}{A}$$

于是 $\big[\Sigma^{(1)},\widetilde{\Sigma}^{(2)}\big]$ 的啮合方程就可以写成

$$u\big[(k-\cos\widetilde{\lambda})\sin\varphi_2+\sin\widetilde{\lambda}(i_{21}\cos\varphi_2-\tan\beta)\big]+$$

$$A\cos\varphi_2\big[(C-\cos\widetilde{\lambda})\sin\varphi_2-\tan\beta\sin\widetilde{\lambda}\big]=0\quad(89)$$

除特殊情况外,这个方程可以写成

$$\frac{1}{u}=\frac{1}{A}\left[\frac{(k-C)\tan\varphi_2+i_{21}\sin\widetilde{\lambda}}{\tan\beta\sin\widetilde{\lambda}-(C-\cos\widetilde{\lambda})\sin\varphi_2}-\frac{1}{\cos\varphi_2}\right]\quad(89')$$

当 $k=C=1$ 时,$(89')$ 就和 §3 的 $(63')$ 一致.

2. 二界函数和二界曲线

注意根据式 (87),$\dfrac{\partial\widetilde{\lambda}}{\partial t}=\widetilde{\omega}_1$,就可以由式 (88) 得到二界函数 $\widetilde{\Phi}_t$. 结果是

$$\frac{\sin\varphi_2}{\widetilde{\omega}_1\,\widetilde{\omega}_2\cos\beta}\widetilde{\Phi}_t=u\big[\sin\widetilde{\lambda}\sin\varphi_2+\cos\widetilde{\lambda}(i_{21}\cos\varphi_2-\tan\beta)\big]+$$

$$A\cos\varphi_2\big[\sin\widetilde{\lambda}\sin\varphi_2-\tan\beta\cos\widetilde{\lambda}\big]\quad(90)$$

根据式 (88) 和式 (90) 曲面偶 $\big[\Sigma^{(1)},\widetilde{\Sigma}^{(2)}\big]$ 的二类界点条件 $\widetilde{\Phi}=\widetilde{\Phi}_t=0$,现在可以写成

$$\begin{cases} \dfrac{1}{\sin \varphi_2}\{u[(k-\cos \tilde{\lambda})\sin \varphi_2 + \sin \tilde{\lambda}(i_{21}\cos \varphi_2 - \tan \beta)] + \\[2mm] \qquad A\cos \varphi_2[(C-\cos \tilde{\lambda})\sin \varphi_2 - \tan \beta \sin \tilde{\lambda}]\} = 0 \\[4mm] \dfrac{1}{\sin \varphi_2}\{u[\sin \tilde{\lambda}\sin \varphi_2 + \cos \tilde{\lambda}(i_{21}\cos \varphi_2 - \tan \beta)] + \\[2mm] \qquad A\cos \varphi_2[\sin \tilde{\lambda}\sin \varphi_2 - \tan \beta \cos \tilde{\lambda}]\} = 0 \end{cases}$$

$$(91)$$

消去 u，就得

$$\frac{\cos \varphi_2}{\sin^2 \varphi_2} \times \begin{vmatrix} (k-\cos \tilde{\lambda})\sin \varphi_2 + \sin \tilde{\lambda}(i_{21}\cos \varphi_2 - \tan \beta) \\ (C-\cos \tilde{\lambda})\sin \varphi_2 - \tan \beta \sin \tilde{\lambda} \\ \sin \tilde{\lambda}\sin \varphi_2 + \cos \tilde{\lambda}(i_{21}\cos \varphi_2 - \tan \beta) \\ \sin \tilde{\lambda}\sin \varphi_2 - \tan \beta \cos \tilde{\lambda} \end{vmatrix} = 0$$

或者

$$\frac{\cos \varphi_2}{\sin \varphi_2}\{[(k-C)\tan \beta + i_{21}C\cos \varphi_2]\cos \tilde{\lambda} - $$

$$(k-C)\sin \varphi_2 \sin \tilde{\lambda} - i_{21}\cos \varphi_2\} = 0 \qquad (92)$$

在考察条件式（92）的一般情况之前，先处理特殊情况 $\cos \varphi_2 = 0$. 这时 $\sin \varphi_2 = \varepsilon = \pm 1$，式（91）等价于

$$\begin{cases} u[\varepsilon(k-\cos \tilde{\lambda}) - \tan \beta \sin \tilde{\lambda}] = 0 \\ u[\varepsilon \sin \tilde{\lambda} - \tan \beta \cos \tilde{\lambda}] = 0 \end{cases} \qquad (93)$$

因此，一种可能性是 $u = 0$，由此得两个解

$$\varphi_2 = \pm \frac{\pi}{2}, u = 0 \qquad (94)$$

它们对应于两个二类界点,由(88)可知,一切接触线 $\widetilde{C}_t$ 都经过这两个二类界点,它们因而也是一类界点,显然也是 $\Sigma^{(1)}$, $\widetilde{\Sigma}^{(2)}$ 的奇点. 由于我们早已把 $\Sigma^{(1)}$ 的奇点排除在外,它们不起实际作用. 另一种可能性是 $u \neq 0$,这时式(93)等价于

$$\begin{cases} \varepsilon\left(k - \cos\widetilde{\lambda}\right) - \tan\beta\sin\widetilde{\lambda} = 0 \\ \varepsilon\sin\widetilde{\lambda} - \tan\beta\cos\widetilde{\lambda} = 0 \end{cases} \tag{95}$$

消去 ε, $\tan\beta$,得

$$\begin{vmatrix} k - \cos\widetilde{\lambda} & \sin\widetilde{\lambda} \\ \sin\widetilde{\lambda} & \cos\widetilde{\lambda} \end{vmatrix} = 0$$

即

$$\cos\widetilde{\lambda} = \frac{1}{k}$$

于是由(95)中第二式,得

$$\sin\widetilde{\lambda} = \varepsilon\,\frac{\tan\beta}{k}$$

代入 $\sin^2\widetilde{\lambda} + \cos^2\widetilde{\lambda} = 1$,得

$$\sec^2\beta = k^2$$

或

$$\cos\beta = \frac{1}{k}$$

但 k 通常非常接近 1,因而这个结果表明,β 非常接近 $\frac{\pi}{2}$,与实际情况不符. 总之,按实际情况,在式(92)里,可以假定 $\cos\varphi_2 \neq 0$.

于是二类界点的条件式(92)实际上可以写成

$$[(k-C)\tan\beta+i_{21}C\cos\varphi_2]\cos\widetilde{\lambda}-$$

$$(k-C)\sin\varphi_2\sin\widetilde{\lambda}=i_{21}\cos\varphi_2 \qquad (96)$$

这是 $\widetilde{\lambda}$ 和 φ_2 的一个函数关系. 为了求出这个关系的显式, 令

$$\begin{cases} p=(k-C)\tan\beta+i_{21}C\cos\varphi_2 \\ q=-(k-C)\sin\varphi_2 \\ r=i_{21}\cos\varphi_2 \end{cases} \qquad (97)$$

不难看出, 只有在非常偶然的情况下 p,q 才会同时为零(证明略). 令

$$\cos\alpha=\frac{p}{\sqrt{p^2+q^2}},\ \sin\alpha=\frac{q}{\sqrt{p^2+q^2}} \qquad (98)$$

这样, α 和 p,q,r 都是 φ_2 的确定的函数, 而式(92)可以写成

$$\cos(\widetilde{\lambda}-\alpha)=\frac{r}{\sqrt{p^2+q^2}} \qquad (99)$$

因此, 条件式(92)是否有"解", 关键在于右边的绝对值是否小于等于 1, 换句话说, 二类界点存在的必要条件[1]是, 对于一定的 φ_2 值, 有

$$p^2+q^2-r^2\geqslant0 \qquad (100)$$

---

①　其所以不一定充分, 是因为求得 $\widetilde{\lambda}$ 和 φ_2 的关系后, 还要从(89)($\widetilde{\Phi}=0$)求出 u, 即必须有 $(k-\cos\widetilde{\lambda})\sin\varphi_2+\sin\widetilde{\lambda}(i_{21}\cdot\cos\varphi_2-\tan\beta)\neq0$(参看下文).

把式(97)各值代入式(100),这个条件可以写成

$$\left[i_{21}^2(C^2-1)-(k-C)^2\right]\cos^2\varphi_2+2i_{21}C(k-C)\tan\beta\cdot$$
$$\cos\varphi_2+(k-C)^2\sec^2\beta\geq0 \qquad(101)$$

显然,当 $k=C\geq1$ 时,二类界点一般存在,而当 $k=C<1$ 时,二类界点不存在.

当 $k\neq C$ 时, $(k-C)^2\sec^2\beta$ 是个正常数.式(101)表明,只要$|\cos\varphi_2|$充分小,即 φ_2 充分接近 $\pm\dfrac{\pi}{2}$ 时,式(101)就可以满足.在式(101)得到满足的前提下,令

$$\begin{cases} s=\sqrt{p^2+q^2-r^2} \\ \cos\gamma=\dfrac{r}{\sqrt{p^2+q^2}}, \quad \sin\gamma=\dfrac{\varepsilon s}{\sqrt{p^2+q^2}} \end{cases} \qquad(102)$$

其中 $\varepsilon=\pm1$,于是 γ 也是 φ_2 的函数.这样,式(99)就可以写成

$$\cos(\widetilde{\lambda}-\alpha)=\cos\gamma$$

或

$$\widetilde{\lambda}=\alpha+\gamma \qquad(103)$$

由式(103),利用式(98)和式(102),就得

$$\begin{cases} \cos\widetilde{\lambda}=\cos\alpha\cos\gamma-\sin\alpha\sin\gamma=\dfrac{pr-\varepsilon qs}{p^2+q^2} \\ \sin\widetilde{\lambda}=\sin\alpha\cos\gamma+\cos\alpha\sin\gamma=\dfrac{qr+\varepsilon ps}{p^2+q^2} \\ \tan\widetilde{\lambda}=\dfrac{qr+\varepsilon ps}{pr-\varepsilon qs} \end{cases} \qquad(104)$$

用 $pr+\varepsilon qr$ 乘这里的第三式的分子和分母,注意 $p^2+q^2=r^2+s^2$,就得

$$\tan\widetilde{\lambda}=\dfrac{pq+\varepsilon rs}{p^2-s^2}=\dfrac{pq+\varepsilon rs}{r^2-q^2} \qquad(105)$$

已经求得 $\widetilde{\lambda}$ 作为 φ_2 的函数,代入式(91),就得

$$u\left[\sin\varphi_2\sin\widetilde{\lambda}+\cos\widetilde{\lambda}(i_{21}\cos\varphi_2-\tan\beta)\right]+$$

$$A\cos\varphi_2\left[\sin\widetilde{\lambda}\sin\varphi_2-\tan\beta\cos\widetilde{\lambda}\right]=0 \qquad (106)$$

在

$$\sin\varphi_2\sin\widetilde{\lambda}+\cos\widetilde{\lambda}(i_{21}\cos\varphi_2-\tan\beta)\neq0$$

即

$$\sin\varphi_2(qr+\varepsilon ps)+(i_{21}\cos\varphi_2-\tan\beta)(pr-\varepsilon ps)\neq0$$
$$(107)$$

的条件下,就可以由式(106)求得 u 和 φ_2 的关系. 因此,式(101)和式(106)放在一起实际上是二类界点存在的充要条件,其中式(101)是主要的[①].

把 $\sin\widetilde{\lambda},\cos\widetilde{\lambda}$ 作为式(104)所确定的 φ_2 的函数,则式(106)可以看成是 $[\Sigma^{(1)},\widetilde{\Sigma}^{(2)}]$ 的二类界点的条件(或二界曲线的方程). 在一般情况下,式(106)可以写成

$$\frac{1}{u}=\frac{1}{A}\left[\frac{i_{21}}{\tan\beta-\sin\varphi_2\tan\widetilde{\lambda}}-\frac{1}{\cos\varphi_2}\right] \qquad (108)$$

注意当 $C=k=1$ 时,$p=r=i_{21}\cos\varphi_2,q=s=0,\cos\widetilde{\lambda}=1,\sin\widetilde{\lambda}=0$,式(106)或式(108)化为

$$u=\frac{A\tan\beta\cos\varphi_2}{i_{21}\cos\varphi_2-\tan\beta}$$

---

① 事实上,这是假定我们引进了 u,φ_2 作为 $\Sigma^{(1)}$ 的参数的结论. 若引进 v,φ_2 作为 $\Sigma^{(1)}$ 的参数,情况略有不同,不过由于出入不大,我们不准备深入具体分析.

这就是 $\Sigma^{(2)}$ 上对于 $\left[\Sigma^{(2)},\Sigma^{(1)}\right]$ 的二界曲线, $\dot{\Sigma}^{(2)}$ 上对于 $\left[\Sigma^{(1)},\dot{\Sigma}^{(2)}\right]$ 的二界共轭线的方程(参看 §2 式(39)和 §3 式(66)).

由于 $\varepsilon = \pm 1$,可以认为,二界曲线 $\widetilde{C}_t$ 包含两支,分别对应于 $\varepsilon = 1$ 和 $\varepsilon = -1$,由式(106)可知,在这两支相遇的点,或者 $\sin \varphi_2 = 0$,或者根据式(104)的前两式

$$ps = qs = 0$$

但因 p,q 不同时等于零,后一条件变成 $s = 0$. 先考察 $\sin \varphi_2 = 0$ 的情况,这时 $\cos \varphi_2 = \pm 1$,于是由式(106)得

$$\begin{cases} \varphi_2 = 0, u = \dfrac{A\tan \beta}{i_{21} - \tan \beta} \\[3mm] \varphi_2 = \pi, u = \dfrac{A\tan \beta}{i_{21} + \tan \beta} \end{cases} \tag{109}$$

当 $\left[\Sigma^{(2)},\Sigma^{(1)}\right]$ 在 $\Sigma^{(2)}$ 上的二界曲线 $L^{(2)}$ 是抛物线时,前一点不存在. 再考察条件 $s = 0$,它等价于

$$p^2 + q^2 - r^2 = 0$$

或者参看式(101),有

$$\left[i_{21}^2(C^2 - 1) - (k - C)^2\right]\cos^2 \varphi_2 + 2i_{21}C(k - C)\tan \beta \cdot$$
$$\cos \varphi_2 + (k - C)^2\sec^2\beta = 0 \tag{110}$$

如果这方程有满足 $|\cos \varphi_2| \leqslant 1$ 和不等式(107)的实数解 φ_2,就得到接触线 $\widetilde{C}_t$ 两支相遇的一些二类界点. $\widetilde{C}_t$ 的两支相遇处可能是 $\widetilde{C}_t$ 的奇点也可能不. 例如式(108)中的解一般不是 $\widetilde{C}_t$ 的奇点;但若从式(110)所得到的解 (φ_2, u) 中有两个不同的解对应于 $\widetilde{C}_t$ 上同一点

(这种可能性很可能存在),则这一点是 $\widetilde{C}_t$ 的奇点,因而也是 $[\overset{\frown}{\Sigma}{}^{(1)},\overset{\frown}{\Sigma}{}^{(2)}]$ 的一类界点.

3. 关于其他公式

由式(88)可以立即推得

$$\frac{\sin \varphi_2}{\widetilde{\omega}_2 \cos \beta} \widetilde{\Phi}_u = (k - \cos \widetilde{\lambda})\sin \varphi_2 + \sin \widetilde{\lambda}(i_{21}\cos \varphi_2 - \tan \beta)$$

$$\frac{1}{\widetilde{\omega}_2 \cos \beta} \widetilde{\Phi}_{\varphi_2} = u\big[\sin \widetilde{\lambda}(-\overset{\frown}{i}_{21}\csc^2\varphi_2 + \tan \beta\csc \varphi_2\cot \varphi_2)\big] -$$

$$\frac{1}{i_{21}}\big[\sin \widetilde{\lambda} + \cos \widetilde{\lambda}(i_{21}\cot \varphi_2 - \tan \beta\csc \varphi_2)\big] +$$

$$A\big[-(C - \cos \widetilde{\lambda})\sin \varphi_2 + \tan \beta\sin \widetilde{\lambda}\csc^2\varphi_2 +$$

$$\frac{1}{i_{21}}(-\sin \widetilde{\lambda}\cos \varphi_2 + \tan \beta\cos \widetilde{\lambda}\cot \varphi_2)\big]$$

至于求一界函数,一界曲线,诱导法曲率,以及 $v^{(12)}$ 和接触线法线的夹角,$v^{(12)}$ 在该法线上的投影等则可以仿照 §4 的 3 和 4 小节的方法进行.

间接展成法原理，平面二次包络（间接展成法）

第 14 章

本章将第 12 章所阐明的二次作用理论应用于间接展成法. 我们先说明中介齿面的概念作为准备，然后论证间接展成法原理. 我们证明，在间接展成法中，第二次包络所加工成的齿面也分为沿一条曲线 $L^{(2)}$ 相切的两部分，和直接展成法不同的是，在 $L^{(2)}$ 上的啮合点，第一次包络所产生的曲面和这两部分都密切. 最后，我们通过对间接展成法中的平面二次包络的详尽的具体分析，全面验证了我们所得到的一般结论.

应当指出，本章阐述的平面二次包络（间接展成法）和酒井的方法是有区别的，其根本的区别在于，我们始终假定 $v^{(31)} = \rho v^{(21)}$，而酒井的方法中则无形中假定了 $v^{(31)} = \rho v^{(21)} - p\omega^{(3)}$. 在后一假定下，若选取作为中介齿面的平面与 $\omega^{(3)}$ 平行，就只需令它绕 $\omega^{(3)}$ 旋转而不作螺旋运动.

456

§1　中介齿面

设 $\sigma^{(1)}, \sigma^{(2)}$ 为任意已给动标, 作事先规定的相对运动, 在任意时刻 t, 在空间任意点 $P, \sigma^{(1)}$ 相对于 $\sigma^{(2)}$ 的速度是 $\boldsymbol{v}^{(12)}$.

我们设想有第三个动标 $\sigma^{(3)}$, 在任意时刻 t, 在空间任意点 $P, \sigma^{(1)}$ 相对于 $\sigma^{(3)}$ 的速度

$$\boldsymbol{v}^{(13)} = \rho \boldsymbol{v}^{(12)} \qquad (1)$$

其中 ρ 是任意不等于 0 和 1 的常数. 这样, $\sigma^{(2)}$ 相对于 $\sigma^{(3)}$ 的速度是

$$\boldsymbol{v}^{(23)} = \boldsymbol{v}^{(21)} + \boldsymbol{v}^{(13)} = \boldsymbol{v}^{(13)} - \boldsymbol{v}^{(12)} = (\rho - 1) \boldsymbol{v}^{(12)} \quad (2)$$

现在, 设 $\Sigma^{(3)}$ 为同 $\sigma^{(3)}$ 相固连的曲面, 在 $\sigma^{(3)}$ 和 $\sigma^{(1)}$ 的相对运动中, 而它在 $\sigma^{(1)}$ 里的包络面(即在一个和 $\sigma^{(1)}$ 相固连的观察者看来, 曲面 $\Sigma^{(3)}$ 在不同时刻 t 的不同位置 $\Sigma_t^{(3)}$ 所构成的曲面族 $\{\Sigma_t^{(3)}\}$ 的包络面)是 $\Sigma^{(1)}$, 则 $\Sigma^{(3)}, \Sigma^{(1)}$ 的啮合方程是

$$\boldsymbol{n}\boldsymbol{v}^{(31)} = 0 \qquad (3)$$

其中 $\boldsymbol{n}$ 是 $\Sigma^{(3)}$ 在啮合点的法矢. 同样, 若在 $\sigma^{(3)}$ 和 $\sigma^{(2)}$ 的相对运动中, $\Sigma^{(3)}$ 在 $\sigma^{(2)}$ 里的包络面是 $\Sigma^{(2)}$, 则 $\Sigma^{(3)}$, $\Sigma^{(2)}$ 的啮合方程是

$$\boldsymbol{n}\boldsymbol{v}^{(32)} = 0 \qquad (4)$$

由式(1)和式(2)可知, 条件(3)和条件(4)都和

$$\boldsymbol{n}\boldsymbol{v}^{(12)} = 0 \qquad (5)$$

等价. 这表明:在一定范围内, 在任何时刻, 曲面偶

$\left[\varSigma^{(3)},\varSigma^{(1)}\right]$,$\left[\varSigma^{(3)},\varSigma^{(2)}\right]$ 和 $\left[\varSigma^{(1)},\varSigma^{(2)}\right]$ 有相同的啮合方程,因而有共同的接触线;沿接触线,在每一点,它们有共同的法矢 $\boldsymbol{n}$.

由此可见,若 $\sigma^{(1)},\sigma^{(2)}$ 的运动已经规定,而我们能求出第三个动标 $\sigma^{(3)}$,使它满足条件(1),则一个同 $\sigma^{(3)}$ 相固连的刀具,在分别同 $\sigma^{(1)},\sigma^{(2)}$ 相固连的齿坯上所切削出来的齿面 $\varSigma^{(1)},\varSigma^{(2)}$,在所规定的 $\sigma^{(1)},\sigma^{(2)}$ 的相对运动中,在一定范围内,将作啮合运动,它们的啮合条件是式(5),其中 $\boldsymbol{n}$ 是它们在啮合点的公法矢.这时候,同 $\sigma^{(3)}$ 相固连的刀具齿面 $\varSigma^{(3)}$ 就叫作中介齿面(媒介齿轮,产形轮,发生齿轮)或中介曲面.

本节的主要目的,就是证明,已给 $\sigma^{(1)},\sigma^{(2)}$ 的运动和不等于 0,1 的常数 ρ,并假定 $\sigma^{(3)}$ 的运动是螺旋运动,满足条件(1),则 $\sigma^{(3)}$ 的运动唯一地确定. 我们还将具体地给出它的运动.

1. $\sigma^{(1)},\sigma^{(2)}$ 绕不同轴转动时的一般情况

设 $\sigma^{(1)},\sigma^{(2)}$ 依次绕不同轴 $a^{(1)},a^{(2)}$ 转动,它们的转速矢 $\boldsymbol{\omega}^{(1)},\boldsymbol{\omega}^{(2)}$ 都不是零矢. 取 $\sigma^{(1)},\sigma^{(2)}$ 的公垂线(当 $a^{(1)},a^{(2)}$ 平行时,公垂线有无数多条)在 $a^{(1)},a^{(2)}$ 上的垂足依次为它们的原点 $O^{(1)},O^{(2)}$,并设

$$\boldsymbol{\xi}=\overrightarrow{O^{(2)}O^{(1)}}\qquad(6)$$

如常,则

$$\boldsymbol{v}^{(12)}=\boldsymbol{\omega}^{(12)}\times\boldsymbol{r}^{(1)}-\boldsymbol{\omega}^{(2)}\times\boldsymbol{\xi}\qquad(7)$$

其中 $\boldsymbol{r}^{(1)}$ 是任意点 P 在 $\sigma^{(1)}$ 里的径矢,$\boldsymbol{r}^{(1)}=\overrightarrow{O^{(1)}P}$,$\boldsymbol{\omega}^{(12)}=\omega^{(1)}-\omega^{(2)}$.

现在假定 $\sigma^{(3)}$ 绕 $a^{(3)}$ 轴作螺旋运动,转速矢是 $\boldsymbol{\omega}^{(3)}$,螺旋参数(螺旋运动的节)是 $p^{(3)}$,我们需要确定 $a^{(3)}$ 的位置以及矢量 $\boldsymbol{\omega}^{(3)}$ 和纯量 $p^{(3)}$(图 1).

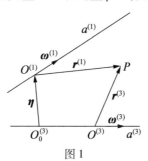

图 1

若取 $O^{(1)}$ 到 $a^{(3)}$ 的垂足 $O_0^{(3)}$ 为 $\sigma^{(3)}$ 在 $t = 0$ 时的原点,则在时刻 $t,\sigma^{(3)}$ 的原点 $O^{(3)}$ 的位置决定于

$$\overrightarrow{O_0^{(3)}O^{(3)}} = p^{(3)}t\boldsymbol{\omega}^{(3)}$$

若

$$\boldsymbol{\eta} = \overrightarrow{O_0^{(3)}O^{(1)}} \tag{8}$$

而 $\boldsymbol{r}^{(3)}$ 为任意点 P 在 $\sigma^{(3)}$ 里的径矢,则

$$\boldsymbol{r}^{(3)} = \boldsymbol{r}^{(1)} - p^{(3)}t\boldsymbol{\omega}^{(3)} + \boldsymbol{\eta} \tag{9}$$

但相对于基础标架,P 的速度是

$$\boldsymbol{v}^{(3)} = \boldsymbol{\omega}^{(3)} \times \boldsymbol{r}^{(3)} + p^{(3)}\boldsymbol{\omega}^{(3)} \tag{10}$$

故

$$\boldsymbol{v}^{(13)} = \boldsymbol{\omega}^{(1)} \times \boldsymbol{r}^{(1)} - \boldsymbol{\omega}^{(3)} \times \boldsymbol{r}^{(3)} - p^{(3)}\boldsymbol{\omega}^{(3)} \tag{11}$$

将式(9)中的 $\boldsymbol{r}^{(3)}$ 代入,就得

$$\boldsymbol{v}^{(13)} = \boldsymbol{\omega}^{(13)} \times \boldsymbol{r}^{(1)} - p^{(3)}\boldsymbol{\omega}^{(3)} - \boldsymbol{\omega}^{(3)} \times \boldsymbol{\eta} \tag{12}$$

其中

$$\boldsymbol{\omega}^{(13)} = \boldsymbol{\omega}^{(1)} - \boldsymbol{\omega}^{(3)} \tag{13}$$

459

Leibniz 定理

根据式(7)和式(12),条件(1)可以写成

$$\boldsymbol{\omega}^{(13)}\times\boldsymbol{r}^{(1)}-\boldsymbol{\omega}^{3}\times\boldsymbol{\eta}-p^{(3)}\boldsymbol{\omega}^{(3)}$$
$$=\rho(\boldsymbol{\omega}^{(12)}\times\boldsymbol{r}^{(1)}-\boldsymbol{\omega}^{(2)}\times\boldsymbol{\xi})$$

在这里面,$\boldsymbol{\omega}^{(12)},\boldsymbol{\omega}^{(2)},\boldsymbol{\omega}^{(13)},\boldsymbol{\omega}^{(3)},\boldsymbol{\xi},\boldsymbol{\eta}$ 都与 $\boldsymbol{r}^{(1)}$ 无关,而 $\boldsymbol{r}^{(1)}$ 是任意矢,因此

$$\boldsymbol{\omega}^{(13)}=\rho\boldsymbol{\omega}^{(12)} \qquad (14)$$

$$\boldsymbol{\omega}^{(3)}\times\boldsymbol{\eta}+p^{(3)}\boldsymbol{\omega}^{(3)}=\rho\boldsymbol{\omega}^{(2)}\times\boldsymbol{\xi} \qquad (15)$$

由式(14)可以立刻得到

$$\boldsymbol{\omega}^{(3)}=(1-\rho)\boldsymbol{\omega}^{(1)}+\rho\boldsymbol{\omega}^{(2)} \qquad (16)$$

而由此又不难推得

$$\boldsymbol{\omega}^{(23)}=(\rho-1)\boldsymbol{\omega}^{(12)}. \qquad (17)$$

在这里,我们指出,在转动轴 $a^{(1)},a^{(2)}$ 不重合的假定下,$\boldsymbol{\omega}^{(3)}\neq\boldsymbol{0}$. 因为若 $\boldsymbol{\omega}^{(3)}=\boldsymbol{0}$,则根据式(16),$\boldsymbol{\omega}^{(2)},\boldsymbol{\omega}^{(1)}$ 将互相平行,而根据式(15),$\boldsymbol{\xi}$ 也将平行于 $\boldsymbol{\omega}^{(2)}$. 但已知 $\boldsymbol{\omega}^{(2)}\neq\boldsymbol{0}$,而且 $\boldsymbol{\xi}$ 垂直于 $\boldsymbol{\omega}^{(2)}$,故将有 $\boldsymbol{\xi}=\boldsymbol{0}$,而 $a^{(1)},a^{(2)}$ 将重合,与假设矛盾.

现在考察矢量 $\boldsymbol{\eta}$. 首先,由于 $O_0^{(3)}$ 是从 $O^{(1)}$ 到 $a^{(3)}$ 的垂足,有

$$\boldsymbol{\omega}^{(3)}\boldsymbol{\eta}=0 \qquad (18)$$

但 $\boldsymbol{\xi}$ 在 $a^{(1)},a^{(2)}$ 的公垂线上 $\boldsymbol{\omega}^{(1)}\boldsymbol{\xi}=\boldsymbol{\omega}^{(2)}\boldsymbol{\xi}=0$,因而由式(16)可知

$$\boldsymbol{\omega}^{(3)}\boldsymbol{\xi}=0 \qquad (19)$$

现取式(15)两边和 $\boldsymbol{\omega}^{(3)}$ 的矢积,则根据式(18)和式(19),得

$$(\boldsymbol{\omega}^{(3)})^2\boldsymbol{\eta}=\rho(\boldsymbol{\omega}^{(2)}\boldsymbol{\omega}^{(3)})\boldsymbol{\xi} \qquad (20)$$

即

460

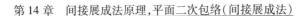

$$\boldsymbol{\eta} = c\boldsymbol{\xi}, c = \frac{\boldsymbol{\omega}^{(2)}\boldsymbol{\omega}^{(3)}}{(\boldsymbol{\omega}^{(3)})^2}\rho \qquad (21)$$

这表明 $a^{(1)}, a^{(2)}, a^{(3)}$ 有共同的垂线而 $O^{(1)}, O^{(2)}, O^{(3)}$ 是公垂线在这三个轴上的垂足. 取式(15)两边和 $\boldsymbol{\omega}^{(3)}$ 的数积, 又得

$$p^{(3)} = \frac{(\boldsymbol{\omega}^{(2)}, \boldsymbol{\xi}, \boldsymbol{\omega}^{(3)})}{(\boldsymbol{\omega}^{(3)})^2}\rho \qquad (22)$$

把式(16)中的 $\boldsymbol{\omega}^{(3)}$ 代入最后两式, 就得

$$\begin{cases} c = \dfrac{[(1-\rho)\boldsymbol{\omega}^{(1)} + \rho\boldsymbol{\omega}^{(2)}] \cdot \boldsymbol{\omega}^{(2)}}{[(1-\rho)\boldsymbol{\omega}^{(1)} + \rho\boldsymbol{\omega}^{(2)}]^2} \\ p^{(3)} = \dfrac{(\boldsymbol{\omega}^{(1)}, \boldsymbol{\omega}^{(2)}, \boldsymbol{\xi})}{[(1-\rho)\boldsymbol{\omega}^{(1)} + \rho\boldsymbol{\omega}^{(2)}]^2}(1-\rho)\rho \end{cases} \qquad (23)$$

公式(16)(21)(23)证实了 $\sigma^{(3)}$ 的运动唯一地确定.

还可以分析一下, $\sigma^{(3)}$ 的运动为纯转动, 即 $p^{(3)} = 0$ 的可能性. 若 $p^{(3)} = 0$, 式(23)表明, $\boldsymbol{\omega}^{(1)}, \boldsymbol{\omega}^{(2)}, \boldsymbol{\xi}$ 共面. 这只有两种可能:

1) $\boldsymbol{\omega}^{(1)} \times \boldsymbol{\omega}^{(2)} = 0$, 即 $\boldsymbol{\omega}^{(1)} /\!/ \boldsymbol{\omega}^{(2)}$. 这时候, 根据式(16), $\boldsymbol{\omega}^{(3)}$ 也和它们平行, 因而 $\Sigma^{(1)}, \Sigma^{(2)}, \Sigma^{(3)}$ 都是圆柱齿轮.

2) $\boldsymbol{\omega}^{(1)} \times \boldsymbol{\omega}^{(2)} \neq 0$, 则 $\boldsymbol{\xi} /\!/ \boldsymbol{\omega}^{(1)} \times \boldsymbol{\omega}^{(2)}$, 故 $\boldsymbol{\xi} = \boldsymbol{0}$. 这时候, $\Sigma^{(1)}, \Sigma^{(2)}, \Sigma^{(3)}$ 是具有共同顶点的锥齿轮.

由此可见, 只要 $a^{(1)}, a^{(2)}$ 两轴相错, $p^{(3)}$ 就不能等于零, $\sigma^{(3)}$ 就不会是纯转动.

公式(16)(21)(23)还表明:若转动轴 $a^{(1)}, a^{(2)}$ 固定, 则 $a^{(3)}$ 也固定;若 $\sigma^{(1)}, \sigma^{(2)}$ 作匀速转动, 则 $\sigma^{(3)}$ 作匀速螺旋运动或转动.

下面我们将比较具体地分析一下转动轴 $a^{(1)}, a^{(2)}$

不平行的情况,并把 $a^{(1)}$,$a^{(2)}$ 相交作为相错的特殊情况. 至于 $a^{(1)}$,$a^{(2)}$ 平行($\boldsymbol{\omega}^{(1)}$,$\boldsymbol{\omega}^{(2)}$ 正向相同或者相反)的情况,读者不难自行考察,我们在此将不进行具体分析.

2. $\sigma^{(1)}$,$\sigma^{(2)}$ 绕不平行轴转动的情况

令

$$\rho_1 = 1 - \rho, \rho_2 = \rho, \rho_1 + \rho_2 = 1 \qquad (24)$$

则式(16)可以写成较对称的形式

$$\boldsymbol{\omega}^{(3)} = \rho_1 \boldsymbol{\omega}^{(1)} + \rho_2 \boldsymbol{\omega}^{(2)}① \qquad (25)$$

设 γ 为 $\boldsymbol{\omega}^{(1)}$,$\boldsymbol{\omega}^{(2)}$ 之间的角,$0 < \gamma < \pi$,就容易看出,公式(23)的第一式可以写成

$$c = \frac{i_{12} m \cos \gamma + m^2}{i_{12}^2 + 2 i_{12} m \cos \gamma + m^2} \qquad (26)$$

其中

$$m = \frac{\rho_2}{\rho_1} = \frac{\rho}{1 - \rho}, \quad i_{12} = \frac{|\boldsymbol{\omega}^{(1)}|}{|\boldsymbol{\omega}^{(2)}|} \qquad (27)$$

在 $\boldsymbol{\omega}^{(1)}$,$\boldsymbol{\omega}^{(2)}$ 不平行的假设下,可以选取基础标架中的幺矢 $\boldsymbol{k}$,使

$$\boldsymbol{\omega}^{(1)} \times \boldsymbol{\omega}^{(2)} = |\boldsymbol{\omega}^{(1)}| |\boldsymbol{\omega}^{(2)}| \sin \gamma \boldsymbol{k} \qquad (28)$$

则

$$(\boldsymbol{\omega}^{(1)}, \boldsymbol{\omega}^{(2)}, \boldsymbol{k}) = |\boldsymbol{\omega}^{(1)}| |\boldsymbol{\omega}^{(2)}| \sin \gamma > 0$$

由于 $\boldsymbol{\xi} = \overrightarrow{O^{(2)} O^{(1)}}$ 是 $a^{(1)}$,$a^{(2)}$ 的公垂线上的矢量,可以令

---

① 容易验证,若把 $\boldsymbol{\omega}^{(1)}$,$\boldsymbol{\omega}^{(2)}$,$\boldsymbol{\omega}^{(3)}$ 的始点放在同一点,则 $\rho_1 + \rho_2 = 1$ 表明这三个矢量的终点共线(图 1).

$$\overrightarrow{O^{(2)}O^{(1)}} = \boldsymbol{\xi} = -A\boldsymbol{k} \tag{29}$$

这样，公式（23）的第二式就可以写成

$$p^{(3)} = \frac{-i_{21}mA\sin\gamma}{i_{12}^2 + 2i_{12}m\cos\gamma + m^2} \tag{30}$$

利用式（8）（21）（26）（29），就得

$$
\begin{cases}
\overrightarrow{O_0^{(3)}O^{(1)}} = \boldsymbol{\eta} = c\boldsymbol{\xi} = -cA\boldsymbol{k} \\
\qquad = -\dfrac{i_{12}m\cos\gamma + m^2}{i_{12}^2 + 2i_{12}m\cos\gamma + m^2}A\boldsymbol{k} \\
\overrightarrow{O^{(2)}O_0^{(3)}} = (1-c)\boldsymbol{\xi} = (c-1)A\boldsymbol{k} \\
\qquad = -\dfrac{i_{12}^2 + i_{12}m\cos\gamma}{i_{12}^2 + 2i_{12}m\cos\gamma + m^2}A\boldsymbol{k}
\end{cases} \tag{31}
$$

为了下文需要，考查一下 $\boldsymbol{\omega}^{(1)}$，$\boldsymbol{\omega}^{(2)}$（或 $a^{(1)}$，$a^{(2)}$）互相垂直的情况，这时 $\sin\gamma = 1$，$\cos\gamma = 0$，因而式（26）（30）（31）简化为

$$c = \frac{m^2}{i_{12}^2 + m^2} \tag{32}$$

$$p^{(3)} = \frac{-i_{12}mA}{i_{12}^2 + m^2} \tag{33}$$

$$\overrightarrow{O_0^{(3)}O^{(1)}} = -\frac{m^2}{i_{12}^2 + m^2}A\boldsymbol{k}, \quad \overrightarrow{O^{(2)}O_0^{(3)}} = -\frac{i_{12}^2}{i_{12}^2 + m^2}A\boldsymbol{k} \tag{34}$$

再参照实际设计加工中的安排[①]，设 $\boldsymbol{\omega}^{(2)}$，$\boldsymbol{\omega}^{(3)}$ 之间的角是 α，$0 < \alpha < \dfrac{\pi}{2}$；$\boldsymbol{\omega}^{(1)}$，$\boldsymbol{\omega}^{(3)}$ 之间的角是 $\alpha + \dfrac{\pi}{2}$（图 2），则根据式（25），得

———————

① 这是哈尔滨工业大学高业田同志向编者指出的.

$$\boldsymbol{\omega}^{(1)}\boldsymbol{\omega}^{(3)} = \rho_1(\boldsymbol{\omega}^{(1)})^2 = -|\boldsymbol{\omega}^{(1)}||\boldsymbol{\omega}^{(3)}|\sin\alpha$$

$$\boldsymbol{\omega}^{(2)}\boldsymbol{\omega}^{(3)} = \rho_2(\boldsymbol{\omega}^{(2)})^2 = |\boldsymbol{\omega}^{(2)}||\boldsymbol{\omega}^{(3)}|\cos\alpha$$

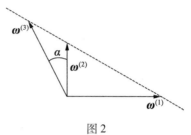

图 2

这时

$$\rho_1 = -i_{31}\sin\alpha < 0, \rho_2 = i_{32}\cos\alpha > 0 \qquad (35)$$

其中

$$i_{31} = \frac{|\boldsymbol{\omega}^{(3)}|}{|\boldsymbol{\omega}^{(1)}|}, \quad i_{32} = \frac{|\boldsymbol{\omega}^{(3)}|}{|\boldsymbol{\omega}^{(2)}|}$$

由此,根据式(27),可得

$$m = \frac{\rho_2}{\rho_1} = -i_{12}\cot\alpha \qquad (36)$$

代入式(32)(33)(34),就得

$$c = \cos^2\alpha, p^{(3)} = A\sin\alpha\cos\alpha \qquad (37)$$

$$\overrightarrow{O_0^{(3)}O^{(1)}} = -A\cos^2\alpha\boldsymbol{k}, \overrightarrow{O^{(2)}O_0^{(3)}} = -A\sin^2\alpha\boldsymbol{k} \quad (38)$$

此外,由式(24)(36)又得

$$\rho_1 = \frac{\sin\alpha}{\sin\alpha - i_{12}\cos\alpha}, \rho_2 = \frac{i_{12}\cos\alpha}{-\sin\alpha + i_{12}\cos\alpha} \quad (39)$$

再由式(35),可得

$$\begin{cases} i_{31} = -\dfrac{\rho_1}{\sin\alpha} = \dfrac{1}{-\sin\alpha + i_{12}\cos\alpha} \\ i_{32} = \dfrac{\rho_2}{\cos\alpha} = \dfrac{i_{12}}{-\sin\alpha + i_{12}\cos\alpha} \end{cases} \qquad (40)$$

或者

$$\begin{cases} i_{13} = i_{12}\cos\,\alpha - \sin\,\alpha \\ i_{23} = \cos\,\alpha - \dfrac{1}{i_{12}}\sin\,\alpha \end{cases} \quad (41)$$

这里面的第一式可以写成

$$\frac{i_{13}}{\sqrt{1+i_{12}^2}} = \frac{i_{12}}{\sqrt{1+i_{12}^2}}\cos\,\alpha - \frac{1}{\sqrt{1+i_{12}^2}}\sin\,\alpha \quad (42)$$

但由式(24)和式(35)可知

$$i_{32}\cos\,\alpha = 1 + i_{31}\sin\,\alpha > 1$$

因而

$$i_{32} = \frac{i_{12}}{i_{13}} > 1 , i_{12} > i_{13}$$

故

$$0 < \frac{i_{13}}{\sqrt{1+i_{12}^2}} < 1$$

因此,若令

$$\cos\,\beta = \frac{i_{12}}{\sqrt{1+i_{12}}} , \sin\,\beta = \frac{1}{\sqrt{1+i_{12}^2}} , 0 < \beta < \frac{\pi}{2}$$

则式(42)右边可以写成 $\cos\,(\alpha + \beta)$,其中 $\tan\,\beta = \dfrac{1}{i_{12}}$.

于是由式(42)可得

$$\alpha = \cos^{-1}\frac{i_{13}}{\sqrt{1+i_{12}^2}} - \tan^{-1}\frac{1}{i_{12}} \quad (43)$$

这和

$$\alpha = \cos^{-1}\frac{i_{12}i_{13} + \sqrt{1+i_{12}^2 - i_{13}^2}}{1+i_{12}^2} \quad (44)$$

等价.

§2　间接展成法原理

假定 $\sigma^{(1)}$，$\sigma^{(2)}$ 的相对运动已经给定，并根据 §1 的结果，确定了第三个动标 $\sigma^{(3)}$。把一个刀具齿面 $\Sigma^{(3)}$ 同 $\sigma^{(3)}$ 相固连，称为"中介齿面" $\Sigma^{(3)}$，把齿坯同 $\sigma^{(1)}$ 相固连。设在 $\sigma^{(3)}$，$\sigma^{(1)}$ 的相对运动中，刀具把齿坯切削成曲面 $\Sigma^{(1)}$，它也就是 $\Sigma^{(3)}$ 所包络的曲面。这是第一次包络。然后把另一个刀具齿面 $\Sigma^{(1)}$ 同 $\sigma^{(1)}$ 相固连，并使 $\Sigma^{(1)}$ 包含曲面偶 $[\Sigma^{(3)},\Sigma^{(1)}]$ 的部分二界共轭点，而令另一个齿坯同 $\sigma^{(2)}$ 相固连。在 $\sigma^{(1)}$，$\sigma^{(2)}$ 的相对运动中，$\Sigma^{(1)}$ 在 $\sigma^{(2)}$ 里包络一个齿面 $\hat{\Sigma}^{(2)}$，这是第二次包络。新刀具在新齿坯上切削出一个齿面 $\bar{\Sigma}^{(2)}$。我们将看到，和直接展成法类似，曲面 $\hat{\Sigma}^{(2)}$，$\bar{\Sigma}^{(2)}$ 以及第一次包络中 $\Sigma^{(3)}$ 在 $\sigma^{(2)}$ 里的包络面 $\Sigma^{(2)}$ 都有部分相同，部分不同，而且都含有第一次包络中 $\Sigma^{(2)}$ 上的二界共轭线 $L^{(2)}$。和直接展成法不同的是，齿面偶 $[\Sigma^{(1)},\bar{\Sigma}^{(2)}]$ 在 $L^{(2)}$ 上的啮合点，在 $L^{(2)}$ 两侧，沿一切方向的诱导法曲率都是零。因此，至少在理论上，通过间接展成法所得到的齿轮副，在这方面比直接展成法更为优越。

1. 第一次包络，曲面偶 $[\Sigma^{(3)},\Sigma^{(1)}]$，$[\Sigma^{(3)},\Sigma^{(2)}]$

设已给动标 $\sigma^{(1)}$，$\sigma^{(2)}$ 绕相错的固定轴 $a^{(1)}$，$a^{(2)}$ 作匀速转动，并已给常数 $\rho \neq 0,1$。根据 §1，可以唯一地确定动标 $\sigma^{(3)}$ 的匀速螺旋运动，使在任意时刻 t，在空间任意点，有

$$v^{(13)} = \rho v^{(12)}, v^{(23)} = (\rho - 1) v^{(12)} \qquad (45)$$

设 $\Sigma^{(3)}$ 为同 $\sigma^{(3)}$ 相固连的任意中介齿面,n 为它在任意点的一个幺法矢,并令

$$\Phi^{(31)} = n v^{(31)}, \Phi^{(32)} = n v^{(32)}, \Phi^{(12)} = n v^{(12)}$$

则显然(注意 $v^{(ij)} = -v^{(ji)}, \Phi^{(ij)} = -\Phi^{(ji)}$ ($i, j = 1, 2, 3$))

$$\Phi^{(31)} = 0 \quad 和 \quad \Phi^{(32)} = 0$$

互相等价,而且由 $\Phi^{(31)} = 0$ 或 $\Phi^{(32)} = 0$ 可得 $\Phi^{(12)} = 0$. 因此,如 §1 所指出,若 $\Sigma^{(1)}$,$\Sigma^{(2)}$ 依次为在 $\sigma^{(3)}$,$\sigma^{(1)}$ 和 $\sigma^{(3)}$,$\sigma^{(1)}$ 的相对运动中 $\Sigma^{(3)}$ 在 $\sigma^{(1)}$ 和 $\sigma^{(2)}$ 里的包络面,则曲面偶 $[\Sigma^{(3)}, \Sigma^{(1)}]$ 和 $[\Sigma^{(3)}, \Sigma^{(2)}]$ 有相同的接触线 C_t,而且 C_t 也是曲面偶 $[\Sigma^{(1)}, \Sigma^{(2)}]$ 的接触线. 但是,由于在 $\sigma^{(1)}$,$\sigma^{(2)}$ 的相对运动中,存在着二次作用现象(参看第 12 章 §3),因此,若从 $\Sigma^{(1)}$ 出发,则在 $\sigma^{(2)}$ 里,除原接触线 C_t 外,还将有另一族新接触线 C_t^*. 所以,在 $\sigma^{(2)}$ 里,除 C_t 产生曲面 $\Sigma^{(2)}$ 有接触线部分外,C_t^* 还将产生另一叶曲面 $\Sigma^{(2)*}$. 但这是第二次包络中所需要考察的问题,在这里,我们只考察 $\Sigma^{(1)}$,$\Sigma^{(2)}$ 的关系.

根据式(45),有

$$\Phi^{(31)} = -\rho \Phi^{(12)}, \Phi^{(32)} = (1 - \rho) \Phi^{(12)} \qquad (46)$$

故

$$\Phi_t^{(31)} = -\rho \Phi_t^{(12)}, \Phi_t^{(32)} = (1 - \rho) \Phi_t^{(12)} \qquad (47)$$

因此

$$\Phi^{(31)} = \Phi_t^{(31)} = 0 \quad 和 \quad \Phi^{(32)} = \Phi_t^{(32)} = 0$$

等价,因而对于曲面偶 $[\Sigma^{(3)}, \Sigma^{(1)}]$ 和 $[\Sigma^{(3)}, \Sigma^{(2)}]$,$\Sigma^{(3)}$

上有相同的二类界点. 换句话说,若 $L^{(1)}, L^{(2)}$ 依次为这两个曲面偶在 $\Sigma^{(1)}, \Sigma^{(2)}$ 上的二界共轭线,则在 $\Sigma^{(1)}$, $\Sigma^{(2)}$ 的啮合运动中,$L^{(1)}, L^{(2)}$ 互相对应.

我们将假定,在我们所考察的曲面范围(即啮合区域)内,不但 $\Sigma^{(3)}$ 没有奇点,而且 $\Sigma^{(1)}, \Sigma^{(2)}$ 也没有一类界点,即假定 $[\Sigma^{(3)}, \Sigma^{(1)}]$ 和 $[\Sigma^{(3)}, \Sigma^{(2)}]$ 的一界函数

$$\Psi^{(31)} \neq 0, \Psi^{(32)} \neq 0$$

这样,在 $\Sigma^{(1)}$ 上,接触线 C_t 一般不和二界共轭线 $L^{(1)}$ 相切,在 $\Sigma^{(2)}$ 上,C_t 一般不和二界共轭线 $L^{(2)}$ 相切. 因此,$\Sigma^{(1)}, \Sigma^{(2)}$ 的啮合点对于它们每一个一般都是正规的啮合点[1],因而是抛物切点;在啮合点,沿每一个公切线方向,它们一般都有确定的诱导法曲率 $k_n^{(12)}$.

在时刻 t,接触线 C_t 一般地和 $\Sigma^{(3)}$ 上的二界曲线有一个切点 Q_t,对于曲面偶 $[\Sigma^{(3)}, \Sigma^{(1)}]$ 和 $[\Sigma^{(3)}, \Sigma^{(2)}]$,它都是 $\Sigma^{(3)}$ 的二类界点,也是 $\Sigma^{(1)}$ 和 $\Sigma^{(2)}$ 的二界共轭点,因而在 $L^{(1)}, L^{(2)}$ 上. 在 Q_t 处,沿 $v^{(31)}$ 方向,也就是沿 $v^{(12)}$ 方向,$\Sigma^{(1)}$ 的法曲率是

$$k_v^{(1)} = -\frac{(v^{(31)} \boldsymbol{\omega}^{(31)}, \boldsymbol{n})}{(v^{(31)})^2}$$

但根据式(45)和 §1 的式(14),有

$$v^{(31)} = -\rho v^{(12)}, \boldsymbol{\omega}^{(31)} = -\rho \boldsymbol{\omega}^{(12)}$$

故

$$k_v^{(1)} = -\frac{(v^{(12)}, \boldsymbol{\omega}^{(12)}, \boldsymbol{n})}{(v^{(12)})^2}$$

---

① 即不是界点.

同样,在 Q_t 处,$\Sigma^{(2)}$ 沿 $\boldsymbol{v}^{(12)}$ 方向的法曲率是

$$k_v^{(2)} = -\frac{(\boldsymbol{v}^{(32)},\boldsymbol{\omega}^{(32)},\boldsymbol{n})}{(\boldsymbol{v}^{(32)})^2}$$

但根据式(45)和 §1 的式(17),有

$$\boldsymbol{v}^{(32)} = (1-\rho)\boldsymbol{v}^{(12)},\boldsymbol{\omega}^{(32)} = (1-\rho)\boldsymbol{\omega}^{(12)}$$

因而 $k_v^{(1)} = k_v^{(2)}$. 于是沿 $\boldsymbol{v}^{(12)}$ 方向,$[\Sigma^{(1)},\Sigma^{(2)}]$ 的诱导法曲率

$$k_v^{(12)} = k_v^{(1)} - k_v^{(2)} = 0$$

由于在 Q_t 处,接触线 C_t 一般不是沿 $\boldsymbol{v}^{(12)}$ 方向,$\Sigma^{(1)}$,$\Sigma^{(2)}$ 在 Q_t 一般就有两个不同的相对渐近方向,即接触线 C_t 的方向和 $\boldsymbol{v}^{(12)}$ 的方向. 但 Q_t 是 $\Sigma^{(1)}$,$\Sigma^{(2)}$ 的抛物切点,所以它是平切点,即在 Q_t 处,沿接触线 C_t 法线方向,$\Sigma^{(1)}$,$\Sigma^{(2)}$ 的诱导法曲率

$$k_\sigma^{(12)} = 0 \tag{48}$$

也就是说,$\Sigma^{(1)}$,$\Sigma^{(2)}$ 在 Q_t 密切. 在时刻 t,$\Sigma^{(1)}$,$\Sigma^{(2)}$ 一般相交于一条经过 Q_t 的曲线 Γ_t.

我们还可以推得关于第一次包络中齿面偶 $[\Sigma^{(1)},\Sigma^{(2)}]$ 的一般诱导法曲率 $k_n^{(12)}$ 的公式. 为此,我们只需求得沿接触线 C_t 的法线方向的诱导法曲率 $k_\sigma^{(12)}$,因为我们有关系

$$k_n^{(12)} = k_\sigma^{(12)}\cos^2(\varphi - \varphi_\sigma) \tag{49}$$

其中 $\varphi - \varphi_\sigma$ 表示在 $\Sigma^{(1)}$,$\Sigma^{(2)}$ 的任意啮合点 P 的任意公切矢 $\boldsymbol{\alpha}$ 和接触线 C_t 法线之间的角,而 $k_n^{(12)}$ 则表示 $[\Sigma^{(1)},\Sigma^{(2)}]$ 沿 α 方向的诱导法曲率.

设 $k_\sigma^{(i)}$ ($i = 1,2,3$) 为在时刻 t 的任意啮合点 P,$\Sigma^{(i)}$ 沿接触线 C_t 的法曲率,则

$$k_\sigma^{(12)} = k_\sigma^{(1)} - k_\sigma^{(2)} = (k_\sigma^{(1)} - k_\sigma^{(3)}) + (k_\sigma^{(3)} - k_\sigma^{(2)}) = k_\sigma^{(32)} - k_\sigma^{(31)}$$

$$（50）$$

其中

$$k_\sigma^{(ij)} = \frac{(\sigma^{(ij)})^2}{\varPsi^{(ij)}} \quad (i,j=1,2,3) \qquad （51）$$

在式（51）中，$\sigma^{(ij)}$ 是根据前面内容所确定的，属于曲面偶 $[\varSigma^{(i)}, \varSigma^{(j)}]$ 的接触线法线上的矢量 $\boldsymbol{\sigma}$，即

$$\boldsymbol{\sigma}^{(ij)} = |\boldsymbol{v}^{(ij)}| \left(\frac{\mathrm{d}_1 \boldsymbol{n}}{\mathrm{d}s}\right)_{v^{(ij)}} + n \times \boldsymbol{\omega}^{(ij)} \qquad （52）$$

其余各记号自明. 因此

$$k_\sigma^{(12)} = \frac{(\boldsymbol{\sigma}^{(32)})^2}{\varPsi^{(32)}} - \frac{(\boldsymbol{\sigma}^{(31)})^2}{\varPsi^{(31)}} \qquad （53）$$

我们只需推得用 $(\boldsymbol{\sigma}^{(31)})^2, \varPhi_t^{(31)}, \varPsi^{(31)}$ 表示的关于 $(\boldsymbol{\sigma}^{(32)})^2$ 和 $\varPsi^{(32)}$ 的公式.

首先考察 $\boldsymbol{\sigma}^{(32)}$. 由式（45）可知，若 $\rho = \varepsilon|\rho|$（$\varepsilon = \pm 1$），则

$$|\boldsymbol{v}^{(31)}| = \varepsilon\rho v^{(12)}, \left(\frac{\mathrm{d}_1 \boldsymbol{n}}{\mathrm{d}s}\right)_{v^{(31)}} = -\varepsilon\left(\frac{\mathrm{d}_1 \boldsymbol{n}}{\mathrm{d}s}\right)_{v^{(12)}}$$

因而根据 §1 式（8）（14）给出

$$\boldsymbol{\sigma}^{(31)} = -\rho\boldsymbol{\sigma}^{(12)} \qquad （54）$$

同样

$$\boldsymbol{\sigma}^{(32)} = (1-\rho)\boldsymbol{\sigma}^{(12)} \qquad （55）$$

故

$$\boldsymbol{\sigma}^{(32)} = \frac{\rho-1}{\rho}\boldsymbol{\sigma}^{(31)}, (\boldsymbol{\sigma}^{(32)})^2 = \frac{(\rho-1)^2}{\rho^2}(\boldsymbol{\sigma}^{(31)})^2$$

$$（56）$$

其次，考察 $\varPsi^{(32)}$，有

$$\Psi^{(32)} = \Phi_t^{(32)} - \boldsymbol{\sigma}^{(32)} \boldsymbol{v}^{(32)} \tag{57}$$

利用式（45）（47）和式（56），这就是

$$\Psi^{(32)} = \frac{\rho - 1}{\rho} \Phi_t^{(31)} - \frac{(\rho - 1)^2}{\rho^2} \boldsymbol{\sigma}^{(31)} \boldsymbol{v}^{(31)} \tag{58}$$

但类似式（57），有

$$\boldsymbol{\sigma}^{(31)} \boldsymbol{v}^{(31)} = \Phi_t^{(31)} - \Psi^{(31)}$$

代入式（58），化简，就得

$$\Psi^{(32)} = \frac{(\rho - 1)^2}{\rho^2} \Psi^{(31)} + \frac{\rho - 1}{\rho^2} \Phi_t^{(31)} \tag{59}$$

利用式（56）（59），就可以把式（53）写成

$$k_\sigma^{(12)} = -\frac{\Phi_t^{(31)} (\sigma^{(31)})^2}{\Psi^{(31)} \left[\Phi_t^{(31)} + (\rho - 1) \Psi^{(31)} \right]} \tag{60}$$

这又可以写成

$$k_\sigma^{(12)} = -\frac{\Phi_t^{(31)} \left[E^{(3)} \Phi_v^{(31)2} - 2F^{(31)} \Phi_u^{(31)} \Phi_v^{(31)} + G^{(31)} \Phi_u^{(31)2} \right]}{D^{(3)2} \Psi^{(31)} \left[\Phi_t^{(31)} + (\rho - 1) \Psi^{(31)} \right]}$$

$$\tag{61}$$

关于诱导法曲率 $k_\sigma^{(12)}$ 的这两个公式表明，当 $\Phi_t^{(31)} = 0$ 时，$k_\sigma^{(12)} = 0$. 这就再次证实了，$\boldsymbol{\Sigma}^{(1)}$，$\boldsymbol{\Sigma}^{(3)}$ 在它们的啮合运动中，对于曲面偶 $[\boldsymbol{\Sigma}^{(3)}, \boldsymbol{\Sigma}^{(1)}]$ 的二界共轭点（即在 $\boldsymbol{\Sigma}^{(1)}$ 上的 $L^{(1)}$ 和在 $\boldsymbol{\Sigma}^{(2)}$ 上的 $L^{(2)}$ 的点）密切.

现在，如上所说，我们假设，一个和 $\sigma^{(3)}$ 相固连的刀具，在 $\sigma^{(3)}$，$\sigma^{(1)}$ 的相对运动中，把一个和 $\sigma^{(1)}$ 相固连的齿坯切削成齿面 $\boldsymbol{\Sigma}^{(1)}$，再制成刀具，使它和 $\sigma^{(1)}$ 相固连并且刀具的曲面和 $\boldsymbol{\Sigma}^{(1)}$ 一致. 然后令这个刀具在 $\sigma^{(1)}$，$\sigma^{(2)}$ 的相对运动中，把一个和 $\sigma^{(2)}$ 相固连的齿坯切削成齿面 $\overline{\boldsymbol{\Sigma}}^{(2)}$. 上面指出：$\overline{\boldsymbol{\Sigma}}^{(2)}$ 包含两部分，一部分

属于 $\Sigma^{(2)}$,那是原接触线 C_t 所产生的,另一部分是新接触线 C_t^* 所产生的. 这样,齿轮偶 $[\Sigma^{(1)},\overline{\Sigma}^{(2)}]$ 的接触线也就为两段所构成:一段属于 C_t,一段属于 C_t^*. 在原接触线 C_t 上,总有一点 Q_t,它对于齿轮偶 $[\Sigma^{(3)},\Sigma^{(1)}]$ 是 $\Sigma^{(1)}$ 的二界共轭点,上面指出,在那里,$\Sigma^{(1)}$ 和 $\Sigma^{(2)}$ 密切.

2. 第二次包络,曲面偶 $[\Sigma^{(1)},\hat{\Sigma}^{(2)}]$,$[\Sigma^{(1)},\Sigma^{(2)}]$,$[\Sigma^{(1)},\Sigma^{(2)*}]$

上面我们考察了,在第一次包络中,从中介齿面 $\Sigma^{(3)}$ 所得到的齿面 $\Sigma^{(1)}$ 和 $\Sigma^{(2)}$. 我们指出了,若从 $\Sigma^{(1)}$ 出发,在 $\sigma^{(1)}$,$\sigma^{(2)}$ 的相对运动中,由于二次作用,在 $\sigma^{(2)}$ 里将有两族接触线 C_t 和 C_t^*;其中 C_t 是原接触线,即第一次包络时,$[\Sigma^{(3)},\Sigma^{(1)}]$,$[\Sigma^{(3)},\Sigma^{(2)}]$ 以及 $\Sigma^{(1)}$ 和 $\Sigma^{(2)}$ 的公共接触线,C_t^* 是新接触线. 换句话说,在 $\sigma^{(2)}$ 里,$\Sigma^{(1)}$ 的包络面 $\hat{\Sigma}^{(2)}$ 将包含两叶,一叶 $\Sigma^{(2)}$ 是原接触线 C_t 所产生的,另一叶 $\Sigma^{(2)*}$ 是新接触线 C_t^* 所产生的:$\hat{\Sigma}^{(2)} = \Sigma^{(2)} + \Sigma^{(2)*}$.

在第一次包络中,曲面偶 $[\Sigma^{(3)},\Sigma^{(1)}]$ 和 $[\Sigma^{(3)},\Sigma^{(2)}]$ 在 $\Sigma^{(1)}$,$\Sigma^{(2)}$ 上的二界共轭线我们已用 $L^{(1)}$ 和 $L^{(2)}$ 表示. 我们还指出了,在每一时刻 t,$\Sigma^{(1)}$,$\Sigma^{(2)}$ 在 $L^{(1)}$,$L^{(2)}$ 上一点 Q_t 啮合,而且在那里密切. 一般地,$L^{(1)}$,$L^{(2)}$ 的点在 $\Sigma^{(1)}$,$\Sigma^{(2)}$ 上都是正规点.

现在进一步考察 $L^{(1)}$,$L^{(2)}$ 在第二次包络中的特殊作用. 根据式(46)(47),有

$$\Phi^{(31)} = -\rho\Phi^{(12)}, \quad \Phi_t^{(31)} = -\rho\Phi_t^{(12)}$$

$$\Phi^{(32)} = (1 - \rho)\Phi^{(12)}, \Phi_t^{(32)} = (1 - \rho)\Phi_t^{(12)}$$

下列三组方程互相等价

$$\Phi^{(31)} = \Phi_t^{(31)} = 0, \Phi^{(32)} = \Phi_t^{(32)} = 0, \Phi^{(12)} = \Phi_t^{(12)} = 0$$

因此:

1)对于 $[\Sigma^{(1)}, \hat{\Sigma}^{(2)}]$,$L^{(1)}$ 是 $\Sigma^{(1)}$ 上的二界曲线,$L^{(2)}$ 是 $\Sigma^{(2)}$ 上的二界共轭线;

根据第 12 章 §2 的二次作用原理,$L^{(1)}$ 上的点的特征是,它只在唯一的时刻进行啮合. 现在,对于 $[\Sigma^{(1)}, \hat{\Sigma}^{(2)}]$,在时刻 t 的接触线是 $\hat{C}_t = C_t + C_t^*$. 若 Q_t 为 $L^{(1)}$ 上一点,则 C_t 和 C_t^* 都经过 Q_t. 同样的论点适用于 $L^{(2)}$. 因此:

2)$L^{(1)}, L^{(2)}$ 都表现为 $\hat{C}_t$ 上的奇点的轨迹:在 $\Sigma^{(1)}$ 上,$\hat{C}_t$ 上的两支相遇于 $L^{(1)}$;在 $\hat{\Sigma}^{(2)}$ 上,它们相遇于 $L^{(2)}$;

3)$L^{(1)}(L^{(2)})$ 上的点既然是接触线 $\hat{C}_t$ 的奇点,它们也就是 $\Sigma^{(1)}$ 上的一界共轭点($\Sigma^{(2)}$ 上的一类界点);

4)$\hat{\Sigma}^{(2)}$ 的两叶 $\Sigma^{(2)}, \Sigma^{(2)*}$ 都经过 $L^{(2)}$,而且沿 $L^{(2)}$ 相切.

在 1 小节中,已经指出,由于已经排除了 $\Sigma^{(1)}$ 上对于 $[\Sigma^{(3)}, \Sigma^{(1)}]$ 的一类界点和 $\Sigma^{(2)}$ 上对于 $[\Sigma^{(3)}, \Sigma^{(2)}]$ 的一类界点,因此在 $\Sigma^{(1)}$ 上,C_t 一般不和 $L^{(1)}$ 相切,在 $\Sigma^{(2)}$ 上,C_t 一般不和 $L^{(2)}$ 相切. 因此:

5)$L^{(1)}, L^{(2)}$ 上的点,对于 $[\Sigma^{(1)}, \Sigma^{(2)}]$ 不是一类或二类界点,当然也就不是一界或二界共轭点.

我们将假定, $\Sigma^{(1)}$ 上的 C_t^* 不和 $L^{(1)}$ 相切, $\Sigma^{(2)}$ 上的 C_t^* 也不和 $L^{(2)}$ 相切. 这个假定在一般情况下是符合事实的. 在这种情况下, $L^{(1)}$, $L^{(2)}$ 上的点也不是曲面偶 $[\Sigma^{(1)}, \Sigma^{(2)}]$ 的界点.

根据最后两个论点, 曲面偶 $[\Sigma^{(1)}, \Sigma^{(2)}]$ 和 $[\Sigma^{(1)}, \Sigma^{(2)*}]$ 在 $L^{(1)}$, $L^{(2)}$ 邻近的啮合点, 包括 $L^{(1)}$, $L^{(2)}$ 的点在内, 都是正规的啮合点, 因而都是抛物切点. 在 1 小节里, 已经指出, 曲面 $\Sigma^{(1)}$, $\Sigma^{(2)}$ 在 $L^{(1)}$, $L^{(2)}$ 上的啮合点密切, 我们将证明, 在这些点 $\Sigma^{(1)}$, $\Sigma^{(2)*}$ 也密切, 因而 $\Sigma^{(2)}$, $\Sigma^{(2)*}$ 沿 $L^{(2)}$ 密切.

现在我们设想, $\Sigma^{(1)}$ 是一个同 $\sigma^{(1)}$ 相固连的齿坯被一个同 $\sigma^{(2)}$ 相固连的刀具切削而成, 因而曲面 $\Sigma^{(1)}$ 有其内侧 (齿轮实体的一侧) 和外侧. 假定在时刻 t, $\Sigma^{(1)}$, $\Sigma^{(2)}$ 的原接触线是 C_t, 而 Q_t 是 C_t 和 $L^{(1)}$ (以及 $L^{(2)}$) 的公共点. 在 1 小节里, 我们指出, 由于 $\Sigma^{(1)}$, $\Sigma^{(2)}$ 在 Q_t 密切, 它们一般相交于一条经过 Q_t 的曲线 Γ_t. 因此, 当 $\Sigma^{(2)}$ 跨过 Γ_t 时, 它就从 $\Sigma^{(1)}$ 的一侧转到另一侧. 由于 C_t 一般不和 Γ_t 相切, C_t 就被 Q_t 分为两段, 一段 C_{t_1} 在 $\Sigma^{(1)}$ 的外侧, 一段 C_{t_2} 在 $\Sigma^{(1)}$ 的内侧. 用 $\Sigma_1^{(2)}$ 和 $\Sigma_2^{(2)}$ 依次表示当 t 变化时, C_{t_1} 和 C_{t_2} 所产生的曲面, 它们沿 $L^{(2)}$ 相联结构成整个 $\Sigma^{(2)}$ (图 3).

在时刻 t, $\Sigma^{(1)}$ 既和 $\Sigma^{(2)}$ 沿 C_t 接触, 又和 $\Sigma^{(2)*}$ 沿 C_t^* 接触. 可见在 Q_t 邻近, $\Sigma^{(1)}$ 总是介乎 $\Sigma^{(2)}$ 和 $\Sigma^{(2)*}$ 之间. 既然 $\Sigma^{(1)}$ 和 $\Sigma^{(2)}$ 相交于经 Q_t 的曲线 Γ_t, 显然 $\Sigma^{(1)}$ 和 $\Sigma^{(2)*}$ 也相交于一条经过 Q_t 的曲线 Γ_t^*. 因此, 新接

触线 C_t^* 也被 Q_t 分为两段,一段 $C_{t_1}^*$ 在 $\Sigma^{(1)}$ 外侧,一段 $C_{t_2}^*$ 在 $\Sigma^{(1)}$ 内侧. 用 $\Sigma_1^{(2)\,*}$ 和 $\Sigma_2^{(2)\,*}$ 依次表示当 t 变化时, $C_{t_1}^*$ 和 $C_{t_2}^*$ 所产生的曲面,它们沿 $L^{(2)}$ 相联结构成整个 $\Sigma^{(2)\,*}$(图3).

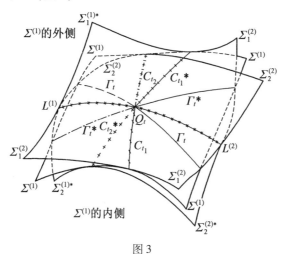

图 3

符　号　说　明

$\Sigma^{(1)}:\Sigma^{(3)}$ 在 $\sigma^{(1)}$ 里的包络面

$\Sigma^{(2)}:\Sigma^{(3)}$ 在 $\sigma^{(2)}$ 里的包络面(即 $\Sigma^{(1)}$ 在 $\sigma^{(2)}$ 里的原作用面)

$\hat{\Sigma}^{(2)} = \Sigma^{(2)} + \Sigma^{(2)\,*}:\Sigma^{(1)}$ 在 $\sigma^{(2)}$ 里的包络面

$\Sigma^{(2)\,*}:\Sigma^{(1)}$ 在 $\sigma^{(2)}$ 里的新作用面

Q_t:在时刻 t, $\Sigma^{(1)}$, $\Sigma^{(2)}$, $\Sigma^{(2)\,*}$ 的公共啮合点

$L^{(2)}:\left[\,\Sigma^{(3)}\,,\Sigma^{(1)}\,\right]$, $\left[\,\Sigma^{(3)}\,,\Sigma^{(2)}\,\right]$, $\left[\,\Sigma^{(1)}\,,\hat{\Sigma}^{(2)}\,\right]$ 在 $\sigma^{(2)}$ 里的二界曲线

$\hat{C}_t = C_t + C_t^*:\left[\,\Sigma^{(1)}\,,\hat{\Sigma}^{(2)}\,\right]$ 的接触线

$C_t : [\Sigma^{(3)}, \Sigma^{(1)}]$，$[\Sigma^{(3)}, \Sigma^{(2)}]$ 的接触线，$[\Sigma^{(1)},$
$\Sigma^{(2)}]$ 的原接触线

$C_t^* : [\Sigma^{(1)}, \Sigma^{(2)*}]$ 的新接触线

$\Gamma_t : \Sigma^{(1)}$ 和 $\Sigma^{(2)}$ 的交线

$\Gamma_t^* : \Sigma^{(1)}$ 和 $\Sigma^{(2)*}$ 的交线

$C_{t_1} : C_t$ 在 $\Sigma^{(2)}$ 外侧的一段

$C_{t_2} : C_t$ 在 $\Sigma^{(2)}$ 实体内的一段

$C_{t_1}^* : C_t^*$ 在 $\Sigma^{(2)}$ 实体内的一段

$C_{t_2}^* : C_t^*$ 在 $\Sigma^{(2)}$ 外侧的一段

现在考察 $\Sigma^{(1)}$，$\Sigma^{(2)}$ 的诱导法曲率. 我们已经指出，Q_t 是 $\Sigma^{(1)}$，$\Sigma^{(2)*}$ 的抛物切点. 但是 $\Sigma^{(1)}$，$\Sigma^{(2)*}$ 沿 C_t^* 相切又沿 Γ_t^* 相交，它们沿这两条曲线方向的诱导法曲率都是零，而这两个方向一般又不相同. 所以 Q_t 一般是 $\Sigma^{(1)}$，$\Sigma^{(2)*}$ 的平切点，$\Sigma^{(1)}$，$\Sigma^{(2)*}$ 在 Q_t 密切.

在 1 小节里，已经指出，$\Sigma^{(1)}$，$\Sigma^{(2)}$ 在 Q_t 密切，现在又证明了 $\Sigma^{(1)}$，$\Sigma^{(2)*}$ 在 Q_t 密切，可见 $\Sigma^{(2)}$，$\Sigma^{(2)*}$ 在 Q_t 密切. 但 Q_t 是 $L^{(2)}$ 上任意点，故 $\Sigma^{(2)}$，$\Sigma^{(2)*}$ 沿 $L^{(2)}$ 密切，它们一般沿 $L^{(2)}$ 相交.

3. 间接展成法

现在接着 1 小节末的分析，设想先制作刀具齿面 $\Sigma^{(1)}$，同 $\sigma^{(1)}$ 相固连，再令一个齿坯同 $\sigma^{(2)}$ 相固连，设这样切削出来的齿面是 $\overline{\Sigma}^{(2)}$. 由于 C_{t_2} 和 $C_{t_2}^*$ 都位于 $\Sigma^{(1)}$ 的内侧，$\Sigma^{(1)}$ 和 $\Sigma^{(2)}$ 在时刻 t 的实际接触线是 $\overline{C}_t = C_{t_1} + C_{t_1}^*$，因而 $\overline{\Sigma}^{(2)} = \overline{\Sigma}_1^{(2)} + \Sigma_1^{(2)*}$，其中 $\Sigma_1^{(2)}$ 是当 t 变化时在 $\sigma^{(2)}$ 里 C_{t_1} 所产生的部分曲面，而 $\Sigma_1^{(2)*}$ 则是 $C_{t_1}^*$ 所产生的部分曲面. $\Sigma_1^{(2)}$ 和 $\Sigma_1^{(2)*}$ 不但沿 $L^{(2)}$ 相连接，而且沿 $L^{(2)}$ 密切. 换句话说，在 $L^{(2)}$ 邻近，$\overline{\Sigma}^{(2)}$ 不但是连

续而光滑的,而且有连续的法曲率. 根据上面的分析,在 $\Sigma^{(1)},\bar{\Sigma}^{(2)}$ 的运动中,在 $L^{(2)}$ 上的啮合点 $\Sigma^{(1)}$ 和 $\bar{\Sigma}^{(2)}$ 密切;在这样的啮合点邻近,$\Sigma^{(1)}$ 和 $\bar{\Sigma}^{(2)}$ 沿任意方向的诱导法曲率都有较小的绝对值.

最后,我们考察 $\Sigma^{(1)}$ 和 $\bar{\Sigma}^{(2)}$ 上的接触线分布情况. 先说 $\bar{\Sigma}^{(2)} = \Sigma_1^{(2)} + \Sigma_1^{(2)*}$,由于 $\Sigma_1^{(2)}$ 是 C_{t_1} 所产生的,$\Sigma_1^{(2)*}$ 是 $C_{t_1}^*$ 所产生的,接触线 $\bar{C}_t = C_{t_1} + C_{t_1}^*$ 的分布大致如图 4. 在 $\Sigma^{(1)}$ 上接触线 $\bar{C}_t$ 的分布情况有两种可能. 根

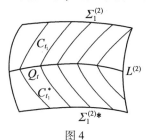

图 4

据第 12 章 §2,我们知道,若 $\Sigma^{(1)}$ 不在 $L^{(2)}$ 上的一点 P,在两个不同时刻 t, t' 都成为啮合点,则这两个时刻 $\Phi_t^{(12)}$ 不同号. 因此,若在 $C_{t_1}, C_{t_1}^*$ 上 $\Phi_t^{(12)}$ 不同号,则接触线的分布大致如图5. 这时候,$\Sigma^{(1)}$ 被 $L^{(1)}$ 分为两部分:

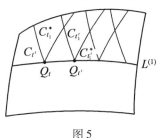

图 5

一部分有接触线 $\bar{C}_t$,这部分的每一点都在两个不同时

刻成为啮合点,另一部分不进入啮合,而 $L^{(1)}$ 上的点则分别在唯一的时刻成为啮合点;反之,若在 C_{t_1} 和 $C_{t_1}^*$ 上 $\Phi_t^{(12)}$ 同号,则 $\Sigma^{(1)}$ 上的接触线分布大致如图 6. 这时候,$\Sigma^{(1)}$ 也被 $L^{(1)}$ 分为两部分,一部分为 C_{t_1} 所产生,另一部分为 $C_{t_1}^*$ 所产生.

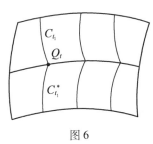

图 6

§3 平面二次包络(间接展成法)

1. 坐标系及其底矢变换公式

设 $\sigma^{(1)}, \sigma^{(2)}$ 绕垂直相错轴 $a^{(1)}, a^{(2)}$ 作匀速转动,转速矢依次为 $\boldsymbol{\omega}^{(1)}, \boldsymbol{\omega}^{(2)}$. 设 $0 < \rho < 1, \boldsymbol{\omega}^{(2)}, \boldsymbol{\omega}^{(3)}$ 之间的角是 $\alpha, 0 < \alpha < \dfrac{\pi}{2}$,则 §1 里的全部公式都适用.

为了简化符号,令

$$\omega_1 = |\boldsymbol{\omega}^{(1)}|, \omega_2 = |\boldsymbol{\omega}^{(2)}| \tag{62}$$

$$\boldsymbol{i} = \frac{\boldsymbol{\omega}^{(1)}}{\omega_1}, \boldsymbol{j} = \frac{\boldsymbol{\omega}^{(2)}}{\omega_2}, \boldsymbol{k} = \boldsymbol{i} \times \boldsymbol{j} \tag{63}$$

则 $\boldsymbol{i}, \boldsymbol{j}, \boldsymbol{k}$ 是固定幺矢. 令 $a^{(1)}, a^{(2)}, a^{(3)}$ 的公垂线在这条轴的垂足依次为 $O^{(1)}, O^{(2)}, O^{(3)}$,则这三个垂足是固定点(图 7)(注意记号的更动:在 §1, $a^{(3)}$ 上的垂足曾

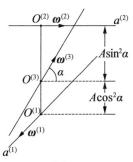

图 7

用 $O_0^{(3)}$ 表示,在那里,$O^{(3)}$ 是 $\sigma^{(3)}$ 相固连的动标,是动点).再令 $O = O^{(2)}$,取固定坐标系 $\sigma = [\,O\,;\boldsymbol{i},\boldsymbol{j},\boldsymbol{k}\,]$,令动标 $\sigma^{(1)} = [\,O^{(1)}\,;\boldsymbol{i}_1,\boldsymbol{j}_1,\boldsymbol{k}_1\,]$,$\sigma^{(2)} = [\,O^{(2)}\,;\boldsymbol{i}_2,\boldsymbol{j}_2,\boldsymbol{k}_2\,]$,而且当 $t = 0$ 时,$\sigma^{(1)},\sigma^{(2)},\sigma^{(3)}$ 的底矢一致(图 8),即 $t = 0$时,有

$$\boldsymbol{i}_1 = \boldsymbol{i}_2 = \boldsymbol{i},\boldsymbol{j}_1 = \boldsymbol{j}_2 = \boldsymbol{j},\boldsymbol{k}_1 = \boldsymbol{k}_2 = \boldsymbol{k} \qquad (64)$$

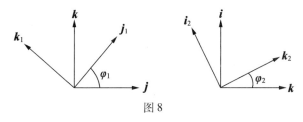

图 8

然后设在时刻 t,$\sigma^{(1)},\sigma^{(2)}$ 的有向转角依次为 φ_1,φ_2,即

$$\varphi_1 = \omega_1 t,\varphi_2 = \omega_2 t \qquad (65)$$

则

$$\begin{cases} \boldsymbol{j}_1 = \boldsymbol{j}\cos\,\varphi_1 + \boldsymbol{k}\sin\,\varphi_1 \\ \boldsymbol{k}_2 = \boldsymbol{k}\cos\,\varphi_2 + \boldsymbol{i}\sin\,\varphi_2 \end{cases}$$

由此,立刻可以写出 $\sigma,\sigma^{(1)}$ 之间和 $\sigma,\sigma^{(2)}$ 之间的底矢

变换公式. 这些线性变换的系数可以列为两个表

$$
\sigma \overset{\rightarrow}{\underset{\leftarrow}{}} \sigma^{(1)} \quad
\begin{array}{c|c|c|c}
 & i & j & k \\
\hline
i_1 & 1 & 0 & 0 \\
\hline
j_1 & 0 & \cos\varphi_1 & \sin\varphi_1 \\
\hline
k_1 & 0 & -\sin\varphi_1 & \cos\varphi_1
\end{array}
\tag{66}
$$

$$
\sigma \overset{\rightarrow}{\underset{\leftarrow}{}} \sigma^{(2)} \quad
\begin{array}{c|c|c|c}
 & i & j & k \\
\hline
i_2 & \cos\varphi_2 & 0 & -\sin\varphi_2 \\
\hline
j_2 & 0 & 1 & 0 \\
\hline
k_2 & \sin\varphi_2 & 0 & \cos\varphi_2
\end{array}
\tag{67}
$$

例如在上一个表中各行给出用 i,j,k 表示 i_1,j_1,k_1 时 $(\sigma\rightarrow\sigma^{(1)})$ 线性变换的系数,而各列则给出逆变换 $(\sigma^{(1)}\rightarrow\sigma)$ 的系数. 由式(66)和式(67)易得 $\sigma^{(1)},\sigma^{(2)}$ 的底矢变换系数

$$
\sigma^{(1)} \overset{\rightarrow}{\underset{\leftarrow}{}} \sigma^{(2)} \quad
\begin{array}{c|c|c|c}
 & i_1 & j_1 & k_1 \\
\hline
i_2 & \cos\varphi_2 & -\sin\varphi_1\sin\varphi_2 & -\cos\varphi_1\sin\varphi_2 \\
\hline
j_2 & 0 & \cos\varphi_1 & -\sin\varphi_1 \\
\hline
k_2 & \sin\varphi_2 & \sin\varphi_1\cos\varphi_2 & \cos\varphi_1\cos\varphi_2
\end{array}
\tag{68}
$$

还需要建立动标 $\sigma^{(3)}=[O^{(3)};i_3,j_3,k_3]$. 令

$$
i_3 = \frac{\boldsymbol{\omega}^{(3)}}{\omega_3}, \quad \omega_3 = |\boldsymbol{\omega}^{(3)}|
\tag{69}
$$

根据 §1 的结果,i_3 为固定幺矢,它和 j 之间的角是 α, 和 i 之间的角是 $\alpha+\dfrac{\pi}{2}$,而且沿着 k 相反的方向看,它

们都可以作为有向角(图 9). 因此,可以令[①]

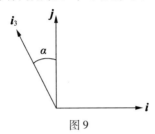

图 9

$$i_3 = -i\sin\alpha + j\cos\alpha \tag{70}$$

设在时刻 $t = 0$,有

$$k_3(0) = k \tag{71}$$

则

$$j_3(0) = k_3(0) \times i_3 = -(i\cos\alpha + j\sin\alpha) \tag{72}$$

令在时刻 t,$\sigma^{(3)}$ 的转角是

$$\varphi_3 = \omega_3 t \tag{73}$$

则在时刻 t,有

$$\begin{cases} i_3 = -i\sin\alpha + j\cos\alpha \\ j_3 = j_3(0)\cos\varphi_3 + k_3(0)\sin\varphi_3 \\ k_3 = -j_3(0)\sin\varphi_3 + k_3(0)\cos\varphi_3 \end{cases} \tag{74}$$

把(71)和(72)两式代入,就得 σ 和 $\sigma^{(3)}$ 之间的底矢变换系数

		i	j	k
$\sigma \leftrightarrows \sigma^{(3)}$	i_3	$-\sin\alpha$	$\cos\alpha$	0
	j_3	$-\cos\alpha\cos\varphi_3$	$-\sin\alpha\cos\varphi_3$	$\sin\varphi_3$
	k_3	$\cos\alpha\sin\varphi_3$	$\sin\alpha\sin\varphi_3$	$\cos\varphi_3$

$$(75)$$

---

　①　注意关系式(70)可利用 §1 式(25)(35)以及本节的式(62)(63)(69)得到.

由此和式(66)(67),就得 $\sigma^{(1)}$,$\sigma^{(3)}$ 以及 $\sigma^{(2)}$,$\sigma^{(3)}$ 之间的底矢变换系数

$\sigma^{(1)} \leftrightarrows \sigma^{(3)}$

	i_1	j_1	k_1
i_3	$-\sin\alpha$	$\cos\alpha\cos\varphi_1$	$-\cos\alpha\sin\varphi_1$
j_3	$-\cos\alpha\cos\varphi_3$	$-\sin\alpha\cos\varphi_1\cos\varphi_3 +$ $\sin\varphi_1\sin\varphi_3$	$\sin\alpha\sin\varphi_1\cos\varphi_3 +$ $\cos\varphi_1\sin\varphi_3$
k_3	$\cos\alpha\sin\varphi_3$	$\sin\alpha\cos\varphi_1\cos\varphi_3 +$ $\sin\varphi_1\cos\varphi_3$	$-\sin\alpha\sin\varphi_1\sin\varphi_3 +$ $\cos\varphi_1\cos\varphi_3$

(76)

$\sigma^{(2)} \leftrightarrows \sigma^{(3)}$

	i_2	j_2	k_2
i_3	$-\sin\alpha\cos\varphi_2\cos\varphi_3$	$\cos\alpha$	$-\sin\alpha\sin\varphi_2$
j_3	$-\cos\alpha\cos\varphi_2\cos\varphi_3$ $+\sin\varphi_2\sin\varphi_3$	$-\sin\alpha\cos\varphi_3$	$-\cos\alpha\sin\varphi_2\cos\varphi_3$ $+\cos\varphi_2\sin\varphi_3$
k_3	$\cos\alpha\cos\varphi_2\sin\varphi_3$ $+\sin\varphi_2\cos\varphi_3$	$\sin\alpha\sin\varphi_3$	$\cos\alpha\sin\varphi_2\sin\varphi_3$ $+\cos\varphi_2\cos\varphi_3$

(77)

此外,我们还要写出同一点 P 在不同坐标系里径矢之间的关系. 若 $\boldsymbol{r}^{(1)}$,$\boldsymbol{r}^{(2)}$,$\boldsymbol{r}^{(3)}$ 依次表示点 P 在 $\sigma^{(1)}$, $\sigma^{(2)}$,$\sigma^{(3)}$ 里的径矢,则根据 §1 式(29)(31)(37)(38)有

$$\begin{cases} \boldsymbol{r}^{(2)} = \boldsymbol{r}^{(1)} + \boldsymbol{\xi}, \boldsymbol{\xi} = -A\boldsymbol{k} \\ \boldsymbol{r}^{(1)} = \boldsymbol{r}^{(3)} + p^{(3)}t\boldsymbol{\omega}^{(3)} - \boldsymbol{\eta}, \boldsymbol{\eta} = -A\cos^2\alpha\boldsymbol{k} \quad (78) \\ \boldsymbol{r}^{(2)} = \boldsymbol{r}^{(3)} + p^{(3)}t\boldsymbol{\omega}^{(3)} - A\sin^2\alpha\boldsymbol{k} \end{cases}$$

利用式(69)(73),这可以写成

$$\begin{cases} \boldsymbol{r}^{(2)} = \boldsymbol{r}^{(1)} - A\boldsymbol{k} \\ \boldsymbol{r}^{(1)} = \boldsymbol{r}^{(3)} + A\varphi_3\sin\alpha\cos\alpha\boldsymbol{i}_3 + A\cos^2\alpha\boldsymbol{k} \quad (78') \\ \boldsymbol{r}^{(2)} = \boldsymbol{r}^{(3)} + A\varphi_3\sin\alpha\cos\alpha\boldsymbol{i}_3 - A\sin^2\alpha\boldsymbol{k} \end{cases}$$

2. 第一次包络,曲面偶[$\Sigma^{(3)}, \Sigma^{(1)}$],[$\Sigma^{(3)}, \Sigma^{(2)}$]

啮合函数　现设 $\Sigma^{(3)}$ 为平面,在 $\sigma^{(3)}$ 里,它垂直于 $\boldsymbol{k}_3$,但不经过 $O^{(3)}$,因而它的参数方程可以写成(图 10)

$$\boldsymbol{r}^{(3)} = u\boldsymbol{i}_3 + v\boldsymbol{j}_3 + a\boldsymbol{k}_3 \qquad (79)$$

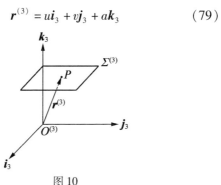

图 10

其中 $a > 0$ 是常数, u, v 是参数. 我们取 $\boldsymbol{k}_3$ 为 $\Sigma^{(3)}$ 的幺法矢 $\boldsymbol{n}$,有

$$\boldsymbol{n} = \boldsymbol{k}_3 \qquad (80)$$

根据 §1 式(11)有

$$\boldsymbol{v}^{(31)} = \boldsymbol{\omega}^{(3)} \times \boldsymbol{r}^{(3)} - \boldsymbol{\omega}^{(1)} \times \boldsymbol{r}^{(1)} + p^{(3)} \boldsymbol{\omega}^{(3)}$$

利用式(17),这就是

$$\boldsymbol{v}^{(31)} = \boldsymbol{\omega}^{(3)} \times \boldsymbol{r}^{(3)} - \boldsymbol{\omega}^{(1)} \times (\boldsymbol{r}^{(3)} + p^{(3)} t\boldsymbol{\omega}^{(3)} - \boldsymbol{\eta}) + p^{(3)} \boldsymbol{\omega}^{(3)} \qquad (81)$$

故[$\Sigma^{(3)}, \Sigma^{(1)}$]的啮合函数

$$\Phi^{(31)} = \boldsymbol{n}\boldsymbol{v}^{(31)} = (\boldsymbol{n}, \boldsymbol{\omega}^{(3)}, \boldsymbol{r}^{(3)}) -$$
$$(\boldsymbol{n}, \boldsymbol{\omega}^{(1)}, \boldsymbol{r}^{(3)} + p^{(3)} t\boldsymbol{\omega}^{(3)} - \boldsymbol{\eta}) + p^{(3)} \boldsymbol{n}\boldsymbol{\omega}^{(3)} \qquad (82)$$

显然宜在 $\sigma^{(3)}$ 里计算 $\Phi^{(31)}$. 除 $\boldsymbol{\omega}^{(3)} = \omega_3 \boldsymbol{i}_3$ 以及式(73)(79)(80)外,根据式(78)并利用式(75),我们有(参看 §1 式(37))

$$\begin{cases} \boldsymbol{\omega}^{(1)} = \omega_1(-\sin \alpha \boldsymbol{i}_3 - \cos \alpha \cos \varphi_3 \boldsymbol{j}_3 + \cos \alpha \sin \varphi_3 \boldsymbol{k}_3) \\ \boldsymbol{\eta} = -A\cos^2 \alpha(\sin \varphi_3 \boldsymbol{j}_3 + \cos \varphi_3 \boldsymbol{k}_3) \end{cases}$$

$$(83)$$

代入式(81),化简,就得

$$\begin{aligned} \boldsymbol{\Phi}^{(31)} = & (-\omega_1 \cos \alpha \cos \varphi_3)u + (\omega_1 \sin \alpha + \omega_3)v + \\ & A\omega_1 \sin \alpha \cos^2 \alpha(\sin \varphi_3 - \varphi_3 \cos \varphi_3) \end{aligned}$$

或者

$$\begin{aligned} \frac{1}{\omega_1}\boldsymbol{\Phi}^{(31)} = & (-\cos \alpha \cos \varphi_3)u + (\sin \alpha + i_{31})v + \\ & A\sin \alpha \cos^2 \alpha(\sin \varphi_3 - \varphi_3 \cos \varphi_3) \quad (84) \end{aligned}$$

由此可见,$[\Sigma^{(3)} , \Sigma^{(1)}]$,$[\Sigma^{(3)} , \Sigma^{(2)}]$,$[\Sigma^{(1)} , \Sigma^{(2)}]$ 的共同啮合条件是($\boldsymbol{\Phi}^{(31)} = 0$)

$$v = \frac{\cos \alpha}{\sin \alpha + i_{31}}[\cos \varphi_3 \cdot u + A\sin \alpha \cos \alpha(\varphi_3 \cos \varphi_3 - \sin \varphi_3)]$$

$$(85)$$

但根据 §1 式(41),有 $i_{31} = \dfrac{1}{-\sin \alpha + i_{12}\cos \alpha}$,我们可以把式(85)写成

$$\begin{aligned} v = \frac{-\sin \alpha + i_{21}\cos \alpha}{\cos \alpha + i_{12}\sin \alpha}[& \cos \varphi_3 \cdot u + \\ & A\sin \alpha \cos \alpha(\varphi_3 \cos \varphi_3 - \sin \varphi_3)] \quad (86) \end{aligned}$$

由于 $\varphi_3 = \omega_3 t$,令 $\varphi_3 = $ 常数,就得到接触线 C_t. 当然,C_t 都是直线而 $\Sigma^{(1)}$,$\Sigma^{(2)}$ 作为平面族的包络面都是可展曲面,它们依次是在 $\sigma^{(1)}$,$\sigma^{(2)}$ 里当 t 变动时接触线 C_t 所产生的. 在 $\sigma^{(1)}$,$\sigma^{(2)}$ 的相对运动中,在每一时刻 t,可展曲面 $\Sigma^{(1)}$,$\Sigma^{(2)}$ 沿它们的一条公共母线 C_t 相切. 根据 §1 的分析,它们甚至在 C_t 上一个二界共轭点密切.

二界函数和二界曲线　由于 $\varphi_3 = \omega_3 t, \dfrac{\mathrm{d}\rho_3}{\mathrm{d}t} = \omega_3$, 容易算得

$$\begin{cases} \dfrac{1}{\omega_1}\varPhi_u^{(31)} = -\cos \alpha\cos \varphi_3 \\[2mm] \dfrac{1}{\omega_1}\varPhi_v^{(31)} = \sin \alpha + i_{31} \\[2mm] \dfrac{1}{\omega_1\omega_3}\varPhi_t^{(31)} = \cos \alpha\sin \varphi_3 \cdot u + A\varphi_3\sin \alpha\cos^2\alpha\sin \varphi_3 \end{cases} \tag{87}$$

因此, $\Sigma^{(3)}$ 上的二界曲线方程(即 $\Sigma^{(1)}$ 上的二界共轭线 $L^{(1)}$ 和 $\Sigma^{(2)}$ 上的二界共轭线 $L^{(2)}$ 的方程)是($\varPhi^{(31)} = \varPhi_t^{(31)} = 0$)[①]

$$\begin{cases} u = -A\sin \alpha\cos \alpha \cdot \varphi_3 \\[2mm] v = \dfrac{A\sin \alpha\cos^2\alpha}{\sin \alpha + i_{31}}\sin \varphi_3 \end{cases} \tag{88}$$

消去 φ_3, 就得

$$v = -\frac{A\sin \alpha\cos^2\alpha}{\sin \alpha + i_{31}}\sin \frac{u}{A\sin \alpha\cos \alpha} \tag{89}$$

所以 $\Sigma^{(3)}$ 上的二界曲线是一条正弦曲线.

有了 $\varPhi^{(31)}$, 就可以根据 §2 式(46)以及 §1 式(24)和式(39)求得 $\varPhi^{(32)}$ 和 $\varPhi^{(12)}$. 其结果是

$$\begin{cases} \varPhi^{(32)} = \dfrac{1}{i_{12}}\tan \alpha\varPhi^{(31)} \\[2mm] \varPhi^{(12)} = \left(\dfrac{1}{i_{12}}\tan \alpha - 1\right)\varPhi^{(31)} \end{cases} \tag{90}$$

---

①　在这里, 我们排除了 $\sin \varphi_3 = 0$. 当 $\sin \varphi_3 = 0$ 而 t 不太大时, $\varphi_3 = 0$, 因而 $u = v = 0$; 这样的点仍包括在式(89)内.

Leibniz 定理

一界函数和一类界点 曲面偶 $[\Sigma^{(3)}, \Sigma^{(1)}]$ 的一界函数是

$$\Psi^{(31)} = \frac{1}{D^{(3)2}}\begin{vmatrix} E^{(3)} & F^{(3)} & \boldsymbol{r}_u^{(3)}\boldsymbol{v}^{(31)} \\ F^{(3)} & G^{(3)} & \boldsymbol{r}_v^{(3)}\boldsymbol{v}^{(31)} \\ \Phi_u^{(31)} & \Phi_v^{(31)} & \Phi_t^{(31)} \end{vmatrix}$$

其中 $E^{(3)}, F^{(3)}, G^{(3)}$ 是 $\Sigma^{(3)}$ 的第一类基本量，$D^{(3)2} = E^{(3)}G^{(3)} - F^{(3)2}$. 容易看出（$u, v$ 是 $\Sigma^{(3)}$ 上的直角坐标，或者由（79））

$$E^{(3)} = G^{(3)} = 1,\ F^{(3)} = 0,\ D^{(3)2} = 1 \qquad (91)$$

故

$$\Psi^{(31)} = -(\boldsymbol{r}_u^{(3)}\boldsymbol{v}^{(31)})\Phi_u^{(31)} - (\boldsymbol{r}_v^{(3)}\boldsymbol{v}^{(31)})\Phi_v^{(31)} + \Phi_t^{(31)}$$

像 $\Phi^{(31)}$ 那样，不难计算得

$$\frac{1}{\omega_1^2}\Psi^{(31)}$$

$$= \left[\cos\alpha(\sin\alpha + 2i_{31})\sin\varphi_3\right]u + \left[\cos^2\alpha\sin\varphi_3\cos\varphi_3\right]v +$$

$$a\left[\cos^2\alpha\cos^2\varphi_3 + (\sin\alpha + i_{31})^2\right] +$$

$$A\cos^2\alpha\left[(1 + 2i_{31}\sin\alpha)\cos\varphi_3 +\right.$$

$$\left.\sin\alpha(\sin\alpha + 2i_{31})\varphi_3\sin\varphi_3\right] \qquad (92)$$

有了 $\Psi^{(31)}$，根据 §2（58）就可以计算 $\Psi^{(32)}$. $\Sigma^{(1)}$ 上的一类界点决定于 $\Phi^{(31)} = \Psi^{(31)} = 0$，$\Sigma^{(2)}$ 上的一类界点决定于 $\Phi^{(32)} = \Psi^{(32)} = 0$.

$[\Sigma^{(1)}, \Sigma^{(2)}]$ 的诱导法曲率 现在计算 $[\Sigma^{(1)}, \Sigma^{(2)}]$ 的诱导法曲率的条件已经完全具备. 根据 §2 式（61）以及 §1 式（39）和本节的式（91），接触线法线方向的诱导法曲率是

486

$$k_\sigma^{(12)} = - \frac{(\Phi_u^{(31)2} + \Phi_v^{(31)2})\Phi_t^{(31)}}{\left(\Phi_t^{(31)} - \dfrac{\sin\alpha}{\sin\alpha - i_{12}\cos\alpha}\right)\Psi^{(31)}} \qquad (93)$$

其中关于 $\Phi_u^{(31)}, \Phi_v^{(31)}, \Phi_t^{(31)}$ 的公式是式(87),关于 $\Psi^{(31)}$ 的公式是式(92). 注意在 $L^{(1)}$ 上的啮合点,$\Phi_t^{(31)} = 0$,因而 $k_\sigma^{(12)} = 0$,即 $\Sigma^{(1)}$ 和 $\Sigma^{(2)}$ 密切.

若 θ 表示接触线法线和相对速度矢 $v^{(12)}$ 之间的锐角,则

$$\cos\theta = \frac{-|\Psi^{(31)} - \Phi_t^{(31)}|}{|v^{(31)}|\sqrt{\Phi_u^{(31)2} + \Phi_v^{(31)2}}} \qquad (94)$$

$\Sigma^{(1)}$ 在 $\sigma^{(1)}$ 里的方程

$$r^{(1)} = x_1 i_1 + y_1 j_1 + z_1 k_1$$

则根据式(78′)和式(79),有

$$x_1 i_1 + y_1 j_1 + z_1 k_1 = u i_3 + v j_3 + a k_3 + a\varphi_3\sin\alpha\cos\alpha i_3 + \cos^2\alpha k$$

利用变换公式(66)和式(76),把右边化为 i_1, j_1, k_1 的线性组合,然后令两边系数相等,就得

$$\begin{cases} x_1 = -u\sin\alpha - v\cos\alpha\cos\varphi_3 - A\varphi_3\sin^2\alpha\cos\alpha \\ y_1 = u\cos\alpha\cos\varphi_1 + v(-\sin\alpha\cos\varphi_1\cos\varphi_3 + \sin\varphi_1\sin\varphi_3) + \\ \qquad a(\sin\alpha\cos\varphi_1\sin\varphi_3 + \sin\varphi_1\cos\varphi_3) + \\ \qquad A\cos^2\alpha(\varphi_3\sin\alpha\cos\varphi_1 + \sin\varphi_1) \\ z_1 = -u\cos\alpha\sin\varphi_1 + v(\sin\alpha\sin\varphi_1\cos\varphi_3 + \cos\varphi_1\sin\varphi_3) + \\ \qquad a(-\sin\alpha\sin\varphi_1\sin\varphi_3 + \cos\varphi_1\cos\varphi_3) + \\ \qquad A\cos^2\alpha(-\varphi_3\sin\alpha\sin\varphi_1 + \cos\varphi_1) \end{cases}$$

$$(95)$$

若把这里的 v 看作是通过式(86)表示为 u, φ_3 的函数,

并注意 $\varphi_3 = i_{31}\varphi_1$，则式（95）就是 $\Sigma^{(1)}$ 在 $\sigma^{(1)}$ 里以 u, φ_1 为独立参数的方程.

3. 第二次包络，曲面偶 $[\Sigma^{(1)}, \hat{\Sigma}^{(2)}]$，$[\Sigma^{(1)}, \Sigma^{(2)}]$，$[\Sigma^{(1)}, \Sigma^{(2)*}]$

$[\Sigma^{(1)}, \hat{\Sigma}^{(2)}]$ **的啮合函数 $\hat{\Phi}^{(12)}$** 已经得到曲面 $\Sigma^{(1)}, \Sigma^{(2)}$ 作为 $\Sigma^{(3)}$ 在 $\sigma^{(1)}, \sigma^{(2)}$ 里的包络面以后，现在考察，在 $\sigma^{(1)}, \sigma^{(2)}$ 的相对运动中，$\Sigma^{(1)}$ 在 $\sigma^{(2)}$ 里的包络面 $\hat{\Sigma}^{(2)}$. 在这第二次包络中，§2 的变换公式都完全适用，但由于 φ_1 已经采用为 $\Sigma^{(1)}$ 的独立参数之一，我们现在用 $\psi_i (i = 1, 2, 3)$ 作为绕 $a^{(i)}$ 轴的转角以便和第一次包络中的转角 φ_i 相区别，即

$$\psi_i = \omega_i t \tag{96}$$

其中 ω_i 的意义不变.

由于 $\sigma^{(1)}, \sigma^{(2)}$ 的运动都是纯运动，它们在任意点的相对速度

$$v^{(12)} = \omega^{(1)} \times r^{(1)} - \omega^{(2)} \times r^{(2)}$$

利用式（78′），这可以写成

$$v^{(12)} = \omega^{(12)} \times r^{(1)} + \omega^{(2)} \times k$$

其中 $\omega^{(12)} = \omega^{(1)} - \omega^{(2)}$ 如常. 若 n 是 $\Sigma^{(1)}$ 的幺法矢，则 $[\Sigma^{(1)}, \hat{\Sigma}^{(2)}]$ 的啮合函数是

$$\hat{\Phi}^{(12)} = (n, \omega^{(12)}, r^{(1)}) + (n, \omega^{(2)}, k) \tag{97}$$

我们当然在 $\sigma^{(1)}$ 里计算 $\hat{\Phi}^{(12)}$. 在式（97）里，由于 $\Sigma^{(1)}$ 的法线就是原来 $\Sigma^{(3)}$ 的法线，根据式（80），可以令 $n = k_3$. 根据式（76），这就是

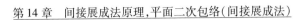

$$\boldsymbol{n} = \cos \alpha \sin \varphi_3 \boldsymbol{i}_1 +$$
$$(\sin \alpha \cos \varphi_1 \cos \varphi_3 + \sin \varphi_1 \cos \varphi_3) \boldsymbol{j}_1 +$$
$$(-\sin \alpha \sin \varphi_1 \sin \varphi_3 + \cos \varphi_1 \cos \varphi_3) \boldsymbol{k}_1 \quad (98)$$

另一方面,根据式(63)和式(67),注意现在要把式(67)中的 φ_1 改成 ψ_1,我们有

$$\begin{cases} \boldsymbol{\omega}^{(1)} = \omega_1 \boldsymbol{i}_1 \\ \boldsymbol{\omega}^{(2)} = \omega_2 (\cos \psi_1 \boldsymbol{j}_1 - \sin \psi_1 \boldsymbol{k}_1) \\ \boldsymbol{\omega}^{(12)} = \omega_1 \boldsymbol{i}_1 + \omega_2 (-\cos \psi_1 \boldsymbol{j}_1 + \sin \psi_1 \boldsymbol{k}_1) \\ \boldsymbol{k} = \sin \psi_1 \boldsymbol{j}_1 + \cos \psi_1 \boldsymbol{k}_1 \end{cases} \quad (99)$$

把式(99)代入式(97),并令

$$\lambda = \psi_1 - \varphi_1 = \omega_1 t - \varphi_1 \quad (100)$$

化简,就得

$$\frac{1}{\omega_2} \dot{\Phi}^{(12)} = (\sin \alpha \sin \varphi_3 \sin \lambda + \cos \varphi_3 \cos \lambda) x_1 +$$
$$[-\cos \alpha \sin \varphi_3 \sin \psi_1 + i_{12}(-\sin \alpha \sin \varphi_1 \sin \varphi_3 +$$
$$\cos \varphi_1 \cos \varphi_3)] y_1 + [-\cos \alpha \sin \varphi_3 \cos \psi_1 -$$
$$i_{12}(\sin \alpha \cos \varphi_1 \sin \varphi_3 + \sin \varphi_1 \cos \varphi_3)] z_1 +$$
$$A \cos \alpha \sin \varphi_3$$

把式(95)的 x_1, y_1, z_1 代入,化简,即得

$$\frac{1}{\omega_2} \dot{\Phi}^{(12)} = u(-\sin \varphi_3 \sin \lambda - \sin \alpha \cos \varphi_3 \cos \lambda +$$
$$i_{12} \cos \alpha \cos \varphi_3) + v(-\cos \alpha \cos \lambda -$$
$$i_{12} \sin \alpha) + A\varphi_3 \sin \alpha \cos \alpha (-\sin \varphi_3 \sin \lambda -$$
$$\sin \alpha \cos \varphi_3 \cos \lambda + i_{12} \cos \alpha \cos \varphi_3) +$$
$$A \cos \alpha \sin \varphi_3 (-\cos^2 \alpha \cos \lambda -$$
$$i_{12} \sin \alpha \cos \alpha + 1)$$

最后,把式(86)的 v 代入,化简,得

$$\frac{b}{\omega_2}\hat{\Phi}^{(12)} = (u + p^{(3)}\varphi_3)\big[-b\sin\varphi_3\sin\lambda + i_{12}\cos\varphi_3 \cdot$$

$$(1 - \cos\lambda)\big] + A\cos^2\alpha\sin\varphi_3(1 - \cos\lambda) \quad (101)$$

其中

$$b = \cos\alpha + i_{12}\sin\alpha, p^{(3)} = A\sin\alpha\cos\alpha \quad (102)$$

λ 则按式(100)是 t, φ_1 的函数.

$[\Sigma^{(1)}, \hat{\Sigma}^{(2)}]$ **的接触线** $\hat{C}_t$ 曲面偶 $[\Sigma^{(1)}, \hat{\Sigma}^{(2)}]$ 的

接触线 $\hat{C}_t$ 决定于 $\hat{\Phi}^{(12)} = 0$,即

$$(u + p^{(3)}\varphi_3)\big[-b\sin\varphi_3\sin\lambda + i_{12}\cos\varphi_3(1 - \cos\lambda)\big] +$$

$$A\cos^2\alpha\sin\varphi_3(1 - \cos\lambda) = 0 \quad (103)$$

当 $\lambda = 0$ 时,这个方程得到满足. 但根据式(100), $\lambda = 0$

等价于 $t = \dfrac{\varphi_1}{\omega_1}$,这时,$t$ = 常数等价于 φ_1 = 常数,而由于

$\varphi_3 = i_{31}\varphi_1, \varphi_1$ = 常数又等价于 φ_3 = 常数. 这就验证了

原接触线 C_t 包含在 $\hat{C}_t$ 之内.

令

$$\mu = \frac{\lambda}{2} = \frac{1}{2}(\omega_1 t - \varphi_1) \quad (104)$$

则式(101)可以写成

$$\frac{b}{2\omega_2}\hat{\Phi}^{(12)} = \sin\mu\{ (u + p^{(3)}\varphi_3)(-b\sin\varphi_3\cos\mu +$$

$$i_{12}\cos\varphi_3\sin\mu) + A\cos^2\alpha\sin\varphi_3\sin\mu\} \quad (105)$$

由此可见,令 $t = t_0$(常数)所得接触线 $\hat{C}_{t_0}$ 分为两部分:

一部分上,$\varphi_1 = \omega_1 t_0 (\lambda = 0, \mu = 0)$,对应于原接触线

C_{t_0},另一部分上,$\varphi_1 \neq \omega_1 t_0 (\lambda \neq 0, \mu \neq 0)$ 对应于新接触

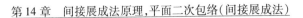

线 $C_{t_0}^*$. 一般地,可以令 $\hat{C}_t = C_t + C_t^*$. 显然新接触线确定于

$$(u + p^{(3)}\varphi_3)(-b\sin\varphi_3\cos\mu + i_{12}\cos\varphi_3\sin\mu) +$$
$$A\cos^2\alpha\sin\varphi_3\sin\mu = 0 \tag{106}$$

新旧接触线 C_t 和 C_t^* 的公共点可以从式(106)令 $\mu = 0$ 得到,其结果是

$$\sin\varphi_3 = 0 \quad \text{或} \quad u + p^{(3)}\varphi_3 = 0 \tag{107}$$

和式(88)比较,可知在 $\Sigma^{(1)}$ 上,C_t, C_t^* 交在 $L^{(1)}$ 上一点(在 $\Sigma^{(2)}$ 上,它们交在 $L^{(2)}$ 上一点).

$[\Sigma^{(1)}, \hat{\Sigma}^{(2)}]$ 的二界曲线 为了简化公式,使眉目清楚,暂令

$$\xi = u - p^{(3)}\varphi_3, \quad \eta = -b\sin\varphi_3$$
$$\zeta = i_{12}\cos\varphi_3, \quad \tau = A\cos^2\alpha\sin\varphi_3 \tag{108}$$

(这些都和 t 无关),则式(101)可以写成

$$\frac{b}{\omega_2}\hat{\Phi}^{(12)} = \xi[\eta\sin\lambda + \zeta(1 - \cos\lambda)] + \tau(1 - \cos\lambda)$$

或者

$$\frac{b}{\omega_2}\hat{\Phi}^{(12)} = \xi\eta\sin\lambda + (\xi\zeta + \tau)(1 - \cos\lambda) \tag{109}$$

于是$\left(\text{注意根据式(100)},\dfrac{\partial\lambda}{\partial t} = \omega_1\right)$

$$\frac{1}{\omega_1\omega_2}\hat{\Phi}_t^{(12)} = \xi\eta\cos\lambda + (\xi\zeta + \tau)\sin\lambda \tag{110}$$

从 $\hat{\Phi}^{(12)} = \hat{\Phi}_t^{(12)} = 0$ 消去 $\xi\eta$ 和 $\xi\zeta + \tau$ 就得

$$\begin{vmatrix} \sin\lambda & 1 - \cos\lambda \\ \cos\lambda & \sin\lambda \end{vmatrix} = 0$$

即

$$\cos \lambda = 1$$

由此可知, $\sin \lambda = 0$. 把这样的 $\sin \lambda$, $\cos \lambda$ 的值代入式 (110), 就得 $\xi\eta = 0$. 根据式 (108), 这就是 $\sin \varphi_3 (u + p^{(3)} \varphi_3) = 0$ 和式 (107) 一致. 于是验证了 $[\Sigma^{(1)}, \hat{\Sigma}^{(2)}]$ 在 $\Sigma^{(1)}$ 上的二界曲线就是 $L^{(1)}$.

由式 (101) 容易计算 $\hat{\Phi}_u^{(12)}$, $\hat{\Phi}_{\varphi_1}^{(12)}$, 并且验证, 在 $L^{(1)}$ 上的点, $\hat{\Phi}_u^{(12)} = \hat{\Phi}_{\varphi_1}^{(12)} = 0$, 说明 $L^{(1)}$ 上的点都是 $\hat{C}_t$ 的奇点.

$[\Sigma^{(1)}, \Sigma^{(2)*}]$ 的啮合函数 $\Phi^{(12)*}$ 二类界点 令
$$\Phi^{(12)*} = (u + p^{(3)} \varphi_3)(-b\sin \varphi_3 \cos \mu + i_{12} \cos \varphi_3 \sin \mu) + A\cos^2 \alpha \sin \mu \tag{111}$$
则像直接展成法那样, $\Phi^{(12)*}$ 可以看作 $[\Sigma^{(1)}, \Sigma^{(2)*}]$ 的广义啮合函数 (参看第 13 章 §4).

引用记号式 (108), 可以把式 (111) 简写成
$$\Phi^{(12)*} = \xi\eta \cos \mu + (\xi\zeta + \tau)\sin \mu$$
于是
$$\frac{2}{\omega_1}\Phi_t^{(12)*} = -\xi\eta \sin \mu + (\xi\zeta + \tau)\cos \mu$$
从 $\hat{\Phi}^{(12)*} = \Phi_t^{(12)*} = 0$ 消去 $\sin \mu$, $\cos \mu$, 得
$$(\xi\eta)^2 + (\xi\zeta + \tau)^2 = 0$$
或者
$$\xi\eta = \xi\zeta + \tau = 0 \tag{112}$$
这就是 $[\Sigma^{(1)}, \Sigma^{(2)*}]$ 的二类界点的条件. 若在式 (112) 中, $\xi \neq 0$, 则 $\eta = 0$, 即 $\sin \varphi_3 = 0$, $\cos \varphi_3 = 1$. 这时 $\tau = 0$,

但 $\zeta = i_{12} \neq 0$. 显然式(112)不能满足. 另一方面,若 $\xi = 0$,则由式(112)得 $\tau = 0$,即 $\sin \varphi_3 = 0$,于是当 t 不大时,$\varphi_3 = 0$,因而 $\xi = 0$ 又表明 $u = 0$. 这样得到的无非是 $L^{(1)}$($L^{(2)}$)上的一个孤立点. 由此可见,对于 $[\Sigma^{(1)}, \Sigma^{(2)*}]$,$L^{(1)}$ 上的点一般不是 $\Sigma^{(1)}$ 上的二类界点.

$[\Sigma^{(1)}, \Sigma^{(2)*}]$ **的诱导法曲率**　比较式(105)和式(111),可知

$$\hat{\Phi}^{(12)} = \frac{2\omega_2}{b} \sin \mu \Phi^{(12)*} \qquad (113)$$

暂令 $\gamma = \dfrac{2\omega_2}{b} \sin \mu$,则

$$\hat{\Phi}^{(12)} = \gamma \Phi^{(12)*} \qquad (114)$$

仿照第 13 章 §4 中 4 小节的办法,就可以看出,对于 $[\Sigma^{(1)}, \Sigma^{(2)*}]$,在 $\sin \mu \neq 0$ 的啮合点(即 $L^{(1)}, L^{(2)}$ 以外的啮合点),由于 $\Phi^{(12)*} = 0$,有

$$\hat{\Phi}_u^{(12)} = \gamma \Phi_u^{(12)*}, \quad \hat{\Phi}_{\varphi_1}^{(12)} = \gamma \Phi_{\varphi_1}^{(12)*} \qquad (115)$$
$$\hat{\Phi}_t^{(12)} = \gamma \Phi_t^{(12)*}, \quad \hat{\psi}^{(12)} = \gamma \psi^{(12)*}$$

其中 $\hat{\psi}^{(12)}, \psi^{(12)*}$ 的意义自明. 但对于 $[\Sigma^{(1)}, \Sigma^{(2)*}]$,在 $L^{(1)}, L^{(2)}$ 以外的啮合点,都是 $[\Sigma^{(1)}, \hat{\Sigma}^{(2)}]$ 的啮合点,因而 $[\Sigma^{(1)}, \Sigma^{(2)*}]$ 的诱导法曲率 $k_n^{(12)*}$ 就是 $[\Sigma^{(1)}, \hat{\Sigma}^{(2)}]$ 的诱导法曲率 $\hat{k}_n^{(12)}$. 故 $[\Sigma^{(1)}, \Sigma^{(2)*}]$ 沿接触线法线方向的诱导法曲率为

$$k_\sigma^{(12)*} = \frac{1}{D^{(1)2} \hat{\psi}^{(12)}} (E^{(1)} \hat{\Phi}_{\varphi_1}^{(12)2} - 2F^{(1)} \hat{\Phi}_u^{(12)} \hat{\Phi}_{\varphi_1}^{(12)} + G^{(1)} \hat{\Phi}_u^{(12)2})$$

把式(115)代入,就得

Leibniz 定理

$$k_\sigma^{(12)*} = \frac{\gamma}{D^{(1)2}\psi^{(12)*}}(E^{(1)}\Phi_{\varphi_1}^{(12)*2} - 2F^{(1)}\Phi_u^{(12)}\Phi_{\varphi_1}^{(12)*} + G^{(1)}\Phi_u^{(12)*2})$$

即

$$k_\sigma^{(12)*} = \frac{2\omega_1}{b}\frac{\sin\mu}{D^{(1)2}\psi^{(12)*}}(E^{(1)}\Phi_{\varphi_1}^{(12)*2} - 2F^{(1)}\Phi_u^{(12)}\Phi_{\varphi_1}^{(12)*} +$$
$$G^{(1)}\Phi_u^{(12)*2}) \tag{116}$$

由于 $k_\sigma^{(12)*}$ 和式(116)右边在 $L^{(1)}$, $L^{(2)}$ 邻近都是连续函数,式(116)在 $\sin\mu = 0$ 的情况下也仍然适用. 换句话说(除 $\psi^{(12)*} = 0$, 即 $[\Sigma^{(1)}, \Sigma^{(2)*}]$ 在 $\Sigma^{(2)*}$ 上的一类界点外),式(116)是接触线法线方向的诱导法曲率的公式. 当 $\sin\mu = 0$ 时,式(116)表明 $k_\sigma^{(12)*} = 0$. 这验证了,在 $L^{(1)}$, $L^{(2)}$ 上的啮合点, $\Sigma^{(1)}$, $\Sigma^{(2)}$ 密切.

利用包络解非线性偏微分方程

设 $L(x,y,z,p,q) = 0$ 是两个自变量 x,y 的一阶非线性偏微分方程. 令

$$p = \frac{\partial z}{\partial x}, \quad q = \frac{\partial z}{\partial y}, \quad \frac{\partial F}{\partial x} = F_x, \cdots, \frac{\partial F}{\partial q} = F_q$$

对于这个方程,我们在五维空间中,联系一个特征微分方程组

$$\frac{\mathrm{d}x}{F_p} = \frac{\mathrm{d}y}{F_q} = \frac{\mathrm{d}z}{pF_p + qF_q} = \frac{-\mathrm{d}p}{F_x + pF_z} = \frac{-\mathrm{d}q}{F_y + qF_z}$$

设 $G(x,y,z,p,q)$ 是这个方程组的第一积分,在 G 中,p 或者 q 要真正出现. 我们知道偏微分方程组

$$F = 0 \quad \text{与} \quad G = \lambda$$

是完全可积的,这里 λ 是一个常数. 这就是说,它具有不仅依赖于 λ 而且还依赖于常数 μ 的解,这些解可借助积分一个恰当微分而求得. 它们形成给定方程的一个完全积分(一个依赖于两个参变量的积分),而通解就作为取自这个完全积分的一个参变量的曲面族的包络而得到(这就是拉格朗日(Lagrange)与查皮特(Charpit)方法).

第 15 章

495

这个完全积分的两个参变量的包络构成一个奇异解.

问题 （A） 设 M 是曲面 S 上的一点，P 是 M 在 z 轴上的投影，设 N 是 P 在 S 上的点 M 处法线上的投影（图1）.

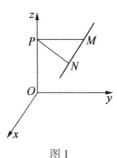

图1

求一个曲面 S，使得 MN 具有定长 a.

（B） 这些曲面 S 的哪一个是关于 z 轴的旋转曲面？

解答 1. 这个问题的条件可以写为

$$(\overrightarrow{MN}, \overrightarrow{MP}) = a \parallel \overrightarrow{MN} \parallel$$

这里

$$(px + qy)^2 = a^2(1 + p^2 + q^2)$$

我们需要对一个一阶偏微分方程求积分. 用拉格朗日和查皮特方法来求这个方程的完全解.

在这个微分方程组的所有方程中，我们保留下面的方程

$$\frac{\mathrm{d}p}{F_x + pF_z} = \frac{\mathrm{d}q}{F_y + qF_z}$$

它可简单地写为

$$\frac{\mathrm{d}p}{p} = \frac{\mathrm{d}q}{q}$$

因此 $\dfrac{p}{q}$ 是这个特征方程组的第一积分,我们现在来求

相容偏微分方程组

$$(px + qy)^2 = a^2(1 + p^2 + q^2), p = \lambda q$$

的解. 解 p 与 q 可得

$$p = \frac{\lambda a}{\left[(\lambda x + y)^2 - a^2(\lambda^2 + 1)\right]^{\frac{1}{2}}}$$

$$q = \frac{a}{\left[(\lambda x + y)^2 - a^2(\lambda^2 + 1)\right]^{\frac{1}{2}}}$$

这样一来,我们需要积分微分形式

$$\mathrm{d}z = \frac{a(\lambda \mathrm{d}x + \mathrm{d}y)}{\left[(\lambda x + y)^2 - a^2(\lambda^2 + 1)\right]^{\frac{1}{2}}}$$

$$= \frac{a \mathrm{d}(\lambda x + y)}{\left[(\lambda x + y)^2 - a^2(\lambda^2 + 1)\right]^{\frac{1}{2}}}$$

我们得到

$$z = a\cosh^{-1}\frac{\lambda x + y}{a(\lambda^2 + 1)^{\frac{1}{2}}} + \mu$$

这里 λ 与 μ 都是常数.

这个完全积分还可以写作

$$a\cosh\left(\frac{z - \mu}{a}\right) = \frac{\lambda x + y}{(\lambda^2 + 1)^{\frac{1}{2}}}$$

或

$$a\cosh\left(\frac{z - \mu}{a}\right) = x\cos\varphi + y\sin\varphi, \ \lambda = \cot\varphi$$

为了求通解,我们将 μ 视为 φ 的函数,并求出由完全积分确定的含一个参变量的曲面族的包络,这个曲面族取自完全积分.

为了求出这个包络,我们对 φ 求导数. 于是得到两个方程式

$$\sinh\left(\frac{z-\mu}{a}\right)\mu' = x\sin\varphi - y\cos\varphi$$

$$\frac{1}{a}\cosh\left(\frac{z-\mu}{a}\right) = x\cos\varphi + y\sin\varphi$$

解 x 与 y,可得

$$x = \mu'(\varphi)\sin\varphi\sinh\frac{z-\mu}{a} + \frac{1}{a}\cos\varphi\cosh\frac{z-\mu}{a}$$

$$y = -\mu'(\varphi)\cos\varphi\sinh\frac{z-\mu}{a} + \frac{1}{a}\sin\varphi\cosh\frac{z-\mu}{a}$$

在方程中,再补进方程 $z = z$ 是方便的. 于是这些方程利用参变量 φ 与 z 表示了解曲面.

注意 1　上述计算的一个变通办法是解方程 $p = \lambda q$,其一般解具有如下的形式

$$z = f(\lambda x + y)$$

这里 f 是一个单变量的函数. 需要确定函数 f,使得这个解也满足给定的微分方程. 这就相当于求出解曲面,这些曲面是柱面,它们的母线是水平的并平行于直线 $\lambda x + y = 0$.

2. 如果所提问题的任何解都是由关于 z 轴的旋转曲面来表示,那么它们可以通过求给定的方程

$$(px + qy)^2 = a^2(1 + p^2 + q^2)$$

与方程

$$py - qx = 0$$

的公共解而得到,它表示关于 z 轴的旋转曲面.

　　这两个方程有公共解是不明显的,但可以证明. 不过,为了使其更明确,我们还是回到特征微分方程组上. 这个方程组是

$$\frac{\mathrm{d}x}{x(px+qy)-a^2p}=\frac{\mathrm{d}y}{y(px+qy)-a^2q}$$

$$=\frac{\mathrm{d}z}{(px+qy)^2-a^2(p^2+q^2)}$$

$$=\frac{-\mathrm{d}p}{p(px+qy)}$$

$$=\frac{-\mathrm{d}q}{q(px+qy)}$$

可以直接验证下面的可积组合是成立的,即

$$p\mathrm{d}y+y\mathrm{d}p-q\mathrm{d}x-x\mathrm{d}q=0$$

这样一来,不管常数 h 取什么值,方程

$$(px+qy)^2=a^2(1+p^2+q^2)$$

与

$$py-qx=h$$

都有公共解. 确实如此. 特别地,当 $h=0$ 时,解表示旋转曲面. 于是

$$p=\frac{ax}{\left[(x^2+y^2)(x^2+y^2-a^2)\right]^{\frac{1}{2}}}$$

$$q=\frac{ay}{\left[(x^2+y^2)(x^2+y^2-a^2)\right]^{\frac{1}{2}}}$$

由此可得

$$\mathrm{d}z=p\mathrm{d}x+q\mathrm{d}y=\frac{ar\mathrm{d}r}{\left[r^2(r^2-a^2)\right]^{\frac{1}{2}}}=\frac{a\mathrm{d}r}{\left[r^2-a^2\right]^{\frac{1}{2}}}$$

$$r = \left(x^2 + y^2 \right)^{\frac{1}{2}}$$

与

$$z = a \cosh^{-1} \frac{\left(x^2 + y^2 \right)^{\frac{1}{2}}}{a} + \text{const.}$$

注意 2 从几何观点来看,所提出的问题的解包含旋转曲面是明显的. 用 γ 表示关于 z 轴的旋转曲面的子午线. 由于三角形 PMN 位于子午线所在的平面上,因此这个问题就化成了平面几何问题. 对于给定的直线 Oz,求曲线 γ,使得当 P 是曲线 γ 上的点 M 在 Oz 上的投影, N 是 P 到 γ 在点 M 处的法线上的投影时,线段 MN 具有定长. 解这个问题,便引出一个常微分方程(图 2).

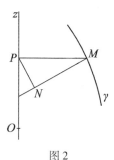

图 2

注意 3 以 z 为轴,以 a 为半径的旋转柱面不是解,对此不应感到惊奇,因为它的方程不是 $z = f(x, y)$ 的形式. 但是,从几何观点来看,它显然是所提出的问题的一个解. 它是一个奇异解,可用求两个参变量的完全解的曲面的包络而得到. 我们独立地导出关于 μ, φ 的方程

500

$$a\cosh\left(\frac{z-\mu}{a}\right) = x\cos\varphi + y\sin\varphi$$

我们得到

$$\sinh\left(\frac{z-\mu}{a}\right) = 0 \quad 或 \quad z = \mu$$

与

$$-x\sin\varphi + y\cos\varphi = 0$$

这样一来,我们有

$$x\cos\varphi + y\sin\varphi = a\cosh 0 = a$$

由此消去 φ,可得

$$x^2 + y^2 = a^2$$

这确实是前面所说的柱面方程.

包络在变分学中的应用

§1 逗 留 函 数

把 Euler 微分方程详细写出来，就成为

$$F_u - F_{u'x} - F_{u'u}u' - F_{u'u'}u'' = 0 \quad (1)$$

它是关于 u 的二阶微分方程. 因此，作为它的一般解，将得到含有两个任意常数的函数. 如果能够确定任意常数的值，那么问题就应当认为是解决了.

然而实际上，Euler 方程虽然是 $u = \bar{u}(x)$ 时取最小（大）值的必要条件，但并非充分条件. 这与函数 $J[u]$ 情形中条件相仿. 但若 $u = \bar{u}(x)$ 是 Euler 方程的解，则 $J[u]$ 在此即使不成为最小（大）或极小（大），也至少应认为是处于逗留状态. 在此意义下，称 Euler 方程的解为逗留函数，而它的图形就称为逗留曲线或极值

曲线(extremal)(此时边界条件不特别考虑).

§2　Euler 微分方程的积分法

虽然 §1 式(1)不能简单地解出,但在某些场合下容易求出它的首次积分.

(1)函数 F 不显含 u 时,经过一次积分立即可得

$$F_{u'} = c$$

c 是积分常数.

(2)函数 F 不显含 x 时. 有积分

$$F - u'F_{u'} = c \tag{2}$$

这是因为左边对 x 微分后,有

$$F_x + F_u u' + F_{u'}u'' - u''F_{u'} - u'\frac{\mathrm{d}}{\mathrm{d}x}F_{u'}$$

$$= u'\left(F_u - \frac{\mathrm{d}}{\mathrm{d}x}F_{u'}\right)$$

$$= 0 \tag{3}$$

在这里利用了 $F_x = 0$ 这一假设与 Euler 方程.

应该注意,从式(2)不一定能倒过来导出 Euler 方程. 事实上,式(3)显然在 $u' = 0$ 时也成立,因此对于式(2)的解 u,如果肯定它不满足 $u' = 0$,那么 u 必是逗留函数,但当 $u' = 0$ 时就有必要作特别的讨论.

例1　试考虑泛函

$$J[u] = \int_{a_0}^{a_1} f(u)(1 + u'^2)^{\frac{1}{2}}\mathrm{d}x \tag{4}$$

由于 F 不含 x,故有式(2)那样的积分. 因为

$$c = F - u'F_{u'}$$
$$= f(u)(1 + u'^2)^{\frac{1}{2}} - f(u)u'^2(1 + u'^2)^{-\frac{1}{2}}$$
$$= f(u)(1 + u'^2)^{-\frac{1}{2}} \qquad (5)$$

所以可得形式解(ξ 是积分常数)

$$c\int [f(u)^2 - c^2]^{-\frac{1}{2}}\mathrm{d}u = \pm(x - \xi) \qquad (6)$$

实际上,除此以外,式(2)还有所谓奇异解 $u = b$(b 是使$f(b) = c$的常数),但因对于这个解恒有 $u' = 0$,故它是否为 Euler 方程的解,需予特别讨论. 容易看出,仅当$f'(b) = 0$时,$u = b$ 才是 Euler 方程的解.

例 2 特别地,关于摆线的问题,因为 $f(u) = u^{-\frac{1}{2}}$,所以式(6)成为

$$c\int \left(\frac{u}{1 - c^2 u}\right)^{\frac{1}{2}}\mathrm{d}u = \pm(x - \xi)$$

令 $u = c^{-2}\sin^2\theta$,立刻能算出这个积分而得

$$\begin{cases} x - \xi = \dfrac{1}{2c^2}(2\theta - \sin 2\theta) \\ u = \dfrac{1}{2c^2}(1 - \cos 2\theta) \end{cases} \qquad (7)$$

故逗留曲线是半径为$\dfrac{1}{2c^2}$的圆沿 x 轴转动时圆周上一点所描出的曲线,即所谓摆线(图 1). 因为没有满足$f'(b) = 0$的 b,所以 $u = b$ 那样的逗留函数不存在. 又对于微分方程式(2),$u = c^{-2}$是它的奇异点,虽能发生各种各样的复杂情况,但能肯定作为原来 Euler 方程的解,除了式(7)以外就不存在了.

504

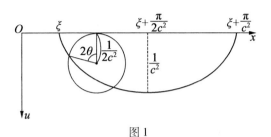

图 1

为了使解满足边界条件,如果采用 $\theta = 0$ 作为出发点,就有 $\xi = 0$. 常数 c^2 可由曲线通过点 (a_1, b_1) 的条件来确定. 凭几何学的考查,容易明了这样的 c^2 必存在,而且是唯一确定的. 若

$$\frac{b_1}{a_1} < \frac{2}{\pi} \tag{8}$$

质点就不是单调地落下,而是落下了一段以后又上升再达到目的地.

更一般地,当给定了任意两点 (a_0, b_0),(a_1, b_1) $(b_0 \geq 0, b_1 \geq 0)$ 时,通过这两点的逗留曲线必存在,且是唯一确定的.

例 3　试考虑例 1 中

$$f(u) = u^{\frac{1}{2}} \tag{9}$$

的场合. 将力学的最小作用原理应用到抛射体运动就得出这一问题(取铅直向下方向为 u 轴). 式(6)能立刻积分而给出

$$u = \frac{1}{4c^2}(x - \xi)^2 + c^2 \tag{10}$$

根据上面同样的道理,能够肯定除此以外,不再存在逗留曲线. 因此逗留曲线是以平行于 u 轴的直线 $x = \xi$ 作为轴,而以实轴 $u=0$ 作为准线的抛物线,焦点在 $x=\xi, u=2c^2$.

试讨论能否决定积分常数 ξ, c 使式(10)满足边界条件. 根据 $u(a_0)=b_0$,可知 ξ, c 满足关系

$$b_0 = \frac{(\xi - a_0)^2}{4c^2} + c^2 \tag{11}$$

于是把(10)换一个写法,就得

$$u = \frac{(x-a_0)^2}{4b_0} + \frac{\left[(\xi - a_0)(x-a_0) - 4b_0 c^2 \right]^2}{16 b_0 c^4} \geqslant \frac{(x-a_0)^2}{4b_0} \tag{12}$$

这就说明了通过定点 (a_0, b_0) 的逗留曲线族是以上面确定了的抛物线

$$u = \frac{(x-a_0)^2}{4b_0} \tag{13}$$

为其包络,而且只能在它的下侧. 因此,如果第二点 (a_1, b_1) 在包络上,即如果 $4b_0 b_1 < (a_1 - a_0)^2$,那么通过这两点的极值曲线不存在;反之,如果 $4b_0 b_1 > (a_1 - a_0)^2$,那么逗留曲线有两条,其中一条在两点之间与包络相切,而另一条则不相切(图2)的曲线Ⅰ,Ⅱ. 相应的常数 ξ, c 的值由下式给出

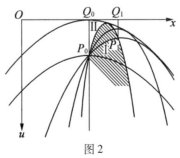

图 2

$$\xi = \frac{(a_0 b_1 + a_1 b_0) \pm (a_0 + a_1) d}{b_0 + b_1 \pm 2d}, c^2 = \frac{(a_1 - a_0)^2}{4(b_0 + b_1 \pm 2d)}$$

$$2d = \left[4b_0 b_1 - (a_1 - a_0)^2 \right]^{\frac{1}{2}} \qquad (14)$$

这里,"±"中上面的符号对应于与包络相切的曲线 Ⅱ. 详细的计算留供读者作为习题.

　　这个例子说明,通过指定两点的逗留曲线并不是在任何情况下都存在的,就是存在也不限于只有一条. 当逗留曲线有两条以上时,就产生了那一条给出较小的 $J[u]$ 这样的问题,关于这一点,将在以后讨论.

　　例 4　同样,当 $f(u) = u$ 时,这就是使通过给定两点的曲线 $u = u(x)$,绕 x 轴旋转所生成的曲面面积成为最小的问题. 将式(6)积分即知逗留曲线是由下式给出的悬链线(catenary)

$$u = c \cosh \frac{x - \xi}{c} \qquad (15)$$

在这里也与例 3 一样,若两点 (a_0, b_0),(a_1, b_1) 在横的方向上过于离开了,则不存在联结它们的逗留曲线,如果靠近些,那么过这两点有两条逗留曲线.

§3　Weierstrass E 函数中的包络,极小的充分条件

$$W = W[u] = \int_{a_0}^{a_1} \left[f(x, u, v) + (u' - v) F_{u'}(x, u, v) \right] dx$$

$$(16)$$

这里 $u' = \dfrac{du(x)}{dx}$,而 v 是代入了式(16)以后再令 $u =$

$u(x)$ 而得的函数.

式(16)称为 Hilbert 不变积分. 我们将说明这个积分的值实际上仅取决于两点 P_0,P_1,而不依赖于联结它们的曲线. 由于(16)的被积函数是 u' 的一次式,因此属于退化了的变分问题.

$$\begin{cases} M = f(x,u,v(x,u)) - v(x,u)F_{u'}(x,u,v(x,u)) \\ N = F_{u'}(x,u,v(x,u)) \end{cases} \tag{17}$$

但

$$\begin{aligned} M_u - N_x &= (F_u + F_{u'}v_u - v_u F_{u'} - vF_{u'u} - vF_{u'u'}v_u) - \\ &\quad (F_{u'x} + F_{u'u'}v_x) \\ &= F_u - F_{u'x} - vF_{u'u} - (v_x + vv_u)F_{u'u'} \end{aligned}$$

恰好等于 0. 故依 Euler 方程有

$$F_u - F_{u'x} - vF_{u'u} - \frac{\mathrm{d}v}{\mathrm{d}x}F_{u'u'} = 0$$

又 $\dfrac{\mathrm{d}v}{\mathrm{d}x} = v_x + v_u v$ 是成立的.

利用 Hilbert 不变积分,就能用积分的形式表出 $J[u]—J[\bar{u}]$ 的值. 如前节所述,(16)的值只依赖于曲线的两端点 P_0,P_1,所以若取已嵌在场中的一条逗留曲线 $u = \bar{u}(x)$ 上的两点作为 P_0,P_1,则沿着这个逗留曲线计算,或者沿着联结 P_0,P_1 的任意曲线计算,都会得到相同的结果. 但因沿着逗留曲线 $u = \bar{u}(x)$ 有 $v = \overline{u'}(x)$,所以得到

$$\int_{a_0}^{a_1} F(x,\bar{u},\overline{u'})\mathrm{d}x = \int_{a_0}^{a_1} [F(x,u,v) + (u'-v)F_{u'}(x,u,v)]\mathrm{d}x$$

$$\tag{18}$$

由此就有表达式

$$J[u] - J[\bar{u}] = \int_{a_0}^{a_1} E(x, u; v, u') \, \mathrm{d}x \qquad (19)$$

$$E(x, u; v, u') = F(x, u, u') - F(x, u, v) - (u' - v) F_{u'}(x, u, v) \qquad (20)$$

称 $E(x, u; v, u')$ 为 Weierstrass 的 E 函数. 若 $u' = v$, 则显然有 $E = 0$.

只要 $u = u(x)$ 是在场所覆盖的区域 D 中的可取曲线, 式 (19) 总是成立的, 且不受 $u'(x)$ 近于 $\bar{u}'(x)$ 的限制, 故在此情况下讨论 $J[\bar{u}]$ 是否为强极小很便利. 若把 x, u, u' 看作独立变数, 当 $u' \not\equiv v(x, u)$ 时, 恒有

$$E(x, u; v(x, u), u') > 0 \qquad (21)$$

在此场合, 依照 (19), 当 $u(x) \not\equiv \bar{u}(x)$ 时就有 $J[u] > J[\bar{u}]$, 因此 $J[\bar{u}]$ 确实是狭义的强极小值.

式 (20) 应用 Taylor 定理, 就有

$$E(x, u; v, u') = \frac{1}{2}(u' - v)^2 F_{u'u'}(x, u, w) \qquad (22)$$

此处 w 是 v 与 u' 之间的某个数. 因此把 x, u, u' 作为独立变数, 若恒有

$$F_{u'u'} > 0 \qquad (23)$$

则式 (21) 成立, 而 $J[\bar{u}]$ 就成为狭义强极小值. 即 (同样在场存在的假定下) (23) 是强极小的充分条件.

因为我们主要是处理正则的问题, 所以假定了 $F_{u'u'} \neq 0$. 从而假定了 $F_{u'u'} > 0$ 或 $F_{u'u'} < 0$ 中的一种情况, 而式 (23) 在本质上并非新的规定. 顺便要注意, 式

（23）与 Legendre 条件并不一样. Legendre 条件是在 $F_{u'u'}$ 中代入了 $u = \bar{u}(x), u' = \bar{u}'(x)$ 以后得出的,它是正的,但式（23）却是在把 x, u, u' 作为独立变数时而成立的,所以是强得多的条件.

此外,如果式（23）中的不等号大于 0 换为大于等于 0,那么狭义极小将变为一般的广义极小.

例5 抛射体问题（§2 例3）. 仍因式（23）是满足的,故在逗留曲线能嵌在场中,因而它不与包络线相切的情况下,而且只有在这种情况下,就给出狭义的强极小. 若 P_1 在包络线的下侧,则联结 P_0, P_1 的逗留曲线虽有两条（图2）,但其中与包络线不相切的一条 I 才是极小曲线这一点由此说明了. 这里必须注意,极小并不一定就意味着最小.

试来实际计算极小值 $J[\bar{u}]$. 因为一般 §2 例1 对于 $u = \bar{u}$,有

$$(1 + u'^2)^{\frac{1}{2}} = c^{-1} f(u)$$

故

$$J[\bar{u}] = c^{-1} \int_{a_0}^{a_1} f(\bar{u})^2 \, \mathrm{d}x \qquad (24)$$

因令 $f(u) = u^{\frac{1}{2}}$,即得

$$J[\bar{u}] = c^{-1} \int_{a_0}^{a_1} u \, \mathrm{d}x$$

$$= (a_1 - a_0) \left\{ \frac{1}{12c^3} [3\xi^2 - 3(a_0 + a_1)\xi + \right.$$

$$\left. \left\{ (a_0^2 + a_0 a_1 + a_1^2) \right] + c \right\} \qquad (25)$$

§2 式(14)消去 ξ, c,则 $J[\overline{u}]$ 可由 a_0, b_0, a_1, b_1 表出. 结果,当 $a_1 > a_0$ 时,就有(计算留给读者. 当 $a_1 < a_0$ 时,应改变符号)

$$J[\overline{u}] = \frac{2}{3}(b_0 + b_1 \pm 2d)^{\frac{1}{2}}(b_0 + b_1 \mp d) \quad (26)$$

上边的符号相当于曲线Ⅱ. 不难看出,取下边的符号时 $J[\overline{u}]$ 的值要小些. 这并不是由于 $J[\overline{u}]$ 是极小值而立刻断定的,采用下面的办法,就能不依靠计算来说明它. 通过 P_0 而斜率比曲线Ⅱ的斜率小些的逗留曲线的全体,在曲线Ⅱ的下侧的区域内作成场(在图2中画了斜线的部分). 对于这个场应用(19),如果取Ⅰ作为 $u = \overline{u}(x)$,取Ⅱ作为 $u = u(x)$,就会知道 $J[u] > J[\overline{u}]$,此时实际上Ⅱ沿着被场覆盖的区域的边界通行,但这个困难借助于简单的极限移动就能避免掉.

曲线Ⅰ虽然确定是联结 P_0, P_1 的极小曲线,但不能立刻判定它就是最小曲线,其理由是:第一,J 的最小值可能不存在;第二,或许有不连续解也未可知. 现在的问题在 $u > 0$ 处是正则的,所以在 $u > 0$ 的范围内没有不连续解,但当曲线的一部分沿着 x 轴通行时能产生不连续解. 实际上,图2的折线 $P_0 Q_0 Q_1 P_1$(叫它是曲线Ⅲ)就是不连续"解"(虽说是解,但在 x 轴上 Euler 方程不满足). 事实上,沿着 $P_0 Q_0, P_1 Q_1$ 那样与 u 轴平行的直线,虽然 $J[u]$ 本来没有定义,但把问题作几何学的推广时,也能允许有这样的曲线,且 $P_0 Q_0, P_1 Q_1$ 实际就是逗留曲线. 在 $Q_0 Q_1$ 上由于 $F = 0$,故显然对于

$J[u]$ 的值没有影响. 由于沿着 P_0Q_0, P_1Q_1 的积分（就几何学的解释来说）分别为

$$\int_0^{b_0} u^{\frac{1}{2}} \mathrm{d}u = \frac{2}{3} b_0^{\frac{3}{2}}, \int_0^{b_1} u^{\frac{1}{2}} \mathrm{d}u = \frac{2}{3} b_1^{\frac{3}{2}}$$

所以最后对于曲线 Ⅲ 就有

$$J[u] = \frac{2}{3}(b_0^{\frac{3}{2}} + b_1^{\frac{3}{2}}) \tag{27}$$

这就不允许有 P_0Q_0 那样的铅直的直线,以及 x 轴上 Q_0Q_1 那样的奇异线,因为与曲线 Ⅲ 无论怎样接近的曲线中有能用 $u = u(x) > 0$ 的形式来表出的曲线,所以 $J[u]$ 就应该可以取与(27)任意接近的值.

比较一下式(26)与式(27),可知当 d 充分小时 (这发生在 P_1 与包络线充分接近时),式(27)要小些, 因此极小值(26)不给出 J 的最小值. 此时,虽然能够知道式(27)确实是最小值,但这只有在证明了 J 的最小值存在以后才能这样说. 若曲线 Ⅲ 不能认为是可取的曲线(按开始的解析问题来说当然就是这样),则当 d 充分小时,式(27)虽然是 J 值的下限,但并不是最小值. 当 P_1 位于包络线的上侧时,情况也是如此.

以上我们从数学的角度出发讨论了泛涵(上节式 (4))的最小值,作为所谓抛射体运动的力学问题时, 能实现的仅有两条逗留曲线 Ⅰ,Ⅱ,而并不是 $P_0Q_0Q_1P_1$ 或与它接近的曲线. 因此,虽然称为"最小"作用原理,但实际上,只有逗留性是本质的.

参考文献

[1] 方德植. 微分几何[M]. 北京:人民教育出版社,
1964.

[2] A·Л·诺尔金. 微分几何学[M]. 陈庆益,译. 北京:高等教育出版社,1958.

[3] 杨文茂. 微分几何的理论与问题[M]. 南昌:江西教育出版社,1995.

[4] 佐佐木重夫. 微分几何学[M]. 苏步青,译. 上海:上海科学技术出版社,1963.

[5] С·Л·芬尼可夫. 微分几何[M]. 北京:高等教育出版社,1957.

[6] 吴大任,骆家舜. 齿轮啮合理论[M]. 北京:科学出版社,1985.

[7] 彭家贵,陈卿. 微分几何[M]. 北京:高等教育出版社,2002.

[8] M·贝尔热,B·戈斯夫著. 微分几何——流形. 曲线和曲面[M]. 王耀东,译. 北京:高等教育出版社,2009.

[9] 陈维桓. 微分几何[M]. 北京:北京大学出版社,2006.

包络与 Clairaut 方程, 奇解概念

我们只拟介绍所谓 Clairaut 方程以及奇解的概念.

形如 $y = xy' + \varphi(y')$ 的一阶微分方程称为 Clairaut 方程, 其中 φ 是已知的可微二次的函数. 用 p 代替 y', 则 Clairaut 方程可写为

$$y = px + \varphi(p) \qquad (1)$$

我们先考虑一个特例.

例1 解方程

$$y = px + p^2 \qquad (2)$$

解 这是一个 Clairaut 方程. 为了解这个方程, 我们就它的两端对 x 微分, 结果得

$$\frac{\mathrm{d}y}{\mathrm{d}x} = p + x\frac{\mathrm{d}p}{\mathrm{d}x} + 2p\frac{\mathrm{d}p}{\mathrm{d}x} \qquad (3)$$

但 $\dfrac{\mathrm{d}y}{\mathrm{d}x} = y' = p$, 故由 (3) 得

$$(x + 2p)\frac{\mathrm{d}p}{\mathrm{d}x} = 0$$

于是有

附

录

5

$$\frac{\mathrm{d}p}{\mathrm{d}x} = 0$$

或

$$x + 2p = 0$$

第一, 如果取 $\dfrac{\mathrm{d}p}{\mathrm{d}x} = 0$, 则有 $p = C$, 这里 C 是任意常数. 把 $p = C$ 代入 (2), 得

$$y = Cx + C^2 \tag{4}$$

容易验证, 它满足方程 (2). 因为这个解含有一个任意常数 C, 所以是一个单参数解族.

人们不禁要问: 由 $p = C$, 即由 $\dfrac{\mathrm{d}y}{\mathrm{d}x} = C$ 求积分而得的 $y = Cx + k$ (其中 k 是另一个任意常数) 是否也是方程 (2) 的解? 现在把 $y = Cx + k$ 代入 (2), 我们得到

$$Cx + k = Cx + C^2,$$

从而 k 必须等于 C^2, 因此仍然得到 (4). 所以不必多此一举.

第二, 如果取 $x + 2p = 0$, 那么在这个方程与方程 (2) 之间消去 p 便得

$$y = -\frac{1}{4}x^2 \tag{5}$$

容易验证, 这也是方程 (2) 的解. 解 (5) 不含任意常数, 并且显然不能从单参数族 (3) 中通过给定 C 的任何值而得到. 这样的解称为微分方程 (2) 的奇解.

从几何观点来看, 解 (4) 是一个单参数直线族, 而奇解 (5) 是一条抛物线. 略图见图 1, 这两者之间有密切的关系: 抛物线在它的每一点都与单参数直线族的

某一直线相切. 我们把这样的抛物线称为单参数直线族的包络. 所以微分方程(2)的奇解就是单参数直线族(4)的包络;在包络上任一点的坐标(x,y)和它在这点的斜率p满足(2).

现在考察一般的 Clairaut 方程(1),即

$$y = px + \varphi(p)$$

把方程(1)的两端对 x 微分,得

$$p = p + x\frac{\mathrm{d}p}{\mathrm{d}x} + \varphi'(p)\frac{\mathrm{d}p}{\mathrm{d}x}$$

即

$$\frac{\mathrm{d}p}{\mathrm{d}x}\left[x + \varphi'(p)\right] = 0 \tag{6}$$

令第一个因式等于零

$$\frac{\mathrm{d}p}{\mathrm{d}x} = 0$$

图 1

由此得 $p = C$,这里 C 是任意常数. 代入(1),得

$$y = Cx + \varphi(C) \tag{7}$$

它显然满足方程(1), 所以是方程(1)的单参数解族.
在几何上, 解(7)表示单参数直线族.

再令(6)中的第二个因式等于零

$$x + \varphi'(p) = 0$$

这个方程确定 p 为 x 的函数, 即

$$p = \omega(x)$$

把这个 p 的值代入(1), 使得

$$y = x\omega(x) + \varphi(\omega(x)) \tag{8}$$

我们也可将 $x = -\varphi'(p)$ 代入(1)而得参数表示 $x = -\varphi'(p), y = -p\varphi'(p) + \varphi(p)$, 这里 p 被视为参数; 但为避免混淆起见, 我们把参数表示改写为

$$\begin{cases} x = -\varphi'(t) \\ y = -t\varphi'(t) + \varphi(t) \end{cases} \tag{9}$$

其中 t 是参数. 大家知道, (8)和(9)是等价的. 容易验证, (9)或(8)是方程(1)的解. 事实上, 如果用参数方程(9), 那么求微分的结果是

$$\mathrm{d}x = -\varphi''(t)\mathrm{d}t$$

$$\begin{aligned} \mathrm{d}y &= -t\varphi''(t)\mathrm{d}t - \varphi'(t)\mathrm{d}t + \varphi'(t)\mathrm{d}t \\ &= -t\varphi''(t)\mathrm{d}t \end{aligned}$$

由此得 $\dfrac{\mathrm{d}y}{\mathrm{d}x} = t$, 即 $p = t$. 将这些 x, y, p 的值代入(1), 就得到了恒等式

$$-t\varphi'(t) + \varphi(t) \equiv -t\varphi'(t) + \varphi(t)$$

解(8)或(9)不含任意常数, 但它不包含在单参数解族(7)之中; 就是说, 我们可以证明, 用任何数值代替(7)中的 C 都不能得到(8). 我们用反证法. 假若解

(8)能由解(7)得到,则因(7)的右端对任何常数 C 的值来说是 x 的线性函数,从而(8)的右端也应是 x 的线性函数,即

$$x\omega(x) + \varphi(\omega(x)) = ax + b$$

其中 a 和 b 是常数. 对 x 微分,得

$$\omega(x) + x\omega'(x) + \varphi'(\omega(x))\omega'(x) = a$$

但是 $p = \omega(x)$ 是由 $x + \varphi'(p) = 0$ 定义的,这就意味着 $x + \varphi'(\omega(x)) \equiv 0$,因此上面的等式化为

$$\omega(x) = a$$

这与 $\omega(x) = p$ 矛盾,故得证.

所以,(8)或(9)是 Clairaut 方程(1)的奇解.

现在考察奇解(8)的几何意义.(8)是由方程

$$y = px + \varphi(p), 0 = x + \varphi'(p)$$

消去 p 而得到的;将 p 换为 C,(8)显然也是由方程

$$y = Cx + \varphi(C), 0 = x + \varphi'(C)$$

消去 C 而得到的. 这里,第一个方程是单参数直线族(7),而第二个方程恰好是将第一个方程对 C 微分的结果,这就给出直线族(7)的包络. 因此,Clairaut 方程(1)的奇解(8)是直线族(7)的包络.

例2 求一曲线,使其上任一点的切线与直角坐标轴所围成的三角形的面积都等于 2.

解 如图 2 所示,设 $P(x, y)$ 是所求曲线上任一点,于是过点 P 的切线 PT 的斜率为 y'. 为了求切线 PT 的方程,我们用 (X, Y) 记 PT 上的流动点的坐标,这样就得到 PT 的方程

$$Y - y = y'(X - x)$$

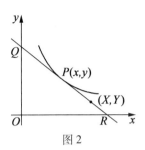

图 2

由此求得 PT 与坐标轴的交点分别为 $R\left(x - \dfrac{y}{y'}, 0\right)$ 和

$Q(0, x - xy')$. 按题意, 所求曲线上任一点 $P(x, y)$ 应满足微分方程

$$\frac{1}{2}\left(x - \frac{y}{y'}\right)(y - xy') = 2$$

即

$$(y - xy')^2 = -4y'$$

解出 y, 得

$$y = xy' \pm 2\sqrt{-y'}$$

这是两个 Clairaut 方程. 用 P 代替 y', 这个方程可改写为

$$y = px \pm 2\sqrt{-p}$$

对 x 求导数, 得

$$\frac{\mathrm{d}p}{\mathrm{d}x}\left(x \mp \frac{1}{\sqrt{-p}}\right) = 0$$

故有

$$\frac{\mathrm{d}p}{\mathrm{d}x} = 0 \ \text{或} \ x = \pm\frac{1}{\sqrt{-p}}$$

由 $\dfrac{\mathrm{d}p}{\mathrm{d}x} = 0$ 得 $p = C$, 代入 Clairaut 方程, 得单参数解族

$$y = Cx \pm 2\sqrt{-C}$$

519

这是直线族,显然不是所需求的曲线.

由

$$\begin{cases} x = \pm \dfrac{1}{\sqrt{-p}} \\ y = px \pm 2\sqrt{-p} \end{cases}$$

消去 p,结果得

$$xy = 1$$

它是奇解. 这个奇解的图形是等轴双曲线,也正是我们所需求的曲线.

圆柱面绕任意轴回转形成的包络面分析

　　湛江师范学院信息科技学院的刘娅,潘汉军两位教授在分析及计算椭圆上距离任意已知点最远或最近的点基础上,分析了最远点及最近点在圆柱面绕任意轴回转形成包络面过程中的作用,从而由最远点及最近点的计算公式导出了多种形式的包络面方程,并由此找出了包络面受各种因素影响的规律.

§1 引 言

　　在机械学科中,常要求确定圆柱面绕一任意已知轴回转所形成的包络面.在求该包络面的过程中,当采用微分几何曲面族的包络面求法时,因难以消除族参数,无法导出包络面方程直接的解析表达式,导致无法明确包络面的特性.当采用极值分析方法时,因涉及对代数系数的一元四次方程的实数根的

附 录 6

存在条件的讨论,分析过程冗长繁杂,且无简洁的包络面方程表达式,导致无法明确包络面的特性.

包络面问题自身的复杂性使该问题一直没有得到很好的解决,给机械学科中的相关问题的深入带来了障碍.本文在对椭圆的最远点及最近点分析的基础上,利用星形线特性,分析包络面的方程及相关因素对包络面的影响,从而确定包络面的特性.

§2 面对的问题

设有一轴线 O,另有一已知的圆柱面 F,F 与 O 的相对位置为已知(图1).要求确定圆柱面 F 绕轴线 O 整周回转时形成的包络面,并进一步分析当圆柱面 F 的大小及 F 与 O 的相对位置改变时包络面的相应变化.

已知参数(图1):

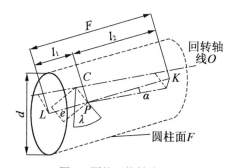

图 1 圆柱面绕轴线回转

1)圆柱面 F 的参数:

d—圆柱面 F 的直径($d>0$);

l_0—圆柱面 F 的轴向长度($l_0 > 0$).

2)F 与 O 的相对参数:

设:圆柱面 F 的轴线为 LK,LK 与 O 的公垂线为 CP.

e—公垂线 CP 的长度($e \geqslant 0$);

α—圆柱面 F 自身的轴线 LK 与回转轴线 O 的夹角($-90° \leqslant \alpha \leqslant 90°$);

l_1—点 L 距垂足点 P 的距离($l_1 \geqslant 0$,l_1 不一定小于 l_0);

l_2—点 K 距垂足点 P 的距离($l_2 \geqslant 0$,l_2 不一定小于 l_0).

3)回转过程描述参数:

λ—在圆柱面回转的过程中,公垂线 CP 相对于参考位置的夹角,该参考位置为过垂足点 C 且垂直于回转轴线 O 的固定参考直线($0° \leqslant \lambda < 360°$).

§3　包络面的形成过程及其方程

1. 包络面的形成过程及其方程

以 C 为原点,公垂线 CP 的固定参考直线为 X_0 轴,轴线 O 为 Y_0 轴,建立如图 2 的直角坐标系 $CX_0Y_0Z_0$,该坐标系为静止坐标系. 圆柱面 F 的方程为

$$F(x_0, y_0, z_0, \lambda) = 0 \qquad (1)$$

随着圆柱面 F 绕轴线 O 回转,参数 λ 变化,形成圆柱面族 S_λ. 当圆柱面 F 绕轴线 O 整周回转时,圆柱面族 S_λ 形成包络面,包络面 S 为以 O 为轴线的回转面.

由微分几何[1]可知,包络面 S 的方程为

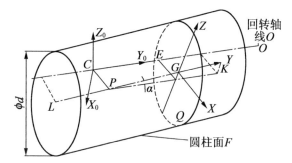

图 2　包络面的形成与坐标系

$$\begin{cases} F(x_0, y_0, z_0, \lambda) = 0 \\ F_\lambda(x_0, y_0, z_0, \lambda) = 0 \end{cases} \qquad (2)$$

其中

$$F_\lambda(x_0, y_0, z_0, \lambda) = \frac{\partial F}{\partial \lambda} \qquad (3)$$

　　理论上,从(2)中消除参数 λ 可得到包络面 S 的解析方程. 但实际上,消除参数 λ 十分困难,得不到包络面 S 直接的解析方程.

2. 包络面的母线方程

　　当用垂直于轴线 O 的截面 Q 去截包络面 S 时,得到圆周 L_s,如图3,圆周 L_s 的圆心为截面 Q 与轴线 O 的交点 E. 圆周 L_s 的半径 R 由截面 Q 上圆柱面 F 离轴线 O 最远的点 F_a 决定.

　　圆柱面 F 与截面 Q 的交线为椭圆 T,椭圆 T 的中心在截面 Q 与圆柱面 F 的轴线 LK 交点 G 处. 设:交点 G 与垂足点 P 的距离为 l. 椭圆 T 的短轴平行于公垂线 CP,短半轴长度为 a,长半轴长度为 b,则有

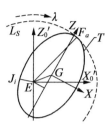

图3　截面与圆柱面的交线

$$\begin{cases} a = \dfrac{d}{2} \\ b = \dfrac{d}{2\cos\alpha} \end{cases} \qquad (4)$$

且 $a \leqslant b$.

　　在截面 Q 上以椭圆 T 的中心,点 G 为原点,椭圆 T 的短轴为 X 轴,长轴为 Z 轴,建立如图2、3 的平面直角坐标系 GXZ. 该坐标系与圆柱面 F 固结,当圆柱面 F 绕轴线 O 回转时,坐标系 GXZ 与椭圆 T 一起绕轴线 O 回转. 点 E 在坐标系 GXZ 中的坐标始终为 $(-e, -l\sin\alpha)$. 点 E 与椭圆 T 的相对位置在回转过程中始终不变,椭圆 T 上距离点 E 最远的点 F_a 形成圆周 L_s. 另外,坐标系 GXZ 与截面 Q 上的点 G 固结,当截面 Q 沿 Y_0 轴移动时坐标系 GXZ 与点 G 一起在圆柱面 F 的轴线 LK 上移动.

　　当截面 Q 沿 Y_0 轴的正方向移动时,l 相应地变化,在坐标系 GXZ 中点 E 将在 Z 轴的平行线上沿 Z 轴的负方向移动(对应于 $\alpha > 0$. 当 $\alpha < 0$ 时,点 E 在 Z 轴的平行线上沿 Z 轴的正方向移动). 点 E 与椭圆 T 的相对位置相应地变化. 在不同的截面 Q 上椭圆 T 的

大小均相同. 椭圆 T 上距离点 E 最远的点 F_a 相应地变化. 圆周 L_s 的半径 R 相应地变化. 所有不同的截面 Q 上的圆周 L_s 形成包络面 S. 可用函数 $R(y_0)$ 来描述包络面 S, 函数 $R(y_0)$ 等同于包络面 S 的母线方程.

当圆柱面 F 绕轴线 O 回转时, 会产生内包络面 (相应地, 上述的包络面 S 被区分为外包络面). 内包络面与截面 Q 上椭圆 T 上距离点 E 最近的点 J_i 相对应. 可用函数 $r(y_0)$ 来描述内包络面, 函数 $r(y_0)$ 等同于内包络面的母线方程.

对图 2 进行几何分析可得

$$l = \frac{y_0}{\cos \alpha} \tag{5}$$

设点 E 在坐标系 GXZ 中的坐标为 (E_x, E_z). 则有

$$\begin{cases} E_x = -e \\ E_z = -l\sin \alpha = -y_0\tan \alpha \end{cases} \tag{6}$$

文献[1]给出了求最远点及最近点的方法. 得到最远距离 R 及最近距离 r 是参数: a, b, E_x, E_z 的函数, 记为

$$\begin{cases} R = R[a, b, E_x, E_z] \\ r = r[a, b, E_x, E_z] \end{cases} \tag{7}$$

由(4)(5)(6)(7)得到

$$\begin{cases} R[y_0] = R[e, \alpha, d, y_0] \\ r[y_0] = r[e, \alpha, d, y_0] \end{cases} \tag{8}$$

(8)即是内外包络面的母线方程. 由(8)易得内外包络面在坐标系 $CX_0Y_0Z_0$ 中的方程.

3. 包络面的特征线方程

文献[1]得到最远点 F_a 及最近点 J_i 在坐标系 GXZ 中的坐标(Fa_x, Fa_z),(J_{i_x}, J_{i_z})是参数:a, b, E_x, E_z 的函数,由(4)(5)(6)及坐标变换,可得到在坐标系 $CX_0Y_0Z_0$ 中最远点 F_a 及最近点 J_i 的坐标为

$$\begin{cases} Fa_x(y_0) = Fa_x(e, \alpha, d, y_0, \lambda) \\ Fa_z(y_0) = Fa_z(e, \alpha, d, y_0, \lambda) \end{cases} \quad (9)$$

$$\begin{cases} J_{i_x}(y_0) = J_{i_x}(e, \alpha, d, y_0, \lambda) \\ J_{i_z}(y_0) = J_{i_z}(e, \alpha, d, y_0, \lambda) \end{cases} \quad (10)$$

当给定 λ 时,(9)(10)分别为内外包络面的特征线方程. 当 λ 及 y_0 连续变化时,(9)(10)分别为内外包络面的参数方程.

§4 包络面的影响因素分析

文献[1]给出了求椭圆上距离任意已知点的最远点、最近点的方法,以及指出了最远点、最近点在极值点中的替换规律.

在圆柱面 F 绕轴线 O 回转的问题中,由于问题自身的特点及坐标系 GXZ 的特点. 点 E 在 X 轴的负半平面内平行于 Z 轴的线上移动. 点 E 的这种运动(图4)导致最远点、最近点的变化,形成内外包络面的形状大小(图5)及其他的特性.

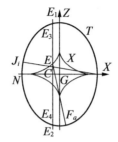

图 4　最远点、最近点分析

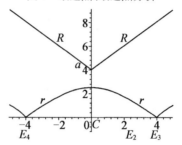

图 5　内外包络面的母线

图 4 中, X 为椭圆 T 的星形线, E_1E_2 为点 E 的运动轨迹线, E_3、E_4 为 E_1E_2 与椭圆 T 的交点, C 为 E_1E_2 与 X 轴的交点, N 为椭圆 T 与 X 轴的交点.

图 4 中, 点 E 的运动轨迹线 E_1E_2 与椭圆 T 的相对位置关系将完全决定内外包络面的特性. 下文先对点 E 的运动轨迹 E_1E_2 与椭圆 T 的相对位置关系的影响因素进行分析. 得出各因素对最远点、最近点的影响规律, 从而明确各因素对内外包络面特性的影响规律.

1. 圆柱面与回转轴的相对位置参数对最远点、最近点的影响

参数 α　当 $\alpha = 0°$ 及 $\alpha = 90°$ 时, 由于对应的情形较为简单, 本文不讨论.

参数 α 的变化不影响 E_1E_2 在 X 轴上的位置,不改变点 C 的坐标值,因而不改变 R 的极小值(图4和图5).

参数 α 的变化影响 E_1E_2 的长度及 E_1E_2 上各点的 Z 轴坐标值. 当 $|\alpha|$ 增大时,各点的 Z 轴坐标绝对值增大,R 及 r 增加.

参数 α 的变化影响椭圆 T 的长轴,不影响短轴. 当 $|\alpha|$ 增大时,长轴增大,R 及 r 增加.

参数 e　一. 对于最远距离 R

1. 当 $e = 0$ 时

此时,R 随 $|E_z|$ 增大而线性增加. 当 $E_z = 0$,点 E 位于点 G 时,R 取得极小值 b.

2. 当 $e \neq 0$ 时

此时,R 随 $|E_z|$ 增大而非线性地单调增加. 当 $E_z = 0$,点 E 位于点 C 时,R 取得极小值 $b\sqrt{1 + \dfrac{E_x^2}{(b^2 - a^2)}}$.

二. 对于最近距离 r

1. 当 $e = 0$ 时

Ⅰ. $E_z = 0$,点 E 位于点 G 时,r 取得最大值 a.

Ⅱ. $|E_z| < \dfrac{b^2 - a^2}{b}$,$r$ 随 $|E_z|$ 增大而非线性地单调减小.

Ⅲ. $|E_z| = \dfrac{b^2 - a^2}{b}$,$r = \dfrac{a^2}{b}$.

Ⅳ. $\dfrac{b^2 - a^2}{b} < |E_z| < b$,$r$ 随 $|E_z|$ 增大而线性地减小.

Ⅴ. $|E_z| = b$,$r = 0$.

Ⅵ. $|E_z| > b$,r 随 $|E_z|$ 增大而线性地增加.

2. 当 $0 < e < a$ 时（图 4 和图 5）

Ⅰ. $E_z = 0$，点 E 位于点 C 时，r 取得极大值 $(a - e)$.

Ⅱ. $|E_z| < E_{3z}$，r 随 $|E_z|$ 增大而非线性地单调减小.

Ⅲ. $|E_z| = E_{3z}$，$r = 0$.

Ⅳ. $|E_z| > E_{3z}$，r 随 $|E_z|$ 增大而非线性地单调增加.

3. 当 $e = a$ 时

Ⅰ. $E_z = 0$，点 E 位于点 N 时，r 取得极小值 0.

Ⅱ. $E_z \neq 0$，r 随 $|E_z|$ 增大而非线性地单调增加.

4. 当 $e > a$ 时

Ⅰ. $E_z = 0$，点 E 位于点 C 时，r 取得极小值 $(e - a)$.

Ⅱ. $E_z \neq 0$，r 随 $|E_z|$ 增大而非线性地单调增加.

参数 l_2 在其他参数不变的前提下，当不限定参数 l_0, l_2 时，内外包络面将是向两端无限延伸的无限长回转面. 当给定参数 l_0, l_2 时，内外包络面将是从无限长回转面上截取的有限长度回转面.

参数 l_2 决定有限长度回转面在无限长回转面上的截取位置. 截取位置不同得到的有限长度回转面不同.

图 4 中，参数 l_2 的变化影响点 E_1 的位置，从而改变内外包络面端面的回转半径 R, r.

2. 圆柱面的形状参数对最远点、最近点的影响

参数 l_0 参数 l_0 决定有限长度回转面在无限长回转面上的截取的总长度.

图 4 中，参数 l_0 的变化影响 $E_1 E_2$ 的长度，从而改变内外包络面的轴向长度及端面的回转半径 R, r.

参数 d 参数 d 决定椭圆 T 的大小，影响点 E 的运动轨迹线 $E_1 E_2$ 与椭圆 T 的相对位置，从而改变 R

及 r. 参数 d 增大时, R 及 r 增加.

§5　包络面的特征总结

综合以上分析, 可知包络面具有如下的特征:

Ⅰ. 内外包络面均是回转面;

Ⅱ. 内外包络面的形状均关于公垂线 CP 所在的截面对称;

Ⅲ. 外包络面的最小半径总是位于公垂线 CP 所在截面上; 外包络面的最大半径总是位于包络面的端面;

Ⅳ. 内包络面在各截面上半径的影响因素较多, 随各因素变化呈现较复杂的规律. 在公垂线 CP 所在的截面上内包络面的半径为极大或极小值; 在圆柱面与回转轴线的交点所在的截面上内包络面的半径为最小值——零;

Ⅴ. 参数 l_0, l_2 对有限长度的内外包络面形状具有较大的影响.

§6　包络面特征在机械学科中的应用

1. 在同轴度测量误差分析中的应用

文献 [2] [3] [4] 采用本文的分析过程及结论, 讨论了 GB1958 – 80 关于同轴度误差测量方法的不足,并基于本文的结论提出了可行的测量方法.

2. 在机械手工作空间分析中的应用

在机械手工作空间分析中(文献[5]),要求确定机械手末杆手心点在某一参照系下的轨迹集合——工作空间(亦称手心可达域).当末杆与参照系之间存在"圆柱副—回转副"或"回转副—移动副—回转副"时,工作空间分析过程将会涉及到圆柱面绕轴回转形成包络面的问题,工作空间的表面特征及其内的空腔、空穴特征可直接基于本文的分析过程及结构得到.

3. 在开发编制三维图形处理软件中的应用

在现有的多种图形处理专业软件(如:I – Deas,UG,Pro – E,Autocad 等)中,没有很好地解决圆柱面绕一轴回转形成三维表面的问题.参考本文的分析过程,可确定三维表面的算法,开发出相应的软件功能.

参考文献

[1]　潘汉军,刘娅.椭圆上距离任意已知点最远或最近的点分析[J].数学的实践与认识,2004(8):167-173.

[2]　潘汉军,刘娅.关于同轴度误差定义的分析与探讨[J].现代制造工程,2004(4):69-70.

[3]　潘汉军,刘娅.同轴度误差测量方法分析[J].现代制造工程,2004(8):109-112.

[4]　刘娅,潘汉军.同轴度测量误差的分析与探讨

[J]. 现代制造工程,2004(11):75-77.

[5]　潘汉军,汪钟正. 工业机器人工作空间分析[J]. 武汉工业大学学报,1988(2):237-243.

[6]　苏步青,胡和生等. 微分几何[M]. 北京:高等教育出版社.

关于包络方法及在空间啮合理论中的应用

空间啮合理论主要用以空间啮合定理 $n \cdot v = 0$ 为基础的运动学法. 微分几何的包络法很少直接应用，Ф·Л·Литвин 在文献[2]中认为包络法"十分麻烦"，并认为运动学法研究弧面蜗杆啮合时，这个方法是唯一的计算工具.

1981 年北京钢铁学院的容尔谦教授在 Гохман 法[2]基础上，吸收运动学法优点，从机构运动的实际，对微分几何的包络法作一些改进，并使用和新定义若干算符，包括称为相似微分的算符，在此基础上讨论空间啮合的一些几何问题，包络法几何意义明显，不少情况的计算，由于用算符和直接用直角坐标反而显得较简便.

作为应用，举了首先发明的 SG – 71 型蜗轮副(弧面蜗杆)作为一个实例.

§1 算 符

考虑空间啮合运动的一般情形，两构件转动轴交错，并允许一构件有轴线

附录 7

位移(固定或等速位移). 设构件 I 的曲面 Σ_1 和构件 II 的曲面 Σ_2 分别以角速度 $\boldsymbol{\omega}_1,\boldsymbol{\omega}_2$ 绕两相错轴转动, 两轴最短距离及方向为 a. 过 $\boldsymbol{\omega}_1,\boldsymbol{\omega}_2$ 分别作垂线 a 的平面 $(\boldsymbol{\pi}_1)(\boldsymbol{\pi}_2)$, 两轴正向夹角为 $\gamma(0 \leqslant \gamma < \pi)$. 和 $\Sigma_1(\Sigma_2)$ 固连的坐标系是 $S_1(S_2)$, $S_1(S_2)$ 绕 $z_1(z_2)$ 轴转动. S_0 沿 z 轴有位移 h(图 1).

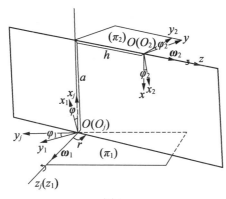

图 1

S_2 和 S_1 相对运动时, 坐标变换是

$$
\begin{cases}
x_1 = x_2(-\cos \varphi_2 \cos \varphi_1 - \sin \varphi_2 \sin \varphi_1 \cos \gamma) + \\
\quad y_2(\sin \varphi_2 \cos \varphi_1 - \cos \varphi_2 \sin \varphi_1 \cos \gamma) - \\
\quad z_2 \sin \varphi_1 \sin \gamma + a\cos \varphi_1 - h\sin \varphi_1 \sin \gamma \\
y_1 = x_2(\cos \varphi_2 \sin \varphi_1 - \sin \varphi_2 \cos \varphi_1 \cos \gamma) + \\
\quad y_2(-\sin \varphi_2 \sin \varphi_1 - \cos \varphi_2 \cos \varphi_1 \cos \gamma) - \\
\quad z_2 \cos \varphi_1 \sin \gamma - a\sin \varphi_1 - h\cos \varphi_1 \sin \gamma \\
z_1 = -(x_2 \sin \varphi_2 - y_2 \cos \varphi_2)\sin \gamma + z_2 \cos \gamma + h\cos \gamma
\end{cases} \tag{1}
$$

$$\begin{cases}
x_2 = x_1\left(-\cos\varphi_1\cos\varphi_2 - \sin\varphi_1\sin\varphi_2\cos\gamma\right) + \\
\quad\quad y_2\left(\sin\varphi_1\cos\varphi_2 - \cos\varphi_1\sin\varphi_2\cos\gamma\right) - \\
\quad\quad z_1\sin\varphi_2\sin\gamma + a\cos\varphi_2 \\
y_2 = x_1\left(\cos\varphi_1\sin\varphi_2 - \sin\varphi_1\cos\varphi_2\cos\gamma\right) + \\
\quad\quad y_1\left(-\sin\varphi_1\sin\varphi_2 - \cos\varphi_1\cos\varphi_2\cos\gamma\right) - \\
\quad\quad z_1\cos\varphi_2\cos\gamma - a\sin\varphi_2 \\
z_2 = \left(-x_1\sin\varphi_1 - y_1\cos\varphi_1\right)\sin\gamma + z_1\cos\gamma - h
\end{cases} \quad (2)$$

φ_1,φ_2 是坐标变换参数,在啮合问题中,$\dfrac{\mathrm{d}\varphi_1}{\mathrm{d}\varphi_2} = i_{12}$,

$\dfrac{\mathrm{d}\varphi_2}{\mathrm{d}\varphi_1} = i_{21}$($i$ 传动比). 常用 t 记为运动参数,可指定 t 是 φ_1 或 φ_2.

任两相对运动的坐标系 S_i,S_j 坐标变换是

$$\begin{cases}
x_i = a_{11}x_j + a_{12}y_j + a_{13}z_j + d_1 \\
y_i = a_{21}x_j + a_{22}y_j + a_{23}z_j + d_2 \\
z_i = a_{31}x_j + a_{32}y_j + a_{33}z_j + d_3 \\
x_j = a_{11}x_i + a_{21}y_i + a_{31}z_i + c_1 \\
y_j = a_{12}x_i + a_{22}y_i + a_{32}z_i + c_2 \\
z_j = a_{13}x_i + a_{23}y_i + a_{33}z_i + c_3
\end{cases} \quad (3)$$

为方便使用定义以下算符:

微分算符:$D_t^n f = \dfrac{\partial^n f}{\partial t^n}$,就是通常的微分算符,以下只对参数 t 用微分算符,用到的函数都假定 n 阶可微,注脚 t 一般省略.

转换坐标算符:S_i,S_j 是任两坐标系,(3)简记作

$x_j = x_j(x_i, y_i, z_i, t)$；$y_j = y_j(x_i, y_i, z_i, t)$；$z_j = z_j(x_i, y_i, z_i, t)$. 设 f 是 S_j 上的函数, 定义转换坐标算符 $A_t^{(ij)}$ 为

$$A_t^{(ij)} f(x_j, y_j, z_j, t) = f(x_j(x_i, y_i, z_i, t), y_j(x_i, y_i, z_i, t), z_j(x_i, y_i, z_i, t))$$

注脚 t 记为坐标变换参数, 在不误解时省略.

按指定次序进行运算的算符, 称为两算符"相乘", 只有当它们进行运算是有意义时才能相乘, 算符相乘一般不满足交换律.

相似微分算符: 对 S_1, S_2 坐标系, 定义以下两相似微分算符 $D^{(1)}, D^{(2)}$, 它们是

$$D^{(1)} = A^{(12)} D A^{(21)}, \quad D^{(2)} = A^{(21)} D A^{(12)}$$

相似微分算符满足通常微分算符运算法则, 例如 $D^{(2)}(fg) = f \cdot D^{(2)} g + g \cdot D^{(2)} f$ 等.

以下列出算符有用的性质, 其中 f, g, F 记作 S_i 或 S_j 上可微函数, c, λ, μ 为常量:

(1) $A^{(ij)} c = c$；

(2) $A^{(ij)}(\lambda f + \mu g) = \lambda A^{(ij)} f + \mu A^{(ij)} g$；

(3) $A^{(ij)}(fg) = A^{(ij)} f \cdot A^{(ij)} g$；

(4) $A^{(ij)} f(x_j, y_j, z_j) = f(A^{(ij)} x_j, A^{(ij)} y_j, A^{(ij)} z_j)$；

(5) $A^{(ik)} A^{(kj)} f = A^{(ij)} f$；

(6) $A^{(ij)} A^{(ji)} f = A^{(ii)} f = f$；

(7) $f \equiv 0$ 必要充分条件是 $A^{(ij)} f \equiv 0$；

(8) $D A^{(ij)} f = A^{(ij)} D f + (A^{(ij)} f_{x_j} \cdot D A^{(ij)} x_j + A^{(ij)} f_{y_j} \cdot D A^{(ij)} y_j + A^{(ij)} f_{z_j} \cdot D A^{(ij)} z_j)$；

(9) $\begin{cases} D A^{(21)} g = A^{(21)} D^{(1)} g \\ D A^{(12)} f = A^{(12)} D^{(2)} f \end{cases}$, $\begin{cases} A^{(12)} D f = D^{(1)} A^{(12)} f \\ A^{(21)} D g = D^{(2)} A^{(21)} g \end{cases}$

由(8)看出 D 和 $A^{(ij)}$ 不满足交换律,(9)说明若将 $DA^{(21)}$ 交换次序,则 D 要变为相似微分算符.

当算符 D 与 $A^{(ij)}$ 是对不同参数的运算时,是可以交换次序的,二次包络会遇到这种情形,即

$$A_\theta^{(ij)} D_\varphi f = D_\varphi A^{(ij)} f$$

(10)设 S_2 上 $f = f(x_2, y_2, z_2, t)$,S_1 上 $F = F(x_1, y_1, z_1, t)$,则

$$D^{(2)} f = f_{x_2} \cdot D^{(2)} x_2 + f_{y_2} \cdot D^{(2)} y_2 + f_{z_2} \cdot D^{(2)} z_2 + Df$$

$$D^{(1)} F = F_{x_1} \cdot D^{(1)} x_1 + F_{y_1} \cdot D^{(1)} y_1 + F_{z_1} \cdot D^{(1)} z_1 + DF$$

(11)若 $F = A^{(12)} f$,则

$$Df + f_{x_2} \cdot D^{(2)} x_2 + f_{y_2} \cdot D^{(2)} y_2 + f_{z_2} \cdot D^{(2)} z_2$$

$$= A^{(21)} \big[D^{(1)} F - (F_{x_1} \cdot D^{(1)} x_1 + F_{y_1} \cdot D^{(1)} y_1 +$$

$$F_{z_1} \cdot D^{(1)} z_1) \big]$$

$$(12) \begin{cases} D^{(1)} x_1 = -A^{(12)}(a_{11} D^{(2)} x_2 + a_{12} D^{(2)} y_2 + a_{13} D^{(2)} z_2) \\ D^{(1)} y_1 = -A^{(12)}(a_{21} D^{(2)} x_2 + a_{22} D^{(2)} y_2 + a_{23} D^{(2)} z_2) \\ D^{(1)} z_1 = -A^{(12)}(a_{31} D^{(2)} x_2 + a_{32} D^{(2)} y_2 + a_{33} D^{(2)} z_2) \end{cases}$$

$$\begin{cases} D^{(2)} x_2 = -A^{(21)}(a_{11} D^{(1)} x_1 + a_{21} D^{(1)} y_1 + a_{31} D^{(1)} z_1) \\ D^{(2)} y_2 = -A^{(21)}(a_{12} D^{(1)} x_1 + a_{22} D^{(1)} y_1 + a_{32} D^{(1)} z_1) \\ D^{(2)} z_2 = -A^{(21)}(a_{13} D^{(1)} x_1 + a_{23} D^{(1)} y_1 + a_{33} D^{(1)} z_1) \end{cases}$$

(13)设 f 不含参数 t,并且 $F = A^{(12)} f$,则

$$D^{(2)} f = f_{x_2} \cdot D^{(2)} x_2 + f_{y_2} \cdot D^{(2)} y_2 + f_{z_2} \cdot D^{(2)} z_2, D^{(1)} F \equiv 0$$

反之,这两等式之一成立,则 f 不含参数 t.

(14)设 f 不含参数 t,并且 $F = A^{(12)} f$,则

$$DF = -(F_{x_1} \cdot D^{(1)} x_1 + F_{y_1} \cdot D^{(1)} y_1 + F_{z_1} \cdot D^{(1)} z_1)$$

（15）设 f 不含参数 t 及 $F = A^{(12)}f$，则

$$F_{x_1} \cdot D^{(1)}x_1 + F_{y_1} \cdot D^{(1)}y_1 + F_{z_1} \cdot D^{(1)}z_1$$

$$= -A^{(12)}(f_{x_2} \cdot D^{(2)}x_2 + f_{y_2} \cdot D^{(2)}y_2 + f_{z_2} \cdot D^{(2)}z_2)$$

计算函数的各种相似微分，常归结为计算对坐标变量的相似微分，应用包络法常遇到的是 $D^{(1)}x_1$，$D^{(1)}y_1$，$D^{(1)}z_1$ 和 $D^{(2)}x_2$，$D^{(2)}y_2$，$D^{(2)}z_2$，以及二阶相似微分 $D^{(1)}D^{(1)}x_1$，$D^{(1)}D^{(1)}y_1$，$D^{(1)}D^{(1)}z_1$ 和 $D^{(2)}D^{(2)}x_2$，$D^{(2)}D^{(2)}y_2$，$D^{(2)}D^{(2)}z_2$ 等，这些量完全由坐标变换决定，和讨论的曲面无关，因此可事先将坐标变换（1）和（2）算出，不必应用时再算，这样既方便又不容易出错.

$$\begin{cases} D_{\varphi_2}^{(1)}x_1 = y_1(i_{12} - \cos\gamma) - z_1\cos\varphi_1\sin\gamma - \\ \qquad a\cos\varphi_1\cos\gamma - h'\sin\varphi_1\sin\gamma \\ D_{\varphi_2}^{(1)}y_1 = -x_1(i_{12} - \cos\gamma) + z_1\sin\varphi_1\sin\gamma - \qquad (4) \\ \qquad a\cos\varphi_1\cos\gamma - h'\cos\varphi_1\sin\gamma \\ D_{\varphi_2}^{(1)}z_1 = \sin\gamma(x_1\cos\varphi_1 - y_1\sin\varphi_1 - a) + h'\cos\gamma \end{cases}$$

$$\begin{cases} D_{\varphi_1}^{(2)}x_2 = y_2(i_{21} - \cos\gamma) - z_2\cos\varphi_2\sin\gamma - \\ \qquad a\sin\varphi_2\cos\gamma - h\cos\varphi_2\sin\gamma \\ D_{\varphi_1}^{(2)}y_2 = -x_2(i_{21} - \cos\gamma) + z_2\sin\varphi_2\sin\gamma - \qquad (5) \\ \qquad a\cos\varphi_2\cos\gamma + h\sin\varphi_2\sin\gamma \\ D_{\varphi_1}^{(2)}z_2 = \sin\gamma(x_2\cos\varphi_2 - y_2\sin\varphi_2 - a) - h' \end{cases}$$

$$\begin{cases} D^{(1)}_{\varphi_2} D^{(1)}_{\varphi_2} x_1 = x_1 (-1 - i_{12}^2 + 2i_{12}\cos\gamma + \sin^2\varphi_1\sin^2\gamma) + \\ \qquad y_1 \sin\varphi_1\cos\varphi_1\sin^2\gamma + z_1\sin\varphi_1\sin\gamma (2i_{12} - \\ \qquad \cos\gamma) + a\cos\varphi_1 (1 - 2i_{12}\cos\gamma) - \\ \qquad 2i_{12}h'\cos\varphi_1\sin\gamma \\ D^{(1)}_{\varphi_2} D^{(1)}_{\varphi_2} y_1 = x_1\sin\varphi_1\cos\varphi_1\sin^2\gamma + y_1 (-1 - i_{12}^2 + \\ \qquad 2i_{12}\cos\gamma + \cos^2\varphi_1\sin^2\gamma) + z_1\cos\varphi_1\sin\gamma \\ \qquad (2i_{12} - \cos\gamma) - a\sin\varphi_1 (1 - 2i_{12}\cos\gamma) + \\ \qquad 2i_{12}h'\sin\varphi_1\sin\gamma \\ D^{(1)}_{\varphi_2} D^{(1)}_{\varphi_2} z_1 = -\sin\gamma\cos\gamma (x_1\sin\varphi_1 + y_1\cos\varphi_1) - z_1\sin^2\gamma \end{cases}$$

$$(6)$$

$$\begin{cases} D^{(2)}_{\varphi_1} D^{(2)}_{\varphi_1} x_2 = x_2 (-1 - i_{21}^2 + 2i_{21}\cos\gamma + \sin^2\varphi_2\sin^2\gamma) + \\ \qquad y_2\sin\varphi_2\cos\varphi_2\sin^2\gamma + z_2\sin\varphi_2\sin\gamma (2i_{21} - \\ \qquad \cos\gamma) + a\cos\varphi_2 (1 - 2i_{21}\cos\gamma) + \\ \qquad h\sin\varphi_2\sin\gamma (2i_{21} - \cos\gamma) \\ D^{(2)}_{\varphi_1} D^{(2)}_{\varphi_1} y_2 = x_2\sin\varphi_2\cos\varphi_2\sin^2\gamma + y_2 (-1 - i_{21}^2 + \\ \qquad 2i_{21}\cos\gamma + \cos^2\varphi_2\sin^2\gamma) + z_2\cos\varphi_2\sin\gamma \\ \qquad (2i_{21} - \cos\gamma) - a\sin\varphi_2 (1 - 2i_{21}\cos\gamma) + \\ \qquad h\cos\varphi_2\sin\gamma (2i_{21} - \cos\gamma) \\ D^{(2)}_{\varphi_1} D^{(2)}_{\varphi_1} z_2 = -\sin\gamma\cos\gamma (x_2\sin\varphi_2 + y_2\cos\varphi_2) - \\ \qquad z_2\sin^2\gamma - h\sin^2\gamma \end{cases}$$

$$(7)$$

若 $\boldsymbol{v}^{12}$ 是相对速度向量，则 $v^{(12)}_{x_2} = D^{(2)} x_2$；$v^{(12)}_{y_2} = D^{(2)} y_2$；$v^{(12)}_{z_2} = D^{(2)} z_2$。

§2　包络面,接触线

从应用方便用另一角度讨论曲面族的包络,即将它看作某种极值,虽然有时未必是很严格的. 包络面是两构件相对运动的产物,当一构件对另一构件相对运动,这构件曲面称为母面,这样的母面与微分几何单参数曲面族比较有两个特点:(1)母面只有位置改变没有形状改变;(2)为了不产生干涉,使运动实际可能,母面总是在包络面单侧出现,称满足(1)和(2)的包络面为简单包络面. 如不说明,以下包络面指简单包络面. 另外,本文推导从略,详见文献[5].

设 Σ_2 是与 S_2 固连的构件曲面,由(1)知,在 S_2 上 Σ_2 方程不含运动参数 t,并设 Σ_2 光滑无奇点

$$\Sigma_2 : f = f(x_2, y_2, z_2) = 0 \qquad (8)$$

即设 f 有连续偏导数,且它们不同时为 0,不妨设所考查范围内 $f_{z_2} \neq 0$,S_2 相对 S_1 运动时,Σ_2 称为母面,以下 $f = 0$ 都记作母面方程,f 都不含参数,需要时右上角注明母面所在坐标系,如 $f = f^{(2)}$.

在 S_1 上,Σ_2 是运动曲面族 $\{\Sigma_2^t\}$,即有

$$\{\Sigma_2^t\} : A^{(12)} f = F = F(x_1, y_1, z_1, t) = 0 \qquad (9)$$

由算符性质得到 f, F 恒有

$$\begin{cases} D^{(2)} f = f_{x_2} \cdot D^{(2)} x_2 + f_{y_2} \cdot D^{(2)} y_2 + f_{z_2} \cdot D^{(2)} z_2 \\ D^{(1)} F \equiv 0 \end{cases} \qquad (10)$$

S_1 上 t 变动时,母面 Σ_2^t 扫过的范围是 S_1 的三维

区域. 这样 S_1 在所考虑的那部分空间分为两部分,一部分 Ω_g 上每点至少有一母面通过,另一部分 Ω_f 上每一点都没有一个母面通过. Ω_g 和 Ω_f 分界面称 $\{\Sigma_2{}'\}$ 的包络面,记作 Σ_1.

设 M_1 是 Σ_1 上一定点,过 M_1 作平行 z_1 轴直线 L, $\Sigma_2{}'$ 与 L 交点 P_t,则 P_t 的 z_1 坐标只是 t 的函数,因 Σ_1 是 Ω_g 的边界,故 t 变动时 z_1 在 Σ_1 上点 M_1 取得极值,由极值必要条件得到 Σ_1 满足

$$\Sigma_1: \begin{cases} F(x_1,y_1,z_1,t) = F = A^{(12)}f = 0 \\ F_t(x_1,y_1,z_1,t) = DF = DA^{(12)}f = 0 \end{cases} \quad (11)$$

由极值充分条件可得出母面只出现在包络面单侧的特点(2)的解析条件是

$$F_t = 0, F_{tt} \neq 0 \quad (12)$$

假设式(12)在考虑范围内成立,则从式(11)可消去 t 得到 Σ_1 的直角坐标方程

$$\Sigma_1: \begin{cases} F(x_1,y_1,z_1,t(x_1,y_1,z_1)) = f^{(1)}(x_1,y_1,z_1) = 0 \\ \text{其中 } F_t(x_1,y_1,z_1,t(x_1,y_1,z_1)) \equiv 0 \end{cases}$$

$$(13)$$

Σ_1 在啮合点的法向量是 $\{f_{x_1}^{(1)}, f_{y_1}^{(1)}, f_{z_1}^{(1)}\}$,则有

$$f_{x_1}^{(1)} = F_{x_1}, f_{y_1}^{(1)} = F_{y_1}, f_{z_1}^{(1)} = F_{z_1} \quad (14)$$

即啮合点处母面和包络面有公法线.

式(11)中若 $t = t_0$,则得接触线 C_{t_0}. $\Sigma_2^{t_0}$ 和 Σ_1 沿 C_{t_0} 相切. 当 t 变动时 C_t 分别在 S_1, S_2 形成两接触线族,在 S_1 上,全部 C_t 组成 Σ_1, S_1 和 C_{t_0} 方程是

$$C_{t_0}: \begin{cases} A^{(12)}f = F = 0 \quad (t = t_0) \\ DA^{(12)}f = DF = 0 \end{cases} \quad (15)$$

在 S_2 上,由算符性质(9)(7)(13)得到 C_{t_0} 方程

$$C_{t_0}: \begin{cases} f = 0 \\ D^{(2)}f = f_{x_2} \cdot D^{(2)}x_2 + f_{y_2} \cdot D^{(2)}y_2 + f_{z_2} \cdot D^{(2)}z_2 = 0 \end{cases}$$
$$(16)$$

S_2 上当 t 变动,一般说 $\{C_t\}$ 只覆盖 Σ_2 的一部分区域, Σ_2 由 C_t 组成的区域称为工作区 Σ_2^g. Σ_2 不含 C_t 的区域称为非工作区 Σ_2^f. Σ_2^g 和 Σ_2^f 分界线记作 Γ_2,显然 $\Sigma_2 = \Sigma_2^g + \Gamma_2 + \Sigma_2^f$.

如果只要母面上接触线,现在不必将母面方程转到 S_1 求出 F,直接用式(16),其中 $D^{(2)}x_2$,$D^{(2)}y_2$,$D^{(2)}z_2$ 在式(5)已给出,不必再算.

§3　接触线在包络面上的包络线,一类界点

设在任一坐标系 $O - xyz$ 上给定无奇点光滑曲面 Σ 的方程是 $\Sigma: \Phi(x, y, z) = 0$,其中 Φ_x, Φ_y, Φ_z 连续且不同时为零,不妨设 $\Phi_z \neq 0$. Σ 上有单参数曲线族 $\{L_t\}$,即

$$\{L_t\}: \begin{cases} \Phi(x, y, z) = 0 \\ G(x, y, z, t) = 0 \end{cases} \quad (17)$$

类似地,可得到 $\{L_t\}$ 的包络线 Γ 上的点满足必要条件是: $G_t = 0$,充分条件是: $G_t = 0$; $G_{tt} \neq 0$,即

$$\Gamma: \begin{cases} \Phi(x,y,z)=0 \\ G(x,y,z,t)=0 \\ G_t(x,y,z,t)=0 \end{cases} \tag{18}$$

在 L_t 和 Γ 公共点处，它们有公切线.

现考虑 C_t 在 Σ_1 上的包络线. S_1 上, Σ_1 消去 t 的方程是 $f^{(1)}(x_1,y_1,z_1)=0$, 由式(18)得 $\{C_t\}$ 在 Σ_1 上的包络线 Γ_1(即脊线)是

$$\Gamma_1: \begin{cases} A^{(12)}f=F(x_1,y_1,z_1,t)=0 \\ DA^{(12)}f=F_t(x_1,y_1,z_1,t)=0 \\ D^2A^{(12)}f=F_{tt}(x_1,y_1,z_1,t)=0 \end{cases} \tag{19}$$

t 变动时, Γ_1 上点 P 在每一瞬间重合于母面 Σ_2^t 上某一点 P', 转到 S_2, P' 的轨迹在母面形成曲线 $\overline{\Gamma}_1$, 称为 Γ_1 的共轭曲线. $\overline{\Gamma}_1$ 的实际计算是有意义的, 例如母面 Σ_2 在啮合过程中, 实际工作区是由 Γ_2 和 $\overline{\Gamma}_1$ 围成的. 由算符性质可得

$$\overline{\Gamma}_1: \begin{cases} f=0 \\ D^{(2)}f=0 \\ \begin{aligned} D^{(2)}D^{(2)}f = & f_{x_2x_2}\cdot(D^{(2)}x_2)^2+f_{y_2y_2}\cdot(D^{(2)}y_2)^2+ \\ & f_{z_2z_2}\cdot(D^{(2)}z_2)^2+2f_{x_2y_2}\cdot D^{(2)}x_2\cdot \\ & D^{(2)}y_2+2f_{y_2z_2}\cdot D^{(2)}y_2\cdot D^{(2)}z_2+2f_{z_2x_2}\cdot \\ & D^{(2)}z_2\cdot D^{(2)}x_2+f_{x_2}\cdot D^{(2)}D^{(2)}x_2+f_{y_2}\cdot \\ & D^{(2)}D^{(2)}y_2+f_{z_2}\cdot D^{(2)}D^{(2)}z_2 \\ = & 0 \end{aligned} \end{cases}$$

$$\tag{20}$$

应用上很重要的是母面是平面的特例(如 SG – 71 型蜗杆,渐开线蜗杆母面都是平面),在此提出两点:

(1)母面是平面时 f 的二阶偏导数都是零. 设 $\boldsymbol{\alpha}^{(12)}$ 表示相对加速度,$\boldsymbol{n}$ 记作法向量,(20)第三式是: $D^{(2)}D^{(2)}f=\boldsymbol{n}\cdot\boldsymbol{\alpha}^{(12)}=0.$ 因此得到在 $\overline{\Gamma}_1$ 上的点不但相对速度落在切平面上,而且相对加速度也落在切平面上.

(2)母面是平面时,Σ_1 是可展曲面,Σ_2 是 Σ_1 的切平面也是 Γ_1 的密切平面,在 Γ_1 附近,母面 Σ_2 除和 Σ_1 相切外,还和 Σ_1 相交. 这现象当用母面(砂轮平面)加工蜗杆时将导致根切,由泰勒展开得出 Γ_1 在 Σ_2 上投影曲线 L_1 及 Σ_2 和 Σ_1 的交线 L_2,可进一步讨论蜗杆曲面 Σ_1 的根切[5],还得到 Γ_1 在任一点 P 处,L_1 与 L_2 曲率之比是与点 P 位置无关的常数 $\dfrac{4}{3}$.

Σ_1 的方程(11)当 $\dfrac{D(F,F_t)}{D(x_1,y_1)}\neq 0$ 时,可记作

$$\Sigma_1:\begin{cases}x_1=x_1(z_1,t)\\y_1=y_1(z_1,t)\\z_1=z_1\end{cases}$$

记向径 $\boldsymbol{r}=\{x_1,y_1,z_1\}$,则 $\Sigma_1:\boldsymbol{r}=\boldsymbol{r}(z_1,t)$,采用文献[3]的定义,称 Σ_1 上满足条件 $\boldsymbol{r}_{z_1}\times\boldsymbol{r}_t=0$ 的奇点为一类界点,可以证明[5] Σ_1 上的一类界点的必要充分条件是:$F_u=0.$ 所以 Γ_1 的点都是一类界点,也是 Σ_1 的奇点. 一类界点轨迹称为一界曲线. 母面 Σ_2 上和 Σ_1 的一类界点(一界曲线)共轭的点(曲线),称为 Σ_2 的一类界点(一界曲线). Γ_1 是 Σ_1 的一界曲线. $\overline{\Gamma}_1$ 是 Σ_2 的一

界曲线.

§4 接触线在母面上的包络线,二类界点

在 S_2 上,C_t 是 Σ_2 上单参数曲线族,如果存在包络线 Γ_2,则由式(18),Γ_2 满足方程

$$
\Gamma_2:\begin{cases}
f=0 \\
D^{(2)}f=f_{x_2}\cdot D^{(2)}x_2+f_{y_2}\cdot D^{(2)}y_2+ \\
\qquad f_{z_2}\cdot D^{(2)}z_2=0 \\
DD^{(2)}f=f_{x_2}\cdot DD^{(2)}x_2+ \\
\qquad f_{y_2}\cdot DD^{(2)}y_2+ \\
\qquad f_{z_2}\cdot DD^{(2)}z_2=0
\end{cases}
\tag{21}
$$

式(21)中的 $DD^{(2)}x_2,DD^{(2)}y_2,DD^{(2)}z_2$ 由式(5)对 t 微分得到.

若 Γ_2 存在,则它将是 $\Sigma_2^{\text{凸}}$ 与 $\Sigma_2^{\text{凹}}$ 的分界线.

t 变动时,Γ_2 上点 P 每一瞬时重合于包络面 Σ_1 上某点 P',转到 S_1 上,P' 在 Σ_1 形成 Γ_2 的共轭曲线 $\overline{\Gamma}_2$. 利用算符性质,$\overline{\Gamma}_2$ 的方程是

$$
\overline{\Gamma}_2:\begin{cases}
F=0 \\
DF=0 \\
D^{(1)}DF=A^{(12)}f_{x_2}\cdot DD^{(2)}x_2+A^{(12)}f_{y_2}\cdot \\
\qquad DD^{(2)}y_2+A^{(12)}f_{z_2}\cdot DD^{(2)}z_2=0
\end{cases}
\tag{22}
$$

$\overline{\Gamma}_2$ 与 Γ_1 都在 Σ_1 上,如将 $\overline{\Gamma}_2$ 方程(22)与 Γ_1 方

程(19)比较,前两方程相同,第三方程分别是 $D^{(1)}DF = 0$ 与 $DDF = 0$,由于 D 与 $A^{(12)}$ 不能交换次序,所以 $\overline{\Gamma}_2$ 与 Γ_1 一般不重合.

Γ_1 和 $\overline{\Gamma}_1(\Gamma_2$ 和 $\overline{\Gamma}_2)$ 对每个 t 值都有一个公共点,在该点 Γ_1 和 $\overline{\Gamma}_1(\Gamma_2$ 和 $\overline{\Gamma}_2)$ 是相交而不是相切的,但对任一 t 值都有一 C_t 既和 Γ_1 相切又和 Γ_2 相切.

母面上满足条件
$$D^{(2)}f = 0,\ DD^{(2)}f = 0 \tag{23}$$
的点,参照文献[3]中的名称,称为母面上"二类界点",二类界点轨迹称为二界曲线. 包络面 Σ_1 上和母面二类界点(二界曲线)共轭的点(曲线)称为 Σ_1 的二类界点(二界曲线).

二次包络蜗轮副的出现,重新引起对二次接触的注意,在文献[4]中用二元矢量首先研究这方面问题. 二类界点和二次接触有密切关系.

设母面 Σ_2 上 Γ_2 存在并且不退化成点,则 Γ_2 分 Σ_2 为 Σ_2^g 和 Σ_2^f,C_t 总在 Γ_2 单侧,可以证明在 $G_{tt} = D^{(2)}D^{(2)}f \neq 0$ 条件下,C_t 和附近接触线是相交的,即 C_{t_0} 上任一点 P 既在 C_{t_0} 上,又在另一 C_{t_1} 上. 这样在 S_1 上,P 将在 t_0,t_1 两时刻对应 Σ_1 上两不同共轭点 P',P'',即 P 与包络面先后接触两次,下面用包络法再证明这一点. 为简化设 $h' = 0$.

S_2 上 Σ_2 的 C_t 上任给一定点 P,将 C_t 方程(16)中的 $D^{(2)}x_2,D^{(2)}y_2,D^{(2)}z_2$ 代入表达式(5),整理后得到
$$A\cos\varphi_2 + B\sin\varphi_2 = C \tag{24}$$

其中 A,B,C 不含 φ_2.

$$\begin{cases} A = (x_2 f_{z_2} - z_2 f_{x_2})\sin\gamma - f_{y_2}\cdot a\cos\gamma - f_{x_2}\cdot h\sin\gamma \\ B = (z_2 f_{y_2} - y_2 f_{z_2})\sin\gamma - f_{x_2}\cdot a\cos\gamma + f_{y_2}\cdot h\sin\gamma \\ C = (x_2 f_{y_2} - y_2 f_{x_2})(i_{21} - \cos\gamma) + f_{z_2}\cdot a\sin\gamma \end{cases}(25)$$

（1）当 $A^2 + B^2 < C^2$ 时式（24）无实解 φ_2，即 P 在 Σ_2^f 上.

（2）当 $A^2 + B^2 > C^2$ 时式（24）恒有两不等实解 φ_2，φ_2^*，即

$$\begin{cases} \varphi_2 = \arcsin\left(\dfrac{C}{\sqrt{A^2+B^2}}\right) - \arcsin\left(\dfrac{A}{\sqrt{A^2+B^2}}\right) \\ \varphi_2^* = \pi - \arcsin\left(\dfrac{C}{\sqrt{A^2+B^2}}\right) - \arcsin\left(\dfrac{A}{\sqrt{A^2+B^2}}\right) \end{cases}$$

$$(26)$$

这时 P 在 Σ_2^g 上，并对应两不同的 φ_2 使 P 既在 C_{φ_2} 又在 $C_{\varphi_2^*}$ 上，即点 P 出现二次接触.

（3）当 $A^2 + B^2 = C^2$ 时也只有这时式（24）有唯一解 φ_2，即

$$\varphi_2 = \varphi_2^* = \pm\frac{\pi}{2} - \arcsin\left(\frac{A}{\sqrt{A^2+B^2}}\right)$$

（$\pm$ 号取与 C 同号）

将式（23）改写成

$$D^{(2)}f = A\cos\varphi_2 + B\sin\varphi_2 - C = 0$$

$$DD^{(2)}f = B\cos\varphi_2 - A\sin\varphi_2 = 0$$

平方相加不难发现（23）式和 $A^2 + B^2 = C^2$ 等价. 所以母面二类界点只出现一次接触. 条件 $A^2 + B^2 = C^2$ 是不含参数 t 的，因此得出：母面上接触线的包络线 Γ_2 总

是可消去参数 t 得到直角坐标方程是

$$\Gamma_2 : \begin{cases} f(x_2, y_2, z_2) = 0 \\ A^2 + B^2 = C^2 \end{cases} \quad (27)$$

值得指出应用上重要的母面是平面的特例,这时 $f_{x_2}, f_{y_2}, f_{z_2}$ 是常量,$A^2 + B^2 = C^2$ 是 x_2, y_2, z_2 的二次方程,因此得出:母面是平面的啮合运动,Γ_2 如果存在,那么一定是母面上的二面曲线.

§5　二次包络

以上讨论,如将包络面 Σ_1 作为新母面,在相同啮合条件下(典型传动),考虑它的包络面及其他有关问题,就是二次包络. 坐标同 §1. 不过 S_1, S_2 的作用互换了.

S_1 上以 Σ_1 作母面,要求母面无奇点,但 Σ_1 上 Γ_1 的点都是奇点,所以除外. 在 Σ_1 是两叶时,去掉 Γ_1 两叶分开了,取定一叶作为 Σ_1,即有

$$\Sigma_1 : \begin{cases} F(x_1, y_1, z_1, t) = F = 0 \\ F_t(x_1, y_1, z_1, t) = DF = 0 \end{cases}$$

t 作为 Σ_1 几何参数,消去 t 的方程式(13),得

$$\Sigma_1 : f^{(1)}(x_1, y_1, z_1) = 0$$

第二次包络运动参数记作 $\theta(\theta_1$ 或 $\theta_2)$. 在 S_2 上当 θ 变动时,得到母面族 $\{\Sigma_1^\theta\}$ 的方程是

$$\{\Sigma_1^\theta\} : A_\theta^{21} f^{(1)} = 0$$

和一次包络类似记

$$F^{(2)}(x_2, y_2, z_2, \theta) = A_\theta^{(21)} f^{(1)}(x_1, y_1, z_1)$$

如果用 $f^{(1)} = 0$ 记作母面,$F^{(2)} = 0$ 记作母面族,那么 §2,§3,§4 所有式子将注脚 1,2 互换,就是二次包络的相应式子. 这样原则上简单,使用上困难,因为 $f^{(1)}$ 是式(11)消去参数 t 得到的,实际上消去参数很难,所以要将 $f^{(1)}$,$F^{(2)}$ 表示的、形式上简单的式子,改用 F(即 $F^{(1)}$)表示的式子,$F = A_\varphi^{(12)} f$ 可由原始母面方程得出. 为方便再设 $f^* = A_\varphi^{(21)} F = A_\theta^{(21)} A_\varphi^{(12)} f. f^*$ 可由原始母面方程的 f 经两次不同参数坐标变换得到. f^* 既含 φ 又含 θ. 当 $\varphi = \theta$ 时 $f^* = f$.

由算符及其性质可得到用 F 或 f^* 表示的二次包络的所有有关表达式. 下面只就二次包络接触线 $\widetilde{C}_\theta$ 在母面 Σ_1 的表达式为例,其余只在下面表中列出结果,推导详见文[5].

由式(16),$\widetilde{C}_\theta$ 在 Σ_1 的方程用 $f^{(1)}$ 表示是

$$\widetilde{C}_\theta : \begin{cases} f^{(1)} = 0 \\ f_{x_1}^{(1)} \cdot D_\theta^{(1)} x_1 + f_{y_1}^{(1)} \cdot D_\theta^{(1)} y_1 + f_{z_1}^{(1)} \cdot D_\theta^{(1)} z_1 = 0 \end{cases}$$

第一式就是 $F = 0, D_\varphi F = 0$. 第二式由式(14)$f_{x_1}^{(1)} = F_{x_1}$,$f_{y_1}^{(1)} = F_{y_1}, f_{z_1}^{(1)} = F_{z_1}$,用算符性质(10),注意到 $D_\theta F = 0$,得到用 F 表示的 $\widetilde{C}_\theta$ 方程

$$\widetilde{C}_\theta : \begin{cases} F = 0 \\ D_\varphi F = 0 \\ D_\theta^{(1)} F = F_{x_1} \cdot D_\theta^{(1)} x_1 + F_{y_1} \cdot D_\theta^{(1)} y_1 + F_{z_1} \cdot D_\theta^{(1)} z_1 \\ \qquad\quad = 0 \end{cases}$$

$$(28)$$

其中的 $D_\theta^{(1)}x_1, D_\theta^{(1)}y_1, D_\theta^{(1)}z_1$ 在式(4)给出了.

二次包络的接触线和相同啮合运动下的一次包络的接触线有质的不同,二次包络在同一时刻(θ=常数)出现两条接触线,其中一条重合于一次包络接触线,另一条是新产生的接触线.

在 S_1 上,$\widetilde{C}_\theta$ 方程(28)有 φ,θ 两参数,一次包络的运动参数 φ,现作为 Σ_1 的几何参数,θ 是二次包络的运动参数. 每一啮合位置 θ 是常量,φ 仍是变量. 现证明当 $\varphi=\theta$ 时,二次包络接触线重合于原一次包络接触线.

式(28)的第三个方程,当 $\varphi=\theta$ 时是 $D_\varphi^{(1)}F$,由算符性质(13),它是恒等式 $D_\varphi^{(1)}F=0$,式(28)前两个方程就是一次包络在 Σ_1 上的接触线方程(15),所以当 $\varphi=\theta$ 时,$\widetilde{C}_\theta$ 重合于一次包络的 $\widetilde{C}_\theta$. 当 $\varphi\neq\theta$ 时,φ 变动时式(28)给出另一新接触线 $\widetilde{C}_\theta{}^*$,文献[4]指出这两条接触线在二类界点处相交. 即

$$\widetilde{C}_\theta = C_\theta + \widetilde{C}_\theta{}^*$$

现若 θ 变动,$\widetilde{C}_\theta$ 组成 Σ_1 的一包络面,则它是原始母面的 Σ_2^g,C_θ^* 组成 Σ_1 另一包络面(文献[4])称为二次作用面记作 Σ_2^*,即 Σ_1 包络面 $\widetilde{\Sigma}_2 = \Sigma_2^g + \Sigma_2^*$.

为便于使用和比较将有关表达式列表如下:

Leibniz 定理

名　称	坐标系	表　达　式
一　次　包　络		
母面方程	S_2	$\Sigma_2: f^{(2)}(x_2, y_2, z_2) = f^{(2)} = f = 0$
母面族方程	S_1	$\Sigma_2^t: A^{(12)}f = F^{(1)}(x_1, y_1, z_1, t)$ $= F^{(1)} = F = 0$
包络面方程	S_1	$\Sigma_1: \begin{cases} F = A^{(12)}f = 0 \\ DF = DA^{(12)}f = 0 \end{cases}$
母面上接触线方程	S_2	$C_t: \begin{cases} f = 0, t = t_0 \\ D^{(2)}f = f_{x_2} \cdot D^{(2)}x_2 + f_{y_2} \cdot D^{(2)}y_2 + \\ \qquad\qquad f_{z_2} \cdot D^{(2)}z_2 = 0 \end{cases}$
相对速度	S_2	$D^{(2)}x_2 : v_{x_2}^{(21)} = D^{(2)}y_2 : v_{y_2}^{(21)} = D^{(2)}z_2 : v_{z_2}^{(21)}$
母面上接触线的包络线方程	S_2	$\Gamma_2: \begin{cases} f = 0 \\ D^{(2)}f = f_{x_2} \cdot D^{(2)}x_2 + f_{y_2} \cdot D^{(2)}y_2 + \\ \qquad\qquad f_{z_2} \cdot D^{(2)}z_2 = 0 \end{cases}$ $\Gamma_2: \begin{cases} f = 0 \\ A^2 + B^2 = C^2 \end{cases}$ （Γ_2 的直角坐标方程）
包络面上接触线的包络线在母面的共轭曲线	S_2	$\overline{\Gamma}_1: \begin{cases} f = 0 \\ D^{(2)}f = 0 \\ D^{(2)}D^{(2)}f = 0 \end{cases}$
包络面上接触线方程	S_1	$C_t: \begin{cases} F = 0, t = t_0 \\ DF = 0 \end{cases}$

名　称	坐标系	表　达　式
一　次　包　络	

名　称	坐标系	表　达　式
包络面上接触线的包络线方程(脊线)	S_1	$\Gamma_1:\begin{cases} F=0 \\ DF=0 \\ D^2F=0 \end{cases}$
母面上接触线的包络线在包络面上的共轭曲线方程	S_1	$\overline{\Gamma}_2:\begin{cases} F=0 \\ DF=0 \\ D^{(1)}DF=0 \end{cases}$
啮合面方程	S_0 $(O-xyz)$	$\Sigma:\begin{cases} A^{(02)}f=0 \\ A^{(02)}D^{(2)}f=A^{(02)}f_{x_2}\cdot A^{(02)}D^{(2)}x_2+ \\ \qquad A^{(02)}f_{y_2}\cdot A^{(02)}D^{(2)}y_2+ \\ \qquad A^{(02)}f_{z_2}\cdot A^{(02)}D^{(2)}z_2 \\ \qquad =0 \end{cases}$
母面方程	S_1	$\Sigma_1:f^{(1)}=0$　即　$\Sigma_1:\begin{cases} F=0 \\ D_\varphi F=0 \end{cases}$
母面族方程	S_2	$\Sigma_1^\theta:F^{(2)}=A_\theta^{(21)}f^{(1)}=0$ 用 $f^*=A_\theta^{(21)}F$ 表示是： $\Sigma_1^\theta:\begin{cases} A_\theta^{(21)}F=f^*=0 \\ A_\theta^{(21)}D_\varphi F=D_\varphi f^*=0 \end{cases}$
包络面方程	S_2	$\widetilde{\Sigma}_2:\begin{cases} A_\theta^{(21)}F=f^*=0 \\ A_\theta^{(21)}D_\varphi F=D_\varphi f^*=0 \\ A_\theta^{(21)}D_\theta^{(1)}F=D_\theta f^*=0 \end{cases}$ $\widetilde{\Sigma}_2=\Sigma_2^g+\Sigma_2^*$

	一 次 包 络	
名 称	坐标系	表 达 式
母面上接触线方程	S_1	$\widetilde{C}_\theta:\begin{cases} F=0, \theta=\theta_0 \\ D_\varphi F=0, \widetilde{C}_\theta=C_\theta+C_\theta^* \\ D_\theta^{(1)} F=0 \quad (C_\theta \text{ 是一次包络接触线}) \end{cases}$
母面上接触线的包络线方程	S_1	$\widetilde{\varGamma}_2:\begin{cases} F=0 \\ D_\varphi F=0, \widetilde{\varGamma}_2=\varGamma_1+\varGamma_2^* \\ D_\theta^{(1)} F=0 \quad (\varGamma_1 \text{ 是一次包络中 } \varSigma_1 \\ \quad \text{一界曲线}) \\ D_\theta D_\theta^{(1)} F=0 \end{cases}$
包络面上接触线的包络线在母面上的共轭曲线	S_1	$\overline{\widetilde{\varGamma}}_1:\begin{cases} F=0 \\ D_\varphi F=0 \\ D_\theta^{(1)} F=0 \\ D_\theta^{(1)} D_\theta^{(1)} F=0 \end{cases}$
包络面上接触线的方程	S_2	$\widetilde{C}_\theta:\begin{cases} A_\theta^{(21)} F=f^*=0, \theta=\theta_0 \\ A_\theta^{(21)} D_\varphi F=D_\varphi f^*=0, \widetilde{C}_\theta=C_\theta+C_\theta^* \\ A_\theta^{(21)} D_\theta^{(1)} F=D_\theta f^*=0 \end{cases}$
包络面上接触线的包络线方程	S_2	$\widetilde{\varGamma}_1:\begin{cases} A_\theta^{(21)} F=f^*=0 \\ A_\theta^{(21)} D_\varphi F=D_\varphi f^*=0, \widetilde{\varGamma}_1=\varGamma_2+\varGamma_1^* \\ A_\theta^{(21)} D_\theta^{(1)} F=D_\theta f^*=0 \\ \quad (\varGamma_2 \text{ 是一次包络中 } \varSigma_2 \text{ 二界曲线}) \\ D_\theta A_\theta^{(21)} D_\theta^{(1)} F=D_\theta D_\theta f^*=0 \end{cases}$
母面上接触线的包络线在包络面上的共轭曲线	S_2	$\overline{\widetilde{\varGamma}}_2:\begin{cases} A_\theta^{(21)} F=f^*=0 \\ A_\theta^{(21)} D_\varphi F=D_\varphi f^*=0 \\ A_\theta^{(21)} D_\theta^{(1)} F=D_\theta f^*=0 \\ A_\theta^{(21)} D_\theta D_\theta^{(1)} F=D_\theta^{(2)} D_\theta f^*=0 \end{cases}$

§6　应 用 举 例

（1）在 SG-71 型蜗轮副啮合理论的应用

坐标设置、几何关系及 β,α,γ_b 意义见图 2. 与蜗杆、蜗轮固连的坐标分别是 S_1,S_2，坐标变换由（1）和（2）中 $\gamma=\dfrac{\pi}{2},h=0$ 得到.

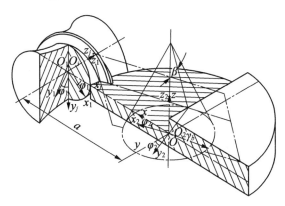

图 2

S_2 上，原式母面 Σ_2 是平面. Σ_2：$y_2-z_2\tan\beta+\gamma_b=0$. 由 Σ_2 包络出蜗杆 Σ_1. 在 Σ_2 接触线方程由式（16）得

$$C_\varphi：\begin{cases} y_2-z_2\tan\beta+\gamma_b=0,\\ -x_2(i_{12}+\tan\beta\cos\varphi_2)+y_2\tan\beta\sin\varphi_2+\\ z_2\sin\varphi_2+a\tan\beta=0 \end{cases}$$

Γ_2 形状位置对接触线分布影响极大，由式（21）得

$$\varGamma_2:\begin{cases} y_2 - z_2 \tan\beta + \gamma_b = 0 \\ -x_2(i_{21} + \tan\beta\cos\varphi_2) + y_2\tan\beta\sin\varphi_2 + \\ z_2\sin\varphi_2 + a\tan\beta = 0 \\ x_2\tan\beta\sin\varphi_2 + y_2\tan\beta\cos\varphi_2 + z_2\cos\varphi_2 = 0 \end{cases}$$

消去 φ_2 的 $\varGamma_2$ 直角坐标方程,由式(27)得

$$\varGamma_2:\begin{cases} y_2 - z_2\tan\beta + \gamma_b = 0 \\ (x_2\tan\beta)^2 + (z_2 + y_2\tan\beta)^2 = (i_{21}x_2 - a\tan\beta)^2 \end{cases}$$

用 $x_2 = x_3$; $y_2 = y_3\sin\beta - z_3\cos\beta - \gamma_b$; $z_3 = y_3\cos\beta + z_3\sin\beta$ 换到以 $\varSigma_2$ 为坐标平面的坐标系 S_3,这时 $\varSigma_2$ 方程是 $z_3 = 0$, C_φ(直线),$\varGamma_2$ 方程是

$$C_\varphi: -x_3(i_{21} + \tan\beta\cos\varphi_2) + y_3\sec\beta\sin\varphi_2 + \\ \tan\beta(a - \gamma_b\sin\varphi_2) = 0$$

$$\varGamma_2: x_3^2(i_{21}^2 - \tan^2\beta) - 2x_3 a i_{21}\tan\beta - \tan^2\beta\left(\frac{y_3}{\sin\beta} - \gamma_b\right)^2 + \\ a^2\tan^2\beta = 0$$

$\varGamma_2$ 是二次曲线,记 $k = i_{12}\tan\beta$. 当 $k^2 > 1$, $\varGamma_2$ 是中心在 $\left(-\dfrac{ak}{k^2-1}, \gamma_b\sin\beta\right)$,长短半轴分别是 $\dfrac{ak^2}{k^2-1}$ 和 $\dfrac{ak|\sin\beta|}{\sqrt{k^2-1}}$ 的椭圆. $k^2 = 1$ 是抛物线. $k^2 < 1$ 是双曲线. 实际上,三种曲线都可能出现. $\beta = 0$, $\varGamma_2$ 退化为一点 $x_3 = y_3 = 0$,所有接触线都通过这点.

$\varSigma_2$ 包络面 $\varSigma_1$(蜗杆曲面)方程由式(11)得

$$\Sigma_1 : \begin{cases} (\cos\varphi_1\sin\varphi_2 + \tan\beta\sin\varphi_1)x_1 + (-\sin\varphi_1\sin\varphi_2 + \\ \tan\beta\cos\varphi_1)y_1 - z_1\cos\varphi_2 - a\sin\varphi_2 + \gamma_b = 0 \\ (-\sin\varphi_1\sin\varphi_2 + i_{21}\cos\varphi_1\cos\varphi_2 + \tan\beta\cos\varphi_1)x_1 + \\ (-\cos\varphi_1\sin\varphi_2 - i_{21}\sin\varphi_1\cos\varphi_2 - \tan\beta\sin\varphi_1)y_1 + \\ (i_{21}\sin\varphi_2)z_2 - ai_{21}\cos\varphi_2 = 0 \end{cases}$$

Γ_1 方程由 Σ_1 方程加上以下包络条件得到

$$(-\cos\varphi_1\sin\varphi_2 - 2i_{21}\sin\varphi_1\cos\varphi_2 - i_{21}^2\cos\varphi_1\sin\varphi_2 -$$
$$\tan\beta\sin\varphi_1)x_1 + (\sin\varphi_1\sin\varphi_2 - 2i_{21}\cos\varphi_1\cos\varphi_2 +$$
$$i_{21}^2\sin\varphi_1\sin\varphi_2 - \tan\beta\cos\varphi_1)y_1 + i_{21}^2 z_1\cos\varphi_2 +$$
$$ai_{21}^2\sin\varphi_2 = 0$$

啮合面方程是(在 $O-xyz$ 上)

$$\Sigma : \begin{cases} (-x\sin\varphi_2 + y\cos\varphi_2) - z\tan\beta + \gamma_b = 0 \\ (x\cos\varphi_2 + y\sin\varphi_2)i_{21} + x\tan\beta - z\sin\varphi_2 - a\tan\beta = 0 \end{cases}$$

在一次包络加工出蜗杆 Σ_1 基础上,以 Σ_1 作为新母面(即做成滚刀),加工出(包络出)另一与它相配合的蜗轮,由式(28)二次包络接触线 $\widetilde{C}_\theta$ 方程是 Σ_1 的方程,加上下面的包络条件 $D_\theta^{(1)}F = 0$,即

$$(\cos\varphi_1\sin\varphi_2 + \tan\beta\sin\varphi_1)(y_1 i_{12} - z_1\cos\theta_1) +$$
$$(-\sin\varphi_1\sin\varphi_2 + \tan\beta\cos\varphi_1)(-x_1 i_{12} + z_1\sin\theta_1) -$$
$$\cos\varphi_2(x_1\cos\theta_1 - y_1\sin\theta_1 - a) = 0$$

这是 x_1, y_1, z_1 线性方程组. 当 $\varphi = \theta$ 时系数行列式为零,但这时方程组系数矩阵和增广矩阵的秩都是 2,方程组仍可解. 这解重新得出一次包络原接触线(直线). 当 $\varphi \neq \theta, \varphi$ 变动得到新接触线 C_θ^* 的曲线.

$\widetilde{C}_\theta$ 在 Σ_1 的包络线 $\widetilde{\Gamma}_2$ 方程是 $\widetilde{C}_\theta$ 方程加上条件

$$(\cos\varphi_1\sin\varphi_2 + \tan\beta\sin\varphi_1)z_1\sin\theta_1 + (-\sin\varphi_1\sin\varphi_2 +$$
$$\tan\beta\cos\varphi_1)z_1\cos\theta_1 + (-x_1\sin\theta_1 - y_1\cos\theta_1)\cos\varphi_2 = 0$$

得到. 当 $\varphi = \theta$ 时 $\widetilde{\Gamma}_2$ 重新得到 Γ_2.

图 3 是一具体实例计算结果,由北京钢铁学院新型蜗轮副研究组提供. 具体参数是

$$\alpha = 420 \text{ mm}, i_{12} = 48, \beta = 4°, \gamma_b = 150 \text{ mm}$$

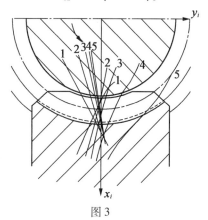

图 3

(2)斜轧钢球轧辊辊形(精整区)曲面

用斜轧技术轧制钢球,轧辊精整区曲面可看作钢球的包络面. 设钢球半径为 R,钢球前进方向与轧辊中心线夹角为 γ,最短距离为 a.

S_2 上母面 Σ_2 是球面,Σ_2:$f = x_2^2 + y_2^2 + z_2^2 - R^2 = 0$

Σ_2 是旋转面,坐标变换可由式(2)中令 $\varphi_2 = 0$ ($i_{21} = 0$)及 $h = K\varphi_1$(K 常量)得到,Σ_2 上接触线 C_{φ_1} 是

$$C_{\varphi_1}: \begin{cases} x_2^2 + y_2^2 + z_2^2 - R^2 = 0 \\ -x_2 h\sin\gamma - y_2 a\cos\gamma - z_2(a\sin\gamma + K) = 0 \end{cases}$$

这是球面上的大圆. 由于 $h = K\varphi_1$, 大圆位置随 φ_1 变动. 为弄清钢球是否全部由接触线组成, 即能否斜轧成型, 要考察二界曲线 Γ_2, 即有

$$\Gamma_2: \begin{cases} x_2^2 + y_2^2 + z_2^2 - R^2 = 0, \\ -x_2 h\sin\gamma - y_2 a\cos\gamma - z_2(a\sin\gamma + K) = 0, \\ 2x_2(-K\sin\gamma) = 0. \end{cases}$$

由于 $K\sin\gamma$ 不为零, 即 $x_2 = 0$. Γ_2 退化为球面上对称球心两点 P_1, P_2, 所有接触线都通过 P_1, P_2.

轧辊精整区辊形曲面 Σ_1 方程是

$$\Sigma_1: \begin{cases} (-x_1\cos\varphi_1 + y_1\sin\varphi_1 + a)^2 + (x_1\sin\varphi_1\cos\gamma + \\ y_1\cos\varphi_1\cos\gamma + z_1\sin\gamma)^2 + (-x_1\sin\varphi_1\sin\gamma - \\ y_1\cos\varphi_1\sin\gamma + z_1\cos\gamma - h)^2 - R^2 = 0 \\ (x_1\sin\varphi_1 + y_1\cos\varphi_1)(-x_1\cos\varphi_1 + y_1\sin\varphi_1 + a) + \\ (x_1\cos\varphi_1\cos\gamma - y_1\sin\varphi_1\cos\gamma)(x_1\sin\varphi_1\cos\gamma + \\ y_1\cos\varphi_1\cos\gamma + z_1\sin\gamma) + (-x_1\cos\varphi_1\sin\gamma + \\ y_1\sin\varphi_1\sin\gamma - K)(-x_1\sin\varphi_1\sin\gamma - \\ y_1\cos\varphi_1\sin\gamma + z_1\cos\gamma - h) = 0 \end{cases}$$

参考文献

［1］　吴大任. 微分几何［M］. 北京:人民教育出版社, 1959.

［2］　Ф·Л·李特文. 齿轮啮合原理［M］. 丁谆, 译.

上海:上海科学技术出版社,1964.

[3] 南开大学数学系齿轮啮合研究小组. 齿轮啮合理论的数学基础[J]. 数学的实践与认识,1976(1):52-62;(2):41-58.

[4] 酒井高男,牧充. 交错轴齿轮传动中第二次作用的研究[D]. 国际齿轮装置与传动会议论文轩,机械工业出版社,1977,327-338.

[5] 包络法和啮合原理,北京钢铁学院,1978(内部资料).

有心二次曲线的包络形成法[①]

定理1 已知点 A 是定点,点 B 是半径为 R 的定圆 $\odot O$ 上的动点,则线段 AB 的垂直平分线 L 的轨迹的包络线是:

1° 圆(当点 A 重合于圆心 O 时),参见图1;

2° 椭圆(当点 A 在 $\odot O$ 内,且不重合于圆心 O 时),参见图2;

3° 双曲线(当点 A 在 $\odot O$ 外时),参见图3.

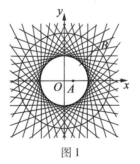

图1

---

① 李迪淼.有心二次曲线的包络形成法[J].数学通报 2005,44(9).

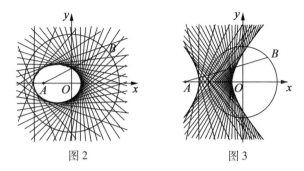

图2　　　　　　　　图3

证明　不妨设⊙O 的方程为 $x^2 + y^2 = R^2$,且设点 A 在 x 轴上.

1° 当点 A 重合于圆心 O 时,因线段 AB(即 OB)的垂直平分线恒与以 O 为圆心以 $\frac{1}{2}R$ 为半径的圆相切,故此时的轨迹的包络线是圆(图1).

2° 当点 A 在⊙O 内且不重合于圆心 O 时,设 $A(-2c,O)$,则以 A,O 为焦点,以 R 为长轴长的椭圆方程是

$$\frac{(x+c)^2}{\left(\dfrac{R}{2}\right)^2} + \frac{y^2}{\left(\dfrac{R}{2}\right)^2 - c^2} = 1 \qquad (1)$$

另外,设 $B(R\cos\theta, R\sin\theta)$,则易得线段 AB 的垂直平分线 L 的方程是

$$y = -\frac{R\cos\theta + 2c}{R\sin\theta}\left(x - \frac{R\cos\theta - 2c}{2}\right) + \frac{R\sin\theta}{2} \qquad (2)$$

将(2)代入(1)并整理得

$$[2(R + 2c\cos\theta)x - \cos\theta(R^2 - 4c^2)]^2 = 0 \qquad (3)$$

因为 $R > |OA| = 2c$(图2),于是 $R + 2c\cos\theta \neq 0$. 所以方程(3)有两个相同的解,从而知任意线段 AB 的垂直平分线 L 均是椭圆(1)的切线,即线段 AB 的垂直平分线 L 的轨迹的包络线是椭圆(1).

3° 当点 A 在 ⊙O 外时,设 $A(-2c,0)$,则以 A,O 为焦点,以 R 为实轴长的双曲线方程是

$$\frac{(x+c)^2}{\left(\dfrac{R}{2}\right)^2}+\frac{y^2}{c^2-\left(\dfrac{R}{2}\right)^2}=1 \tag{4}$$

以下证法同②,此略. 证毕.

借助几何画板. 可以发现一个有趣的现象:将定理 1 中的条件"线段 AB 的垂直平分线 L"改为"直线 AB 的一条到 A 距离为定值的垂线 $L(L$ 不过点 $A)$"后,结论仍然成立,即有以下的定理:

定理 2　已知点 A 是定点,点 B 是半径为 R 的定圆 ⊙O 上的动点,则直线 AB 的一条到 A 距离为定值的垂线 $L(L$ 不过点 $A)$ 的轨迹的包络线是:

1° 圆(当点 A 重合于圆心 O 时);

2° 椭圆(当点 A 在 ⊙O 内,且不重合于圆心 O 时);

3° 双曲线(当点 A 在 ⊙O 外时)(证明留给读者).

更有趣的是,将定理 2 中的条件改为"经过直线 AB 上到 A 距离固定的一个点 $P(P$ 不重合于 $A)$ 且与 AB 交成定角 φ 的一条直线 L"后,结论仍然成立,即有以下的定理:

定理 3　已知点 A 是定点,点 B 是半径为 R 的定圆 ⊙O 上的动点,则经过直线 AB 上到 A 距离固定的一个点 $P(P$ 不重合于 $A)$ 且与 AB 交成定角 φ 的一条直线 L 的轨迹的包络线是圆(当点 A 重合于圆心 O 时)或椭圆(当点 A 在 ⊙O 内且不重合于圆心 O 时)或双曲线(当点 A 在 ⊙O 外时).

有心二次曲线和有心二次曲面的包络形成法[①]

附录 9

§1 引 言

文[1]中通过下面三个定理得到了有心二次曲线的包络形成法：

定理1 已知点 A 是定点,点 B 是半径为 R 的定圆 $\odot O$ 上的动点,则线段 AB 的垂直平分线 L 的轨迹的包络线是：

1° 圆(当点 A 重合于圆心 O 时)；

2° 椭圆(当点 A 在 $\odot O$ 内,且不重合于圆心 O 时)；

3° 双曲线(当点 A 在 $\odot O$ 外时).

定理2 已知点 A 是定点,点 B 是半径为 R 的定圆 $\odot O$ 上的动点,则直线 AB 的一条到 A 距离为定值的垂线 $L(L$

---

① 席高文.有心二次曲线和有心二次曲面的包络形成法[J].大学数学,2009,25(1).

不过点 A)的轨迹的包络线是：

1° 圆(当点 A 重合于圆心 O 时)；

2° 椭圆(当点 A 在 $\odot O$ 内，且不重合于圆心 O 时)；

3° 双曲线(当点 A 在 $\odot O$ 外时).

定理3　已知点 A 是定点，点 B 是半径为 R 的定圆 $\odot O$ 上的动点，则经过直线 AB 上到 A 距离固定的点 P (P 不重合于 A)且与 AB 交成定角 φ 的一条直线 L 的轨迹的包络线是：

1° 圆(当点 A 重合于圆心 O 时)；

2° 椭圆(当点 A 在 $\odot O$ 内，且不重合于圆心 O 时)；

3° 双曲线(当点 A 在 $\odot O$ 外时).

对于上述三个定理，文[1]只证明了定理1，而定理2、定理3只是借助于几何画板得到. 显然，定理2、定理3是错误的. 因为定理2、定理3中的动直线到点 A 的距离问题总是一个定值，即动直线 L 的轨迹的包络线是以 A 为圆心，定距离为半径的圆.

本文将运用有心二次曲线切线的性质，不仅得到了类似于上述定理1、定理2中有心二次曲线包络形成的正确结论，而且通过有心二次曲面切面的性质还得到了有心二次曲面的包络形成法.

§2 有心二次曲线的包络形成法

为了得到有心二次曲线的包络形成法,首先给出几个引理.

引理 1 直线 $L: lx + my + k = 0 (k \neq 0)$ 是有心二次曲线 $\Sigma: \dfrac{x^2}{a} + \dfrac{y^2}{b} = 1 (ab \neq 0)$ 的切线的充要条件是 $al^2 + bm^2 = k^2$.

证 必要性. 设直线 L 是二次曲线 Σ 的切线,切点为 $P(x_0, y_0)$,则可知这个切线的方程应为 $\dfrac{x_0 x}{a} + \dfrac{y_0 y}{b} = 1$,因此 $\dfrac{x_0}{al} = \dfrac{y_0}{bm} = \dfrac{-1}{k}$,即 $x_0 = -\dfrac{al}{k}, y_0 = -\dfrac{bm}{k}$. 而 $P(x_0, y_0)$ 在直线 L 上,所以有 $al^2 + bm^2 = k^2$.

充分性. 若直线 $L: lx + my + k = 0 (k \neq 0)$ 满足条件 $al^2 + bm^2 = k^2$,则点 $P\left(-\dfrac{al}{k}, -\dfrac{bm}{k} \right)$ 既在直线 L 上又在二次曲线 Σ 上,而二次曲线 Σ 在 $P\left(-\dfrac{al}{k}, -\dfrac{bm}{k} \right)$ 处的切线为 $\dfrac{-\dfrac{al}{k}x}{a} + \dfrac{-\dfrac{bm}{k}y}{b} = 1$,即 $lx + my + k = 0$.

引理 2 若点 A 是定点,点 B 是以 R 为半径,圆心为 O 的定圆上的动点,L_1 是过 B 与直线 AB 交角为定角 θ 的直线,L_2 是过 A 且与直线 L_1 垂直相交的直线,M 是 L_1 与 L_2 的交点,则当点 A 与圆心 O 重合时,M 的

轨迹是一个定圆；当点 A 与圆心 O 不重合时，M 的轨迹是两个定圆.

证 显然，当点 A 与圆心 O 重合时，M 与圆心 O 的距离是定值 $R\sin\theta$，所以 M 的轨迹是以 O 为圆心，$R\sin\theta$ 为半径的一个定圆；当点 A 与圆心 O 不重合时，设定点 $A(0,0)$，动点 $B(x_0,y_0)$，$M(x_1,y_1)$，$O(2c,0)$，$c>0$，则以 R 为半径，圆心为 O 的定圆方程为 $(x-2c)^2+y^2=R^2$. 直线 L_1 为 BM，直线 L_2 为 AM，如图 1 所示.

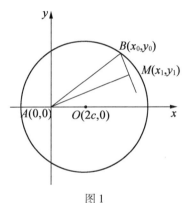

图 1

不妨设定角 θ 为锐角，而直线 L_1 有两条，即对应于 $(x_0-x_1)y_1\leqslant0$，$(x_0-x_1)y_1>0$ 两种情况. 下面首先证明当 $(x_0-x_1)y_1\leqslant0$ 时，引理 2 成立.

因为，直线 L_1 是 BM，直线 L_2 是 AM，$\angle ABM=\theta$，所以有

$$x_1(x_1-x_0)+y_1(y_1-y_0)=0 \tag{1}$$

$$x_1^2+y_1^2=x_1x_0+y_1y_0$$

$$(x_1^2-x_1x_0)^2=(y_1^2-y_1y_0)^2 \tag{2}$$

Leibniz 定理

$$x_1^2 + y_1^2 = (x_0^2 + y_0^2)\sin^2\theta \qquad (3)$$

$$(x_0 - 2c)^2 + y_0^2 = R^2 \qquad (4)$$

$$\cos\theta = \frac{\sqrt{(x_1 - x_0)^2 + (y_1 - y_0)^2}}{\sqrt{x_0^2 + y_0^2}} \qquad (5)$$

取 $O'(2c\sin^2\theta,\ -2c\sin\theta\cos\theta)$，则由（1）（2）（3）（4）（5）得

$$
\begin{aligned}
MO'^2 &= (x_1 - 2c\sin^2\theta)^2 + (y_1 + 2c\sin\theta\cos\theta)^2 \\
&= x_1^2 + y_1^2 + 4c^2\sin^2\theta - 4c\sin\theta(x_1\sin\theta - y_1\cos\theta) \\
&= (x_0^2 + y_0^2)\sin^2\theta + 4c^2\sin^2\theta - \\
&\quad 4c\sin\theta(x_1\sin\theta - y_1\cos\theta) \\
&= (R^2 - 4c^2 + 4cx_0)\sin^2\theta + 4c^2\sin^2\theta - \\
&\quad 4c\sin\theta(x_1\sin\theta - y_1\cos\theta) \\
&= R^2\sin^2\theta + 4c\sin\theta(x_0\sin\theta - x_1\sin\theta + y_1\cos\theta)
\end{aligned}
$$

由于

$$
\begin{aligned}
& x_0\sin\theta - x_1\sin\theta + y_1\cos\theta \\
&= (x_0 - x_1)\sin\theta + y_1\cos\theta \\
&= (x_0 - x_1)\frac{\sqrt{x_1^2 + y_1^2}}{\sqrt{x_0^2 + y_0^2}} + \\
&\quad y_1\frac{\sqrt{(x_1 - x_0)^2 + (y_1 - y_0)^2}}{\sqrt{x_0^2 + y_0^2}}
\end{aligned}
$$

因为

$$
\left[(x_0 - x_1)\frac{\sqrt{x_1^2 + y_1^2}}{\sqrt{x_0^2 + y_0^2}}\right]^2 - \left[y_1\frac{\sqrt{(x_1 - x_0)^2 + (y_1 - y_0)^2}}{\sqrt{x_0^2 + y_0^2}}\right]^2
$$

$$
= \frac{1}{x_0^2 + y_0^2}\{(x_0 - x_1)^2(x_1^2 + y_1^2) -
$$

568

$$y_1^2 [(x_1 - x_0)^2 + (y_1 - y_0)^2]\}$$

$$= \frac{1}{x_0^2 + y_0^2} [(x_0 - x_1)^2 x_1^2 - y_1^2 (y_1 - y_0)^2]$$

由 (2) 知, $(x_0 - x_1)^2 x_1^2 = y_1^2 (y_1 - y_0)^2$, 且 $(x_0 - x_1) \cdot$

$y_1 \leqslant 0$, 因此有

$$MO'^2 = R^2 \sin^2\theta + 4c\sin\theta(x_0\sin\theta - x_1\sin\theta + y_1\cos\theta)$$
$$= R^2 \sin^2\theta$$

即点 M 的轨迹是以 $O'(2c\sin^2\theta, -2c\sin\theta\cos\theta)$ 为圆心, $R\sin\theta$ 为半径的圆.

同理可证, 当 $(x_0 - x_1)y_1 > 0$ 时, 点 M 的轨迹是以 $O''(2c\sin^2\theta, 2c\sin\theta\cos\theta)$ 为圆心, $R\sin\theta$ 为半径的圆.

有了上述引理, 可以得到如下有心二次曲线的包络形成法.

定理4 已知点 A 是定点, 点 B 是以 R 为半径, 圆心为 O 的定圆上的动点, P 是分有向线段 $\overrightarrow{AB}$ 成定比 $\lambda(\lambda \neq 0)$ 的点, 则过 P 且垂直于直线 AB 的直线 L 的轨迹的包络线是:

1° 圆 (当点 A 重合于圆心 O 时);

2° 椭圆 (当点 A 在 $\odot O$ 内, 且不重合于圆心 O 时);

3° 双曲线 (当点 A 在 $\odot O$ 外时).

证 设以 R 为半径, 圆心为 O 的定圆方程 $x^2 + y^2 = R^2$, 且定点 A 在 x 轴上.

1° 当点 A 重合于圆心 O 时, 则过 P 且垂直于直线 AB 的直线 L 与定点 A 的距离是一个定值 $k(k \neq 0)$, 即直线 L 是以 $k(k \neq 0)$ 为半径, 圆心为 O 的圆的切线, 因此,轨迹的包络线是以 $k(k \neq 0)$ 为半径,圆心为 O 的圆.

2° 当点 A 在 $\odot O$ 内,且不重合于圆心 O 时,设 $A(-2c,0)$,动点 $B(x_0,y_0)$,则点 $P\left(\dfrac{-2c+\lambda x_0}{1+\lambda},\dfrac{\lambda y_0}{1+\lambda}\right)$,椭圆方程为

$$\frac{\left(x+\dfrac{2c}{1+\lambda}\right)^2}{\left(\dfrac{\lambda R}{1+\lambda}\right)^2}+\frac{y^2}{\left(\dfrac{\lambda R}{1+\lambda}\right)^2-\left(\dfrac{2c\lambda}{1+\lambda}\right)^2}=1 \quad (R>2c)$$

$$(6)$$

过 P 且垂直于直线 AB 的直线 L 的方程为

$$(x_0+2c)\left(x-\frac{\lambda x_0-2c}{1+\lambda}\right)+y_0\left(y-\frac{\lambda y_0}{1+\lambda}\right)=0$$

由于 $B(x_0,y_0)$ 在圆上,化简得

$$(x_0+2c)x+y_0y-\frac{2cx_0(\lambda-1)-4c^2+\lambda R^2}{1+\lambda}=0 \quad (7)$$

作坐标系的平移变换 $\begin{cases}x=x'-\dfrac{2c}{1+\lambda}\\ y=y'\end{cases}$,则 $(6)(7)$ 分别变形为

$$\frac{x'^2}{\left(\dfrac{\lambda R}{1+\lambda}\right)^2}+\frac{y'^2}{\left(\dfrac{\lambda R}{1+\lambda}\right)^2-\left(\dfrac{2c\lambda}{1+\lambda}\right)^2}=1 \quad (R>2c) \quad (8)$$

$$(x_0+2c)x'+y_0y'-\frac{2cx_0\lambda+\lambda R^2}{1+\lambda}=0 \qquad (9)$$

因为

$$(x_0+2c)^2\left(\frac{\lambda R}{1+\lambda}\right)^2+y_0^2\left[\left(\frac{\lambda R}{1+\lambda}\right)^2-\left(\frac{2c\lambda}{1+\lambda}\right)^2\right]-\left(\frac{2cx_0\lambda+\lambda R^2}{1+\lambda}\right)^2$$

$$= (x_0 + 2c)^2 \left(\frac{\lambda R}{1 + \lambda}\right)^2 + (R^2 - x_0^2) \cdot$$

$$\left[\left(\frac{\lambda R}{1 + \lambda}\right)^2 - \left(\frac{2c\lambda}{1 + \lambda}\right)^2\right] - \left(\frac{2cx_0\lambda + \lambda R^2}{1 + \lambda}\right)^2$$

$$= \frac{\lambda^2}{(1 + \lambda)^2}(x_0^2 R^2 + 4c^2 R^2 + 4cx_0 R^2 + R^4 - 4c^2 R^2 -$$

$$x_0^2 R^2 + 4c^2 x_0^2 - 4c^2 x_0^2 - R^4 - 4cx_0 R^2)$$

$$= 0$$

所以由引理 1 可知,(9)是(8)的切线,因此(7)是(6)的切线. 从而过 P 且垂直于直线 AB 的直线 L 是椭圆(6)的切线,即过 P 且垂直于直线 AB 的直线 L 轨迹的包络线是椭圆(6).

$3°$ 当点 A 在 $\odot O$ 外时,设 $A(-2c, 0)$,动点 $B(x_0, y_0)$,则点 $P\left(\dfrac{-2c + \lambda x_0}{1 + \lambda}, \dfrac{\lambda y_0}{1 + \lambda}\right)$. 双曲线的方程为

$$\frac{\left(x + \dfrac{2c}{1 + \lambda}\right)^2}{\left(\dfrac{\lambda R}{1 + \lambda}\right)^2} + \frac{y^2}{\left(\dfrac{\lambda R}{1 + \lambda}\right)^2 - \left(\dfrac{2c\lambda}{1 + \lambda}\right)^2} = 1 \quad (R < 2c)$$

$$(10)$$

过 P 且垂直于直线 AB 的直线 L 的方程为

$$(x_0 + 2c)\left(x - \frac{\lambda x_0 - 2c}{1 + \lambda}\right) + y_0\left(y - \frac{\lambda y_0}{1 + \lambda}\right) = 0$$

由于 $B(x_0, y_0)$ 在圆上,化简得

$$(x_0 + 2c)x + y_0 y - \frac{2cx_0(\lambda - 1) - 4c^2 + \lambda R^2}{1 + \lambda} = 0$$

$$(11)$$

作坐标系的平移变换 $\begin{cases} x = x' - \dfrac{2c}{1+\lambda} \\ y = y' \end{cases}$,则(10)(11)

分别变形为

$$\frac{x'^2}{\left(\dfrac{\lambda R}{1+\lambda}\right)^2} + \frac{y'^2}{\left(\dfrac{\lambda R}{1+\lambda}\right)^2 - \left(\dfrac{2c\lambda}{1+\lambda}\right)^2} = 1 \quad (R < 2c)$$

$$(12)$$

$$(x_0 + 2c)x' + y_0 y' - \frac{2cx_0\lambda + \lambda R^2}{1+\lambda} = 0 \quad (13)$$

同 2° 的证法相同,由引理 1 可知,(13)是(12)的切线.因此(11)是(10)的切线. 从而过 P 且垂直于直线 AB 的直线 L 是双曲线(10)的切线,即过 P 且垂直于直线 AB 的直线 L 轨迹的包络线是双曲线(10).

在定理 4 中,若取 $\lambda = 1$,可得:

推论 1 已知点 A 是定点,点 B 是半径为 R 的定圆 $\odot O$ 上的动点,则线段 AB 的垂直平分线 L 的轨迹的包络线是:

1° 圆(当点 A 重合于圆心 O 时);

2° 椭圆(当点 A 在 $\odot O$ 内,且不重合于圆心 O 时);

3° 双曲线(当点 A 在 $\odot O$ 外时).

推论 1 即为文献[1]的定理 1.

定理 5 已知点 A 是定点,点 B 是以 R 为半径,圆心为 O 的定圆上的动点,P 是分有向线段 $\overrightarrow{AB}$ 成定比 $\lambda(\lambda \neq 0)$ 的点,则过 P 且与直线 AB 的交角为定角 θ 的直线 L 的轨迹的包络线是:

1° 一个圆(当点 A 重合于圆心 O 时);

2° 两个椭圆(当点 A 在 $\odot O$ 内,且不重合于圆心 O 时);

3° 两条双曲线(当点 A 在 $\odot O$ 外时).

证 当点 A 重合于圆心 O 时,结论显然成立. 当点 A 在 $\odot O$ 内,且不重合于圆心 O,或者点 A 在 $\odot O$ 外时,不妨设定点 $A(0,0)$,动点 $B(x_0,y_0)$,$O(2c,0)$,$c>0$,则以 R 为半径,圆心为 O 的定圆方程为 $(x-2c)^2+y^2=R^2$. 若 L_1 是与直线 AB 的交角为定角 θ 的直线,L_2 是过 A 且与直线 L_1 垂直相交的直线. M 是 L_1 与 L_2 的交点,则由引理 2 可知,点 M 的轨迹是两个定圆,且圆心为 $O'(2c\sin^2\theta,-2c\sin\theta\cos\theta)$,$O''(2c\sin^2\theta,2c\sin\theta\cos\theta)$,半径为 $R\sin\theta$. 因此,过 P 且与直线 AB 的交角为定角 θ 的直线 L 的轨迹的包络线即为:点 $A(0,0)$ 是定点,点 M 是以 $R\sin\theta$ 为半径,圆心为 $O'(2c\sin^2\theta,-2c\sin\theta\cos\theta)$,$O''(2c\sin^2\theta,2c\sin\theta\cos\theta)$ 的定圆上的动点,P 是分有向线段 $\overrightarrow{AM}$ 成定比 $\lambda(\lambda\neq0)$ 的点,过 P 且与直线 AM 垂直的直线 L 的轨迹的包络线. 由定理 4 可知,定理 5 成立.

§3　有心二次曲面的包络形成法

为了得到有心二次曲面的包络形成法,同样先给出几个引理.

引理 3 若 $P(x_0,y_0,z_0)$ 是二次曲面

$$F(x,y,z) = a_{11}x^2 + a_{22}y^2 + a_{33}z^2 + 2a_{12}xy +$$
$$2a_{13}xz + 2a_{23}yz + 2a_{14}x + 2a_{24}y +$$
$$2a_{34}z + a_{44}$$
$$= 0$$

的正常点,则在 $P(x_0, y_0, z_0)$ 处二次曲面的切平面方程是

$$a_{11}x_0x + a_{22}y_0y + a_{33}z_0z + a_{12}(x_0y + xy_0) +$$
$$a_{13}(x_0z + xz_0) + a_{23}(y_0z + yz_0) + a_{14}(x + x_0) +$$
$$a_{24}(y + y_0) + a_{34}(z + z_0) + a_{44} = 0^{[2]}$$

引理 4 平面 $\pi: lx + my + nz + k = 0 (k \neq 0)$ 是有心二次曲面 $\Sigma: \dfrac{x^2}{a} + \dfrac{y^2}{b} + \dfrac{z^2}{c} = 1 (abc \neq 0)$ 的切面的充要条件是 $al^2 + bm^2 + cn^2 = k^2$.

证 必要性. 设平面 π 是二次曲面 Σ 的切面,切点为 $P(x_0, y_0, z_0)$. 由引理 3 可知,这个切面的方程应为 $\dfrac{x_0x}{a} + \dfrac{y_0y}{b} + \dfrac{z_0z}{c} = 1$,因此

$$\frac{x_0}{al} = \frac{y_0}{bm} = \frac{z_0}{cn} = \frac{-1}{k}$$

即

$$x_0 = -\frac{al}{k}, y_0 = -\frac{bm}{k}, z_0 = -\frac{cn}{k}$$

而 $P(x_0, y_0, z_0)$ 在平面 π 上,所以有 $al^2 + bm^2 + cn^2 = k^2$.

充分性. 若平面 $\pi: lx + my + nz + k = 0 (k \neq 0)$ 满足条件 $al^2 + bm^2 + cn^2 + k^2$,则点 $P\left(-\dfrac{al}{k}, -\dfrac{bm}{k}, -\dfrac{cn}{k}\right)$ 既

附录9 有心二次曲线和有心二次曲面的包络形成法

在平面 π 上又在二次曲面 Σ 上,由引理 3 可知,二次曲面 Σ 在 $P\left(-\dfrac{al}{k}, -\dfrac{bm}{k}, -\dfrac{cn}{k}\right)$ 处的切面为

$$\frac{-\dfrac{al}{k}x}{a} + \frac{-\dfrac{bm}{k}y}{b} + \frac{-\dfrac{cn}{k}z}{c} = 1$$

即 $lx + my + nz + k = 0$.

有了上述引理,可以得到如下有心二次曲面的包络形成法.

定理 6 已知点 A 是定点,点 B 是以 R 为半径,球心为 O 的定球面上的动点,P 是分有向线段 $\overrightarrow{AB}$ 成定比 $\lambda(\lambda \neq 0)$ 的点,则过 P 且垂直于直线 AB 的平面 π 的轨迹的包络面是:

$1°$ 球面(当点 A 重合于球心 O 时);

$2°$ 椭圆面(当点 A 在球面内,且不重合于球心 O 时);

$3°$ 双叶双曲面(当点 A 在球面外时).

证 设以 R 为半径,球心为 O 的定球面的方程为 $x^2 + y^2 + z^2 = R^2$,且定点 A 在 x 轴上.

$1°$ 当点 A 重合于球心 O 时,过 P 且垂直于直线 AB 的平面 π 与定点 A 的距离是一个定值 $k(k \neq 0)$,即平面 π 是以 $k(k \neq 0)$ 为半径,球心为 O 的球面的切面.因此,轨迹的包络面是以 $k(k \neq 0)$ 为半径,球心为 O 的球面.

$2°$ 当点 A 在球面内,且不重合于球心 O 时,设 $A(-2c, 0, 0)$,动点 $B(x_0, y_0, z_0)$,则点 $P\left(\dfrac{-2c + \lambda x_0}{1 + \lambda},\right.$

$\dfrac{\lambda y_0}{1+\lambda}, \dfrac{\lambda z_0}{1+\lambda}\Big)$. 椭圆面方程为

$$\frac{\left(x+\dfrac{2c}{1+\lambda}\right)^2}{\left(\dfrac{\lambda R}{1+\lambda}\right)^2}+\frac{y^2}{\left(\dfrac{\lambda R}{1+\lambda}\right)^2-\left(\dfrac{2c\lambda}{1+\lambda}\right)^2}+$$

$$\frac{z^2}{\left(\dfrac{\lambda R}{1+\lambda}\right)^2-\left(\dfrac{2c\lambda}{1+\lambda}\right)^2}=1 \quad (R>2c) \qquad (14)$$

过 P 且垂直于直线 AB 的平面 π 的方程为

$$(x_0+2c)\left(x-\frac{\lambda x_0-2c}{1+\lambda}\right)+y_0\left(y-\frac{\lambda y_0}{1+\lambda}\right)+$$

$$z_0\left(z-\frac{\lambda z_0}{1+\lambda}\right)=0$$

由于 $B(x_0,y_0,z_0)$ 在球面上, 化简得

$$(x_0+2c)x+y_0y+z_0z-\frac{2cx_0(\lambda-1)-4c^2+\lambda R^2}{1+\lambda}=0$$

$$(15)$$

作坐标系的平移变换 $\begin{cases} x=x'-\dfrac{2c}{1+\lambda} \\[2mm] y=y' \\[2mm] z=z' \end{cases}$, 则 $(14)(15)$

分别变形为

$$\frac{x'^2}{\left(\dfrac{\lambda R}{1+\lambda}\right)^2}+\frac{y'^2}{\left(\dfrac{\lambda R}{1+\lambda}\right)^2-\left(\dfrac{2c\lambda}{1+\lambda}\right)^2}+$$

$$\frac{z'^2}{\left(\dfrac{\lambda R}{1+\lambda}\right)^2-\left(\dfrac{2c\lambda}{1+\lambda}\right)^2}=1 \quad (R>2c) \qquad (16)$$

$$(x_0 + 2c)x' + y_0 y' + z_0 z' - \frac{2cx_0\lambda + \lambda R^2}{1 + \lambda} = 0 \quad (17)$$

因为

$$(x_0 + 2c)^2\left(\frac{\lambda R}{1+\lambda}\right)^2 + y_0^2\left[\left(\frac{\lambda R}{1+\lambda}\right)^2 - \left(\frac{2c\lambda}{1+\lambda}\right)^2\right] +$$

$$z_0^2\left[\left(\frac{\lambda R}{1+\lambda}\right)^2 - \left(\frac{2c\lambda}{1+\lambda}\right)^2\right] - \left(\frac{2cx_0\lambda + \lambda R^2}{1+\lambda}\right)^2$$

$$= (x_0 + 2c)^2\left(\frac{\lambda R}{1+\lambda}\right)^2 + (y_0^2 + z_0^2)\cdot$$

$$\left[\left(\frac{\lambda R}{1+\lambda}\right)^2 - \left(\frac{2c\lambda}{1+\lambda}\right)^2\right] - \left(\frac{2cx_0\lambda + \lambda R^2}{1+\lambda}\right)^2$$

$$= (x_0 + 2c)^2\left(\frac{\lambda R}{1+\lambda}\right)^2 + (R_0^2 - x_0^2)\cdot$$

$$\left[\left(\frac{\lambda R}{1+\lambda}\right)^2 - \left(\frac{2c\lambda}{1+\lambda}\right)^2\right] - \left(\frac{2cx_0\lambda + \lambda R^2}{1+\lambda}\right)^2$$

$$= \frac{\lambda^2}{(1+\lambda)^2}(x_0^2 R^2 + 4c^2 R^2 + 4cx_0 R^2 + R^4 - 4c^2 R^2 -$$

$$x_0^2 R^2 + 4c^2 x_0^2 - 4c^2 x_0^2 - R^4 - 4cx_0 R^2)$$

$$= 0$$

所以由引理 4 可知,(17)是(16)的切面. 因此(15)是(14)的切面,从而过 P 且垂直于直线 AB 的平面 π 是椭圆面(14)的切面,即过 P 且垂直于直线 AB 的平面 π 的轨迹的包络面是椭圆面(14).

　　3° 当点 A 在球面外时,设 $A(-2c,0,0)$,动点 $B(x_0,y_0,z_0)$,则点 $P\left(\dfrac{-2c+\lambda x_0}{1+\lambda}, \dfrac{\lambda y_0}{1+\lambda}, \dfrac{\lambda z_0}{1+\lambda}\right)$. 双叶双曲面的方程为

$$\frac{\left(x+\dfrac{2c}{1+\lambda}\right)^2}{\left(\dfrac{\lambda R}{1+\lambda}\right)^2}+\frac{y^2}{\left(\dfrac{\lambda R}{1+\lambda}\right)^2-\left(\dfrac{2c\lambda}{1+\lambda}\right)^2}+$$

$$\frac{z^2}{\left(\dfrac{\lambda R}{1+\lambda}\right)^2-\left(\dfrac{2c\lambda}{1+\lambda}\right)^2}=1\quad(R<2c)\qquad(18)$$

过 P 且垂直于直线 AB 的平面 π 方程为

$$(x_0+2c)\left(x-\frac{\lambda x_0-2c}{1+\lambda}\right)+y_0\left(y-\frac{\lambda y_0}{1+\lambda}\right)+$$

$$z_0\left(z-\frac{\lambda z_0}{1+\lambda}\right)=0$$

由于 $B(x_0,y_0,z_0)$ 在球面上,化简得

$$(x_0+2c)x+y_0y+z_0z-\frac{2cx_0(\lambda-1)-4c^2+\lambda R^2}{1+\lambda}=0$$

$$(19)$$

作坐标系的平移变换 $\begin{cases}x=x'-\dfrac{2c}{1+\lambda}\\[2mm]y=y'\\[2mm]z=z'\end{cases}$,则(18)(19)

分别变形为

$$\frac{x'^2}{\left(\dfrac{\lambda R}{1+\lambda}\right)^2}+\frac{y'^2}{\left(\dfrac{\lambda R}{1+\lambda}\right)^2-\left(\dfrac{2c\lambda}{1+\lambda}\right)^2}+$$

$$\frac{z'^2}{\left(\dfrac{\lambda R}{1+\lambda}\right)^2-\left(\dfrac{2c\lambda}{1+\lambda}\right)^2}=1\quad(R<2c)\qquad(20)$$

$$(x_0+2c)x'+y_0y'+z_0z'-\frac{2cx_0\lambda+\lambda R^2}{1+\lambda}=0\quad(21)$$

同 $2°$ 的证法相同,由引理 4 可知,(21)是(20)的切面.因此(19)是(18)的切面,从而过 P 且垂直于直线 AB 的平面 π 是双叶双曲面(18)的切面,即过 P 且垂直于直线 AB 的平面 π 的轨迹的包络面是双叶双曲面(18).

在定理 6 中,若取 $\lambda = 1$,则 P 为线段 AB 的中点,由此得:

推论2　已知点 A 是定点,点 B 是以 R 为半径,球心为 O 的定球面上的动点,则线段 AB 的垂直平分面 π 的轨迹的包络面是:

$1°$ 球面(当点 A 重合于圆心 O 时);

$2°$ 椭圆面(当点 A 在球面内,且不重合于球心 O 时);

$3°$ 双叶双曲面(当点 A 在球面外的).

参考文献

[1]　李迪森. 有心二次曲线的包络形成法[J]. 数学通报,2005,44(9):50.

[2]　吕林根. 解析几何(第三版)[M]. 北京:高等教育出版社,2001.

函数最值中的包络线[①]

2013 年浙江省高考理数最后一题:已知 $a \in \mathbf{R}$,函数 $f(x) = x^3 - 3x^2 + 3ax - 3a + 3$,当 $x \in [0, 2]$ 时,求 $|f(x)|$ 的最大值. 从正面做,是三次函数图像的翻折问题,对学生的分类讨论能力和运算能力都有很高的要求,大多数学生望而生畏.

换一个角度来做,把函数看成关于 a 的一次函数 $g(a) = 3(x-1)a + x^3 - 3x^2 + 3$,此时 x 为参数. 问题变成直线的翻折问题,当 $x \in [0, 2]$ 时,$y = g(a)$ 是一系列直线族,可以代表性的画出 3 条:当 $x = 0$ 时,$g(a) = -3a + 3$;当 $x = \dfrac{1}{2}$ 时,$g(a) = -\dfrac{3}{2}a + \dfrac{19}{8}$;当 $x = 2$ 时,$g(a) = 3a - 1$;翻折如图 1,看其最上方部分. 从变化趋势可以看出:当 $a \leqslant 0$ 时,最上

① 鲁如明.函数最值中的包络线[J].数学教学通讯,2014(12).

方部分 $|g(a)|_{\max} = |-3a+3| = -3a+3$；当 $a \geqslant 1$ 时，

最上方部分 $|g(a)|_{\max} = |3a-1| = 3a-1$；当 $0 < a < 1$

时，最上方部分由多段直线拼接而成，这里就存在包络

线（图 2）. 那么如何求得这段包络线的方程？

　　常微分方程中对包络线的定义是：设给定一个单

参数的曲线族 $C : \Phi(x,y,c) = 0$，其中 c 为参数. 如果存

在连续可微的曲线 L，其上任意一点均有 C 中某一曲

线与 L 相切，且对 L 上不同的点，有 C 中不同曲线与

之相切，那么称曲线 L 为曲线族 C 的包络线.

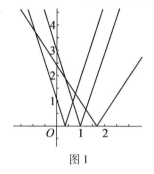

图 1

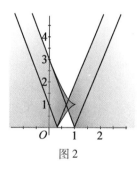

图 2

　　在这里可设曲线族 $C : \Phi(a, h(a), x) = 3(x-1)a -$

$h(a) + x^3 - 3x^2 + 3 = 0$.

　　由求解公式可知，只要联立

$$\begin{cases} \Phi(a_0, h(a_0), x) = 3(x-1)a - h(a) + x^3 - 3x^2 + 3 = 0 \\ \Phi'_x(a_0, h(a_0), x) = 3a + 3x^2 - 6x = 0 \end{cases}$$

得到

$$\begin{cases} a = 2x - x^2 \\ h(a) = 3(x-1)(2x - x^2) + x^3 - 3x^2 + 3 \end{cases}$$

验证后，消去 x 即得包络线方程 $y = h(a)$.

转化为高中阶段的知识,设直线族的包络线方程为 $y = h(a)$,利用围成的直线 $g(a) = 3(x-1)a + x^3 - 3x^2 + 3$ 都是包络线上任意一点 $(a_0, h(a_0))$ 处的切线 $y = h'(a_0)a + h(a_0) - h'(a_0)a_0$,可得

$$\begin{cases} h'(a_0) = 3x - 3 \\ h(a_0) - h'(a_0)a_0 = x^3 - 3x^2 + 3 \end{cases}$$

$h'(a_0)$ 代入得

$$h(a_0) = (3x - 3)a_0 + x^3 - 3x^2 + 3 \qquad (*)$$

利用高等数学的背景,两边对参数 x 求导

$$0 = 3a_0 + 3x^2 - 6x$$

整理得

$$x^2 - 2x + a_0 = 0$$

解得

$$x = 1 \pm \sqrt{1 - a_0}$$

因为 $x < 1$,所以 $x = 1 - \sqrt{1 - a_0}$,代入式 $(*)$ 得

$$h(a_0) = 2(1 - a_0)\sqrt{1 - a_0} + 1$$

所以包络线方程为

$$h(a) = 2(1 - a)\sqrt{1 - a} + 1 \quad (0 < a < 1)$$

再与两侧的最值比较. 令

$$2(1 - a)\sqrt{1 - a} + 1 < -3a + 3$$

再令

$$t = \sqrt{1 - a} \in (0, 1)$$

可得

$$2t^3 - 3t^2 + 1 < 0$$

即 $(t - 1)^2(2t + 1) < 0$ 无解.

令

$$2(1-a)\sqrt{1-a}+1<3a-1$$

再令

$$t=\sqrt{1-a}\in(0,1)$$

可得

$$2t^3+3t^2-1<0$$

即 $(t+1)^2(2t-1)<0$，解得 $t<\dfrac{1}{2}$，$\dfrac{3}{4}<a<1$．

综上可得

$$|g(a)|_{\max}=\begin{cases}-3a+3,a\leqslant0\\[2mm]2(1-a)\sqrt{1-a}+1,0<a<\dfrac{3}{4}\\[2mm]3a-1,a\geqslant\dfrac{3}{4}\end{cases}$$

从直线的角度来求这个最值，对学生的分类讨论能力和运算能力要求大大降低，当然也有难处，画代表性的直线难，需要估计作图、理性分析，但总比望而生畏要好得多，而对包络线方程的求解可以公式化．假设直线族 $y=\varphi(x)a+r(x)$ 存在包络线 $y=h(a)$，则由围成的直线都是包络线的切线

$$y=h'(a_0)a+h(a_0)-h'(a_0)a_0$$

可得

$$\begin{cases}h'(a_0)=\varphi(x)\\h(a_0)-h'(a_0)a_0=r(x)\end{cases}$$

所以

$$h(a_0)=\varphi(x)a_0+r(x)$$

两边对参数 x 求导可得

$$0 = \varphi'(x)a_0 + r'(x)$$

所以只要方程 $\varphi'(x)a_0 + r'(x) = 0$ 有符合条件的解 $x = \mu(a_0)$，则直线族就有包络线

$$h(a) = \varphi(\mu(a))a + r(\mu(a))$$

下面我们来看两个应用：

题 1 已知 $a \in \mathbf{R}$，函数 $f(x) = |ax^3 - \ln x|$. 当 $x \in (0,1]$ 时，求 $f(x)$ 的最小值.

令 $g(a) = x^3 a - \ln x$，当 $\in (0,1]$ 变化时，画出 3 条直线：当 $x = e^{-\frac{2}{3}}$ 时，$g(a) = \dfrac{1}{e^2}a + \dfrac{2}{3}$；当 $x = e^{-\frac{1}{3}}$ 时，$g(a) = \dfrac{1}{e}a + \dfrac{1}{3}$；当 $x = 1$ 时，$g(a) = a$；将其翻折后如图 3，可以分析出：当 $a < 0$ 时，$|g(a)|_{\min} = 0$，当 $a > 0$ 时，存在包络线，且围成的直线都是 $g(a) = x^3 a - \ln x$. 所以可得

$$\varphi(x) = x^3, r(x) = -\ln x$$

令

$$\varphi'(x)a_0 + r'(x) = 3x^2 a_0 - \frac{1}{x} = 0$$

可得

$$x = \sqrt[3]{\frac{1}{3a_0}}$$

代入得包络线方程为

$$h(a) = \frac{1}{3} - \ln \sqrt[3]{\frac{1}{3a}}$$

令 $h(a) = a$，可得 $a = \dfrac{1}{3}$. 由图 3 得

$$|g(a)|_{\min} = \begin{cases} 0, a < 0 \\ a, 0 \leqslant a \leqslant \dfrac{1}{3} \\ \dfrac{1}{3} - \ln\sqrt[3]{\dfrac{1}{3a}}, a > \dfrac{1}{3} \end{cases}$$

图 3

题 2　已知 $a \in \mathbf{R}$，求 $f(x) = ax - \ln x - \dfrac{a + e}{x}$ 在 $[1, e]$ 上的最大值（注：e 为自然对数的底数）.

令 $g(a) = \left(x - \dfrac{1}{x} \right)a - \ln x - \dfrac{e}{x}$，当 x 在 $[1, e]$ 上变化时，画出 3 条直线如图 4：当 $x = 1$ 时，$g(a) = -e$；当 $x = \sqrt{e}$ 时，$g(a) = \dfrac{e - 1}{\sqrt{e}}a - \dfrac{1}{2} - \sqrt{e}$；当 $x = e$ 时，

$g(a) = \dfrac{e^2 - 1}{e}a - 2$. 可以分析出：当 $a \geqslant 0$ 时，$|g(a)|_{\max} = \dfrac{e^2 - 1}{e}a - 2$；当 $a \leqslant -1$ 时，$|g(a)|_{\max} = -e$；当 $-1 < a < 0$ 时，存在包络线. 所以可得

$$\varphi(x) = x - \dfrac{1}{x}, r(x) = -\ln x - \dfrac{e}{x}$$

585

Leibniz 定理

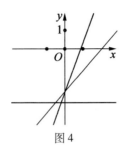

图 4

令
$$\varphi'(x)a_0 + r'(x) = \left(1 + \frac{1}{x^2}\right)a_0 - \frac{1}{x} + \frac{e}{x^2} = 0$$

整理得
$$a_0 x^2 - x + a_0 + e = 0$$

解得
$$x = \frac{1 \pm \sqrt{1 - 4a_0 e - 4a_0^2}}{2a_0}$$

因为 $a_0 < 0, x > 1$，所以 $x = \dfrac{1 \pm \sqrt{1 - 4a_0 e - 4a_0^2}}{2a_0}$，代入

得包络线方程为

$$h(a) = -\sqrt{1 - 4ae - 4a^2} - \ln \frac{1 - \sqrt{1 - 4ae - 4a^2}}{2a}$$

令 $h(a) = -e$，可得 $a = \dfrac{1-e}{2}$（考虑

$\sqrt{1 - 4ae - 4a^2} = e$）.

由图 4 得

586

$$|g(a)|_{\max} = \begin{cases} \dfrac{e^2-1}{e}a - 2, a \geqslant 0 \\[3mm] -\sqrt{1-4ae-4a^2} - \ln\dfrac{1-\sqrt{1-4ae-4a^2}}{2a}, \dfrac{1-e}{2} < a < 0 \\[3mm] -e, a \leqslant \dfrac{1-e}{2} \end{cases}$$

常微分方程中的包络线理论,对含参函数的性质研究有很大帮助,其中最为简单的直线族的包络线对高中阶段难度较大的"闭区间上的函数最值问题"求解很有帮助,可以有效避开正面求解过程中出现的复杂讨论和烦琐计算. 利用导数求函数在闭区间上的最值以及由此变化出来的恒成立问题、不等式证明问题,一直是高考出题的热点和难点,许多学生往往会觉得难而放弃. 对这些正面来做可能非常复杂、无法突破的函数最值问题,换个角度来做,却很容易得手. 虽然在画图和估计上还是要费些功夫,但有了求直线族包络线的公式,问题的解决也相对程序化,是值得向学生介绍的一条解题路径.

曲线包络的 GeoGebra 实现及教学应用[①]

附

录

11

苏教版《普通高中课程标准实验教科书·数学（选修 2 – 1）》（以下统称"教材"）中有三道圆锥曲线折纸操作题,教材本意是让学生通过数学活动,获取圆锥曲线概念的最初经验.但是知易行难,且不说操作过程费时费力,看出折痕所形成的轮廓也绝非易事,理想中的典型范例不得已成为了现实中的点缀.笔者认为,折纸操作属于典型的曲线包络问题,应用 GeoGebra 5.0 可以简单方便地加以实现,以此为基点,可以将常微分方程中的包络线理论下放到中学阶段,在揭示数学问题本质的同时还原其应有的教育价值.

---

① 唐燕,张志勇.曲线包络 GeoGebra 实现及教学应用[J].中国数学教育,2017(4).

§1　身边的包络现象及其含义

所谓包络,形象地说就是许多曲线交织在一起,外观看起来像是包起来的一样. 在数学上,包络线是指与一族直线(或曲线)中任意一条都相切的曲线. 图 1 中直线族的包络是双曲线,图 2 中直线族的包络是抛物线,而图 3 中直线族的包络则是函数曲线.

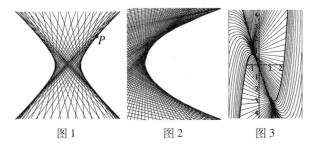

图 1　　　　图 2　　　　图 3

具体地,给定单参数曲线族 $M:F(x,y,t)=0$(t 为参数),如果存在曲线 S,使 S 与曲线系 M 中的每条曲线相切于点 P(切于一点或几点),且 $S=\{(x,y)|$ 全部切于点 $P\}$,我们则称曲线 S 为曲线系 M 的包络.

设关于 t 的函数 $F(x,y,t)$,函数 $F(x,y,t)$ 的导函数为 $F'(x,y,t)$. 由包络定义,包络曲线 S 上每一点 P 都属于曲线系 M,故而满足 $F(x,y,t)=0$.

而点 $P(x,y)$ 的坐标中的 x,y 可表示成 $x=\phi(t)$,$y=\varphi(t)$,由 t 的全微分与曲线 $F(x,y,t)=0$ 相切时的切线方程相同,可以得到 $F'(x,y,t)=0$.

因此包络上的每一点满足 $\begin{cases} F(x,y,t)=0 \\ F'(x,y,t)=0 \end{cases}$,如果包络存在,那么消去其中的参数 t 就可求得包络所满足的方程 $G(x,y)=0$.

§2　曲线包络的 GeoGebra 实现

如前所述,包络是曲线族包起来的形状,而且包络线始终保持与曲线族相切,借助 GeoGebra 中的指令"序列"和"包络"可以构造可视化教学情境,从而帮助学生看出其内在的数学规律.

1. 圆锥曲线折线的包络

定圆 A 上一点 C 与一定点 B 的中垂线的包络为有心圆锥曲线(图 4).

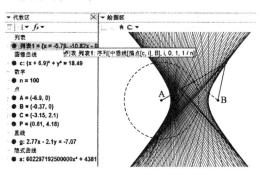

图 4

步骤 1:基本构造. 在"绘图区"构造 $\odot A$("代数区"内显示为圆锥曲线 c),构造点 B 和圆上任意一点

P 的垂直平分线 f;

步骤2:绘制曲线族. 在输入框内输入命令"序列[中垂线[描点[c,i],B],$i,0,1,0.01$]";

[说明]描点[c,i]中的 i 为路径参数(0~1之间的任意数),用以控制路径 c 上点的运动范围,同时 i 作为序列中的循环控制变量;

步骤3:绘制包络线. 在输入框输入命令"包络[g,C]".

[说明]包络[g,C]是指当点 C 在圆上运动时,由 g 构成的直线族所确定的包络.

2. 下滑梯子族的包络

一个梯子(即定长线段)靠在墙上滑下踪迹的包络是尖点四星线(图5).

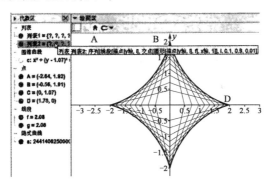

图5

步骤1:基本构造. 构造一个定长线段 AB("代数区"内显示为线段 f),在 y 轴上绘制点 C,以点 C 为圆心,f 为半径构造⊙C,点 D 为⊙C 与 x 轴的交点,连接点 C,D,构造线段 CD;

步骤2:绘制曲线族.在输入框分别输入命令"序列[线段[描点[y 轴,i],交点[圆形[描点[y 轴,i],f],x 轴,1]],i,0.1,0.9,0.005]""序列[线段[描点[y 轴,i],交点[圆形[描点[y 轴,i],f],x 轴,2]],i,0.1,0.9,0.005]";

[说明]语句中线段的输入实际上是基本构造的命令输入实现,圆与 x 轴有两个交点,因此要输入两段语句.

步骤3:绘制包络线.在输入框输入命令"包络[g,C]".

[说明]包络[g,C]是指当点 C 在 y 轴上运动时,由 g 构成的直线族所确定的包络.

§3　包络在教学中的应用举例

借助于绘制的曲线族和包络线图像,可以很好地理解包络的含义,然而若离开数学化的过程,包络仍然会显得曲高和寡.

1. 折纸问题的数学解释

前文我们已经将烦琐的圆锥曲线纸上操作变为了简单的技术实现.事实上,当改变点 B 相对于 $\odot A$ 的位置时,我们可以得到不同的包络线:当点 B 在 $\odot A$ 外时,包络线为双曲线;当点 B 在 $\odot A$ 内且与点 A 不重合时,包络线为椭圆;当点 B 与圆心 A 重合时,包络线为圆.而这样的动态变化过程更体现了有心圆锥曲线的内在统一性.

我们可以寻求上述数学规律的几何解释:点 P 为

线段 BC 垂直平分线上的一点,从而 $PB=PC$;当点 B 在 $\odot A$ 内时,如图 6,$PA+PC=AC$,从而 $PA+PB=AC$ 为定值,于是点 P 的轨迹是以 A,B 为焦点的椭圆;当点 B 在 $\odot A$ 外时,如图 7,$|PA-PC|=AC$,从而 $|PA-PB|=AC$ 为定值,于是点 P 的轨迹为以 A,B 为焦点的双曲线.

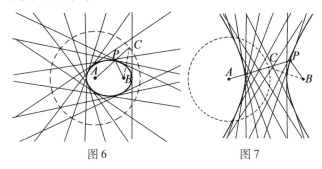

图 6　　　　　　　　图 7

更为一般地,可利用常微分理论进行代数演绎.

如图 7,设 $A(-c,0)$,$B(c,0)$,$\odot O:(x+c)^2+y^2=a^2$,$C(-c+a\cos\theta,a\sin\theta)$,则 BC 的垂直平分线构成直线族

$$(x+c)\cos\theta+y\sin\theta-\left(a+\frac{c}{a}x\right)=0 \qquad (1)$$

式(1)两边对 θ 求导,得

$$-(x+c)\sin\theta+y\cos\theta=0 \qquad (2)$$

(1)(2)两式平方相加,得

$$(x+c)^2+y^2=\left(a+\frac{c}{a}x\right)^2 \Rightarrow \frac{x^2}{a^2}+\frac{y^2}{a^2-c^2}=1$$

当点 B 在 $\odot A$ 外时,$a<c$,故而包络(即点 P 的轨迹)为双曲线;当点 B 在 $\odot A$ 内时,$a>c$,故而包络(即

点 P 的轨迹)为椭圆(点 B 与点 A 重合,$c \neq 0$)或圆.

通过上述环节的处理,使得教材的意图得到了很好的彰显,而圆锥曲线的统一性(从椭圆到双曲线,从几何直观解释到代数运算刻画)也就呼之欲出了.

2. 函数最值的另类解法

包络线不仅在解析几何中有所应用,其对函数特别是在对含参函数的性质研究上也大有帮助. 例如,面对闭区间上的函数最值问题,以及由此变化出来的恒成立问题、不等式证明问题,构造简单的直线族的包络线可以形成一个相对程序化的解题套路,从而有效避开正面求解过程中出现的复杂讨论和烦琐计算.

例 (2013 年浙江卷·理 22)已知 $a \in \mathbf{R}$,函数 $f(x) = x^3 - 3x^2 + 3ax - 3a + 3$,当 $x \in [0, 2]$ 时,求 $|f(x)|$ 的最大值.

此题是一道含参数的三次函数图像的翻折问题,对学生的分类讨论思想和运算能力都有很高的要求. 换一个角度,把函数看成关于 a 的一次函数

$$g(a) = 3(x - 1)a + x^3 - 3x^2 + 3 \quad (0 \leqslant x \leqslant 2)$$

它表示一系列直线族,问题就可以变成直线的翻折问题. 用 GeoGebra 绘制图像,如图 8 所示. 由图 8 可以发现,这是一个改良后的包络问题(两端对应着 $x = 0$,$x = 2$ 的直线除外,中间包络).

具体解题步骤如下:

(1)先求两端点处的直线方程.

当 $x = 0$ 时,$g(a) = -3a + 3$;当 $x = 2$ 时,$g(a) = 3a - 1$. 则

$$|f(x)|_{\max} = \begin{cases} -3a+3, & a \leqslant 0 \\ h(a), & 0 < a < t \\ 3a-1, & a \geqslant t \end{cases}$$

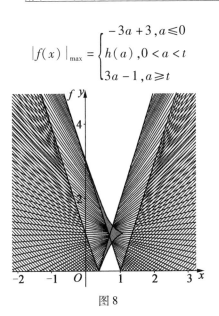

图 8

其中 $h(a)$ 为直线族的包络.

借助于绘制的代表性的直线,可以判断 $t \in (0,1)$,如图 9 所示.

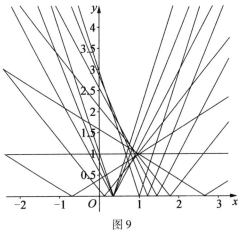

图 9

（2）再求包络线方程.

设直线族方程

$$3(x-1)a - y + x^3 - 3x^2 + 3 = 0 \qquad (3)$$

将式（3）两边对 x 求导，得

$$3a + 3x^2 - 6x = 0$$

即

$$x = 1 - \sqrt{1-a} \qquad (4)$$

将式（4）代入式（3），消去 x，得

$$y = h(a) = 2(1-a)\sqrt{1-a} + 1 \quad (0 < a < 1)$$

（3）判断界点. 令

$$m = \sqrt{1-a} \in (0,1)$$

因为

$$h(a) < -3a + 3$$

所以

$$(m-1)^2(2m+1) < 0$$

恒成立.

令

$$m = \sqrt{1-a} \in (0,1)$$

由 $h(a) < 3a - 1$，得

$$(m+1)^2(2m-1) < 0$$

即 $m < \dfrac{1}{2}$，所以

$$\frac{3}{4} < a < 1$$

综上可得

$$|f(x)|_{\max} = \begin{cases} -3a+3, & a \leqslant 0 \\ h(a), & 0 < a < \dfrac{3}{4} \\ 3a-1, & a \geqslant \dfrac{3}{4} \end{cases}$$

在实际处理此类问题时,可先估算,再精算.所谓估算是绘制一些有代表性的直线(图9),结合图像判断可能的结果,特别是利用两端点处的直线方程控制包络线的范围.所谓精算则是具体刻画包络方程,将包络方程与端点处的直线方程做比较后确定分类的标准.这样的教学处理价值不仅在于解决一类问题,更在于从模糊走向深刻、从具体到抽象的数学思维的渗透.

参考文献

[1]　席高文.有心二次曲线和有心二次曲面的包络形成法[J].大学数学,2009(2):157 – 162.

[2]　鲁如明.函数最值中的包络线[J].数学教学通讯,2014(12):60 – 61.

多次包络共轭曲面问题[①]

此类问题的求解方法是多次重复使用第一类共轭曲面问题的普遍解. 最终求得的共轭曲面形状,一般不但取决于给定曲面的形状及历次的共轭运动,并且与历次共轭运动的先后次序有关. 若将历次共轭运动的先后次序相互颠倒,则最终求得的共轭曲面形状,一般将完全改变.

通常遇到的多次包络共轭曲面问题都属二次包络共轭曲面问题,即给予的条件为一个曲面及两对前后相继的共轭运动. 在加工空间传动齿曲面时,经常利用二次包络的原理. 现列举三个特例如下:

1. 求按格里森法形成的双曲面锥齿轮的齿曲面方程式

此时,给予曲面为一个刀片边刃所构成的"尖点式"直线,如图1(由于同时

---

① 摘自陈志新《共轭曲面原理》上册. 北京:科学出版社. 1974,p. 197 – 207.

参加切削的只是刀盘上的一个刀片). 设此直线的方程式为(图 1)

$$\begin{cases} x = -(s\sin\phi\cos\psi + V_0) \\ y = s\sin\phi\sin\psi + V_0\tan\psi = (s\sin\phi\cos\psi + V_0)\tan\psi \\ z = s\cos\phi \end{cases}$$

其中 s 为参变量(s 为动点 P 沿直线方向距基准点 P_0 的距离),ϕ 为压力角,ψ 为螺旋角($\dfrac{\pi}{2} > \psi > 0$ 及 $-\dfrac{\pi}{2} > \psi > -\pi$ 时,为右旋;$\dfrac{\pi}{2} < \psi < \pi$ 及 $-\dfrac{\pi}{2} < \psi < 0$ 时,为左旋).

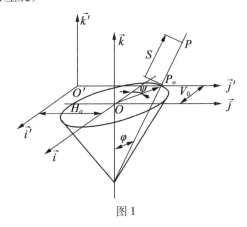

图 1

给定的第一对共轭运动为 $\alpha = 0, f = -V_0, h = -H_0, \sigma_1 = \sigma_2 = 0, \varepsilon_2 = 0$. 则可求得对应的共轭曲面(亦即尖点解)为

$$\begin{cases} x' = -(s\sin\phi\cos\psi + V_0)\cos\varepsilon_1 - \\ \qquad (s\sin\phi\sin\psi + V_0\tan\psi)\sin\varepsilon_1 + V_0 \\ y' = -(s\sin\phi\cos\psi + V_0)\sin\varepsilon_1 + \\ \qquad (s\sin\phi\sin\psi + V_0\tan\psi)\cos\varepsilon_1 + H_0 \\ z' = s\cos\phi \end{cases} \quad (1)$$

其中 s,ε_1 为两个参变量.

现将此曲面作为第一共轭曲面,并变换参变量的符号,令 $\varepsilon_1 = \theta$,则得

$$\begin{cases} x = -(s\sin\phi\cos\psi + V_0)\dfrac{\cos(\theta-\psi)}{\cos\psi} + V_0 \\ y = -(s\sin\phi\cos\psi + V_0)\dfrac{\sin(\theta-\psi)}{\cos\psi} + H_0 \\ z = s\cos\phi \end{cases}$$

其中 s,θ 为两个参变量.

此时,可得

$$A = \frac{(s\sin\phi\cos\psi + V_0)}{Q}\frac{\cos\phi}{\cos\psi}\cos(\theta-\psi)$$

$$B = \frac{(s\sin\phi\cos\psi + V_0)}{Q}\frac{\cos\phi}{\cos\psi}\sin(\theta-\psi)$$

$$C = \frac{(s\sin\phi\cos\psi + V_0)}{Q}\frac{\sin\phi}{\cos\psi}$$

其中

$$Q = \frac{s\sin\phi\cos\psi + V_0}{\cos\psi} \quad (\text{设此值相当于法线的正向})$$

设给定的第二对共轭运动为 $\alpha = \alpha, f = $ 常数 $= f_0$ (即工件中心线相对于摇台中心线的垂直位移量), $h = 0$(通过合理地选择参考坐标系), $\sigma_1 = \sigma_2 = 0, \varepsilon_2 =$

$M\varepsilon_1$，其中 M 为常数，可得

$$
\begin{aligned}
U &= AMz\sin\alpha - BMf\cos\alpha - CMx\sin\alpha \\
&= M\Big\{\Big[\,s\cos^2\phi\cos(\theta-\psi) + (s\sin\phi\cos\psi + V_0)\,\cdot \\
&\quad \frac{\sin\phi}{\cos\psi}\cos(\theta-\psi) - V_0\sin\phi\Big]\sin\alpha - \\
&\quad f_0\cos\phi\sin(\theta-\psi)\cos\alpha\Big\} \\
&= M\Big\{\Big[\Big(s + \frac{V_0\sin\phi}{\cos\psi}\Big)\cos(\theta-\psi) - V_0\sin\phi\Big]\,\cdot \\
&\quad \sin\alpha - f_0\cos\phi\sin(\theta-\psi)\cos\alpha\Big\} \qquad (2)
\end{aligned}
$$

$$
\begin{aligned}
V &= AMf\cos\alpha + BMz\sin\alpha - CMy\sin\alpha \\
&= M\Big\{f_0\cos\phi\cos(\theta-\psi)\cos\alpha + \\
&\quad \Big[s\cos^2\phi\sin(\theta-\psi) + (s\sin\phi\cos\psi + V_0)\,\cdot \\
&\quad \frac{\sin\phi}{\cos\psi}\sin(\theta-\psi) - H_0\sin\phi\Big]\sin\alpha\Big\} \\
&= M\Big\{\Big[\Big(s + \frac{V_0\sin\phi}{\cos\psi}\Big)\sin(\theta-\psi) - H_0\sin\phi\Big]\,\cdot \\
&\quad \sin\alpha + f_0\cos\phi\cos(\theta-\psi)\cos\alpha\Big\} \qquad (3)
\end{aligned}
$$

$$
\begin{aligned}
W &= (1 + M\cos\alpha)(Ay - Bx) - CMf\sin\alpha \\
&= (1 + M\cos\alpha)\big[H_0\cos\phi\cos(\theta-\psi) - \\
&\quad V_0\cos\phi\sin(\theta-\psi)\big] - Mf_0\sin\alpha\sin\phi \\
&= (1 + M\cos\alpha)\big[H_0\cos(\theta-\psi) - \\
&\quad V_0\sin(\theta-\psi)\big]\cos\phi - Mf_0\sin\alpha\sin\phi \qquad (4)
\end{aligned}
$$

可求得对应的 $\delta = \delta(s,\theta)$. 还可求得对应的 $\varepsilon_1 = \varepsilon_1(s,\theta)$. 最后可得按格里森法形成的双曲面锥齿轮的齿曲面方程式为

$$
\begin{cases}
x' = \Big[-(s\sin\phi\cos\psi + V_0)\dfrac{\cos(\theta - \psi + \varepsilon_1)}{\cos\psi} + \\
\quad V_0\cos\varepsilon_1 - H_0\sin\varepsilon_1 - f_0\Big]\cos M\varepsilon_1 + \\
\quad \Big\{\Big[(s\sin\phi\cos\psi + V_0)\dfrac{\sin(\theta - \psi + \varepsilon_1)}{\cos\psi} - \\
\quad V_0\sin\varepsilon_1 - H_0\cos\varepsilon_1\Big]\cos\alpha + s\cos\phi\sin\alpha\Big\}\sin M\varepsilon_1 \\
y' = \Big[-(s\sin\phi\cos\psi + V_0)\dfrac{\cos(\theta - \psi + \varepsilon_1)}{\cos\psi} + \\
\quad V_0\cos\varepsilon_1 - H_0\sin\varepsilon_1 - f_0\Big]\sin M\varepsilon_1 - \\
\quad \Big\{\Big[(s\sin\phi\cos\psi + V_0)\dfrac{\sin(\theta - \psi + \varepsilon_1)}{\cos\psi} - \\
\quad V_0\sin\varepsilon_1 - H_0\cos\varepsilon_1\Big]\cos\alpha + s\cos\phi\sin\alpha\Big\}\cos M\varepsilon_1 \\
z' = -\Big[(s\sin\phi\cos\psi + V_0)\dfrac{\sin(\theta - \psi + \varepsilon_1)}{\cos\psi} - \\
\quad V_0\sin\varepsilon_1 - H_0\cos\varepsilon_1\Big]\sin\alpha + s\cos\phi\cos\alpha
\end{cases}
$$

$$(5)$$

其中 s,θ 为两个参变量.

可用数值法求得双曲面锥齿轮的齿曲面形状. 先在曲面的工作区域范围内任选一对 s,θ 值. 代入(2)(3)(4)三式,可求得 U,V,W 的对应值,还可求得 ε_1

值. 将 s,θ,ε_1 值代入式(5), 即得齿曲面上的一个对应点. 多次选择不同的 s,θ 值, 并重复上述计算步骤, 就获得齿曲面的形状.

2. 求按奥里康法形成的螺旋锥齿轮的齿曲面方程式

此时, 给予曲面也是一个刀片边刃所构成的直线(图 2). 设此直线的方程式为

$$x = -E_b'$$

$$y = r_b + s\sin\,\phi$$

$$z = s\cos\,\phi$$

其中 s 为参变量(s 为动点 P 沿直线方向距基准点 P_0 的距离), ϕ 为压力角, E_b', r_b 为两个常数值.

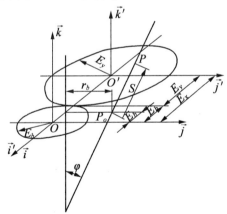

图 2

给定的第一对共轭运动为 $\alpha = 0, f = -E_x = -(E_b + E_y) = $ 常数$, h = 0, \sigma_1 = \sigma_2 = 0, \varepsilon_2 = M\varepsilon_1$, 其中 $M = \dfrac{E_b}{E_y} = $ 常数.

可求得对应的共轭曲面(亦即尖点解)为

$$
\begin{cases}
x' = -E'_b\cos\left(\dfrac{E_x}{E_y}\varepsilon_1\right) - (r_b + s\sin\phi)\,\cdot \\[2ex]
\quad\ \sin\left(\dfrac{E_x}{E_y}\varepsilon_1\right) + E_x\cos\left(\dfrac{E_b}{E_y}\varepsilon_1\right) \\[2ex]
y' = -E'_b\sin\left(\dfrac{E_x}{E_y}\varepsilon_1\right) + (r_b + s\sin\phi)\,\cdot \\[2ex]
\quad\ \cos\left(\dfrac{E_x}{E_y}\varepsilon_1\right) + E_x\sin\left(\dfrac{E_b}{E_y}\varepsilon_1\right) \\[2ex]
z' = s\cos\phi
\end{cases}
\tag{6}
$$

其中 s,ε_1 为两个参变量.

式(6)也就是延伸(或压缩)摆线锥曲面方程式. 现将此曲面作为第一共轭曲面,并变换参变量的符号, 令 $\varepsilon_1 = \theta$,则得

$$
\begin{aligned}
x &= E_x\cos\left(\frac{E_b}{E_y}\theta\right) - E'_b\cos\left(\frac{E_x}{E_y}\theta\right) - \\[1ex]
&\quad (r_b + s\sin\phi)\sin\left(\frac{E_x}{E_y}\theta\right) \\[1ex]
&= E_x\cos\left(\frac{E_x}{E_y}\theta - \theta\right) - E'_b\cos\left(\frac{E_x}{E_y}\theta\right) - \\[1ex]
&\quad (r_b + s\sin\phi)\sin\left(\frac{E_x}{E_y}\theta\right) \\[1ex]
&= (E_x\cos\theta - E'_b)\cos\left(\frac{E_x}{E_y}\theta\right) - \\[1ex]
&\quad (r_b + s\sin\phi - E_x\sin\theta)\sin\left(\frac{E_x}{E_y}\theta\right) \\[2ex]
y &= (E_x\cos\theta - E'_b)\sin\left(\frac{E_x}{E_y}\theta\right) + \\[1ex]
&\quad (r_b + s\sin\phi - E_x\sin\theta)\cos\left(\frac{E_x}{E_y}\theta\right)
\end{aligned}
$$

$$z = s\cos\phi$$

其中 s, θ 为两个参变量.

由此曲面方程式,可得

$$A = \frac{E_x}{QE_y}\Big[\,(E_b' - E_b\cos\theta)\cos\Big(\frac{E_x}{E_y}\theta\Big) +$$

$$(r_b + s\sin\phi - E_b\sin\theta)\sin\Big(\frac{E_x}{E_y}\theta\Big)\Big]\cos\phi$$

$$B = \frac{E_x}{QE_y}\Big[\,(E_b' - E_b\cos\theta)\sin\Big(\frac{E_x}{E_y}\theta\Big) -$$

$$(r_b + s\sin\phi - E_b\sin\theta)\cos\Big(\frac{E_x}{E_y}\theta\Big)\Big]\cos\phi$$

$$C = \frac{E_x}{QE_y}(r_b + s\sin\phi - E_b\sin\theta)\sin\phi$$

令

$$\tan\lambda_1 = \frac{r_b + s\sin\phi - E_b\sin\theta}{E_b' - E_b\cos\theta} \qquad (7)$$

及

$$H_1 = \sqrt{(r_b + s\sin\phi - E_b\sin\theta)^2 + (E_b' - E_b\cos\theta)^2}$$

则

$$A = \frac{H_1 E_x}{QE_y}\cos\Big(\frac{E_x}{E_y}\theta - \lambda_1\Big)\cos\phi$$

$$B = \frac{H_1 E_x}{QE_y}\sin\Big(\frac{E_x}{E_y}\theta - \lambda_1\Big)\cos\phi$$

$$C = \frac{H_1 E_x}{QE_y}\sin\lambda_1\sin\phi$$

其中

$$Q = \frac{H_1 E_x}{E_y}\sqrt{\cos^2\phi + \sin^2\lambda_1\sin^2\phi}$$

（设此值相当于法线的正向）.

给定的第二对共轭运动为 $\alpha = \alpha, f = h = 0$（通过合理地选择参考坐标系），$\sigma_1 = \sigma_2 = 0$，$\varepsilon_2 = M_0\varepsilon_1$，其中 M_0 为常数.

若令

$$\tan \lambda_2 = \frac{r_b + s\sin \phi - E_x\sin \theta}{E_x\cos \theta - E_b'} \tag{8}$$

及

$$H_2 = \sqrt{(r_b + s\sin \phi - E_x\sin \theta)^2 + (E_x\cos \theta - E_b')^2} \tag{9}$$

则得

$$U = AMz\sin \alpha - CMx\sin \alpha$$
$$= \frac{M_0\sin \alpha}{\sqrt{\cos^2\phi + \sin^2\lambda_1\sin^2\phi}}\left[s\cos\left(\frac{E_x}{E_y}\theta - \lambda_1\right)\cos^2\phi - H_2\sin\lambda_1\sin\phi\cos\left(\frac{E_x}{E_y}\theta + \lambda_2\right)\right] \tag{10}$$

$$V = BMz\sin \alpha - CMy\sin \alpha$$
$$= \frac{M_0\sin \alpha}{\sqrt{\cos^2\phi + \sin^2\lambda_1\sin^2\phi}}\left[s\sin\left(\frac{E_x}{E_y}\theta - \lambda_1\right)\cos^2\phi - H_2\sin\lambda_1\sin\phi\sin\left(\frac{E_x}{E_y}\theta + \lambda_2\right)\right] \tag{11}$$

$$W = (1 + M\cos \alpha)(Ay - Bx)$$
$$= \frac{H_2(1 + M_0\cos \alpha)}{\sqrt{\cos^2\phi + \sin^2\lambda_1\sin^2\phi}}\cos\phi\sin(\lambda_1 + \lambda_2) \tag{12}$$

可求得对应的 $\delta = \delta(s, \theta)$，还可求得对应的 $\varepsilon_1 = \varepsilon_1(s, \theta)$. 最后，可得按奥里康法形成的螺旋锥齿轮的

齿曲面方程式为

$$
\begin{cases}
x' = H_2 \cos\left(\dfrac{E_x}{E_y}\theta + \lambda_2 + \varepsilon_1\right)\cos M_0\varepsilon_1 - \\
\quad \left[H_2 \sin\left(\dfrac{E_x}{E_y}\theta + \lambda_2 + \varepsilon_1\right)\cos\alpha - s\cos\phi\sin\alpha\right]\cdot \\
\quad \sin M_0\varepsilon_1 \\
y' = H_2 \cos\left(\dfrac{E_x}{E_y}\theta + \lambda_2 + \varepsilon_1\right)\sin M_0\varepsilon_1 + \\
\quad \left[H_2 \sin\left(\dfrac{E_x}{E_y}\theta + \lambda_2 + \varepsilon_1\right)\cos\alpha - s\cos\phi\sin\alpha\right]\cdot \\
\quad \cos M_0\varepsilon_1 \\
z' = H_2 \sin\left(\dfrac{E_x}{E_y}\theta + \lambda_2 + \varepsilon_1\right)\sin\alpha + s\cos\phi\cos\alpha
\end{cases}
\tag{13}
$$

其中 s, θ 为两个参变量.

可用数值法求得奥里康螺旋锥齿轮齿曲面的形状. 在曲面的工作区域范围内, 任选一对 s, θ 值. 代入 (7)(8)(9) 三式, 得 $\lambda_1, \lambda_2, H_2$ 值. 再代入 (10)(11)(12) 三式, 可求得 U, V, W 值. 然后先求得 δ 值, 再求得 ε_1 值. 将上述求得的值代入式 (13), 即得齿曲面上的一个对应点. 多次选择不同的 s, θ 值, 并重复上述计算步骤, 就获得齿曲面的形状.

3. 求采用连续切削法切制直齿锥齿轮齿曲面时的刀刃曲面方程式

这种切削法可在奥里康齿机上进行. 此时, 仍是用二次包络原理形成工件上的齿曲面. 先由刀刃曲面, 经过第一对共轭运动, 形成冕状轮上的齿曲面, 亦称刀具曲面(第三曲面). 然后,由冕状轮上的齿曲面,经过第二对共轭运动,形成工件上的齿曲面. 与上述的格里森法、奥里康法不同之处在于:此法中的刀刃曲面不再是一个刀片的"尖点式"直线,而代之为一由多刀刃构成的曲面. 因此,此法中的刀具曲面也不再是一个"尖点解",而是一个真正的"共轭解".

由于要求加工的是直齿锥齿轮的齿曲面,因此,对应的冕状轮上的齿曲面,亦即刀具曲面,必须是一个过轴线交点的平面. 换言之,刀刃曲面应该具有这样的形状,即当它经过第一对共轭运动后,恰巧能获得以上述平面作为冕状轮的齿曲面. 反过来说,刀刃曲面就是上述平面在第一对共轭运动下的对应共轭曲面. 据此,就可求得刀刃曲面的方程式.

现设为加工所要求的工件齿曲面,冕状轮上齿曲面的对应平面方程式为(图3)

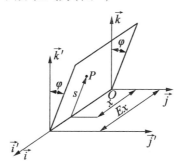

图3 冕状轮上的平面齿曲面

$$\begin{cases} x = x \\ y = s\sin\phi \\ z = s\cos\phi \end{cases} \qquad (14)$$

608

其中 x,s 为两个参变量，ϕ 为压力角.

对应的共轭运动，也就是第一对共轭运动，设为 $\alpha = 0, f = E_x, h = 0$（通过合理地选择参考坐标系），$\sigma_1 = \sigma_2 = 0, \varepsilon_2 = -\dfrac{Z_c}{Z_u}\varepsilon_1$（内摆线），其中 Z_c 为冕状轮上的当量齿数，Z_u 为刀盘上刀刃曲面的个数（一般地 $Z_u = 1$）.

由上述平面方程式，可推得 $A = 0, B = -\cos\phi$，$C = \sin\phi$（设这些值相当于法线的正向）.

由于 $\alpha = 0, \sigma_1 = \sigma_2 = 0$，故可按第一类共轭曲面问题在平面传动中的普遍解求解，得

$$\tan\delta = \frac{A}{-B} = 0$$

故

$$\delta = 0 \quad （或 \pi）$$

$$\cos\varepsilon_1 = \frac{(1+M)x\cos\phi}{ME_x\cos\phi} = \frac{(Z_c - Z_u)}{Z_c E_x}x$$

即

$$x = \frac{Z_c E_x}{Z_c - Z_u}\cos\varepsilon_1 \qquad (15)$$

由于 $|\cos\varepsilon_1| \leqslant 1$，故 x 必须满足条件 $|x| \leqslant \left|\dfrac{Z_c E_x}{Z_c - Z_u}\right|$. 因此，为了尽量增大 $|x|$ 的极限值，即保证能加工到工件齿曲面全长，一般应采用"内摆线"式传动 $\left(M = -\dfrac{Z_c}{Z_u}\right)$，并且 E_x 值不能过小.

可得对应的刀刃曲面方程式为

$$\begin{cases} x' = \dfrac{Z_c E_x}{Z_c - Z_u} \cos \varepsilon_1 \cos\left(\dfrac{Z_c - Z_u}{Z_u} \varepsilon_1 \right) + \\[4mm] \qquad s\sin \phi \sin\left(\dfrac{Z_c - Z_u}{Z_u} \varepsilon_1 \right) - E_x \cos\left(\dfrac{Z_c}{Z_u} \varepsilon_1 \right) \\[4mm] y' = -\dfrac{Z_c E_x}{Z_c - Z_u} \cos \varepsilon_1 \sin\left(\dfrac{Z_c - Z_u}{Z_u} \varepsilon_1 \right) + \\[4mm] \qquad s\sin \phi \cos\left(\dfrac{Z_c - Z_u}{Z_u} \varepsilon_1 \right) + E_x \sin\left(\dfrac{Z_c}{Z_u} \varepsilon_1 \right) \\[4mm] z' = s\cos \phi \end{cases} \quad (16)$$

其中 s, ε_1 为两个参变量.

由于式(16)中的 x', y', z' 内只包含 s 的一次项,故刀刃曲面为一直纹曲面. 并且,此直纹曲面上的直线与 $\vec{k}$ 轴所成的夹角恒为 ϕ,直线在 XOY 平面上的投影与 $\vec{j}$ 轴所成的夹角则为 $\left(\dfrac{Z_c - Z_u}{Z_u} \varepsilon_1 \right)$,是随着 ε_1 值而变动的. 此直纹曲面与 XOY 平面的交曲线,即当 $z' = 0$ 时,亦即当 $s = 0$ 时,为

$$\begin{cases} x' = \dfrac{Z_c E_x}{Z_c - Z_u} \cos \varepsilon_1 \cos\left(\dfrac{Z_c - Z_u}{Z_u} \varepsilon_1 \right) - E_x \cos\left(\dfrac{Z_c}{Z_u} \varepsilon_1 \right) \\[4mm] y' = -\dfrac{Z_c E_x}{Z_c - Z_u} \cos \varepsilon_1 \sin\left(\dfrac{Z_c - Z_u}{Z_u} \varepsilon_1 \right) + E_x \sin\left(\dfrac{Z_c}{Z_u} \varepsilon_1 \right) \end{cases}$$

$$(17)$$

其中 ε_1 为参变量.

若令 $\dfrac{Z_c - Z_u}{Z_u} \varepsilon_1 = \theta$,则式(17)变成

$$\begin{cases} x' = \dfrac{Z_c E_x}{Z_c - Z_u} \cos\left(\dfrac{Z_u}{Z_c - Z_u}\theta\right)\cos\theta - E_x\cos\left(\dfrac{Z_c}{Z_c - Z_u}\theta\right) \\[4mm] y' = -\dfrac{Z_c E_x}{Z_c - Z_u}\cos\left(\dfrac{Z_u}{Z_c - Z_u}\theta\right)\sin\theta + E_x\sin\left(\dfrac{Z_c}{Z_c - Z_u}\theta\right) \end{cases}$$

$$(17\text{a})$$

其中 θ 为参变量.

利用式(17a),可以这样来获得刀刃曲面,即先在 XOY 平面上,按式(17a)确定一曲线(或用几段圆弧近似地代替之),然后在曲线上选定一些点;过每个点放置一刀刃直线,使它与 $\vec{k}$ 轴所成的夹角为压力角 ϕ,并且它在 XOY 平面上的投影与 $\vec{j}$ 轴所成的夹角为 θ;这些刀刃就构成式(16)所代表的刀刃曲面. 所以,制造连续切削直齿锥齿轮所需的刀刃曲面,在技术上是完全可能的,而且也并不是很困难的.

综上所述,利用式(16)所代表的曲面作为刀刃曲面,并配合上述的两对共轭运动,就可以实现连续地切削直齿锥齿轮. 这种连续切削法,在采用一般的刨齿法时,是不可能实现的. 此外,倘若能按式(16)制造出一连续的刀刃曲面,并在其上开出类似剃齿刀上的许多小沟槽,那么还可以对直齿锥齿轮的齿曲面进行剃齿. 这在理论上是完全成立的;在实践中,也是可能实现的.

最后,应该指出:上述分析只是讨论了刀刃曲面的形状问题,在生产实践中,还必须考虑刀刃曲面上的有效作用区问题及刀刃曲面与工件间的干涉问题. 利用上述计算公式,通过具体数值的计算,这些问题是不难获得解决的.

直线族的法线表示法[①]

在 1956 年 1 月号及 12 月号的本刊里,我曾写过一篇短文,在那里,我曾利用直线的截距来表示一条直线的坐标,同时,把直线族的方程利用截距作变数的方程来表示. 这一种表示方法可以叫作直线族的截距表示法. 但是,这一方法并不是唯一的方法. 用坐标来确定一条直线的位置还有很多其他方法. 现在这一节附录,主要是利用法线参数来确定一条直线的位置,并且利用法线参数作变数的方程来表示一直线族. 利用这种表示方法进行计算,也可以得到许多有趣的结果.

下面所采用的符号和一部分的说明,是采自以前所发表的那篇短文里,为节省篇幅起见,我都不一一注明,读者可以参阅.

---

① 梁如松. 直线族的法线表示法[J]. 数学通讯,1957,3.

1. **直线族的法线表示法**

一条任意直线 AB，它和原点的距离 OM 长度为 p，OM 与 Ox 轴所成的角为 ω（图 1），那么，这条直线可以记作 $l(p,\omega)$，这叫作直线的法线坐标. 根据解析几何学可以知道，任何直线都可以记成这种形式. 很明显，p 及 ω 的值充分地确定了一条直线的位置，而且每一条直线也只对应于一对 p 及 ω 的值. 这些坐标和直线建立了一一对应的关系.

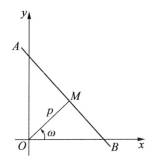

图 1

现在，我们假设 p 和 ω 都是变数，那么，用 p 和 ω 作变数表示的方程就不只表示一条直线，而是一直线族. 任一直线族也都可以用 p 和 ω 作变数的方程来表示. 我们把这种记法叫作直线族的法线表示式.

2. **截距坐标和法线坐标的互化**

设有任意直线，它的法线坐标是 $l(p,\omega)$. 根据解析几何学，它的方程是 $x\cos\omega + y\sin\omega - p = 0$.

当 $x = 0$ 时，就有

$$y = \frac{p}{\sin\omega} \tag{1}$$

当 $y = 0$ 时,就有

$$x = \frac{p}{\cos \omega} \qquad (1')$$

从式(1)(1′)消去 ω,就可得

$$p = \pm \frac{xy}{\sqrt{x^2 + y^2}}$$

由此可得

$$\sin \omega = \pm \frac{x}{\sqrt{x^2 + y^2}}, \cos \omega = \pm \frac{y}{\sqrt{x^2 + y^2}} \qquad (2)$$

注意这里的 p 一般习惯常取正数.

利用上面的(1)(1′)和(2),就可以把任一直线的法线坐标和截距坐标互相转换. 当然,也可以利用上式把直线族的截距表示式化作法线表示式,或是把法线表示式化作截距表示式.

例 1　双曲线 $\dfrac{x^2}{a^2} - \dfrac{y^2}{b^2} = 1$ 的切线族,它的截距表示是 $\dfrac{a^2}{x^2} - \dfrac{b^2}{y^2} = 1$.

要化作法线表示式,以式(1)(1′)代入,可得

$$\frac{a^2}{p^2}\cos^2 \omega - \frac{b^2}{p^2}\sin^2 \omega = 1$$

即

$$p^2 = a^2\cos^2 \omega - b^2\sin^2 \omega$$

例 2　已知直线族方程是 $p = a\cos \omega + b\sin \omega$,化作截距表示式,以式(2)代入,整理后可得

$$\frac{a}{x} + \frac{b}{y} = 1$$

这是过 $P(a, b)$ 的直线族.

3. 切线族的求法

在直线族的截距表示式里,求切线族的公式是

$$X = x - \frac{y}{y'}, Y = y - xy'$$

以式(1)(1′)代入,可得

$$\frac{p}{\cos \omega} = x - \frac{y}{y'}, \frac{p}{\sin \omega} = y - xy' \qquad (3)$$

(为区别表示,X 即为式(1′)中的 x,Y 即为式(1)中的 y)要求任一曲线的切线族,只要从式(3)里消去 x 和 y,就得到含 p 和 ω 的直线族法线表示式,也就是所求的切线族.

例 3　求 $y = ax^2$ 的切线族.

由于 $y' = 2ax$,代入式(3),可得

$$\frac{p}{\cos \omega} = x - \frac{ax^2}{2ax} = \frac{x}{2}$$

$$\frac{p}{\sin \omega} = ax^2 - 2ax^2 = -ax^2$$

从这两式消去 x,便可得

$$p = -\frac{\cos^2 \omega}{4a\sin \omega}$$

这就是所求切线族的法线表示式.

4. 包络线的求法

用法线坐标表示的直线族方程,如果化作普通直角坐标系里的方程,就变成

$$x\cos \omega + y\sin \omega - p = 0$$

在这里,p 和 ω 都是这一方程的参变数.

如果把这一式就 ω 加以微分,那么可得

$$-x\sin \omega + y\cos \omega - p' = 0$$

这里的 $p' = \frac{\mathrm{d}\varphi}{\mathrm{d}\omega}$,我们把这两式联立,可得

$$x = p\cos \omega - p'\sin \omega, y = p\sin \omega + p'\cos \omega \qquad (4)$$

根据微分几何学,只要在这式(4)里面和原式一起消去 p 和 ω,就得到所求包络线在普通直角坐标系里的方程. 在实际计算时,要消去 p 和 ω,有时是很困难的,因此我们就可以把包络线方程用参变数方程来表示.

例4 求 $p = k\sin\omega + h\cos\omega \pm r$ 的包络线.

由于

$$p' = k\cos\omega - h\sin\omega$$

代入式(4),得

$$x = (k\sin\omega + h\cos\omega \pm r)\cos\omega - (k\cos\omega - h\sin\omega)\sin\omega$$

$$= k\sin\omega\cos\omega + h\cos^2\omega \pm r\cos\omega - k\sin\omega\cos\omega + h\sin^2\omega$$

$$= h \pm r\cos\omega \tag{5}$$

同样,可得

$$y = k \pm r\sin\omega \tag{6}$$

由式(5)得

$$r^2\cos^2\omega = (x - h)^2$$

由式(6)得

$$r^2\sin^2\omega = (y - k)^2$$

相加,得

$$(x - h)^2 + (y - k)^2 = r^2$$

这就是所求的包络线方程. 这是以 $P(h, k)$ 为圆心,r 为半径的一个圆.

例5 求证 $p^2 = a^2\cos^2\omega + b^2\sin^2\omega$ 的包络线是一个椭圆.

把原式加以微分,可得

$$2p\mathrm{d}p = 2a^2\cos\omega(-\sin\omega\mathrm{d}\omega) + 2b^2\sin\omega\cos\omega\mathrm{d}\omega$$

$$= 2(b^2 - a^2)\sin\omega\cos\omega\mathrm{d}\omega$$

所以

$$p' = \frac{\mathrm{d}p}{\mathrm{d}\omega} = \frac{1}{p}(b^2 - a^2)\sin\omega\cos\omega$$

代入式(4),得

$$x = p\cos\omega - \frac{1}{p}(b^2 - a^2)\sin^2\omega\cos\omega$$

$$y = p\sin\omega + \frac{1}{p}(b^2 - a^2)\sin\omega\cos^2\omega$$

将这两式加以整理,可得

$$\cos\omega = \frac{p}{a^2}x, \sin\omega = \frac{p}{b^2}y$$

代入原式,可得

$$p^2 = a^2 \cdot \frac{p^2}{a^4} \cdot x^2 + b^2 \cdot \frac{p^2}{b^4} \cdot y^2$$

即

$$\frac{x^2}{a^2} + \frac{y^2}{b^2} = 1$$

这个方程表示一个椭圆.

5. 移轴

已知直线 AB 在原有坐标轴上的法线坐标是 (p, ω),假如将原点 O 移至 O' 的一点,它的坐标是 (h, k),得一新坐标轴,求移轴后的新坐标(图2).

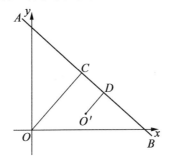

图 2

设新坐标是 (p',ω').

第一种情形:假定新原点和旧原点都在直线 AB 的同一侧,那么由于 OC 和 $O'D$ 都垂直于 AB,且互相平行,因此有

$$\omega = \omega' \qquad\qquad (7)$$

又根据解析几何学里求距离的公式,可得

$$h\cos\omega + k\sin\omega - (p - p') = 0$$

所以

$$p = h\cos\omega' + k\sin\omega' + p' \qquad\qquad (7')$$

第二种情形:假定新原点和旧原点不在直线 AB 的同一侧,那么,由于

$$\omega = \omega' - \pi$$

所以

$$\sin\omega = -\sin\omega', \cos\omega = -\cos\omega' \qquad\qquad (8)$$

同样,又根据解析几何学求距离的公式,可也得到

$$h\cos\omega + k\sin\omega - (p + p') = 0$$

所以

$$\begin{aligned} p &= h\cos\omega + k\sin\omega - p' \\ &= -h\cos\omega' - k\sin\omega' - p' \qquad (8') \end{aligned}$$

式(7)和(7′)以及式(8)和(8′)就是所求的变换公式.

例 6 椭圆 $\dfrac{x^2}{a^2} + \dfrac{y^2}{b^2} = 1$ 的切线族方程是 $p^2 = a^2\cos^2\omega + b^2\sin^2\omega$. 它的焦点 F_1 的坐标是 $(c,0)$,在这里,$c^2 = a^2 - b^2$. 现在,假定将原点 O 移轴至新原点 F_1,

求在新坐标轴里面的方程.

根据上述道理,因为新原点和旧原点都在所有直线的同一侧,以 $p = p'\cos \omega'$ 代入原式,可得

$$(p' + c\cos \omega')^2 = a^2\cos^2 \omega' + b^2\sin^2 \omega'$$

将这个式子加以整理便得

$$p'^2 + 2p'c\cos \omega' = (a^2 - c^2)\cos^2 \omega' + b^2\sin^2 \omega' = b^2$$

如果以 $F_2(-c,0)$ 为原点,那么同样可得在新坐标轴里面的方程是

$$p'^2 - 2p'c\cos \omega' = b^2$$

例 7　双曲线 $\dfrac{x^2}{a^2} - \dfrac{y^2}{b^2} = 1$ 的切线族方程是 $p^2 = a^2\cos^2 \omega - b^2\sin^2 \omega$. 它的焦点 F_1 的坐标是 $(c,0)$,这里的 $c^2 - a^2 = b^2$. 现在,我们如果将原点 O 移轴至新原点 F_1,根据同样道理,可求得移轴后的新方程是

$$p'^2 + 2p'c\cos \omega' = -b^2$$

如果以 $(-c,0)$ 为原点,那么同样得

$$p'^2 - 2p'c\cos \omega' = -b^2$$

6. 转轴

在 xOy 坐标轴里,AB 的法线坐标是 (p,ω). 现在,如图 3,假如以原点为心,将 Ox 及 Oy 轴转移 θ 角,成 Ox' 及 Oy',得一新坐标轴. 设这一直线在新坐标轴里的法线坐标是 (p',ω'). 那么,从图中我们可得下列的关系

$$p = p', \omega = \omega' + \theta \tag{9}$$

根据式(9),我们就可以很方便地把原来的直线

族方程变成在新坐标轴里面的方程.

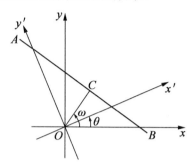

图 3

例 8　已知双曲线的切线族方程是 $p^2 = \dfrac{a}{2}\sin 2\omega$.

假定将坐标轴转移 $45°$ 角,求这一直线族在新坐标轴里面的方程.

以式(9)代入原式,可得

$$p'^2 = \frac{a}{2}\sin 2(\omega' + 45°)$$

$$= \frac{a}{2}\sin (2\omega' + 90°)$$

$$= \frac{a}{2}\cos 2\omega'$$

　　利用上面所得的知识,我们可以很容易地解决一些有趣的问题.下面介绍的是有关三角板移动的问题.

　　三角板是我们日常应用的绘图仪器之一,是最简单的工具,但如果我们利用它做种种有规则的移动,描出这些边和点移动的轨迹,那么就会看见这一块简单的工具能画出各式各样有趣的曲线.现在我们就试用上面所得知识把这些问题加以研究.

620

我们假定下面所讨论的三角板是指有一个直角的三角板,它的直角顶端是 C,其他的两个顶端是 A 和 B. 又在三角板移动时,所谓直线通过某点,或某点在某一直线上,这里每条直线的意义都包括了这条直线的延长线.

7. 问题一

在三角板移动时,夹直角的一边和已知曲线相切,夹直角的另一边过原点,求点 C 的轨迹.

如图 4,ABC 为一个三角板,当它移动时,BC 过原点 O,CA 和已知曲线相切,也就是说,CA 是这一已知曲线切线族里面的一条直线. 设它的法线坐标是 (p,ω).

由于 C 是直角的顶端,根据定义,就有

$$OC = p,\ \angle xOC = \omega$$

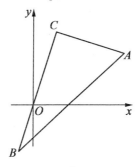

图 4

假如点 C 坐标用极坐标 (ρ,θ) 来表示,以 O 为极,Ox 为极轴,那么,点 C 的极坐标应该是

$$\rho = p,\ \theta = \omega$$

因此,求点 C 的轨迹将是非常简单的,只要首先

求出这一曲线的切线族的法线表示式,然后把 ρ 代替式中的 p,θ 代替式中的 ω,就可得到点 C 在移动时所成曲线用极坐标表示的方程.

例9 星形线的切线族方程是 $p = \pm a\sin\omega\cos\omega$,因此,在用三角板做上述的移动时点 C 的轨迹是

$$\rho = \pm a\sin\theta\cos\theta = \pm \frac{a}{2}\sin 2\theta$$

这是四瓣花曲线.

例10 以 $P(h,0)$ 为圆心,r 为半径的圆的切线族方程是 $p = h\cos\omega \pm r$,在用三角板做同上述一样的移动时,点 C 的轨迹是

$$\rho = h\cos\theta \pm r$$

这是蜗形线.

8. 问题二

把三角板夹直角的一边过原点,直角顶端 C 在已知曲线上移动,求夹直角另一边移动时所成的直线族.

这一问题是上述问题一的反面,所以我们可以这样求得它的直线族,即首先要找到这一已知曲线的极坐标方程,然后以

$$\rho = p,\ \theta = \omega$$

代入原式,就可得到所求直线族的法线表示式.

9. 问题三

以三角板夹直角的一边过一定点,直角顶端 C 在圆周上移动,求夹直角另一边在移动时所成的包络线.

如图5,O 为原点.已知以 O 为圆心,r 为半径的一

个圆,它的方程是 $x^2 + y^2 = r^2$,假设定点 F 在 Ox 轴上, 它的坐标是 $(c,0)$.

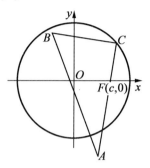

图 5

如果我们把原点 O 移轴至新原点 F,那么圆的方程就变成

$$(x + c)^2 + y^2 = r^2$$

化作极坐标方程,可得

$$(\rho\cos\theta + c)^2 + \rho^2\sin^2\theta = r^2$$

即

$$\rho^2 + 2\rho c\cos\theta = r^2 - c^2$$

根据问题二,以 $\rho = p, \theta = \omega$ 代入上式,就得

$$p^2 + 2pc\cos\omega = r^2 - c^2$$

这就是以三角板夹直角的一边过新原点 F,直角顶端 C 在已知圆周上移动,夹直角的另一边在移动时所成直线族的法线表示式.

这里有三种不同的情形:

第一,如果 $r > c$,即定点 F 在圆内,这样,$r^2 - c^2$ 是正值. 我们把所得的式子和例 6 所得的结果对比一下,立刻可以知道所求的包络是一个椭圆(图 6). 其中 $r^2 - c^2 = b^2$,而 $r = a$. 如果以 O 为原点,它的方程是

$$\frac{x^2}{r^2} + \frac{y^2}{r^2 - c^2} = 1$$

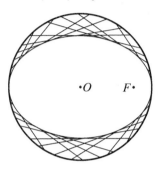

图 6

第二,如果 F 在圆外,即 $c > r$,因此 $r^2 - c^2 < 0$,根据例 7,我们可以知道所求的包络是双曲线,其中 $-(c^2 - r^2) = -b^2$,而 $r = a$. 如果以 O 为原点,它的方程是

$$\frac{x^2}{r^2} - \frac{y^2}{c^2 - r^2} = 1$$

第三,如果 $r^2 = c^2$,即当 $r = c$ 时,那么原来的直线族方程就变成了

$$p = -2c\cos \omega = -2r\cos \omega$$

对以 F 为原点的新坐标轴来说,这是过 $P(0, -2r)$ 的直线族(见例 2).

10. 问题四

当三角板移动时夹直角的一边和已知曲线相切,直角顶端 C 在 Ox 轴上,求夹直角的另一边移动时所

成的直线族.

如图 7,CA 和已知曲线相切,也就是说,CA 是已知曲线切线族里面的一条直线,它的法线坐标是 (p,ω). BC 是夹直角的另一边,C 在 Ox 轴上.求 BC 移动时所成的直线族.

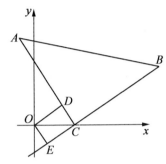

图 7

设所求 BC 的法线坐标是 (p',ω'). 从 O 作 $OE\perp BC$,交 BC 于 E,那么

$$\angle COD = \angle OCE = \omega$$

但

$$OC = \frac{p}{\cos\omega}$$

所以

$$OE = p' = OC\sin\angle OCE = \frac{p\sin\omega}{\cos\omega}$$

但

$$\omega = \omega' + 270°$$

所以

$$\begin{cases} \sin\omega = \cos\omega', \cos\omega = -\sin\omega' \\ p' = \dfrac{p\sin\omega}{\cos\omega} = -\dfrac{p\cos\omega'}{\sin\omega'}, \text{即 } p = -\dfrac{p'\sin\omega'}{\cos\omega'} \end{cases} \quad (10)$$

因此,我们可把式(10)代入已知曲线切线族的法线表示式里,就可得到 BC 在移动时所成的直线族方程.

例 11   以 $P(0,k)$ 为圆心,r 为半径的圆的切线族方程是 $p = k\sin\omega \pm r$,在用三角板做上述的移动时,以式(10)代入原式,可得所求的直线族方程是

$$p' = -k\cos\omega'\cot\omega' \pm r\cot\omega'$$

在这个式子里,如果 $r=0$,那么原来的曲线就变成$(0,k)$的一点,所求的包络线将变成一条抛物线(见例 3).

基于初中层面的弦张定点成直角的问题探究①

① 中学教研(数学),2017 年第 7 期.

附
录
14

河南省川汇区教体局教研室的李世臣教授于 2017 年在动态数学软件 GeoGebra 环境下,以一道中考数学压轴题为起点,基于初中层面的抛物线、双曲线、平行直线、相交直线上的两个动点对某定点张直角问题进行了深入研究,发现一组有价值的结论,深化了对问题的认识.

2014 年湖北省武汉中考数学第 26 题是一道综合性较强的压轴题,其根植于初中核心知识和基本技能,指向于高中优生选拔和素养要求,是一道设计巧妙、简洁明了、内涵丰富的好题. 文献[1]对曲线上的定点张直角弦问题进行了研究,若定点不在曲线上会有什么几何特征呢? 笔者利用动态数学软件(GeoGebra)就基于初中层面的定点张抛物线上两点成直角问题、张双曲线上两点成直角问题、与两条平行线上的点张直角问题、与两条相交直线上的点张直角问题进行了拓展研究,获得了一些有价值的结论.

试题呈现[1]　如图 1,已知直线 $AB:y=kx+2k+4$ 与抛物线 $y=\dfrac{1}{2}x^2$ 交于点 A,B.

(1)直线 AB 总经过一个定点 C,请直接写出点 C 的坐标;

(2)当 $k=-\dfrac{1}{2}$ 时,在直线 AB 下方的抛物线上求点 P,使 $\triangle ABP$ 的面积等于 5;

(3)若在抛物线上存在定点 D 使 $\angle ADB=90°$,求点 D 到直线 AB 的最大距离.

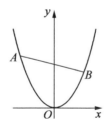

图 1

问题(3)说明抛物线上的定点对抛物线上的弦张直角,则弦所在直线过定点. 那么,这个问题能否推广到一般情况呢?

探究 1　平面内的定点张抛物线上两点成直角问题[2].

如图 2,已定点 $P(u,v)$,二次函数 $y=ax^2+bx+c$

（其中 $a \neq 0$）的图像与直线 $y = kx + d$ 交于点 $A(x_1, y_1)$，$B(x_2, y_2)$，$\angle APB = 90°$，$PH \perp AB$ 于点 $H(m, n)$.

联立方程组

$$\begin{cases} y = ax^2 + bx + c \\ y = kx + d \end{cases}$$

消去 y，得

$$ax^2 + (b-k)x + c - d = 0$$

则

$$x_1 + x_2 = -\frac{b-k}{a}, x_1 x_2 = \frac{c-d}{a}$$

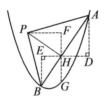

图 2

过点 H 作对称轴的平行线，交抛物线于点 G，设 $G(m, h)$，由点 H 在直线 AB 上，得

$$n = km + d$$

由点 G 在抛物线上，得

$$h = am^2 + bm + c$$

从而

$$\begin{aligned} h - n &= am^2 + (b-k)m + c - d \\ &= a\left(m^2 + \frac{b-k}{a}m + \frac{c-d}{a}\right) \\ &= a\left[m^2 - (x_1 + x_2)m + x_1 x_2\right] \\ &= a(m - x_1)(m - x_2) \end{aligned}$$

629

Leibniz 定理

分别过点 A, P, B, H 作与坐标轴平行或垂直的直线,得垂足 D, F, E,则

$$FH = v - n, EH = m - x_2, DH = x_1 - m$$

因为 $PH \perp AB$,所以

$$\triangle ADH \backsim \triangle PFH \backsim \triangle BEH$$

又 $AP \perp PB$,得

$$PH^2 = AH \cdot HB$$

即

$$FH^2 = EH \cdot HD$$

从而

$$(v - n)^2 = (m - x_2)(x_1 - m)$$

$$= \frac{1}{a}(h - n)$$

$$= \frac{1}{a}(am^2 + bm + c - n)$$

整理得

$$\left(m + \frac{b}{2a} \right)^2 + \left(n - v - \frac{1}{2a} \right)^2 = \frac{b^2 - 4ac + 4av + 1}{4a^2}$$

为讨论方便,令 $T = \dfrac{b^2 - 4ac + 4av + 1}{4a^2}$,设点 $M\left(-\dfrac{b}{2a}, v + \dfrac{1}{2a} \right)$,则点 M 在抛物线的对称轴 $x = -\dfrac{b}{2a}$ 上,$PM = \sqrt{\dfrac{(2au + b)^2 + 1}{4a^2}}$. 设点 P 关于点 M 的对称点为 $Q\left(-u - \dfrac{b}{2a}, v + \dfrac{1}{a} \right)$,则点 P 与点 Q 纵坐标的差恒

等于 $\dfrac{1}{a}$. 又设抛物线的焦点为 $S\left(-\dfrac{b}{2a}, c-\dfrac{b^2}{4a}+\dfrac{1}{4a}\right)$，点 P 到直线 AB 的距离为 d，则有：

（1）当 $T>0$ 时，点 H 在以 M 为圆心，以 $\sqrt{T}$ 为半径的圆上. 当点 A 在无穷远处，即 $PA(PB)\perp x$ 轴时，$PB(PA)\perp y$ 轴，PH 与 $PB(PA)$ 重合，圆与抛物线相切，切点为过点 P 与 y 轴垂直的直线和抛物线的交点. 设点 P 关于直线 AB 的对称点为 C，直线 CQ，AB 交于点 D，联结 PD，MH，QC，则

$$PD=CD, QC=2MH=2\sqrt{T}$$

①若点 P 在抛物线内，如图3，因为 $PD+DQ=CD+DQ=CQ=2\sqrt{T}$，由椭圆的定义知点 D 的轨迹是椭圆，所以直线 AB 的包络是以圆心 M 为中心，以 P，Q 为焦点的椭圆. 由于点 P 在点 H 轨迹圆的内部，从而 $\sqrt{T}-PM\leqslant d\leqslant\sqrt{T}+PM$.

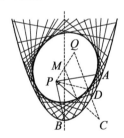

图3

②若点 P 在抛物线上，如图4，直线 AB 经过定点，设点 P 关于抛物线对称轴的对称点为 P'，则 $P'Q\perp x$ 轴，$P'Q=\dfrac{1}{|a|}$. 由垂线段最短知 $0\leqslant d\leqslant 2\sqrt{T}$.

631

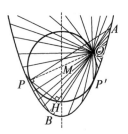

图4

③若点 P 在抛物线外,如图5,因为 $|PD - DQ| =$ $|CD - DQ| = CQ = 2\sqrt{T}$,由双曲线的定义知点 D 的轨迹是双曲线,则直线 AB 的包络是以圆心 M 为中心,以 P,Q 为焦点的双曲线. 由于点 P 在点 H 轨迹圆的外部,于是 $PM - \sqrt{T} \leqslant d \leqslant PM + \sqrt{T}$.

图5

(2)当 $T = 0$ 时, $v = c - \dfrac{b^2}{4a} - \dfrac{1}{4a}$,点 P 在抛物线的

准线 $y = c - \dfrac{b^2}{4a} - \dfrac{1}{4a}$ 上,如图6,点 H 的轨迹退化为一个

点,即为抛物线的焦点 S. 此时,只有 PA,PB 同时与抛物线相切, AB 经过焦点 $S(H)$, $PS(PH) \perp AB$,从而 $d = PM$.

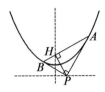

图6

(3)当$T<0$时,即点P与焦点S分布在抛物线准线的异侧,点P对抛物线的弦张直角不存在.

探究2 平面内定点张双曲线上两点成直角问题[3].

如图7,已知定点$P(u,v)$,反比例函数$xy=k$(其中$k\neq0$)的图像与直线$y=ax+b$交于点$A(x_1,y_1)$,$B(x_2,y_2)$,$\angle APB=90°$,$PH\perp AB$于点$H(m,n)$.联立方程组

$$\begin{cases} xy=k \\ y=ax+b \end{cases}$$

消去y,得

$$ax^2+bx-k=0$$

则

$$x_1+x_2=-\frac{b}{a},\ x_1x_2=-\frac{k}{a}$$

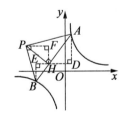

图7

633

由点 H 在直线 AB 上, 得

$$n = am + b$$

又由 $PH \perp AB$, 得

$$a = -\frac{m - u}{n - v}$$

从而

$$(x_1 - m)(x_2 - m)$$
$$= x_1 x_2 - m(x_1 + x_2) + m^2$$
$$= -\frac{k}{a} + \frac{bm}{a} + m^2$$
$$= \frac{1}{a}(am^2 + bm - k)$$
$$= \frac{m(am + b) - k}{a}$$
$$= \frac{mn - k}{a}$$
$$= -\frac{(mn - k)(n - v)}{m - u}$$

分别过点 A, P, B, H 作与坐标轴平行或垂直的直线, 得垂足 D, F, E, 则

$$FH = v - n, EH = m - x_2, DH = x_1 - m$$

因为 $PH \perp AB$, 所以

$$\triangle ADH \backsim \triangle PFH \backsim \triangle BEH$$

又 $AP \perp PB$, 得

$$PH^2 = AH \cdot HB$$

即

$$FH^2 = EH \cdot HD$$

从而

$$(v - n)^2 = (m - x_2)(x_1 - m)$$
$$= \frac{(mn - k)(n - v)}{m - u}$$

整理得

$$vm + un - uv - k = 0$$

（1）如图 8，若点 $P(u,v)$ 在反比例函数的图像上，则 $uv = k$. 点 $H(m,n)$ 在直线 $\dfrac{x}{u} + \dfrac{y}{v} = 2$ 上，该直线恰是点 $P(u,v)$ 处的切线. 由 $AB \perp PH$，知直线 AB 有方向，是一束平行线，点 P 到直线 AB 的距离 $d \geqslant 0$.

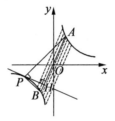

图 8

（2）如图 9，若点 $P(u,v)$ 在反比例函数的图像外，且不在原点. 点 $H(m,n)$ 在直线 $vx + uy - uv - k = 0$ 上，该直线恰与反比例函数的图像交于点 $E\left(\dfrac{k}{v}, v\right)$，$F\left(u, \dfrac{k}{u}\right)$，$PE \perp y$ 轴，$PF \perp x$ 轴. 倍长 PE，PF，PH，得点 M，N，C，则点 P 的对应点 C 在定直线 MN 上. 过点 C 作 MN 的垂线，交直线 AB 于点 D，则 $PD = DC$. 由抛物线的定义，点 D 的轨迹是以点 P 为焦点，以 MN 为准线的抛物线，是直线 AB 的包络曲线.

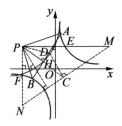

图 9

由垂线段最短知,PH 的最小值为 $\triangle PEF$ 斜边上的高,从而 $d \geqslant \dfrac{|uv-k|}{\sqrt{u^2+v^2}}$.

探究 3 已知平面内定点与两条平行线上的点张直角问题.

已知 $m /\!/ n$,设直线 m,n 的间距为 t,定点 P 到直线 m,n 的最近距离为 s. 点 A,B 分别在直线 m,n 上,$\angle APB$ 为直角,$PH \perp AB$ 于点 H. 过点 P 作平行线 m,n 的垂线,得垂足为 E,F,联结 EH,FH,延长 PH 到点 C,使 $HC = PH$. 取 EF 的中点 M,点 P 关于点 M 的对称点为 Q,作直线 CQ 交直线 AB 于点 D.

(1)当点 P 在直线 m,n 的异侧时,如图 10,因为 $PE \perp AE,PH \perp AH$,所以点 A,E,P,H 共圆,$\angle EHP = \angle EAP$. 同理可得 $\angle PHF = \angle PBF$,从而

$$\angle EHF = \angle EAP + \angle PBF = \angle APB = 90°$$

即点 H 在以 EF 为直径的圆上.

由中垂线和中位线的性质知

$$DP + DQ = DC + DQ = QC = 2MH = t(\text{定值})$$

从而点 D 的轨迹是以 P,Q 为焦点,以 EF 为长轴的椭圆,是直线 AB 的包络曲线.

由于点 P 在点 H 轨迹的内部,因此

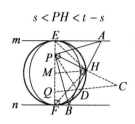

图 10

（2）若点 P 在直线 $m(n)$ 上，则点 $B(A)$ 与点 $F(E)$ 重合，$\angle EHF = 90°$，点 H 的轨迹是以 EF 为直径的圆（除点 E,F）．显然，$0 < PH < t$．

（3）当点 P 在直线 m,n 的同侧时，如图 11，因为 $PE \perp AE,PH \perp AH$，所以点 A,P,E,H 共圆，$\angle EHB = \angle EPA$．同理可得 $\angle BHF = \angle BPF$，从而

$$\angle EHF = \angle EPA + \angle FPB = \angle APB = 90°$$

即点 H 的轨迹是以 EF 为直径的圆．

由中垂线和中位线的性质知

$$|DQ - DP| = |DQ - DC| = QC = 2MH = t（定值）$$

从而点 D 的轨迹是以 P,Q 为焦点，以 EF 为实轴的双曲线，是直线 AB 的包络曲线．

由于点 P 在点 H 轨迹圆的外部，因此

$$s < PH < t + s$$

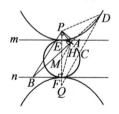

图 11

探究 4　已知平面内定点与两条相交直线上的点张直角问题．

637

（1）定点在两条垂直直线的直角区域.

如图 12，$\angle UOV = 90°$，$PE \perp OU$ 于点 E，$PF \perp OV$ 于点 F，$PE = m$，$PF = n$. 点 A，B 分别在直线 OU，OV 上，$\angle APB = 90°$，$PH \perp AB$ 于点 H，则点 H 在直线 EF 上，直线 AB 的包络曲线是抛物线，且

$$PH \geqslant \frac{mn}{\sqrt{m^2 + n^2}}$$

事实上，因为 $PE \perp OU$，$PH \perp AB$，所以点 A，E，H，P 共圆，$\angle AHE = \angle APE$. 同理可得 $\angle BHF = \angle BPF$. 又因为 $\angle APB = 90°$，$\angle EPF = 90°$，所以 $\angle APE = \angle BPF$，从而 $\angle AHE = \angle BHF$，即点 H 在直线 EF 上.

倍长 PE，PF，PH，得点 M，N，C，则点 P 的对应点 C 在定直线 MN 上. 过点 C 作 MN 的垂线，交直线 AB 于点 D，则 $PD = DC$，由抛物线定义，点 D 的轨迹是以点 P 为焦点，以 MN 为准线的抛物线，是直线 AB 的包络曲线. 由垂线段最短可知，PH 的最小值为 $\triangle PEF$ 斜边上的高 $\dfrac{mn}{\sqrt{m^2 + n^2}}$，从而

$$PH \geqslant \frac{mn}{\sqrt{m^2 + n^2}}$$

图 12

（2）定点在两条直线形成的锐角区域.

638

如图 13，$\angle UOV = \theta$（其中 $0° < \theta < 90°$），$PE \perp OU$ 于点 E，$PF \perp OV$ 于点 F，$PE = m$，$PF = n$. 点 A，B 分别在直线 OU，OV 上，$\angle APB = 90°$，$PH \perp AB$ 于点 H，则点 H 在定圆上，直线 AB 的包络曲线是椭圆，且 $a - c \le PH \le a + c$，其中

$$a = \frac{\sqrt{m^2 + 2mn\cos\theta + n^2}}{2|\cos\theta|}$$

$$c = \frac{\sqrt{m^2 - 2mn\cos\theta + n^2}}{2|\cos\theta|}$$

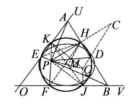

图 13

事实上，延长 EP 交直线 OV 于点 J，延长 FP 交直线 OU 于点 K，因为 $PE \perp OU$，$PF \perp OV$，所以点 E，F，J，K 共圆，JK 为该圆的直径，取圆心为 M. 联结 EH，FH，因为 $PH \perp AB$，所以点 A，E，P，H 共圆，$\angle EHP = \angle EAP$. 同理可得 $\angle PHF = \angle PBF$，从而

$$\angle EHF = \angle EAP + \angle FBP = \angle APB - \angle AOB$$
$$= 90° - \theta = \angle EKP$$

即点 H 在定圆 M 上.

延长 PH 到点 C，使 $HC = PH$，延长 PM 到点 Q，使 $MQ = PM$. 直线 CQ，AB 交于点 D，联结 PD，由中垂线和中位线的性质知 $PD = CD$，$CQ = 2MH$，从而

$$DP + DQ = DC + DQ = QC = 2MH$$

于是点 D 的轨迹是以 P，Q 为焦点，长轴长为 JK 的椭

圆,是直线 AB 的包络曲线.

因为 $PM = MQ, KM = MJ$,得四边形 $PJQK$ 为平行四边形,所以 $JQ = PK, JQ /\!/ FK$,则 $JQ \perp OV$. 又因为 $\angle KPE = \angle JPF = \angle EOF = \theta$,所以

$$
\begin{aligned}
JK^2 &= KF^2 + FJ^2 = \left(\frac{m}{\cos\theta} + n\right)^2 + (n\tan\theta)^2 \\
&= \frac{m^2 + 2mn\cos\theta + n^2}{\cos^2\theta} \\
PQ^2 &= (PF - JQ)^2 + FJ^2 \\
&= \left(n - \frac{m}{\cos\theta}\right)^2 + (n\tan\theta)^2 \\
&= \frac{m^2 - 2mn\cos\theta + n^2}{\cos^2\theta}
\end{aligned}
$$

从而 $JK = 2a, PQ = 2c$. 由于点 P 在点 H 轨迹圆的内部,于是 $a - c \leqslant PH \leqslant a + c$.

(3)定点在两条直线形成的钝角区域.

如图 14,$\angle UOV = \theta$(其中 $90° < \theta < 180°$),$PE \perp OU$ 于点 E,$PF \perp OV$ 于点 F,$PE = m$,$PF = n$. 点 A, B 分别在直线 OU, OV 上,$\angle APB = 90°$,$PH \perp AB$ 于点 H,则点 H 在定圆上,直线 AB 的包络曲线是双曲线,且 $c - a \leqslant PH \leqslant c + a$(其中 a, c 设置同上).

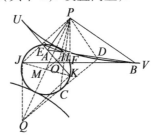

图 14

事实上,延长 PE 交直线 OV 于点 J,延长 PF 交直

线 OU 于点 K, 因为 $PE \perp OU$, $PF \perp OV$, 则点 E, F, J, K 共圆, JK 为该圆的直径, 取圆心为 M. 联结 EH, FH, 因为 $PE \perp OU$, $PH \perp AB$, 所以点 A, E, P, H 共圆, $\angle PEH = \angle PAH$. 同理可得 $\angle PFH = \angle PBH$. 在凹四边形 $PEHF$ 中, 有

$$\begin{aligned}
\angle EHF &= \angle PEH + \angle PFH + \angle EPF \\
&= \angle PAH + \angle PBH + 90° - \angle EJF \\
&= 180° - \angle EJF
\end{aligned}$$

即点 H 在定圆 M 上.

延长 PH 到点 C, 使 $HC = PH$, 延长 PM 到点 Q, 使 $MQ = PM$. 直线 CQ, AB 交于点 D, 联结 PD, 由中垂线和中位线的性质知 $PD = CD$, $CQ = 2MH$, 从而

$$DP + DQ = DC + DQ = QC = 2MH$$

于是点 D 的轨迹是以 P, Q 为焦点, 长轴长等于 JK 的椭圆, 是直线 AB 的包络曲线.

易得四边形 $PJQK$ 是平行四边形, 于是 $JQ = PK$, $JQ /\!/ FK$, $JQ \perp OV$. 因为 $\angle KPE = \angle JPF = \angle EOF = 180° - \theta$, 所以

$$\begin{aligned}
JK^2 &= KF^2 + FJ^2 \\
&= \left[\frac{m}{\cos(180° - \theta)} - n\right]^2 + \left[n\tan(180° - \theta)\right]^2 \\
&= \frac{m^2 + 2mn\cos\theta + n^2}{\cos^2\theta}
\end{aligned}$$

$$\begin{aligned}
PQ^2 &= (PF + JQ)^2 + FJ^2 \\
&= \left[n + \frac{m}{\cos(180° - \theta)}\right]^2 + \left[n\tan(180° - \theta)\right]^2 \\
&= \frac{m^2 - 2mn\cos\theta + n^2}{\cos^2\theta}
\end{aligned}$$

于是 $JK = 2a$, $PQ = 2c$. 由于点 P 在点 H 轨迹圆的外

部,从而 $c - a \leqslant PH \leqslant c + a$.

波利亚有过一个比喻:"好问题如同某种蘑菇,它们大都成堆地生长. 找到一个以后,你应当在周围再找一找,很可能在附近就有好几个."这个比喻形象而生动地说明了数学问题之间存在着紧密联系. 本附录从一道中考压轴题出发,借助数学技术,在问题解决之后,通过类比、迁移发现证明了定点张常规曲(直)线上的点成直角的几何特征,深刻揭示了其内在规律,如同找到了更多的蘑菇,举一反三、闻一知十.

参考文献

[1]李世臣. 一道中考数学压轴题的探究与推广[J]. 数学教学,2016(1):25-29.

[2]李世臣,陆楷章. 圆锥曲线对定点张直角弦问题再研究[J]. 数学通报,2016(3):60-64.

[3]朱寒杰. 由一道双曲线试题引起的探究与思考[J]. 中学教研(数学),2013(12):14-16.

波拉索洛夫论曲线族的包络

如果在平面上的两条曲线在某一点的切线重合,那么我们就称这两条曲线在这一点相切.

设在有坐标 x 与 y 的平面上给定依赖于参数 α 的曲线族 C_α. 将满足下列条件的曲线 C 称为曲线族 C_α 的包络:C 的每一点都与各曲线 C_α 中的一条相切,而且 C 与曲线族 C_α 中每一条曲线相切. 曲线族的包络可以由几个连通的分支组成. 例如,中心在给定直线 l 上的固定半径为 r 的圆族的包络由两条直线组成,这两条直线与直线 l 平行,而且每一条直线与 l 的距离等于 r.

以下假设:由方程 $f(x,y,\alpha)=0$ 给定曲线族 C_α,其中 f 是可微函数.

我们去求包络 C 的方程. 设用参数给定 $C:x=\varphi(\alpha),y=\psi(\alpha)$. 而且曲线 C 与曲线 C_α 在点 $(\varphi(\alpha),\psi(\alpha))$ 相切.

设 $x_0=\varphi(\alpha_0)$ 且 $y_0=\psi(\alpha_0)$. 曲线 C 与 C_{α_0} 在点 (x_0,y_0) 处的切线分别由以下

方程确定

$$\frac{1}{x-x_0}\cdot\frac{\mathrm{d}\varphi}{\mathrm{d}\alpha}+\frac{1}{y-y_0}\cdot\frac{\mathrm{d}\psi}{\mathrm{d}\alpha}=0$$

$$(x-x_0)\frac{\partial f}{\partial x}+(y-y_0)\frac{\partial f}{\partial y}=0 \qquad (1)$$

这些直线重合,于是有

$$\frac{\partial f}{\partial x}\cdot\frac{\mathrm{d}\varphi}{\mathrm{d}\alpha}+\frac{\partial f}{\partial y}\cdot\frac{\mathrm{d}\psi}{\mathrm{d}\alpha}=0 \qquad (2)$$

因为点$(\varphi(\alpha),\psi(\alpha))$位于曲线$C_\alpha$上,所以

$$f(\varphi(\alpha),\psi(\alpha),\alpha)=0$$

对所有α都成立. 对这个等式进行微分得

$$\frac{\partial f}{\partial x}\cdot\frac{\mathrm{d}\varphi}{\mathrm{d}\alpha}+\frac{\partial f}{\partial y}\cdot\frac{\mathrm{d}\psi}{\mathrm{d}\alpha}+\frac{\partial f}{\partial \alpha}=0 \qquad (3)$$

现在考虑到式(2)得$\frac{\partial f}{\partial \alpha}=0$. 于是,从下列方程组中消去参数$\alpha$便求得包络(如果包络存在而且按上述方法参数化)

$$f(x,y,\alpha)=0, \frac{\partial f}{\partial \alpha}(x,y,\alpha)=0 \qquad (4)$$

为了使方程(1)确实给出切线,应当使导数$\frac{\partial f}{\partial x}$与$\frac{\partial f}{\partial y}$在点$(x_0,y_0,\alpha_0)$不同时等于零. 如果满足这个条件,那么推导是可逆的. 在这种情形中,作为方程组(4)的解所求得的曲线将确实是包络.

常常可以利用以下的几何想法求出包络:假设每一对曲线C_{α_1}与$C_{\alpha_2}(\alpha_1\neq\alpha_2)$相交于一点,并且当$\alpha_1\rightarrow\alpha$与$\alpha_2\rightarrow\alpha$时,这些交点趋于某一个点$(x(\alpha),y(\alpha))$,

那么这个点 $(x(\alpha),y(\alpha))$ 位于包络上. 事实上, 如果 $f(x,y,\alpha_1)=0$, 且 $f(x,y,\alpha_2)=0$, 那么

$$0=\frac{f(x,y,\alpha_1)-f(x,y,\alpha_2)}{\alpha_1-\alpha_2}=\frac{\partial f}{\partial \alpha}(x,y,\alpha^*)$$

其中 α^* 是在 α_1 与 α_2 之间的某个点. 因此, 对于点 $(x(\alpha),y(\alpha))$ 等式

$$f(x(\alpha),y(\alpha),\alpha)=0$$

且

$$\frac{\partial f}{\partial \alpha}(x(\alpha),y(\alpha),\alpha)=0$$

成立。这表示该点位于包络上.

题 1　求从已知的直角中截出面积等于 $\dfrac{a^2}{2}$ 的三角形的直线族的包络.

解　引入坐标系, 使坐标轴的方向沿着已知的直角的边的方向. 我们所关心的直线与坐标轴相交于点 $(\alpha a,0)$ 与 $\left(0,\dfrac{a}{\alpha}\right)$, 其中 $\alpha>0$. 与参数 α 对应的直线由方程 $x+\alpha^2 y=\alpha a$ 确定. 分别对应于参数 α_1 与 α_2 的两条直线的交点的坐标是 $\left(\dfrac{a\alpha_1\alpha_2}{\alpha_1+\alpha_2},\dfrac{a}{\alpha_1+\alpha_2}\right)$. 如果 $\alpha_1\to\alpha$ 且 $\alpha_2\to\alpha$, 那么我们得到点 $\left(\dfrac{a\alpha}{2},\dfrac{a}{2\alpha}\right)$, 这些点位于双曲线 $xy=\dfrac{a^2}{4}$ 上.

题 2　一个角的顶点是 O, 在这个角的每边上各固定点 A 与 B, 在线段 OA 与 OB 上选点 A_1 与 B_1, 使得 $OB_1:B_1B=AA_1:A_1O$. 证明: 直线族 A_1B_1 的包络是抛物

线的一段弧.

证明　可以认为, O 是坐标原点, $A = (1,1)$ 且 $B(-1,1)$, 那时 $A_1 = (1-\alpha, 1-\alpha)$ 且 $B = (-\alpha, \alpha)$, 其中数 $\alpha \in [0,1]$. 通过点 A_1 与 B_1 的直线的方程是

$$(2\alpha - 1)x + y = 2\alpha(1-\alpha)$$

容易验证, 如果分别对应于参数 α_1 与 α_2 的两直线的交点是 (x_0, y_0), 那么 $x_0 = 1 - \alpha_1 - \alpha_2$. 如果 $\alpha_1 \to \alpha$ 且 $\alpha_2 \to \alpha$, 那么 $x_0 \to 1 - 2\alpha$. 因此, 包络的方程是

$$-x^2 + y = \frac{1}{2}(1 - x^2)$$

即

$$y = \frac{1 + x^2}{2}$$

题3　在固定的垂直平面内从坐标原点以速度 v_0 将质点抛出, 求质点的轨线族的包络.

将题3的曲线称为安全抛物线.

解　我们使 Oy 轴垂直向上, 而 Ox 轴沿着形成速度 v_0 的水平的方向. 那时, 质点在瞬时 t 的坐标是

$$x(t) = v_0 \cos \alpha \cdot t$$

$$y(t) = v_0 \sin \alpha \cdot t - \frac{gt^2}{2}$$

其中 α 是质点落下所成的角. 例如, 如果将质点垂直向上扔出去, 那么

$$y(t) = v_0 t - \frac{gt^2}{2}$$

因此, 当 $t = \dfrac{v_0}{g}$ 时, $y(t)$ 取得最大值, 同时, $y(t) = \dfrac{v_0^2}{2g}$. 如

果假设包络是抛物线,那么该抛物线的方程应该是

$$y = \frac{v_0^2}{2g} - kx^2$$

为了确定 k,我们计算轨线与 Ox 轴相交的最大可能的坐标(射程的最大距离). 如果 $y(t_0) = 0$ 且 $t_0 \neq 0$,那么

$$t_0 = \frac{2v_0 \sin \alpha}{g}$$

同时

$$x(t_0) = \frac{2v_0^2 \sin \alpha \cos \alpha}{g} = \frac{v_0^2 \sin 2\alpha}{g}$$

因此,射程的最大距离等于 $\frac{v_0^2}{g}$. 于是,得到关于 k 的方程

$$y = \frac{v_0^2}{2g} - k\left(\frac{v_0^2}{g}\right)^2 = 0$$

因此得 $k = \frac{g}{2v_0^2}$.

现在证明:抛物线 $y = \frac{v_0^2}{2g} - \frac{g}{2v_0^2}x^2$ 实际上是所考虑的轨线族的包络. 为了这个目的,只要证明以下结论就足够了:任何轨线位于这条抛物线的下方,而且每一条轨线与这条抛物线有一个公共点,即对于所有 t,不等式

$$\frac{v_0^2}{2g} - \frac{g\cos^2\alpha}{2}t^2 \geq v_0 \sin \alpha \cdot t - \frac{gt^2}{2}$$

成立,并且对某一个 t,上式变为等式. 以 $1 - \sin^2\alpha$ 代替 $\cos^2\alpha$ 得到不等式

647

$$\frac{v_0^2}{2g} - v_0 \sin \alpha \cdot t + \frac{g \sin^2 \alpha}{2} t^2 \geqslant 0$$

即 $\frac{g}{2} \left(\frac{v_0}{g} - \sin \alpha \cdot t \right)^2 \geqslant 0$. 当 $t = \frac{v_0}{g \sin \alpha}$ 时,这个式子变为等式.

题 4　直线族在两坐标轴间被截出长度为常数 l 的线段(图 1). 证明:该直线族的包络由以下方程所给定

$$x^{\frac{2}{3}} + y^{\frac{2}{3}} = l^{\frac{2}{3}}$$

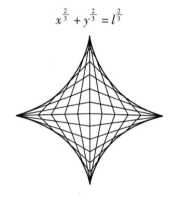

图 1

将题 4 的曲线称为星形线.

证明　设以 $(a_1, 0)$ 与 $(0, b_1)$ 为端点的线段的长度是 l,以 $(a_2, 0)$ 与 $(0, b_2)$ 为端点的线段的长度也是 l. 如果 $a = \frac{a_1 + a_2}{2}, b = \frac{b_1 + b_2}{2}$,那么

$$a_1 = a + \alpha, b_1 = b - \beta$$

$$a_2 = a - \alpha, b_2 = b + \beta$$

其中 α 与 β 是某些数. 由关系式

$$(a + \alpha)^2 + (b - \beta)^2 = (a - \alpha)^2 + (b + \beta)^2$$

648

得

$$a\alpha = b\beta$$

以下寻找所考虑的线段的交点的坐标(假设 a_1 与 a_2 的符号相同, b_1 与 b_2 的符号也相同). 这些线段所在直线的方程是

$$\frac{x}{a+\alpha} + \frac{y}{b-\beta} = 1$$

$$\frac{x}{a-\alpha} + \frac{y}{b+\beta} = 1$$

考虑这两个方程的和与差,得

$$\frac{ax}{a^2 - \alpha^2} + \frac{by}{b^2 - \beta^2} = 1$$

$$\frac{\alpha x}{a^2 - \alpha^2} = \frac{\beta y}{b^2 - \beta^2}$$

如果考虑到关系式 $a\alpha = b\beta$,那么可以将最后的等式写成下列形式

$$\frac{x}{a(a^2 - \alpha^2)} = \frac{y}{b(b^2 - \beta^2)}$$

将这个表达式代入直线方程的等式,求得

$$x = \frac{a(a^2 - \alpha^2)}{a^2 + b^2}, y = \frac{b(b^2 - \beta^2)}{a^2 + b^2}$$

我们关心的是当 $\alpha \to 0, \beta \to 0$ 时的极限. 极限的表达式显然是 $x = \frac{a^3}{l^2}$ 与 $y = \frac{b^3}{l^2}$,那时

$$x^{\frac{2}{3}} + y^{\frac{2}{3}} = \frac{(a^2 + b^2)}{l^{\frac{4}{3}}} = \frac{l^2}{l^{\frac{4}{3}}} = l^{\frac{2}{3}}$$

题 5 小圆的半径是 $\frac{1}{4}$，大圆的半径是 1. 大圆不动，小圆在大圆内沿着大圆滚动. 在小圆上标记一个点. 证明：标记点的轨迹是星形线.

小圆的半径是 r，大圆的半径是 $R(R>r)$. 大圆不动，小圆在大圆内沿着大圆滚动. 在小圆上标记一个点. 将标记点的轨迹称为内摆线.

小圆的半径是 r，大圆的半径是 $R(R>r)$. 大圆不动，小圆在大圆外沿着大圆滚动. 在小圆上标记一个点. 将标记点的轨迹称为外摆线.

如果 $\frac{r}{R}$ 是有理数，那么对应的内摆线与外摆线是封闭的曲线，这些曲线具有有限个奇点（返回点）. 其中一些曲线有专门的名称. 例如，将具有一个返回点的外摆线称为心形线（它的形状与心脏相似）. 又将具有两个返回点的外摆线称为肾脏线（它的形状与肾脏相似）. 而具有四个返回点的内摆线就是星形线.

解法 1 当半径为 r 的圆在半径为 R 的圆内滚动时，一般情况下，我们用参数方程表示标注点的轨迹. 可以将标注点的这种运动表示为较小的圆的中心沿着半径为 $r_1=R-r$ 的圆以角速度 ω_1 的旋转和较小的圆的半径 $r_2=r$ 以角速度 ω_2 的旋转. 同时，ω_1 与 ω_2 有不同的符号，而且按关系式 $(r_1+r_2)\omega_1=r_2(-\omega_2+\omega_1)$ 相联系. 这表示半径为 $R=r_1+r_2$ 的不动的圆与半径为 $r=r_2$ 的运动的圆的弧的相等关系（无滑动相切）.

在简化以后,可以将这个关系式写成下列形式

$$r_1\omega_1 = -r_2\omega_2$$

标注点的轨线的参数表示如下

$$x = r_1\cos\omega_1 t + r_2\cos\omega_2 t$$

$$y = r_1\sin\omega_1 t + r_2\sin\omega_2 t$$

当 $R = 4r$ 时得 $r_1 = 3r, r_2 = r$ 且 $\omega_2 = -3\omega_1$. 设 $\omega_1 = 1$ 得

$$x = 3r\cos t + r\cos 3t = 4r\cos^3 t$$

$$y = 3r\sin t - r\sin 3t = 4r\sin^3 t$$

这表示 $x^{\frac{2}{3}} + y^{\frac{2}{3}} = (4r)^{\frac{2}{3}} = R^{\frac{2}{3}}$.

注　当半径为 r 的圆在半径为 R 的圆的外部沿着后一个圆滚动的时候,同样可以得出轨线的参数表示. 那时可以将标注点的运动表示为半径为 $r_2 = r$ 的圆的圆心绕着半径为 $r_1 = R + r$ 的圆以角速度 ω_1 的旋转和半径为 $r_2 = r$ 的圆以角速度 ω_2 的旋转. 同时, ω_1 与 ω_2 的符号相同,而且按关系式 $(r_1 - r_2)\omega_1 = r_2(\omega_2 - \omega_1)$ 相联系,在简化以后,可以将这个关系式写成下列形式

$$r_1\omega_1 = r_2\omega_2$$

解法 2　考虑中心在坐标原点 O,半径为 $l = 4r$ 的圆. 设半径为 r 的圆在该大圆内滚动,而且在开始时刻标注点与点 $P(l, 0)$ 重合. 设经过一些时间,标注点运动到点 Z,两个圆现在在点 A 相切. 那么弧 AP 与弧 AZ 相等,因此,在弧 AZ 上所张成的中心角等于 $4\angle AOP$,而圆周角等于 $2\angle AOP$. 设线段 OA 的中点是 B,直线 BZ 与坐标轴的交点分别是 M 与 N. $\triangle OBM$ 与 $\triangle OBN$

都是等腰三角形. 这是因为顶点在 B 的外角等于顶点在 O 的内角的两倍. 于是, $MN = 2OB = OA = l$.

　　直线 MN 与标注点的轨线在点 Z 相切. 事实上, 直线 MN 垂直于直线 AZ. 因为点 A 是点 Z 的瞬时的旋转中心, 所以, 点 Z 的运动速度向量垂直于 AZ. 于是, 点 Z 的轨线是在两坐标轴之间截出长度为常数 l 的直线族的包络.

　　题 6 （a）规定数 $k \neq 0, \pm 1$. 考虑联系结点 $e^{i\varphi}$ 与 $e^{ik\varphi}$ 的直线所构成的族. 证明: 这个直线族的包络是内摆线或外摆线.

　　（b）对于每一个整数 $k \neq 0, \pm 1$. 求返回点的个数.

　　证明 （a）设 $A = e^{i\varphi}, B = e^{ik\varphi}, A' = e^{i(\varphi + \alpha)}, B' = e^{ik(\varphi + \alpha)}$. 又设当 $\alpha \to 0$ 时, 直线 AB 与 $A'B'$ 的交点的极限位置是 C. 显然得: 如果 $k > 0$, 那么点 C 位于线段 AB 上; 如果 $k < 0$, 那么点 C 在这条线段以外. 以下证明: $AC : CB = 1 : |k|$. 事实上

$$AC : CB' = \sin B' : \sin A = \pm \sin \alpha : \sin k\alpha = 1 : \pm k$$

而

$$CB' : CB = \sin B : \sin B' = 1$$

结果得知: 点 C 在包络上, 点 C 的坐标是

$$\frac{e^{ik\varphi} + ke^{i\varphi}}{1 + k} = \frac{1}{1 + k}(\cos k\varphi + k\cos \varphi, \sin k\varphi + k\sin \varphi)$$

正如从题 5 的解法 1 所看到的那样, 有这样的坐标的点构成内摆线和外摆线.

652

（b）答案：$|k-1|$.

返回点对应于点 $e^{i\varphi}$ 与点 $e^{ik\varphi}$ 径向相反的状态，即 $e^{i\varphi}+e^{ik\varphi}=0$. 在约去 $e^{i\varphi}$ 后得到方程 $e^{i(k-1)\varphi}=-1$，这个方程有 $|k-1|$ 个解.

题 7　证明：平行的光线束经过圆的镜面反射所显示的直线族的包络是肾脏线（更准确地说，是肾脏线的一半，如图 2）.

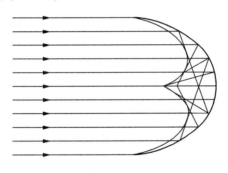

图 2

证明　以下认为：光线平行于 Ox 轴而且从单位圆上反射回来. 设光线射到点 $A=e^{i\psi}$ 上，经反射之后，这束光线落在点 A_1，我们用以下的方法确定点 A_1. 设光源在点 A'，即点 A' 是点 A 关于 Oy 轴的对称点. 那时点 A_1 与点 A' 关于直径 AB 对称. 对角的不复杂的计算表明 $A_1=e^{i(3\psi+\pi)}$. 设 $\psi=\varphi+\alpha$，那时对于 $\alpha=-\dfrac{\pi}{2}$ 有

$$3\psi+\pi=3\varphi+3\alpha+\pi=3\varphi+\alpha$$

结果我们发现这是题 6 中 $k=3$ 的情形. 它对应于有两个返回点的外摆线.

题 8 考虑圆 S 并在 S 上选一点 A,光线从点 A 发出,而且从圆周上反射回来. 证明:反射回来的光线族的包络是心形线(图 3).

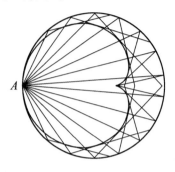

图 3

证明 以下认为圆是单位圆,而 $A = (-1,0)$. 那时光线射到点 $e^{i\psi}$ 上,经反射之后,这束光线落在点 $e^{i(2\psi+\pi)}$ 上. 设 $\psi = \varphi + \alpha$. 那时对于 $\alpha = -\pi$ 有

$$2\psi + \pi = 2\varphi + 2\alpha + \pi = 2\varphi + \alpha$$

结果我们发现这是题 6 中 $k = 2$ 的情形,它对应于有一个返回点的外摆线.

654

编辑手记

马尔克斯说:"一百万人决定去读一本全凭一人独坐陋室,用 28 个字母,两根手指头敲出来的书,想想都觉得疯狂."

当然这段话是对写小说的人说的,其实对一切写书的人都是一种警示.凭什么要人家读你写的书,要说明这一点可以从两个角度去分析.一个是要给读者指出:你是有需要的,二是我写的东西能满足你的这种需要.

先说第一点.作为一个现代社会的公民,高中水平的数学知识是应该掌握的,所以高水平的中学数学教师是大量需要的.但现实中高等院校在培养机制上出现了所谓的共同堕落现象,即在高等院校本科教学过程中,存在教师只讲容易知识点,课程考核尽量简单轻松,而学生往往对这种课程也情有独钟,因此,就出现了不顾教学深度,失去教学原则的师生相互妥协、共同堕落现象.其表现为:教师授课内容简单,不容易讲授、不容易学的难点一概略过,主要讲一些容易讲授、容易学习的知识点.用这种方法,既让自己轻松,又能取悦学生.在考核环节,能开卷就开卷考试,能不考试就不考试.即使考试,也是先给学生交个底,划重点、不同程度的透题,最终,师生皆大欢喜.

高校本科教学过程中,这种师生妥协、共同堕落现象,降低了专业基础理论授课深度,拉低了高等院校的教学水平,损害了高等院校在社会上的公信力.这是当前我国本科教学水平较欧美偏低的重要原因,甚至是核心问题所在.

作为优秀中学数学教师摇篮的高等院校越来越令人失望.大量不称职的未来数学教师快速出炉,由于缺乏高标准和淘汰率,使得一桶水与一碗水的理想配制被破坏.我们说,每门课程的系统性与科学性,应该尽其所能的保留住、把持住,不能因为种种压力,而降低标准.短期看是和谐的,但长期看将损害个人、集体和学科的长期发展.

作为他山之石,我们可以借鉴一下国外的做法:

排名	学校名称	4 年本科毕业率
1	德雷赛尔大学	28%
2	杨百翰大学	31%
3	奥本大学	38%
4	北卡罗纳州立大学	41%

排名	学校名称	4 年本科毕业率
5	普渡大学西拉法叶校区	42%
6	阿拉巴马大学	43%
7	斯蒂文森理工学院	45%
7	纽约州立大学石溪分校	45%
9	爱荷华大学	48%
10	德州农工大学	49%
11	密歇根州立大学	50%
11	加州大学科鲁兹分校	50%
13	加州大学戴维斯分校	51%
13	德克萨斯大学奥斯汀分校	51%
15	塔尔萨斯大学	52%
15	纽约州立大学水牛城分校	52%

现在的许多中学数学教师的专业素养不仅从深度上讲是不够的,从宽度和广度上讲也是有所欠缺的.这导致占位不高,眼界狭窄,眼中只有考试大纲所要求的那点东西.在报纸上看到章乐天写的一篇小文恰恰描述了这一点:

鳖从海中来,偶遇一只青蛙,就听青蛙跟他吹嘘说自己有多快活:"出跳梁乎井干之上,入休乎缺之崖;赴水则接腋持颐,蹶泥则没足灭跗;还虾、蟹与蝌蚪,莫吾能若也。"大意就是可以上蹿下跳,在水里水外自由腾挪,虾、蟹与蝌蚪都不如他.

闻言,鳖语重心长地讲起了东海:千里之遥不足以形其宽,千仞大山不足以语其深,不论旱涝,海平面都不见丝毫的升降,等等,说得青蛙一愣一愣,"适适然惊,规规然自失也".

寓言出自《庄子·秋水》.

所以中学数学教师要时刻警惕自己不要变成井底之蛙而不自知,要保持一个良好的解题胃口和博览群书的学习热情.

曾读到一则民国史料:严春阳,直系军阀孙传芳部下,曾任淞沪戒严司令兼警察厅长.

1926 年底,严春阳下野.其子严顺晞先生回忆说:"我父亲下台后买了好多书,大多是理工科方面的,比如商务印书馆的汉译名著,有上下两册精装的《科学大纲》,记得还有本《古生物史》,我们几个在他那里乱翻,特别爱看这本书里的那些恐龙什么的插图,很有趣."

广泛读书的结果是严顺晞先生终其一生都对科学充满浓厚的兴趣,对未知的一切充满强烈的好奇心.

一个旧时代行伍出身的军人在中国古老的传统下都自觉的买书、藏书、读书,更何况我们新时代的以教书为职业的教师呢.

本书内容十分丰富,几乎包含了初等到古典有关包络的所有内容.从直线族的包络到圆族的包络,从圆锥曲线族的包络到高次曲线族的包络,从克莱罗微分方程与曲线的关系到魏尔斯特拉斯 E 函数,从包络在机械方面的应用一直到包络在军事及农业方面的应用应有尽有,这对于提高中学数学教师的专业能力大有好处.

作家王小波曾说:我认为,在一切智能活动里,没

有比做价值判断更简单的事了.假如你是只公兔子,就有做出价值判断的能力——大灰狼坏,母兔子好;然而兔子就不知道九九表.此种事实说明,一些缺乏其他能力的人,为什么特别热爱价值的领域.倘若对自己做价值判断还要付出一些代价,对别人做价值判断,那就太简单、太舒服了.讲出这样粗暴的话来,我的确感到羞愧,但我并不感到抱歉.因为这种人带给我们的痛苦实在太多了.

所以作为专业人士要多做专业判断,少做价值判断.三联书店总经理沈昌文在"出于无能——我与《读书》"的文章中回忆说:有一次,我为《读书》写了一点什么文字,拿去给陈翰伯老人看.他看后找我去,郑重其事地对我说:"沈昌文,你以后写东西能不能永远不要用这种口气:说读者"应当"如何如何,你要知道,我们同读者是平等的,没权利教训读者"应当"做什么不"应当"做什么.你如果要在《读书》工作,请你以后永远不要对读者用"应当"这类字眼."

以沈昌文先生的观点看,笔者在这里又犯忌了.所以及时打住是聪明之举!

刘培杰

2017.3.7 于哈工大